Ansys工程结构有限元分析
从入门到精通（实战案例版）
本书精彩案例欣赏

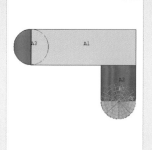
创建第2个圆

变形图

角托架等效应力分布云图

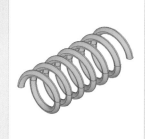
弹簧实体模型

采用自顶向下方法创建圆柱体

储液罐几何尺寸示意图（1/4模型）

储液罐创建出入口圆柱面的结果

镜像面后的结果

轴承座几何尺寸示意图（单位：mm）

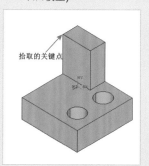
轴承座创建托架基础的结果

轴承座创建肋板的结果

轴承座镜像体的结果

轴承座的自由网格划分结果

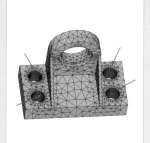
轴承座的局部网格细化的结果

轴承座删除体后的结果

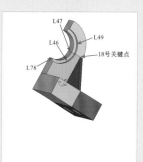
轴承座所拾取线和关键点示意图

Ansys工程结构有限元分析从入门到精通（实战案例版）

本书精彩案例欣赏

重新显示模型1

重新显示模型2

筒仓几何尺寸示意图

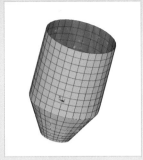
面网格划分的结果

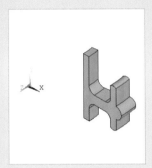
旋转外轮几何模型示意图（1/36）

旋转外轮所拾取关键点示意图

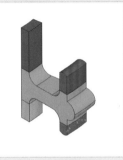
旋转外轮切分后的几何模型

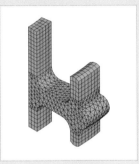
旋转外轮自由网格划分的结果

完整的旋转外轮网格

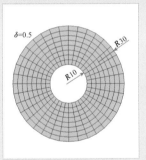
圆环有限元模型示意图

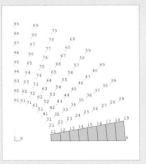
第1次复制单元的结果

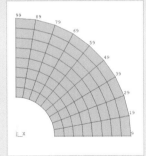
第2次复制单元的结果

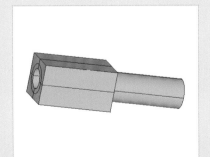
换热管几何模型示意图（部分）

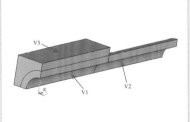
换热管1/4几何模型

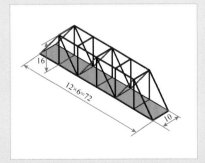
钢桁架桥结构有限元模型示意图

Ansys工程结构有限元分析
从入门到精通（实战案例版）
本书精彩案例欣赏

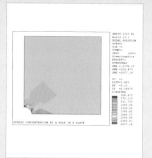
一种典型的通用后处理器云图显示

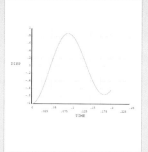
一种典型的时间历程后处理器曲线图

铝棒对体进行网格划分的结果

铝棒轴向应力的云图

内六角扳手问题简图

变形后的形状

应力强度的云图

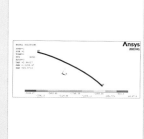
剪切应力的云图

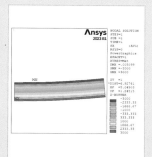
X方向的应力云图

Y方向的变形云图

Z方向位移的分布云图

第一阶模态的振型图

第二阶模态的振型图

第三阶模态的振型图

第四阶模态的振型图

第五阶模态的振型图

Ansys工程结构有限元分析从入门到精通（实战案例版）

本书精彩案例欣赏

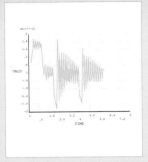
绘制的速度响应-时间曲线图

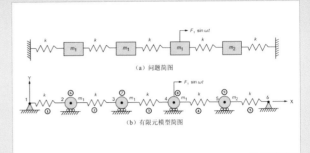
绘制的加速度响应-时间曲线图

弹簧质量系统简图

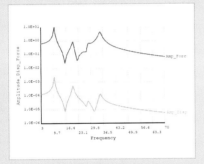
绘制的位移和弹簧力响应-频率曲线图

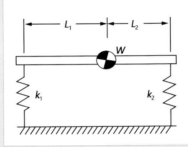
简化汽车悬挂系统问题简图

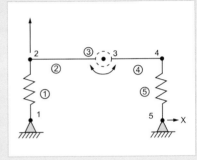
简化汽车悬挂系统问题—有限元模型简图

工作台有限元模型

振幅形式显示变形云图

0.5s时的变形云图

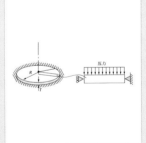
橡胶薄圆板问题简图

橡胶薄圆板1/4扩展后的变形

等效应力分布云图

轴承座变形后的形状

轴承座等效应力分布云图

CAD/CAM/CAE/EDA 微视频讲解大系

Ansys 工程结构有限元分析从入门到精通

（实战案例版）

806 分钟同步微视频讲解　40 个实例案例分析
☑ 生成有限元模型　☑ 线性静力分析　☑ 模态分析　☑ 谐响应分析　☑ 瞬态动力学分析
☑ 谱分析　☑ 屈曲分析　☑ 非线性结构分析　☑ 有限元分析

天工在线　编著

中国水利水电出版社
www.waterpub.com.cn

·北京·

内 容 提 要

本书以最新版的 Ansys 2023 R1 为对象,以实例演示的方式系统地介绍了在 Ansys 中进行结构有限元分析的基本思路、操作步骤及应用技巧。内容主要包括 Ansys 基本操作、创建或导入几何模型、生成有限元模型、施加载荷、求解及后处理、线性静力分析、模态分析、谐响应分析、瞬态动力学分析、谱分析、屈曲分析、非线性结构分析和基于 APDL 的参数化有限元分析。本书在讲解过程中注重理论联系实际,并配有详细的操作步骤,采用图文对应的方式,可以提高读者的动手能力,并加深其对知识点的理解。

为帮助读者更好地学习和理解 Ansys 结构有限元分析的原理和操作步骤,本书配有 40 集(806 分钟)视频讲解。读者可以扫描书中二维码,随时随地看视频,使用方便。本书还提供了实例的源文件和初始文件,可以直接调用和对比学习,效率更高。此外,随书赠送 12 套 Ansys 工程结构有限元分析行业案例,包括源文件和 236 分钟同步视频讲解。

作为一本 Ansys 结构有限元分析的基础教程和视频教程,本书既可作为理工科类院校相关专业的本科生、研究生学习 Ansys 的教材,又可作为从事结构分析相关行业的工程技术人员使用 Ansys 的参考书。

图书在版编目（CIP）数据

Ansys工程结构有限元分析从入门到精通 : 实战案例版 / 天工在线编著. -- 北京 : 中国水利水电出版社, 2025. 1. -- (CAD/CAM/CAE/EDA微视频讲解大系).
ISBN 978-7-5226-2914-8

I. TU3-39

中国国家版本馆CIP数据核字第2024K5A994号

丛 书 名	CAD/CAM/CAE/EDA 微视频讲解大系
书 名	Ansys 工程结构有限元分析从入门到精通（实战案例版） Ansys GONGCHENG JIEGOU YOUXIANYUAN FENXI CONG RUMEN DAO JINGTONG (SHIZHAN ANLI BAN)
作 者	天工在线 编著
出版发行	中国水利水电出版社 （北京市海淀区玉渊潭南路 1 号 D 座　100038） 网址：www.waterpub.com.cn E-mail：zhiboshangshu@163.com 电话：（010）62572966-2205/2266/2201（营销中心）
经 售	北京科水图书销售有限公司 电话：（010）68545874、63202643 全国各地新华书店和相关出版物销售网点
排 版	北京智博尚书文化传媒有限公司
印 刷	河北文福旺印刷有限公司
规 格	190mm×235mm　16 开本　28 印张　727 千字　2 插页
版 次	2025 年 1 月第 1 版　2025 年 1 月第 1 次印刷
印 数	0001—3000 册
定 价	99.80 元

凡购买我社图书，如有缺页、倒页、脱页的，本社营销中心负责调换

版权所有·侵权必究

前　言
Preface

随着科学技术的日益发展和计算机技术在各行各业的迅速渗透，一些复杂的工程问题几乎都要用到有限元分析这一基本工具。目前，各行各业的工程技术人员均已认识到，在竞争日益激烈的市场经济形势下，掌握一种或几种有限元分析软件的使用方法和技巧对于他们的职业发展至关重要。鉴于此，国内很多高等院校都将有限元分析作为理工科专业本科生和研究生的必修课或选修课。

为了降低有限元分析软件的使用门槛，当今有限元分析软件的发展趋势之一是与CAD软件的集成，即将有限元分析模块添加到CAD软件中，在完成零部件的设计后，直接调用有限元分析模块进行分析计算。这样可以使许多工程人员在无须深入掌握有限元理论的情况下，就可以从事有限元分析工作，这对有限元技术的推广和发展大有裨益。

这些软件为了简化分析操作流程、降低使用难度、提升普及率，不可避免地在选择单元和求解器等方面进行了自动化处理，以使工程人员免于相对复杂的操作，就可以完成有限元分析。但是，CAD模型并不等同于有限元模型，如果缺少对有限元方法中单元的理解，一律使用实体单元，只会使问题复杂化，从而导致花费了很多时间，却得不到想要的分析结果。另外，对于一个致力于成为有技能、有经验的仿真工程师而言，在操作这些软件时，很难与有限元理论学习中的基本概念、数学求解原理和有限元分析原理相联系，也就难以加深对有限元方法的理解，因而难以形成利用有限元方法来处理和解决实际工程问题的思路，使自己的技能提升之路遇到瓶颈。因此，对于有限元分析的初学者，从更接近有限元分析思路、更有助于对有限元分析方法深入理解的有限元分析软件——Ansys开始入门，无疑是一种明智的选择。

当前市面上关于Ansys的学习资料大致可以分为两类：一类以Step by Step（一步一步）的方式讲解软件的操作过程和步骤；另一类则侧重于有限元理论的讲解，辅以Ansys软件的操作。这两类资料对于Ansys的学习者来说都是必不可少的。但是，编者从周围Ansys使用者的学习过程反馈中发现，很多人在学习完一本书后能够按部就班地完成书中的实例操作，但对Ansys中的某些参数设置不知其所以然，在碰到新的工程问题时仍然一筹莫展，得到的结果是"一学就会，一用就废"，因而丧失了学习Ansys的信心。

鉴于此，编者尝试编写一本使Ansys初学者能够快速迈入有限元分析之门的学习参考书。本书作者考虑到虽然市面上逐个讲述Ansys各种操作命令的学习资料较多，但对于初学者而言，各种操作命令只有在实例中使用才易于掌握其用法，因此本书中采用了在每章节的开头首先介绍本章节相关的基础知识，然后将各种操作命令融入到具体实例的写作手法。对于在实例中初次使用到的对话框，均对各种参数设置的原因进行了说明，以避免读者陷入"知其然而不知其所以然"的学习困境，使读者通过一个类型的实例，就可以达到举一反三、触类旁通的学习效果。

本书在实例的选择上，重视实例类型的多样性，如瞬态动力学分析有两种方法，本书便选择采用不同分析方法的两个实例，以有利于读者对比两种分析方法操作步骤的异同；在操作命令的采用上，注意不同命令的殊途同归，如对于单元的操作，有时既可以使用复制命令，又可以使用映射命令，则结合不同的实例尽量使用到这两个命令，以让读者掌握有多重途径可以实现相同的分析目的；在学习内容的取舍上，选择了以最常见的结构有限元分析进行展开，由浅入深地依次介绍了线性静力分析、模态分析、谐响应分析、瞬态动力学分析、谱分析、屈曲分析和非线性结构分析等分析类型。

本书面向高等院校工程专业的本科生、研究生和有限元分析的初学者，既适合想通过有限元分析软件来学习有限元分析基本知识和提高有限元分析能力的高校学生，又适合从事有限元应用的广大工程技术人员。对于从未接触过有限元分析的工程师来说，本书也可作为深入理解有限元基本概念的上机实践辅导教材。

本书特点

➦ 内容合理，适合自学

在当前工程技术领域，Ansys已成为不可或缺的结构有限元分析工具之一。然而，对于初学者而言，在学习Ansys结构有限元分析时往往感到需要学习的内容广博而繁杂。为了解决这一问题，本书的宗旨是使内容合理化、层次分明，以便于自学者能够循序渐进地掌握Ansys这一结构有限元分析工具。

本书第1～5章主要介绍了结构有限元分析的基本流程，旨在帮助读者建立起对结构有限元分析过程的初步认识。随后，第6～12章难度逐渐升级，分别介绍了结构有限元分析中的核心内容，包括线性静力分析、模态分析、谐响应分析、瞬态动力学分析、谱分析、屈曲分析和非线性结构分析等。这些章节详细阐述了各类有限元分析的基本操作步骤，并通过实例展示了如何在实际问题中予以应用。这样的安排既保证了知识点的深度，又保持了学习过程的连贯性。为了进一步提升读者的实战能力，第13章专门介绍了参数化有限元分析。在这一部分，读者将学会如何利用Ansys的参数化设计语言（APDL）来提升分析效率，这对于处理实际工程问题具有重要意义。

➦ 实例讲解，通俗易懂

本书的另一大特色在于其通俗易懂的实例讲解，目的是确保每一位读者都能轻松理解并掌握所教授的知识。在每个实例中，我们首先概述操作步骤的目标，然后详细阐述具体的操作步骤，清晰明了，仿佛亲自指导读者进行操作。

不仅如此，为了使读者不仅了解操作步骤，而且更能理解背后的原理，我们在实例操作过程中穿插了许多"为什么要这样做"的内容。此外，每个实例都基于每章开头介绍的基本步骤进行，使读者可以通过实践来掌握每种分析类型的基本步骤，并将其应用到同类有限元分析中，达到举一反三的效果。针对可能困扰读者的操作要点，书中特别设置了提示环节，解释了设置的原因，使读者能够理解操作的逻辑。

这种理论与实践相结合的教学模式有效地消除了传统学习中常见的"知行分离"现象，即读者只能机械地模仿操作，却无法灵活地将知识应用到新的同类有限元分析中。通过具体的实例和通俗易懂的语言，本书帮助读者建立了坚实的知识框架和灵活的应用能力，极大地提高了他们的自学效率和问题解决的能力。

↘ 覆盖全面，内容丰富

本书共分为 13 章，前 5 章介绍通过 Ansys 进行结构有限元分析的基础知识，包括 Ansys 基本操作、创建或导入几何模型、生成有限元模型、施加载荷、求解及后处理；第 6~12 章通过典型的结构分析实例详尽阐述了线性静力分析、模态分析、谐响应分析、瞬态动力学分析、谱分析、屈曲分析和非线性结构分析等方面的内容；第 13 章则对 APDL 进行了简单介绍，以提高读者通过 APDL 进行有限元分析的能力。阅读本书时，建议读者将图形用户界面的操作与日志文件中的命令流对照进行学习，这样能够方便理解每一个 Ansys 命令的含义。此外，在掌握了基本的 Ansys 操作后，读者一定要学会查看 Ansys 帮助，尤其是在选择单元类型和通过单元表进行结果后处理时，这会对读者理解有限元方法、提升有限元分析水平大有裨益。

本书显著特色

↘ 体验好，方便读者随时随地学习

二维码扫一扫，随时随地看视频。书中所有实例都提供了二维码，读者可以通过手机微信扫一扫，随时随地观看相关的教学视频（若个别手机不能播放，请参考前言中介绍的方式下载视频后在计算机上观看）。

↘ 实例覆盖范围广，用实例学习更高效

实例覆盖范围广泛，边做边学更快捷。本书实例覆盖十大分析类型，跟着实例去学习，边学边做，在做中学，可以使学习更深入、更高效。

↘ 入门易，全力为初学者着想

遵循学习规律，入门实战相结合。本书采用基础知识+实例的编写模式，内容由浅入深，循序渐进，入门与实战相结合。

↘ 服务快，让读者学习无后顾之忧

本书提供了 QQ 群在线服务，随时随地可交流；提供了公众号、网站下载等多渠道贴心服务。

✎ 说明：

本书提供的所有实例的源文件、素材文件，以及相关的视频文件，读者可通过下面的方法下载后使用或观看。

（1）扫描下方的二维码或关注微信公众号"设计指北"，发送"ANS29148"到公众号后台，

获取资源下载链接，然后将此链接复制到计算机浏览器的地址栏中，根据提示下载即可。

（2）加入 QQ 群 723219797，编者在线提供本书学习指导、疑难问题解答等一系列后续服务，让读者无障碍地快速学习本书。

（3）如果您在图书写作上有好的意见和建议，可将意见或建议发送至邮箱 961254362@qq.com，我们将根据您的意见或建议酌情调整后续图书内容，以更方便读者学习。

📢 注意：

按照书中的实例进行操作练习，以及使用 Ansys 进行分析前，需要在计算机上安装 Ansys 2023 R1 软件。Ansys 2023 R1 软件可以登录 ANSYS 官方网站购买，或者使用其试用版；另外，当地电脑城、软件经销商一般有售。

关于编者

本书由天工在线组织编写。天工在线是一个专注于 CAD/CAM/CAE/EDA 技术研讨、工程开发、培训咨询和图书创作的工程技术人员协作联盟，包含 40 多位专职和众多兼职 CAD/CAM/CAE/EDA 工程技术专家。

天工在线创作的很多教材成为国内具有引导性的旗帜作品，在国内相关专业方向图书创作领域具有举足轻重的地位。

致谢

本书能够顺利出版，是编者、编辑和所有审校人员共同努力的结果，在此表示深深的感谢。同时，祝福所有读者在通往优秀工程师的道路上一帆风顺。

编　者

目 录

Contents

第 1 章 **Ansys 基本操作** ………………… 1
　　　📹 视频讲解：39 分钟
　1.1　Ansys 简介 ………………………… 1
　　　1.1.1　Ansys 软件简介 ………… 1
　　　1.1.2　Ansys 分析的基本
　　　　　　步骤 ………………………… 2
　1.2　Ansys 2023 R1 的启动及图形
　　　用户界面 ……………………………… 2
　　　1.2.1　Ansys 2023 R1 的启动 … 3
　　　1.2.2　Ansys 2023 R1 的图形
　　　　　　用户界面 …………………… 4
　　　1.2.3　Ansys 2023 R1 的文件
　　　　　　管理 ………………………… 6
　1.3　简单的 Ansys 分析 ………………… 6
　　　1.3.1　分析实例描述 ……………… 6
　　　1.3.2　前处理及求解 ……………… 7
　　　1.3.3　后处理 …………………… 19

第 2 章 **创建或导入几何模型** ………… 22
　　　📹 视频讲解：74 分钟
　2.1　创建几何模型 ……………………… 22
　　　2.1.1　实例——圆柱螺旋压
　　　　　　缩弹簧的实体建模 ……… 23
　　　2.1.2　实例——储液罐的实
　　　　　　体建模 …………………… 29
　　　2.1.3　实例——轴承座的
　　　　　　实体建模 ………………… 34
　2.2　导入几何模型 ……………………… 42

　　　2.2.1　实例——导入 IGES
　　　　　　格式几何模型 …………… 42
　　　2.2.2　实例——导入 SAT
　　　　　　格式几何模型 …………… 43
　　　2.2.3　实例——导入其他格式
　　　　　　的几何模型 ……………… 44

第 3 章 **生成有限元模型** ………………… 46
　　　📹 视频讲解：103 分钟
　3.1　有限元模型的基础知识 …………… 46
　　　3.1.1　生成有限元模型的
　　　　　　两种方法 ………………… 46
　　　3.1.2　选择模型类型并利
　　　　　　用对称性 ………………… 46
　　　3.1.3　线性单元和高阶单元 … 48
　　　3.1.4　考虑分析细节和网格
　　　　　　密度 ……………………… 51
　3.2　对几何模型进行网格划分 ……… 52
　　　3.2.1　进行网格划分的基础
　　　　　　知识 ……………………… 52
　　　3.2.2　实例——筒仓的网格
　　　　　　划分 ……………………… 56
　　　3.2.3　实例——轴承座的
　　　　　　网格划分 ………………… 64
　　　3.2.4　实例——旋转外轮
　　　　　　的网格划分 ……………… 71
　　　3.2.5　实例——换热管的
　　　　　　网格划分 ………………… 76
　3.3　直接生成有限元模型 …………… 83

3.3.1 实例——直接生成圆环有限元模型 ……… 83
3.3.2 实例——直接生成钢桁架桥有限元模型 ·· 89

第 4 章 施加载荷 …………… 100
🎥 视频讲解：34 分钟
4.1 施加载荷的基础知识………… 100
4.2 实例——超静定杆施加自由度约束和力载荷 ……… 106
 4.2.1 创建有限元模型 ……… 106
 4.2.2 施加载荷 ……………… 108
 4.2.3 命令流文件 …………… 109
4.3 实例——带裂纹的平板施加对称边界条件和表面载荷 ·· 109
 4.3.1 创建有限元模型 ……… 110
 4.3.2 施加载荷 ……………… 113
 4.3.3 命令流文件 …………… 114
4.4 实例——筒形拱顶施加惯性载荷 …………………… 115
 4.4.1 创建有限元模型 ……… 116
 4.4.2 施加载荷 ……………… 118
 4.4.3 命令流文件 …………… 120

第 5 章 求解及后处理 …………… 122
🎥 视频讲解：44 分钟
5.1 求解 ………………………… 122
 5.1.1 求解器的选择 ………… 122
 5.1.2 用于特定类型结构分析的求解工具 …… 123
 5.1.3 获得求解 ……………… 125
 5.1.4 多载荷步求解 ………… 126
5.2 后处理 ……………………… 128
 5.2.1 后处理概述…………… 129
 5.2.2 通用后处理器 ………… 130
 5.2.3 时间历程后处理器 …… 134

5.2.4 实例——变截面悬臂梁分析的结果后处理 ………… 137
5.2.5 实例——铰接杆受力分析的结果后处理 …… 144
5.2.6 实例——变截面悬垂铝棒受力分析的结果后处理 ……… 151

第 6 章 线性静力分析 …………… 160
🎥 视频讲解：106 分钟
6.1 线性静力分析概述………… 160
6.2 实例——曲线杆的线性静力分析…………………… 161
 6.2.1 创建有限元模型 ……… 162
 6.2.2 施加载荷并提交求解 ……………… 165
 6.2.3 查看结果数据 ………… 166
 6.2.4 命令流文件 …………… 170
6.3 实例——圆柱形压力容器侧壁的静力分析 ………… 171
 6.3.1 创建有限元模型 ……… 172
 6.3.2 施加载荷并提交求解 ……………… 173
 6.3.3 查看结果数据 ………… 175
 6.3.4 命令流文件 …………… 178
6.4 实例——实心梁的线性静力分析…………………… 178
 6.4.1 创建有限元模型 ……… 179
 6.4.2 施加载荷并提交求解（第 1 种工况）……… 181
 6.4.3 查看结果数据（第 1 种工况）……… 182
 6.4.4 施加载荷并提交求解（第 2 种工况）……… 185
 6.4.5 查看结果数据（第 2 种工况）…………… 186

6.4.6 命令流文件 …………… 188
6.5 实例——内六角扳手的
线性静力分析 …………… 189
6.5.1 创建有限元模型 …… 189
6.5.2 施加载荷并提交
求解 ………………… 197
6.5.3 查看结果数据 ……… 201
6.5.4 命令流文件 ………… 205

第 7 章 模态分析 ………………… 208
视频讲解：50 分钟
7.1 模态分析概述 …………… 208
7.2 实例——简化汽车悬挂
系统的模态分析 ………… 211
7.2.1 创建有限元模型 …… 212
7.2.2 施加载荷并提交
求解 ………………… 216
7.2.3 查看结果数据 ……… 217
7.2.4 命令流文件 ………… 218
7.3 实例——边缘固定圆板的
模态分析 ………………… 219
7.3.1 创建有限元模型 …… 219
7.3.2 施加载荷并提交
求解 ………………… 221
7.3.3 查看结果数据 ……… 223
7.3.4 命令流文件 ………… 224
7.4 实例——机翼的模态分析 … 225
7.4.1 创建有限元模型 …… 226
7.4.2 施加载荷并提交
求解 ………………… 228
7.4.3 查看结果数据 ……… 232
7.4.4 命令流文件 ………… 233

第 8 章 谐响应分析 ……………… 235
视频讲解：92 分钟
8.1 谐响应分析概述 ………… 235

8.1.1 谐响应分析的用途 … 235
8.1.2 谐响应分析的求解
方法 ………………… 236
8.1.3 谐响应分析的基本
步骤 ………………… 237
8.2 实例——工作台-电动机
系统的谐响应分析 ……… 242
8.2.1 建模 ………………… 243
8.2.2 加载求解 …………… 247
8.2.3 观察结果 …………… 249
8.2.4 命令流文件 ………… 253
8.3 实例——悬臂梁的谐响应
分析 ……………………… 255
8.3.1 建模 ………………… 256
8.3.2 加载求解 …………… 257
8.3.3 观察结果 …………… 259
8.3.4 命令流文件 ………… 261
8.4 实例——弹簧质量系统的
谐响应分析 ……………… 263
8.4.1 建模 ………………… 264
8.4.2 获取模态分析解 …… 266
8.4.3 获取模态叠加法
谐响应分析解 ……… 268
8.4.4 扩展模态叠加解 …… 269
8.4.5 观察结果 …………… 270
8.4.6 命令流文件 ………… 278

第 9 章 瞬态动力学分析 ………… 281
视频讲解：45 分钟
9.1 瞬态动力学分析概述 …… 281
9.1.1 进行瞬态动力学
分析前的准备工作 … 281
9.1.2 瞬态动力学分析的
求解方法 …………… 282
9.1.3 完全法瞬态动力学
分析的基本步骤 …… 282

9.1.4 模态叠加法瞬态动力学分析的基本步骤……284
9.2 实例——工作台的瞬态动力学分析……285
　9.2.1 建模……286
　9.2.2 加载求解……286
　9.2.3 观察结果……289
　9.2.4 命令流文件……293
9.3 实例——梁的瞬态动力学分析……294
　9.3.1 建模……295
　9.3.2 获取模态解……297
　9.3.3 获取模态叠加法瞬态分析解……299
　9.3.4 扩展模态叠加解……303
　9.3.5 观察结果……304
　9.3.6 命令流文件……305

第10章 谱分析……307
视频讲解：85分钟
10.1 谱分析概述……307
　10.1.1 响应谱分析的基本步骤……308
　10.1.2 动力设计分析方法谱分析的基本步骤……309
　10.1.3 功率谱密度分析的基本步骤……310
10.2 实例——简支梁的单点响应谱分析……311
　10.2.1 建模……312
　10.2.2 获取模态解……313
　10.2.3 获取谱解……315
　10.2.4 观察结果……317
　10.2.5 命令流文件……318
10.3 实例——梁框架的多点响应谱分析……319
　10.3.1 建模……320
　10.3.2 获取模态解……321
　10.3.3 获取谱解……322
　10.3.4 合并模态……325
　10.3.5 观察结果……325
　10.3.6 命令流文件……326
10.4 实例——舰船设备-基座系统的动力设计分析方法谱分析……327
　10.4.1 建模……328
　10.4.2 获取模态解……332
　10.4.3 获取谱解……333
　10.4.4 观察结果……334
　10.4.5 命令流文件……334
10.5 实例——厚方形板的功率谱密度分析……336
　10.5.1 建模……336
　10.5.2 获取模态解……339
　10.5.3 获取谱解……341
　10.5.4 合并模态……343
　10.5.5 观察结果……343
　10.5.6 命令流文件……348

第11章 屈曲分析……350
视频讲解：14分钟
11.1 屈曲分析概述……350
11.2 实例——空圆管的特征值屈曲分析……352
　11.2.1 建模……353
　11.2.2 获取静力解……354
　11.2.3 获取特征值屈曲解……356
　11.2.4 观察结果……357
　11.2.5 命令流文件……358

第 12 章 非线性结构分析 ……………… 360
🎬 视频讲解：107 分钟
- 12.1 非线性结构分析概述 ……… 360
  - 12.1.1 非线性行为的原因 …………… 361
  - 12.1.2 非线性分析的基础知识 ………… 361
  - 12.1.3 非线性静力分析的基本步骤 …… 364
  - 12.1.4 非线性瞬态分析的基本步骤 …… 364
- 12.2 实例——橡胶薄圆板的非线性静力分析 ………… 365
  - 12.2.1 建模 …………… 366
  - 12.2.2 设置求解控制 …… 367
  - 12.2.3 加载求解 ………… 368
  - 12.2.4 观察结果 ………… 369
  - 12.2.5 命令流文件 ……… 377
- 12.3 实例——悬垂杆的非线性瞬态分析 …………… 379
  - 12.3.1 建模 …………… 380
  - 12.3.2 加载求解 ………… 382
  - 12.3.3 观察结果 ………… 384
  - 12.3.4 命令流文件 ……… 388
- 12.4 实例——两个圆柱体之间的赫兹接触分析 ……… 390
  - 12.4.1 建模 …………… 391
  - 12.4.2 定义接触 ………… 396
  - 12.4.3 加载求解 ………… 398
  - 12.4.4 观察结果 ………… 401
  - 12.4.5 命令流文件 ……… 406

第 13 章 基于 APDL 的参数化有限元分析 …………………… 409
🎬 视频讲解：13 分钟
- 13.1 APDL 概述 ………………… 409
  - 13.1.1 APDL 与工具栏的协同工作 …… 409
  - 13.1.2 参数的使用 ……… 411
  - 13.1.3 APDL 作为宏语言的使用 ……… 416
  - 13.1.4 APDL 与 GUI 的协同 …………… 421
- 13.2 实例——轴承座的 APDL 参数化有限元分析 …… 426
  - 13.2.1 基于对话框的轴承座分析 ……… 426
  - 13.2.2 基于宏文件的轴承座分析 ……… 430
  - 13.2.3 基于定制工具栏进行参数输入 … 432

参考文献 ……………………………… 433

第 1 章 Ansys 基本操作

本章首先由有限元方法引出 Ansys 软件，并简要说明 Ansys 分析的基本步骤；然后介绍 Ansys 2023 R1 的启动、图形用户界面及文件管理的相关知识；最后通过一个简单的 Ansys 分析实例演示 Ansys 分析的具体操作步骤。本章的主要目的是使读者对 Ansys 软件有一个直观的认识，为今后使用 Ansys 进行结构有限元分析奠定基础。

- Ansys 分析的基本步骤
- Ansys 2023 R1 的用户界面
- Ansys 2023 R1 的文件管理

1.1 Ansys 简介

有限元方法（Finite Element Method，FEM）是随着电子计算机的发展而迅速发展起来的一种现代计算方法，是 20 世纪 50 年代首先在连续力学领域——飞机结构静、动态特性分析中应用的一种有效的数值分析方法，随后很快广泛应用于求解热传导、电磁场、流体力学等连续性问题。

随着现代计算机技术的飞速发展，基于有限元方法的各种应用软件不断出现，这些有限元分析软件已成为现代工程分析以及从事科学研究的基础性通用工具，并展现出了广阔的应用前景。提到有限元方法就不能不提到 Ansys 软件，Ansys 软件是美国 ANSYS 公司（ANSYS Inc.）研制的大型通用有限元分析软件，它是国际上使用较多且十分流行的商业化软件之一。

1.1.1 Ansys 软件简介

Ansys 软件的历史最早可以追溯到 20 世纪 60 年代，随着软件的不断更新迭代，ANSYS 公司于 2002 年推出 Ansys 7.0 版。在 Ansys 7.0 版本中，首次在保留 Ansys 经典版本［Mechanical APDL（Ansys Parametric Design Language，也称为 Ansys 参数化设计语言）］的基础上，推出了 Ansys Workbench 版本。在接下来的十几年中，Ansys 经典版本和 Ansys Workbench 版本同步开发，并在 2022 R1 的版本中，将软件的名称由 ANSYS 变更为 Ansys。目前，最新 Ansys 软件的版本是 Ansys 2023 R1。

Ansys 软件（本书中所提到的 Ansys 软件，是指 Ansys 经典版本，即 Mechanical APDL）最大的特点就是既提供基于图形用户界面（Graphical User Interface，GUI）的交互式操作方式，又提供有限元分析过程的命令流语言的批处理操作方式。用户可以使用命令流这一顶层的可参数化设计语言来进行建模和分析流程的控制，其具有非常好的可移植性。

Ansys 软件中的分析流程与进行有限元分析的基本步骤相一致，如定义单元类型、设置单元选项、施加载荷、求解控制、通过单元表读取结果等。因此，通过学习 Ansys 软件，读者可以更好地掌握有限元方法的理论，同时加深对有限元方法中各种概念的理解。这对于将来致力于从事 CAE（Computer Aided Engineering，计算机辅助工程）分析的工程人员和科研人员来讲，都是非常必要的。

1.1.2 Ansys 分析的基本步骤

通过 Ansys 软件进行有限元分析，一般由以下 3 个基本步骤所组成，如图 1-1 所示。

1．前处理

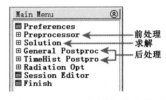

前处理一般包含定义单元类型、定义材料属性、创建有限元模型、施加载荷等步骤。在创建有限元模型时，可以通过以下 4 种途径。

图 1-1 Ansys 分析的基本步骤

（1）在 Ansys 软件中创建几何模型，然后划分为有限元网格。

（2）在其他 CAD（Computer Aided Design，计算机辅助设计）软件中创建几何模型，然后导入 Ansys 软件，经过适当修改后划分为有限元网格。

（3）在 Ansys 软件中直接创建节点和单元，即直接创建有限元模型。

（4）在其他 CAE 软件中创建有限元模型，然后将有限元模型的数据导入 Ansys 软件。

其中需要注意的是，除了磁场分析以外，不需要告诉 Ansys 使用何种单位制，只需自己决定使用何种单位制，但必须确保所有输入值的单位制统一。单位制将影响输入几何模型的尺寸、材料属性、实常数及载荷等。例如，如果采用长度单位为 m、力单位为 N 的单位制，则得到的应力单位将是 Pa；而如果采用长度单位为 mm、力单位为 N 的单位制，则得到的应力单位是 MPa。

2．求解

在提交求解之前，应进行分析数据检查，主要包括以下内容。

（1）确保几何模型中没有不应存在的缝隙（特别是从 CAD 软件中导入的几何模型）。

（2）检查单元类型、单元选项、材料参数和实常数的设置，以及确保使用统一的单位制。

（3）检查载荷是否与实际工况一致。

（4）检查求解控制的设置。

3．后处理

Ansys 提供了 2 个后处理器，分别是 General Postproc（通用后处理器）和 TimeHist Postpro（时间历程后处理器）。

（1）通用后处理：用来查看模型在某一时刻的计算结果。

（2）时间历程后处理：用来查看模型在不同时间段或载荷步上的结果，常用于处理瞬态分析和动力分析的结果。

1.2 Ansys 2023 R1 的启动及图形用户界面

本节将简要讲述 Ansys 2023 R1 的启动及图形用户界面的相关知识。

1.2.1　Ansys 2023 R1 的启动

一般经常通过以下 3 种方式启动 Ansys 2023 R1。

1. 自定义启动

在 Windows 系统中，执行"开始">"程序">Ansys 2023 R1> Mechanical APDL Product Launcher 2023 R1 命令，打开如图 1-2 所示的对话框。通过该对话框，读者可以根据需要设置仿真环境、设置工作目录、定义工作名称、设置内存、选择求解方式、启动高性能计算等。在完成以上自定义的设置后，单击 Run 按钮，即可启动 Ansys 2023 R1。

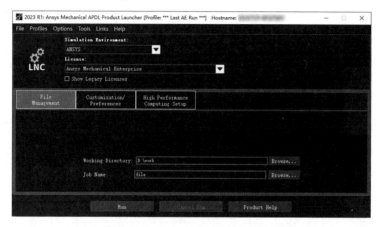

图 1-2　Ansys 2023 R1 启动对话框

2. 直接启动

在 Windows 系统中执行"开始">"程序">Ansys 2023 R1> Mechanical APDL 2023 R1 命令，即可根据上一次保存的自定义设置直接启动 Ansys 2023 R1。

3. 通过 Ansys Workbench 启动

在 Ansys Workbench 中，Mechanical APDL 作为组件系统之一出现在 Workbench 界面的工具箱中，如图 1-3 所示。在"项目原理图"窗格中右击 Mechanical APDL 组件系统下的"分析"单元格，在弹出的快捷菜单中选择"打开 Mechanical APDL"命令，即可在无须读取任何输入文件的情况下启动 Ansys 2023 R1。

图 1-3　通过 Ansys Workbench 启动 Ansys

1.2.2　Ansys 2023 R1 的图形用户界面

在启动 Ansys 2023 R1 后，将显示如图 1-4 所示的图形用户界面。下面对图形用户界面中的各部分作简要介绍。

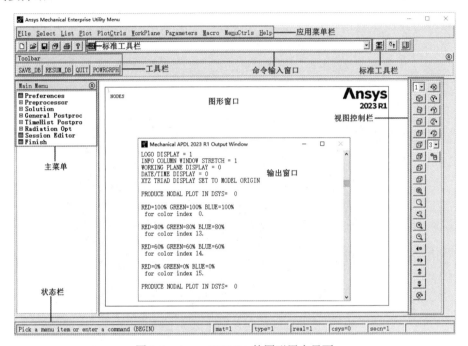

图 1-4　Ansys 2023 R1 的图形用户界面

1. 应用菜单栏

应用菜单（Utility Menu）栏包括 File（文件）、Select（选择）、List（列表）、Plot（图形显示）、PlotCtrls（视图控制）、WorkPlane（工作平面）、Parameters（参数）、Macro（宏命令）、MenuCtrls（菜单控制）和 Help（帮助）10 个下拉菜单，包括了 Ansys 绝大部分系统环境配置功能。在 Ansys 运行的任何时候均可以访问该菜单栏。

2. 标准工具栏

在标准工具（Standard Toolbar）栏中，对常用的新建（ ）、打开（ ）、保存（ ）、视图移动缩放旋转（ ）、图像捕获（ ）、帮助（ ）、显示隐藏对话框（ ）、重置拾取菜单（ ）和接触管理器（ ）操作，提供了方便快捷的访问方式。

3. 命令输入窗口

在命令输入（Command Input）窗口中可以输入 Ansys 的各种命令，在输入命令过程中，Ansys 自动匹配待选命令的输入格式。有两种模式可用于在分析过程中直接输入命令，分别是单行输入窗口模式和浮动命令窗口模式，如图 1-5 所示。处于单行输入窗口模式时，输入窗口只显示一行，并使用下拉窗口显示输入命令的历史记录，单击单行输入窗口左侧的键盘按钮▦，可切换为浮动命令窗口模式；处于浮动命令窗口模式时，读者可以调整窗口的大小和位置，以进行更复杂的命令输入操作，单击浮动命令窗口右上角的关闭按钮✕，可切换回单行输入窗口模式。

（a）单行输入窗口模式

（b）浮动命令窗口模式

图 1-5 输入窗口的两种模式

4．工具栏

工具（Toolbar）栏中包括一些常用的 Ansys 命令、函数和宏的快捷按钮。用户可以根据需要对该栏中的快捷按钮进行编辑、修改和删除等操作，最多可设置 100 个快捷按钮。

5．图形窗口

图形窗口（Graphics Window）显示 Ansys 的几何模型、网格、求解收敛过程、计算结果云图、等值线和动画等图形信息。

6．主菜单

主菜单（Main Menu）中几乎涵盖了 Ansys 分析过程的全部菜单命令，按照 Ansys 分析过程进行排列，依次是 Preferences（个性设置）、Preprocessor（前处理器）、Solution（求解器）、General Postproc（通用后处理器）、TimeHist Postpro（时间历程后处理器）、Radiation Opt（辐射选项）、Session Editor（会话编辑）和 Finish（完成）。

7．视图控制栏

用户可以利用这些快捷按钮方便地进行视图操作，如前视、后视、俯视、旋转任意角度、放大或缩小以及移动图形等，以协助调整到最佳视图角度。

8．输出窗口

输出窗口（Output Window）的主要功能在于同步显示 Ansys 对已进行的菜单操作或已输入命令的反馈信息，以及用户输入命令或菜单操作的出错信息和警告信息等，关闭此窗口，Ansys 将强行退出。

9．状态栏

状态栏（Status and Prompt Area）内显示 Ansys 的一些当前信息和操作提示，如当前所在的模块、材料属性、单元类型、实常数及坐标系统等。

1.2.3　Ansys 2023 R1 的文件管理

Ansys 2023 R1 启动后，将在工作目录中生成以工作文件名为前缀的一系列文件，如默认的工作文件名为 file，则可以发现与工作文件名 file.* 相关的文件，Ansys 工作目录中所生成的主要文件见表 1-1。

表 1-1　Ansys 工作目录中所生成的主要文件

文件名	类型	格式	备注
file.log	日志文件	文本	记录命令的输入历史，将每次操作（无论是菜单操作还是命令操作）全部记录在该文件中
file.err	错误文件	文本	记录所有的出错信息和警告信息
file.out	输出文件	文本	记录每次操作或输入每一条命令后的执行情况
file.db	数据库文件	二进制	记录所有有限元分析的信息，包括几何、单元、载荷、求解的信息
file.rst	结果文件	二进制	结构或耦合分析的结果文件
file.rth	结果文件	二进制	热分析的结果文件
file.rmg	结果文件	二进制	磁场分析的结果文件
file.snn	载荷步文件	文本	nn 表示载荷步数
file.emat	单元矩阵文件	二进制	包含单元矩阵的信息

在以上文件中，file.log 文件是有限元分析操作的最原始记录，通过对该文件中的内容进行增添和修改，或进行参数化处理，不仅可以满足二次开发的需要，而且可以实现不同 Ansys 版本间的移植。

当用户在 Ansys 中进行操作时，如果非正常退出，在该工作目录下将产生一个 file.lock 文件，当用户再次使用该工作目录并以相同的工作文件名重新启动时，则将在 Ansys 输出窗口中提示 Do you wish to override this lock and continue (y or n)?，输入 y 后按 Enter 键，即可重新进入 Ansys 软件。

扫一扫，看视频

1.3　简单的 Ansys 分析

为了使读者能够更清楚地了解通过 Ansys 软件进行有限元分析的整个过程，本节以一个角托架的实例来详细介绍 Ansys 分析的基本操作步骤。

1.3.1　分析实例描述

本实例是关于一个角托架的简单分析，属于线性静力结构分析问题，角托架的具体形状和尺寸如图 1-6 所示。角托架左上角的销孔通过焊接而完全固定，其右下角销孔的下圆孔面受到锥形的压力载荷（0.5～5MPa），角托架的材料为 Q235 结构钢。因为角托架在 Z 方向的厚度尺寸（12mm）相对于其在 X 和 Y 方向的尺寸来说很小，并且压力载荷仅作用在 X、Y 平面上，因此可以将该三维分析简化为一个二维平面分析问题。角托架

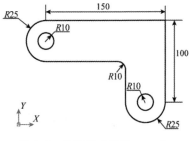

图 1-6　角托架（单位：mm）

的材料参数为弹性模量 $E = 2.1\text{E}5\text{MPa}$，泊松比 $\nu = 0.3$。

1.3.2 前处理及求解

1. 指定工作文件名和定义分析标题

（1）指定工作文件名。

```
GUI："开始" > "所有程序" > Ansys 2023 R1 > Mechanical APDL Product Launcher 2023 R1
```

显示 Ansys 2023 R1 启动对话框，设置工作目录，将初始工作文件名设置为 Bracket，并单击 Run 按钮进入 Ansys 图形用户界面。

（2）定义分析标题。

执行下列命令后，弹出如图 1-7 所示的 Change Title（修改标题）对话框，在 Enter new title 文本框中输入 STRESS IN A BRACKET 作为 Ansys 图形显示时的标题。

```
GUI: Utility Menu > File > Change Title
```

2. 定义单元类型

在每一个 Ansys 分析中，用户都必须在 Ansys 的单元库中选择适当的单元类型。本例中使用的单元类型为 PLANE183 单元，这是一个 8 节点的二维四边形高阶（二阶）结构单元。使用高阶单元的一个优点是可以将几何模型划分为比使用低阶单元更粗的网格，但仍然能够保持较好的求解精度。同时，PLANE183 单元还可以通过实常数来定义厚度。

执行下列命令后，弹出如图 1-8 所示的 Element Types（单元类型）对话框。

```
GUI: Main Menu > Preprocessor > Element Type > Add/Edit/Delete
```

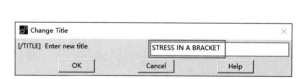

图 1-7 Change Title 对话框

图 1-8 Element Types 对话框

单击 Add 按钮，弹出如图 1-9 所示的 Library of Element Types（单元类型库）对话框，在左侧的列表框中选择 Solid 选项，在右侧的列表框中选择 8 node 183 选项，也就是 PLANE183 单元。

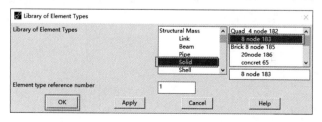

图 1-9 Library of Element Types 对话框

单击 OK 按钮，返回如图 1-10 所示的 Element Types 对话框，可以看到 PLANE183 单元已经出现在 Defined Element Types（定义单元类型）列表框中，单击 Options 按钮，弹出如图 1-11 所示的 PLANE183 element type options（定义 PLANE183 单元选项）对话框。在 Element behavior K3 下拉列表中选择 Plane strs w/thk 选项（表示平面应力并且可以定义厚度）后，单击 OK 按钮返回 Element Types 对话框，然后单击 Close 按钮关闭该对话框，完成单元类型的定义。

> **提示：**
>
> 在 Ansys 所弹出的对话框中，有的包含 Apply 和 OK 两个按钮。单击 Apply 按钮和单击 OK 按钮的区别是：单击 Apply 按钮时，执行命令但不关闭该对话框；单击 OK 按钮时，执行命令并关闭对话框。读者可以根据需要进行选择。

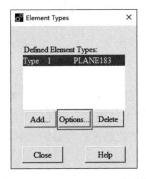
图 1-10　Element Types 对话框

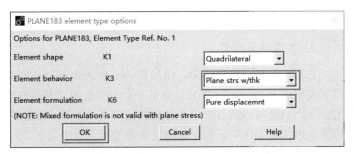
图 1-11　PLANE183 element type options 对话框

3. 定义单元实常数

接下来通过实常数来定义 PLANE183 单元的厚度。

执行下列命令后，弹出如图 1-12 所示的 Real Constants（定义实常数）对话框，单击 Add 按钮，弹出如图 1-13 所示的 Element Type for Real Constants（选择要定义实常数的单元）对话框，选中 PLANE183 单元后，单击 OK 按钮，弹出如图 1-14 所示的 Real Constant Set Number 1, for PLANE183（定义单元厚度）对话框，在 THK 文本框中输入 12，单击 OK 按钮后返回 Real Constants 对话框，单击 Close 按钮将其关闭。

```
GUI: Main Menu > Preprocessor > Real Constants > Add/Edit/Delete
```

图 1-12　Real Constants 对话框

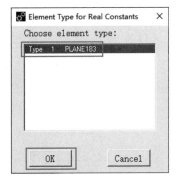
图 1-13　Element Type for Real Constants 对话框

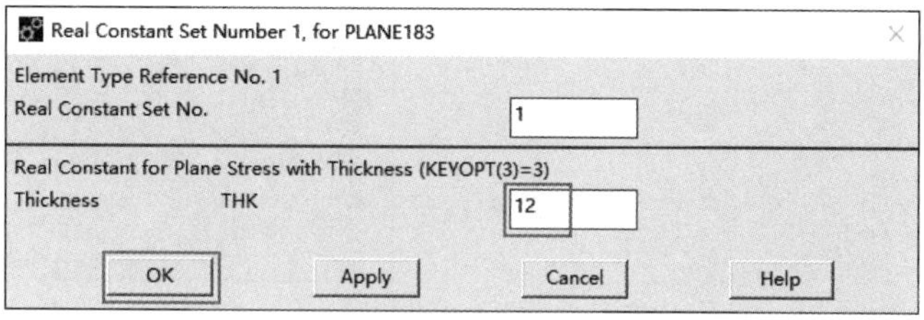

图 1-14 Real Constant Set Number 1, for PLANE183 对话框

4. 定义材料属性

角托架的材料为 Q235 结构钢，对于线性静力结构分析，需要定义角托架的弹性模量和泊松比。

执行下列命令后，弹出如图 1-15 所示的 Define Material Model Behavior（定义材料模型特征）对话框。在该对话框的右侧列表框中选择 Structural > Linear > Elastic > Isotropic 选项，表示选中结构分析中的线弹性各向同性材料模型。这时弹出如图 1-16 所示的 Linear Isotropic Properties for Material Number 1（定义线弹性各向同性材料属性）对话框，在其中输入弹性模量 EX 为 2.1E5，泊松比 PRXY 为 0.3，再单击 OK 按钮返回 Define Material Model Behavior 对话框，在菜单栏中选择 Material > Exit 命令或单击右上角的关闭按钮，关闭该对话框。

GUI: Main Menu > Preprocessor > Material Props > Material Models

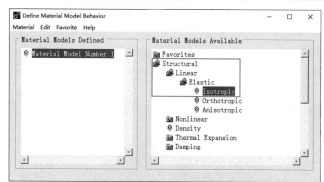

图 1-15 Define Material Model Behavior 对话框

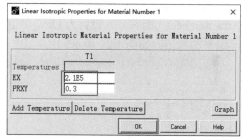

图 1-16 Linear Isotropic Properties for Material Number 1 对话框

5. 建立几何模型

分析角托架的几何模型，其主要由矩形面和圆面组合而成。可以在全局坐标系中选择任意位置作为原点，然后创建相对于该原点的矩形和圆等几何图元。对于该模型，首先可以使用左上角圆孔的中心为原点，创建一个相对于该位置的矩形。

（1）创建矩形。

执行下列命令后，弹出如图 1-17 所示的 Create Rectangle by Dimensions（创建矩形）对话框，在其中设置 X1=0，X2=150，Y1=-25，Y2=25。单击 Apply 按钮生成第 1 个矩形。继续在对话框中设置 X1=100，X2=150，Y1=-25，Y2=-75，单击 OK 按钮生成第 2 个矩形。生成的 2 个矩形如图 1-18 所示。

GUI: Main Menu > Preprocessor > Modeling > Create > Area > Rectangle > By Dimensions

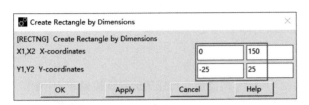
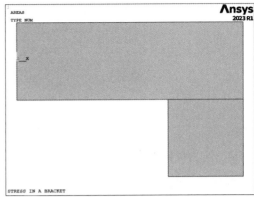

图 1-17　Create Rectangle by Dimensions 对话框　　　　图 1-18　矩形示意图

> 📢 **提示：**
> 　　Ansys 坐标系包括以下 6 种：整体坐标系、局部坐标系、显示坐标系、节点坐标系、单元坐标系和结果坐标系。其中，整体坐标系和局部坐标系是用于定位几何模型空间位置的坐标系。此处激活的是整体坐标系（默认为笛卡儿坐标系），所输入的是整体笛卡儿坐标系下的坐标值。

（2）改变图形控制。在图 1-18 中，2 个矩形以相同的颜色显示。为了将 2 个不同的矩形使用不同的颜色进行区分，可以在 Ansys 中使用以下菜单命令进行设置。

执行下列命令后，弹出如图 1-19 所示的 Plot Numbering Controls（图形编号控制）对话框，将 Area numbers（面编号）设置为 On，单击 OK 按钮。此时，2 个矩形即以不同的颜色显示，并显示面编号的标识，如图 1-20 所示。

```
GUI: Utility Menu > PlotCtrls > Numbering
```

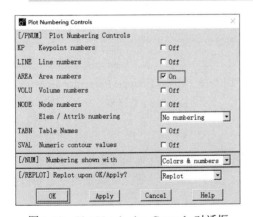
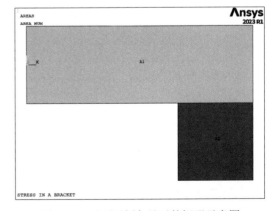

图 1-19　Plot Numbering Controls 对话框　　　　图 1-20　以不同颜色显示的矩形示意图

> 📢 **提示：**
> 　　默认情况下，在 Plot Numbering Controls 对话框中，Numbering shown with 栏设置为 Colors & numbers，表示以颜色加编号的形式显示图元；Replot upon OK/Apply? 栏设置为 Replot，表示单击 OK 或 Apply 按钮后重新绘制图形，在本实例中将重新绘制面。

(3) 将工作平面修改为极坐标系类型并创建第 1 个圆。在步骤 (1) 中通过直接输入坐标值来创建矩形，接下来演示如何通过工作平面来创建圆。

为了方便后续的操作，首先对图形进行缩放。

执行下列命令后，弹出如图 1-21 所示的 Pan-Zoom-Rotate（平移-缩放-旋转）对话框，单击其中的小圆点按钮，将图形进行缩放，然后单击 Close 按钮将其关闭。

  GUI: Utility Menu> PlotCtrls> Pan, Zoom, Rotate

接下来显示出工作平面并对其进行设置。

执行下列命令后，Display Working Plane 命令前将显示对号标识，同时将在左上角圆孔的中心处显示出工作平面，如图 1-22 所示。

  GUI: Utility Menu> WorkPlane> Display Working Plane

📢 提示：

  工作平面是一个带原点和二维坐标系的无限平面，它与坐标系是相互独立的，是一个可移动的参考平面，像一个"绘图板"，可以根据用户的需要进行移动。

然后，可以对工作平面进行设置。

执行下列命令后，弹出如图 1-23 所示的 WP Settings（工作平面设置）对话框，选中 Polar（使用极坐标系）和 Grid and Triad 单选按钮（显示栅格和坐标系），在 Snap Incr 文本框中输入 5（捕捉间隔为 5），在 Spacing 文本框中输入 5（极坐标轴栅格间距为 5），在 Radius 文本框中输入 25（极坐标轴栅格最大半径值为 25），然后单击 OK 按钮，结果如图 1-24 所示。

  GUI: Utility Menu> WorkPlane> WP Settings

 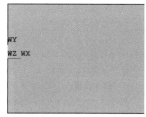 

图 1-21 Pan-Zoom-Rotate 对话框 图 1-22 工作平面标识示意图 图 1-23 WP Settings 对话框

接下来创建第 1 个圆。

执行下列命令后，弹出如图 1-25 所示的 Solid Circular Area（绘制圆）对话框，在图形窗口中依次单击拾取如图 1-24 所示的第 1 个位置（位于工作平面的原点）和第 2 个位置（位于第 1 个矩形的左上角点）。此时，在如图 1-25 所示的对话框中自动设置 X=0，Y=0，Radius=25，单击 OK 按钮，生成角托架左上角的圆，结果如图 1-26 所示。当然，读者也可以在如图 1-25 所示的对话框中直接输入相应的数值。

```
GUI：Main Menu > Preprocessor > Modeling > Create > Area > Circle > Solid Circle
```

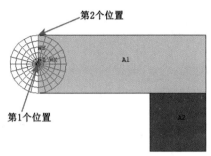
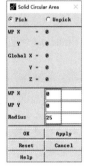
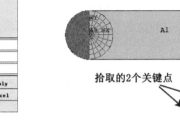

图 1-24　以栅格形式显示的工作平面　　图 1-25　Solid Circular Area 对话框　　图 1-26　创建第 1 个圆

（4）移动工作平面并创建第 2 个圆。接下来将以步骤（3）相同的方式在右下角创建第 2 个圆。

首先对工作平面进行移动，Ansys 中有多种方法可以移动工作平面，本实例将通过关键点对工作平面进行移动。

执行下列命令后，弹出如图 1-27 所示的 Offset WP to Keypoints（偏移工作平面到关键点）拾取框，依次单击拾取如图 1-26 所示的 2 个关键点，然后单击 OK 按钮。此时，工作平面的原点将移动到 2 个关键点之间的中点位置，如图 1-28 所示。使用步骤（3）中的方法创建半径为 25 的第 2 个圆，结果如图 1-29 所示。

```
GUI：Utility Menu> WorkPlane> Offset WP to> Keypoints
```

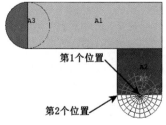
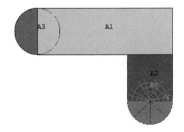

图 1-27　Offset WP to Keypoints 拾取框　　图 1-28　偏移工作平面的结果　　图 1-29　创建第 2 个圆

接着单击工具栏中的 SAVE_DB 按钮进行存盘。

📢 提示：

> 在 Ansys 操作中经常进行存盘是非常重要的，由于 Ansys 中没有专门的撤销上一次操作的命令，当操作错误时，可以通过 Utility Menu> File> Resume Jobname.db 或单击工具栏中的 RESUME_DB 按钮来调出上次所存储的数据库文件。当然，也可以使用 Utility Menu> File> Save as 以其他文件名存储数据库文件，然后通过 Utility Menu> File> Resume from 命令调出所存储的任意数据库文件。

（5）布尔加运算。几何模型的矩形和圆均已创建，把这些面加在一起，模型就变成了一个整体。接下来对面进行布尔加运算。

执行下列命令后，弹出如图 1-30 所示的 Add Areas（面）拾取框，单击 Pick All 按钮（表示拾取所有的面）。这时 2 个矩形和 2 个圆就成为一个新的连续的面（编号为 A5），如图 1-31 所示。

　　GUI: Main Menu > Preprocessor > Modeling > Operate > Booleans > Add > Areas

📢 提示：

> Ansys 通过拾取框来拾取点、线、面、体、单元、节点等图元或位置，下面对拾取框的用法作简要介绍。Pick（拾取）和 Unpick（取消拾取）单选按钮用于在拾取和取消拾取两种模式之间进行切换，读者也可以通过右击来进行两种模式的快速切换。鼠标指针显示为向上箭头用于拾取，显示为向下箭头用于取消拾取。Single（单选）、Box（框选）、Polygon（多边形选择）、Circle（圆形选择）和 Loop（环选）单选按钮用于设置选择方式，单选表示每次单击选择一个图元；处于框选、多边形选择和圆形选择状态时，按下鼠标左键并拖动鼠标，可以拾取由方框、多边形或圆形包围的一组图元；环选仅适用于拾取线和面，当拾取一条线（或一个面）时，包括该线（或面）在内的连续形成环状的完整线（或面）集也会被拾取。当用户想要识别连续线以创建面（或连续面以创建体）时，此功能非常有用。用户也可以在下面的输入框中直接输入所拾取图元的编号。为了协助用户进行拾取操作，Ansys 会突出显示所拾取的图元。

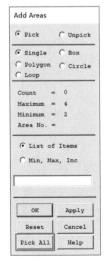

图 1-30　Add Areas 拾取框

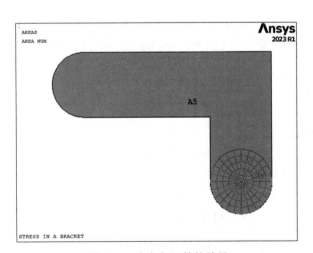

图 1-31　布尔加运算的结果

（6）创建倒圆角。为了便于后续的创建倒圆角操作，现对图形窗口的显示进行设置。首先，选择 Utility Menu> WorkPlane> Display Working Plane 命令，使 Display Working Plane 命令前的对号标识消失，即隐藏工作平面。然后，选择 Utility Menu > PlotCtrls > Numbering 命令，弹出如图 1-32 所示的 Plot Numbering Controls 对话框，将 Line numbers 设置为 On，将 Area numbers 设置为 Off，即隐藏面编号而显示线编号。最后，选择 Utility Menu> Plot > Lines 命令，仅显示线，结果如图 1-33 所示。

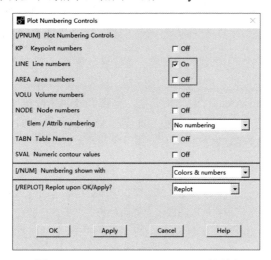

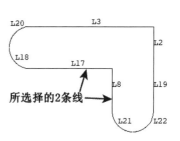

图 1-32　Plot Numbering Controls 对话框　　　图 1-33　显示线的结果

选择 Main Menu > Preprocessor > Modeling > Create > Lines > Line Fillet 命令后，弹出线拾取框，选择图 1-33 所示编号为 L17 和 L8 的 2 条线，单击 OK 按钮，弹出如图 1-34 所示的 Line Fillet（创建倒角）对话框。在 Fillet radius 文本框中输入 10，单击 OK 按钮，结果如图 1-35 所示。

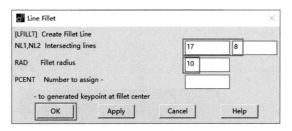

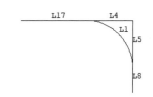

图 1-34　Line Fillet 对话框　　　图 1-35　生成的倒圆角（局部）

🔊 提示：

> Ansys 通过编号来标识每个图元，每一类图元单独进行编号，各类图元之间的编号互不影响。编号仅为数字，但在图形窗口的显示中，为了区分各图元，在线的编号前显示 L 标识，在面的编号前显示 A 标识，在体的编号前显示 V 标识。本书为了描述方便和便于读者理解，在编号的前面加上了字母标识，如"编号为 L17 和 L8 的 2 条线"，实际表示"编号为 17 和 8 的 2 条线"。

选择 Main Menu > Preprocessor > Modeling > Create > Area > Arbitrary > By Lines 命令，弹出线拾取框，选择图 1-35 中编号为 L1、L4 和 L5 的 3 条直线，单击 OK 按钮，生成如图 1-36 所示的倒

圆角面。

选择 Main Menu > Preprocessor > Modeling > Operate > Booleans > Add > Areas 命令，在弹出的拾取框中单击 Pick All 按钮，对所有面进行布尔加运算，创建一个新面。

单击工具栏中的 SAVE_DB 按钮进行存盘。

（7）创建角托架的 2 个圆孔。此处将采用直接输入参数值的方法创建 2 个圆孔，读者也可以尝试使用步骤（3）和步骤（4）中的方法创建角托架的 2 个圆孔。

执行下列命令后，弹出如图 1-37 所示的 Solid Circular Area 对话框，在对话框中设置 X=0,Y=0,Radius=10，单击 Apply 按钮，生成角托架右下角的小圆。接着继续在对话框中设置 X=-125,Y=75,Radius=10，单击 OK 按钮，生成角托架左上角的小圆，如图 1-38 所示。

GUI: Main Menu > Preprocessor > Modeling > Create > Areas > Circle > Solid Circle

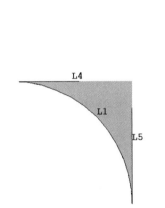
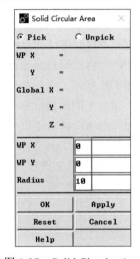
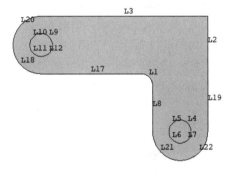

图 1-36　生成的倒圆角面（局部）　　图 1-37　Solid Circular Area 对话框　　图 1-38　创建 2 个小圆

提示：

> 在图 1-37 所示的对话框中，X 和 Y 的前面有一个 WP 标识，这表示所使用的坐标值是工作平面的坐标值。在前面的操作中，将工作平面的坐标原点移动到右下角圆孔的圆心位置，所以输入的坐标值要以此位置进行定位。

现在只需通过角托架的基面减去 2 个小圆的面，即可得到角托架的二维几何模型。选择 Main Menu > Preprocessor > Modeling > Operate > Booleans > Subtract > Areas 命令，在弹出的拾取框中选择角托架为布尔减运算的基面，单击 Apply 按钮，接着选择刚创建的 2 个小圆作为被减去的部分，单击 OK 按钮后即生成角托架的 2 个圆孔，如图 1-39 所示。

选择 Utility Menu > Save as 命令，弹出如图 1-40 所示的 Save DataBase（保存数据库文件）对话框，在 Save Database to 文本框中输入 model.db，然后单击 OK 按钮，以 model.db 为文件名进行存盘。

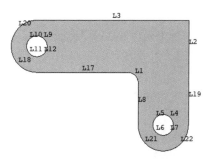

图 1-39 布尔减运算生成角托架圆孔

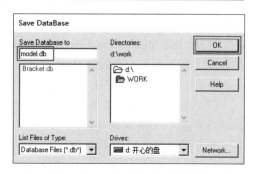

图 1-40 Save DataBase 对话框

6. 网格划分生成有限元模型

在本实例中,通过全局单元尺寸来控制所生成网格的疏密程度。选择 Main Menu > Preprocessor > Meshing > Mesh Tool 命令,弹出如图 1-41 所示的 MeshTool(网格工具)对话框,单击 Size Controls 组中 Global 后的 Set 按钮,弹出如图 1-42 所示的 Global Element Sizes(全局单元尺寸)对话框,在 Element edge length 文本框中输入 12,单击 OK 按钮。返回如图 1-41 所示的 MeshTool 对话框,将 Mesh 设置为 Areas,然后单击 Mesh 按钮,在弹出的面拾取框中单击 Pick All 按钮,生成有限元模型,如图 1-43 所示。完成网格划分后,单击 MeshTool 对话框中的 Close 按钮将其关闭。

选择 Utility Menu > Save as 命令,在弹出的 Save DataBase 对话框的 Save DataBase to 文本框中输入 mesh.db,然后单击 OK 按钮,以 mesh.db 为文件名进行存盘。

图 1-41 MeshTool 对话框

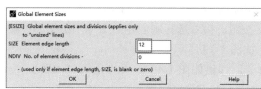

图 1-42 Global Element Sizes 对话框

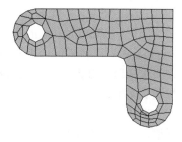

图 1-43 划分网格后的角托架有限元模型

> **提示：**
> 本实例中，只定义了一种材料模型（线弹性各向同性材料模型），也只定义了一种单元类型（PLANE183），所以 Ansys 默认将唯一的材料模型和单元类型赋予所划分网格的面。

7．施加载荷

（1）选择分析选项。选择 Main Menu > Solution > Analysis Type > New Analysis 命令，在弹出的 New Analysis（新分析设置）对话框中选中 Static（静力分析）单选按钮，如图 1-44 所示，单击 OK 按钮。

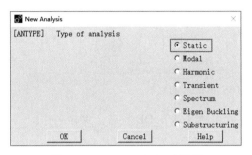

图 1-44　New Analysis 对话框

（2）施加位移约束。选择 Main Menu > Solution > Define Loads > Apply > Structural > Displacement > On Lines 命令，弹出对话框后，在图 1-39 中选择角托架左上角圆孔处的 4 条线（L9、L10、L11、L12），单击 OK 按钮，弹出如图 1-45 所示的 Apply U, ROT on Lines（在线上施加位移约束）对话框，在 DOFs to be constrained 列表框中选择 All DOF 选项（表示所有自由度），在 Displacement value 文本框中输入 0（表示将位移值设置为 0），单击 OK 按钮，即可在角托架左上角的圆孔处施加位移约束，如图 1-46 所示。

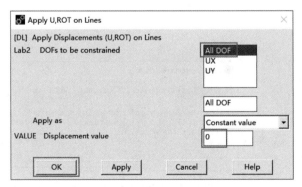

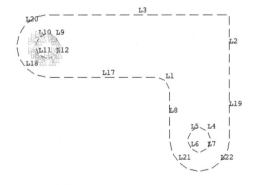

图 1-45　Apply U, ROT on Lines 对话框　　　　图 1-46　施加位移约束的结果

（3）施加压力载荷。选择 Main Menu > Solution > Define Loads > Apply > Structural > Pressure > On Lines 命令，弹出对话框后，选择角托架右下角圆孔的左下弧线 L6，单击 OK 按钮，弹出如图 1-47 所示的 Apply PRES on lines（在线上施加压力载荷）对话框。在 Load PRES value 文本框中输入 0.5，在 Value 文本框中输入 5，单击 Apply 按钮，弹出对话框后，选择角托架右下角圆孔的右下弧线 L7，

单击 OK 按钮，再次弹出如图 1-47 所示的 Apply PRES on lines 对话框。在 Load PRES value 文本框中输入 0.5，在 Value 文本框中输入 5，单击 OK 按钮，即可完成对圆孔的压力载荷施加，如图 1-48 所示。

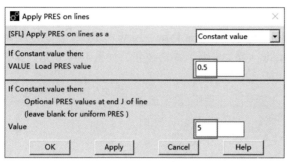

图 1-47　Apply PRES on lines 对话框　　　　　图 1-48　施加压力载荷的结果

（4）保存模型。单击工具栏中的 SAVE_DB 按钮，保存文件。

8．求解

选择 Main Menu > Solution > Solve > Current LS 命令后，弹出 /STATUS Command（求解状态概要）窗口和 Solve Current Load Step（求解当前载荷步）对话框，分别如图 1-49 和图 1-50 所示。核查 /STATUS Command 窗口中的内容，确认无误后，将其关闭；单击 Solve Current Load Step 对话框中的 OK 按钮，Ansys 程序便开始求解计算。

计算完成后，会弹出如图 1-51 所示的 Note（提示）对话框，提示求解已经完成，单击 Close 按钮关闭对话框。

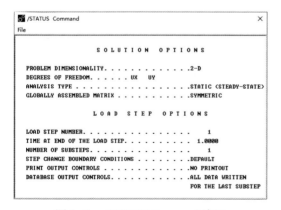

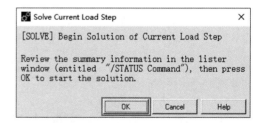

图 1-49　/STATUS Command 窗口　　　　　图 1-50　Solve Current Load Step 对话框

图 1-51　Note 对话框

1.3.3 后处理

1．读入结果文件

执行下列命令后，读入当前计算结果的数据。
```
GUI: Main Menu > General Postproc > Read Results > First Set
```

2．绘制变形图

执行下列命令后，弹出如图 1-52 所示的 Plot Deformed Shape（绘制变形后的形状）对话框，选中 Def+undeformed 单选按钮（表示在绘制变形图的同时绘制变形前的几何模型），单击 OK 按钮，得到如图 1-53 所示的角托架受载荷作用的变形图。
```
GUI: Main Menu > General Postproc > Plot Results > Deformed Shape
```

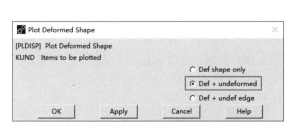
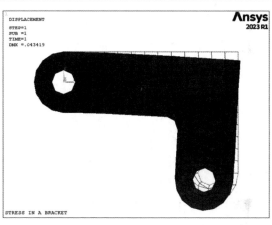

图 1-52　Plot Deformed Shape 对话框　　　　图 1-53　变形图

选择 Utility Menu> PlotCtrls> Animate> Deformed Shape 命令，弹出如图 1-54 所示的 Animate Deformed Shape（变形形状动画）对话框，选中 Def+undeformed 单选按钮，单击 OK 按钮，即可查看角托架变形图的动画。

图 1-54　Animate Deformed Shape 对话框

3．绘制角托架等效应力分布云图

执行下列命令后，弹出如图 1-55 所示的 Contour Nodal Solution Data（节点解的数据云图）对话框，在 Item to be contoured 列表框中先选择 Stress 选项，再选择 von Mises stress 选项（选择查看等效应力），然后单击 OK 按钮，得到如图 1-56 所示的角托架等效应力分布云图（本实例中应力单位为 MPa）。

```
GUI: Main Menu > General Postproc > Plot Results > Contour Plot > Nodal Solu
```

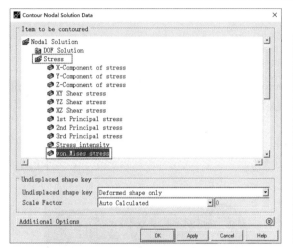
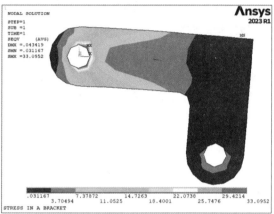

图 1-55　Contour Nodal Solution Data 对话框　　　　图 1-56　角托架等效应力分布云图

选择 Utility Menu> PlotCtrls> Animate> Deformed Results 命令，弹出如图 1-57 所示的 Animate Nodal Solution Data（节点解的数据动画）对话框，在左侧列表框中选择 Stress 选项，在右侧列表框中选择 von Mises SEQV 选项，单击 OK 按钮，即可查看角托架等效应力分布云图的动画。

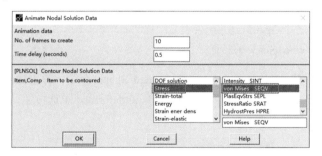

图 1-57　Animate Nodal Solution Data 对话框

4．查看反力数据

执行下列命令后，弹出如图 1-58 所示的 List Reaction Solution（列表显示反力解）对话框，保持默认设置，单击 OK 按钮，弹出如图 1-59 所示的 PRRSOL Command（PRRSOL 命令）窗口。可以看到，总的 Y 方向的反力为 807.64（本实例中力的单位为 N）。

```
GUI: Main Menu> General Postproc> List Results> Reaction Solu
```

📢 提示：

本书中所得到的结果可能与读者的求解结果略有不同，这取决于所使用的计算机硬件和操作系统平台。

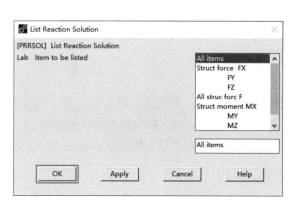 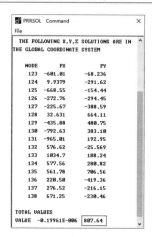

图 1-58　List Reaction Solution 对话框　　　　图 1-59　PRRSOL Command 窗口

5．保存结果文件

单击工具栏中的 SAVE_DB 按钮保存文件。

通过以上操作就完成了一个实例的 Ansys 分析过程，单击工具栏中的 QUIT 按钮，弹出如图 1-60 所示的 Exit（退出）对话框，由于前面已经保存了数据库文件，此处选中 Quit - No Save!单选按钮，然后单击 OK 按钮即可退出 Ansys 程序。

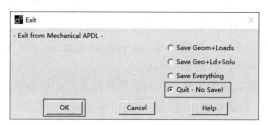

图 1-60　Exit 对话框

◀》 提示：

> 退出对话框中有 4 个单选按钮，Save Geom+Loads 表示保存模型和载荷的数据，Save Geo+Ld+Solu 表示保存模型、载荷和求解的数据，Save Everything 表示保存模型、载荷、求解和后处理的数据，Quit - No Save!表示不保存任何数据。

第 2 章　创建或导入几何模型

有限元分析需要使用有限元模型，对于形状复杂的模型，一般是在几何模型的基础上生成有限元模型。在 Ansys 中，既可以直接创建几何模型，又可以导入在其他 CAD 软件中创建好的几何模型。本章将对创建或导入几何模型的方法进行简要介绍，并通过具体的实例来演示在 Ansys 中创建或导入几何模型的具体操作步骤。

- ➢ 自底向上建模方法
- ➢ 自顶向下建模方法
- ➢ 导入几何模型

2.1　创建几何模型

Ansys 中可以直接创建几何模型或导入在其他 CAD 软件中创建好的几何模型。Ansys 中创建几何模型有两种方法，分别是自底向上（from the bottom up）和自顶向下（from the top down）。

自底向上创建几何模型是由低阶图元到高阶图元的建模方法，其由创建几何模型的最低阶图元（点）逐步至创建最高阶图元（体），即先生成点，再由点连成线，然后由线合围生成面，最后通过面来创建体，即点→线→面→体，如图 2-1 所示。

采用自顶向下方法创建较高阶图元时，其对应的较低阶图元将自动产生，图元高低阶顺序依次为体、面、线及点。例如，在创建圆柱体时，其对应的面、线、点会同时创建完成，如图 2-2 所示。

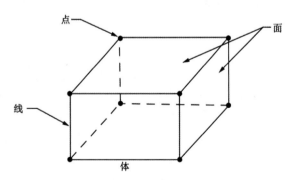

图 2-1　采用自底向上方法创建几何模型示例

图 2-2　采用自顶向下方法创建圆柱体

这两种建模方法不是绝对独立的，读者可以在任何模型中根据需要自由组合使用自底向上和自顶向下两种建模技术。需要注意的是，自底向上的建模方法主要是在当前激活的坐标系上定义的；而自顶向下的建模方法是在工作平面内建立的，其体或面的定位和方向都依赖于工作平面。当用户混合使用这两种建模方法时，要注意工作平面与当前激活坐标系之间的关系。

完成几何图元的初步创建后，通过布尔运算、缩放、移动、复制、镜像、删除等操作，创建出实际需要的几何模型。在删除几何图元时需要注意，如果低阶的图元连接在高阶图元上，则无法删除低阶图元，因此删除图元必须由高阶到低阶进行。

对于一个熟悉 CAD 软件操作的读者来说，在 Ansys 软件中进行几何建模并不复杂，其操作命令大部分位于 Main Menu > Preprocessor > Modeling 子菜单之中，如图 2-3 所示。

如果读者已经在其他 CAD 软件中完成了几何模型的创建，则可以通过 Utility Menu > File > Import 命令下面的子菜单，导入已创建的几何模型。

接下来通过具体的实例介绍 Ansys 软件中创建几何模型的操作步骤。

图 2-3 主菜单中用于几何建模的命令

扫一扫，看视频

2.1.1 实例——圆柱螺旋压缩弹簧的实体建模

本小节以图 2-4 所示的圆柱螺旋压缩弹簧为例（簧丝直径 d=5mm，弹簧中径 D_z=30mm，节距 t=12mm，圈数 n=6.5），介绍创建弹簧实体模型的基本步骤。

分析圆柱螺旋压缩弹簧的结构可采取如下建模方法：首先创建螺旋线，然后在螺旋线端部创建簧丝横截面，最后沿螺旋线的路径拖拉该面以生成簧身。

1．定义工作文件名

选择 Utility Menu > File > Change Jobname 命令，弹出如图 2-5 所示的 Change Jobname（修改工作文件名）对话框，在 Enter new jobname 文本框中输入 spring 并勾选 New log and error files?复选框（表示生成新的日志文件和错误文件），单击 OK 按钮。

图 2-4 圆柱螺旋压缩弹簧示意图

2．定义弹簧的尺寸参数

为了便于今后进行参数化分析，现定义弹簧的尺寸参数。

选择 Utility Menu > Parameters > Scalar Parameters 命令，弹出 Scalar Parameters（标量参数）对话框，在 Selection 文本框中输入"D = 5"，单击 Accept 按钮。依次在 Selection 文本框中输入"DZ=30" "N = 6.5" "T = 12"，并单击 Accept 按钮确认，当输入完成后，其输入参数的结果如图 2-6 所示，单击 Close 按钮关闭该对话框。

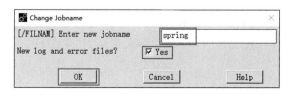

图 2-5 Change Jobname 对话框

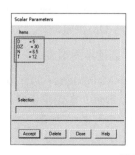

图 2-6 Scalar Parameters 对话框

> **提示：**
>
> Ansys 对命令和参数的输入不区分大小写，并总是用大写形式来显示，所以此处输入的小写字母自动转换成其大写形式。

3. 创建关键点

（1）设置坐标系。为了便于创建关键点，需要将当前坐标系转换为柱坐标系。选择 Utility Menu > WorkPlane> Change Active CS to> Global Cylindrical 命令，如图 2-7 所示，将当前坐标系设为柱坐标系。此时状态栏中的坐标系标识如图 2-8 所示。

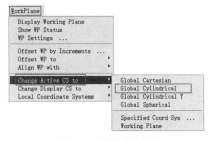

图 2-7 设置坐标系　　　　　　　图 2-8　状态栏中的坐标系标识

> **提示：**
>
> 读者可以通过 Utility Menu > WorkPlane> Change Active CS to 命令下的子菜单选择需要使用的坐标系，其中 Global Cartesian 为笛卡儿坐标系（csys=0），Global Cylindrical 为柱坐标系（笛卡儿坐标系的 Z 轴为旋转轴，csys=1），Global Cylindrical Y 为以笛卡儿坐标系的 Y 轴作为旋转轴的柱坐标系（csys=5），Global Spherical 为球坐标系（csys=2），Specified Coord Sys 用于指定已设定的坐标系，Working Plane 为工作平面坐标系（csys=4）。读者可以通过 Utility Menu> WorkPlane> Local Coordinate Systems 命令来创建、删除和移动局部坐标系（局部坐标系的编号均不小于 11）。在几何建模时，要随时通过状态栏观察当前活动的坐标系。

（2）创建 2 个关键点。选择 Main Menu > Preprocessor > Modeling > Create > Keypoints > In Active CS 命令，弹出如图 2-9 所示的 Create Keypoints in Active Coordinate System（在活动的坐标系中创建关键点）对话框，在 Keypoint number 文本框中输入 1（关键点编号），在 Location in active CS 文本框中依次输入 DZ/2、0、0 [DZ 为 30，表示在坐标位置（15,0,0）处创建关键点]，单击 Apply 按钮；然后在 Keypoint number 文本框中输入 2，在 Location in active CS 文本框中依次输入 DZ/2、180、T/2，单击 OK 按钮。

4. 创建半圈螺旋线

选择 Main Menu > Preprocessor > Modeling > Create > Lines > Lines > In Active Coord 命令，弹出关键点拾取框，在图形窗口中依次拾取步骤 3 中所创建的关键点 1 和关键点 2，单击 OK 按钮，创建半圈螺旋线 L1，如图 2-10 所示。

图 2-9　Create Keypoints in Active Coordinate System 对话框　　图 2-10　创建线结果（显示编号）

5. 复制出完整的螺旋线

（1）复制半圈螺旋线。选择 Main Menu > Preprocessor > Modeling > Copy > Lines 命令，弹出线拾取框，在图形窗口中拾取线 L1，单击 OK 按钮，弹出如图 2-11 所示的 Copy Lines（复制线）对话框，在 Number of copies 文本框中输入 2*n（13 个半圈螺旋线，即 6.5 圈），在 X-offset in active CS 文本框中输入 0（X 方向偏移距离为 0），在 Y-offset in active CS 文本框中输入 180（Y 方向偏移距离为 180），在 Z-offset in active CS 文本框中输入 T/2（T 为 12，Z 方向偏移距离为 6），单击 OK 按钮，结果如图 2-12 所示。

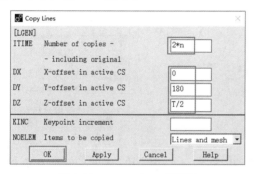
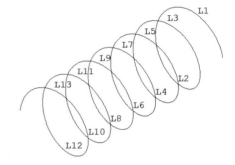

图 2-11　Copy Lines 对话框　　　　　　　图 2-12　Copy Lines 的结果

（2）合并重合的关键点。选择 Main Menu>Preprocessor>Numbering Ctrls>Merge Items 命令，弹出如图 2-13 所示的 Merge Coincident or Equivalently Defined Items（合并重合或等效的对象）对话框，将 Type of item to be merge 设置为 Keypoints（表示合并关键点），单击 OK 按钮，将重合的关键点进行合并。

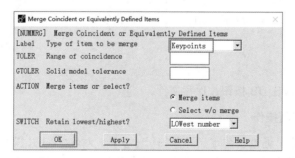

图 2-13　Merge Coincident or Equivalently Defined Items 对话框

6. 创建簧丝横截面

（1）偏移工作平面。选择 Utility Menu > WorkPlane> Offset WP by Increments 命令，弹出如图 2-14

所示的 Offset WP（偏移工作平面）对话框，在 X,Y,Z Offsets 文本框中输入"DZ/2,0,0"（X 方向偏移距离为 DZ/2），在 XY,YZ,ZX Angles 文本框中输入"0,90,0"（按右手定则绕 X 轴旋转 90°），然后单击 OK 按钮，结果如图 2-15 所示。

（2）创建簧丝的横截面。选择 Main Menu > Preprocessor > Modeling > Create > Areas > Circle > Solid Circle 命令，弹出如图 2-16 所示的 Solid Circular Area 对话框，在对话框中设置 X=0，Y=0，Radius=D/2，单击 OK 按钮。

图 2-14　Offset WP 对话框

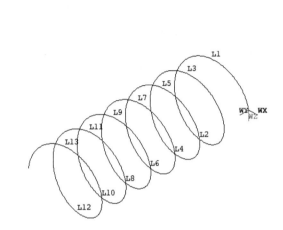

图 2-15　偏移工作平面的结果　　　　图 2-16　Solid Circular Area 对话框

7. 通过拖拉面创建体

选择 Main Menu > Preprocessor > Modeling > Operate > Extrude > Areas > Along Lines 命令，弹出面拾取框，在图形窗口中拾取刚刚创建的圆面，单击 OK 按钮，弹出线拾取框，在图形窗口中依次选择图 2-15 中的线 L1、L2、L3、L4、L5、L6、L7、L8、L9、L10、L11、L12、L13，单击 OK 按钮，生成的弹簧实体模型如图 2-17 所示。

8. 保存几何模型

单击工具栏中的 SAVE_DB 按钮，保存文件。

图 2-17　生成的弹簧实体模型

9. APDL 参数化编程操作

在创建弹簧模型之前，通过参数定义弹簧的尺寸参数，对刚才 GUI 操作的日志文件进行适当修改，就可以对不同参数的圆柱螺旋压缩弹簧进行实体建模。下面介绍具体操作过程。

（1）查看日志文件中的内容。在工作目录中找到 spring0.log 文件，可以查看整个弹簧建模操作的命令流。以下为 spring0.log 文件中的具体内容。

```
/BATCH
```

```
/COM,ANSYS RELEASE 2023 R1 BUILD 23.1 UP20221128 17:00:55
*SET,d,5
*SET,DZ,30
*SET,t,12
*SET,n,6.5
CSYS,1
/PREP7
K,1,DZ/2,0,0,
K,2,DZ/2,180,T/2,
L, 1, 2
FLST,3,1,4,ORDE,1
FITEM,3,1
LGEN,2*n,P51X, , ,0,180,T/2, ,0
/VIEW,1,1,1,1
/ANG,1
/REP,FAST
NUMMRG,KP, , , ,LOW
wpoff,DZ/2,0,0
wprot,0,90,0
CYL4,0,0,D/2
GPLOT
FLST,8,13,4
FITEM,8,1
FITEM,8,2
FITEM,8,3
FITEM,8,4
FITEM,8,5
FITEM,8,6
FITEM,8,7
FITEM,8,8
FITEM,8,9
FITEM,8,10
FITEM,8,11
FITEM,8,12
FITEM,8,13
VDRAG,1, , , , ,P51X
SAVE
```

  由于该日志文件是操作的最原始记录，所以不可避免地存在一些辅助命令（又称"垃圾"命令），对于命令流的初学者而言，可以借助 GUI 操作，然后实时查看工作目录下的 log 文件中的对应命令来了解 GUI 操作与各 Ansys 命令的对应关系。通过 Ansys 软件的帮助文档可以查看各命令的格式，这样，就可以在文本编辑器中通过对日志文件中的内容进行增减而编写命令流文件，从而在 Ansys 环境下进行调试和修改。读者在进行 GUI 操作时，也可以直接在命令输入窗口中输入命令，这两种方式可以交互使用，Ansys 按照操作的先后顺序来执行。有 3 种方式可以查看 GUI 操作过程中实时生成的日志文件：①在工作目录中，用文本编辑器打开 log 文件；②选择 Utility Menu > List > Files > Log File 命令，在弹出的日志窗口中直接查看命令流；③选择 Main Menu > Session Editor 命令。

（2）修改日志文件。通过对日志文件增加注释和查看 Ansys 帮助文档，对日志文件中的一些命令进行修改，完成后的命令流文件如下。

```
!%%%%创建圆柱螺旋压缩弹簧的实体模型%%%%%
C***,Create A Spring Solid Model
/COM,Ansys Modeling Example
/CLEAR,START                              !清除数据
/FILNAME,spring,1                         !更改文件名称
/TITLE,The Spring Solid Model
D=5                                       !簧丝直径
DZ=30                                     !弹簧中径
T=12                                      !节距
N=6.5                                     !圈数，只能设置为整圈或整圈加半圈
CSYS,1                                    !设置为柱坐标系
/PREP7                                    !进入前处理器
K,1,DZ/2,0,0,                             !创建 1 号关键点
K,2,DZ/2,180,T/2,                         !创建 2 号关键点
L,1,2                                     !通过 1、2 号关键点创建线
LGEN,2*n,1,2,1,0,180,T/2, ,0              !复制线以生成完整螺旋线
CM,L1,LINE                                !将完整螺旋线定义为一个组件 L1
NUMMRG,KP, , , ,LOW                       !合并关键点
wpoff,DZ/2,0,0 $ wprot,0,90,0             !移动并旋转工作平面
CYL4,0,0,D/2                              !创建直径为 D 的圆形簧丝横截面
VDRAG,1, , , , ,L1                        !拖拉面创建体
SAVE                                      !保存文件
```

为了便于今后阅读和修改命令流文件，在编写命令流语句时，应增加相应的注释。在上面的命令流文件中，一共采用了 5 种注释方法：①"!%%%%创建圆柱螺旋压缩弹簧的实体模型%%%%%"，在"!"后面所添加的注释将不会在输出窗口中显示；②"C***,Create A Spring Solid Model"，在"C***"后面可添加注释，全部内容都将在输出窗口中显示；③"/COM,Ansys Modeling Example"，在"/COM"后面所添加的注释内容也将在输出窗口中显示；④"/TITLE, The Spring Solid Model"，在"/TITLE"后面所添加的注释将在图形窗口的左下角显示；⑤"wpoff,DZ/2,0,0 $ wprot,0,90,0"语句中的"$"符号为并行符号，在将多行命令流写成一行时可以采用，但若采用了"$"并行符号，就不能在该行的中间采用"!"进行注释（可以在该行的尾部采用）。其中需要注意，各种 Ansys 命令和注释符号都必须在英文半角状态下输入，否则将无法正确识别。

其中，由于 VDRAG 命令格式要求最多只能输入 6 个路径曲线，因此，为了使用该命令，通过 CM,L1,LINE 命令将螺旋线定义为一个组件"L1"。

另外，如果需要对 D、DZ、T、N 等参数的数值进行修改，那么应对输入的参数进行不干涉的协调性处理；否则可能无法正确进行模型的创建。

读者可以将修改后的命令流文件进行保存，本实例中将该命令流文件保存为 spring.txt。

（3）命令流文件的使用。完成修改后的命令流文件有以下 2 种使用方法：①打开修改后的命令流文件，然后将命令流语句的整体或部分复制到 Ansys 界面的命令输入窗口中，按 Enter 键后，即可执行所输入的命令流语句；②选择 Utility Menu > File > Read Input from 命令，弹出如图 2-18 所示的 Read File（读入文件）对话框，选择步骤（2）中保存的命令流文件 spring.txt，单击 OK 按钮，即可执行命令流文件中的所有命令流语句。

图 2-18　Read File 对话框

2.1.2　实例——储液罐的实体建模

本小节以图 2-19 所示的储液罐为例（单位为 m，其中储液罐封头高度 $HF=0.4$，储液罐圆柱部分高度 $H=4$，储液罐半径 $R=1$，出入口半径 $RK=0.3$，出入口端面与储液罐轴线的距离 $HK=1.3$），介绍创建储液罐实体模型的基本步骤。

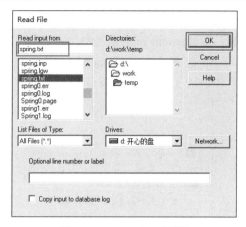

图 2-19　储液罐几何尺寸示意图（1/4 模型）

分析储液罐的结构可采取如下建模方法：首先创建 1/4 模型，然后通过镜像操作创建完整的储液罐。

1. 定义工作文件名

选择 Utility Menu > File > Change Jobname 命令，弹出 Change Jobname 对话框，在 Enter new jobname 文本框中输入 tank 并勾选 New log and error files?复选框，单击 OK 按钮。

2. 定义储液罐的尺寸参数

为了便于今后进行参数化分析，现定义储液罐的尺寸参数。

选择 Utility Menu > Parameters > Scalar Parameters 命令，弹出 Scalar Parameters 对话框，在 Selection 文本框中输入"HF=0.4"，单击 Accept 按钮。依次在 Selection 文本框中输入"H=4""R=1""RK=0.3""HK=1.3"，并单击 Accept 按钮确认，当输入完成后，其输入参数的结果如图 2-20 所示，单击 Close 按钮关闭该对话框。

3. 创建关键点

选择 Main Menu > Preprocessor > Modeling > Create > Keypoints > In Active CS 命令，弹出如图 2-21 所示的 Create Keypoints in Active Coordinate System 对话框，在 Keypoint number 文本框中输入 1000（此关键点为建模的辅助点，完成建模后需要删除），在 Location in active CS 文本框中依次输入 0、

0、0，单击 Apply 按钮；在 Keypoint number 文本框中输入 1，在 Location in active CS 文本框中依次输入 R、0、0，单击 Apply 按钮；在 Keypoint number 文本框中输入 2，在 Location in active CS 文本框中依次输入 R、H/2、0，单击 Apply 按钮；在 Keypoint number 文本框中输入 3，在 Location in active CS 文本框中依次输入 0、H/2+HF、0，单击 OK 按钮。

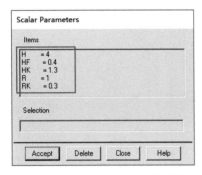

图 2-20　Scalar Parameters 对话框

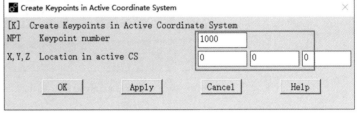

图 2-21　Create Keypoints in Active Coordinate System 对话框

4．创建罐体的边线

（1）移动工作平面。选择 Unitity Menu > WorkPlane > Offset WP by Increments 命令，弹出 Offset WP 对话框，在 X,Y,Z Offsets 文本框中输入"0,H/2,0"，如图 2-22 所示，单击 OK 按钮。

（2）建立椭圆局部柱坐标系 11。选择 Unitity Menu > WorkPlane > Local Coordinate Systems > Create Local CS > At WP Origin 命令，弹出如图 2-23 所示的 Create Local CS at WP Origin（在工作平面原点创建局部坐标系）对话框，在 Ref number of new coord sys 文本框中输入 11（局部坐标系的编号），在 Type of coordinate system 下拉列表中选择 Cylindrical 1（柱坐标系），在 First parameter 文本框中输入 HF/R（椭圆 Y 轴半径与 X 轴半径之比），单击 OK 按钮，局部坐标系建立完毕，创建完的局部坐标系自动成为当前坐标系。

（3）在局部坐标系 11 中创建封头的椭圆线。选择 Main Menu > Preprocessor > Modeling > Create > Lines > Lines > In Active Coord 命令，弹出关键点拾取框，依次拾取关键点 2 和 3，单击 OK 按钮。

（4）创建储液罐边线。选择 Main Menu > Preprocessor > Modeling > Create > Lines > Lines > Straight Line 命令，弹出拾取关键点的对话框，依次拾取关键点 1 和 2，单击 OK 按钮，结果如图 2-24 所示。

图 2-22　Offset WP 对话框

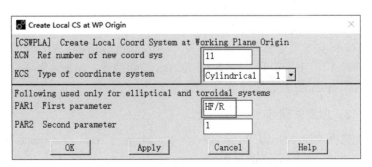

图 2-23　Create Local CS at WP Origin 对话框

5. 旋转线以生成面

选择 Main Menu > Preprocessor > Modeling > Operate > Extrude > Lines > About Axis 命令，弹出线拾取框，单击 Pick All 按钮，接着弹出拾取定义轴线两个关键点对话框，用鼠标拾取关键点 1000 和 3，单击 OK 按钮，弹出如图 2-25 所示的 Sweep Lines about Axis（绕旋转轴扫掠线）对话框，在 Arc length in degrees 文本框中输入 180（绕旋转轴旋转 180°），在 No. of area segments 文本框中输入 1（面片的数量为 1），然后单击 OK 按钮，生成面的结果如图 2-26 所示。

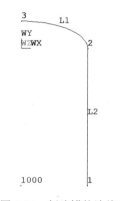
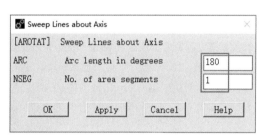

图 2-24　创建罐体边线的结果　　　　图 2-25　Sweep Lines about Axis 对话框　　　　图 2-26　生成面的结果

6. 创建出入口圆柱面

（1）将坐标系设置为全局笛卡儿坐标系。选择 Utility Menu > WorkPlane > Change Active CS to > Global Cartesian 命令，将活动坐标系设置为全局笛卡儿坐标系。

（2）创建关键点。选择 Main Menu > Preprocessor > Modeling > Create > Keypoints > In Active CS 命令，弹出 Create Keypoints in Active Coordinate System 对话框，在 Keypoint number 文本框中输入 11，在 Location in active CS 文本框中依次输入 0、RK、0，单击 Apply 按钮；在 Keypoint number 文本框中输入 12，在 Location in active CS 文本框中依次输入 HK、RK、0，单击 OK 按钮。

（3）创建出入口圆柱的边线。选择 Main Menu > Preprocessor > Modeling > Create > Lines > Lines > In Active Coord 命令，弹出关键点拾取框，依次拾取关键点 11 和 12，单击 OK 按钮。

（4）创建 1/4 出入口圆柱面。选择 Main Menu > Preprocessor > Modeling > Operate > Extrude > Lines > About Axis 命令，弹出线拾取框，选择步骤（3）中刚刚创建的线 L7，接着弹出拾取定义轴线两个关键点对话框，用鼠标拾取关键点 1000 和 1，单击 OK 按钮，弹出 Sweep Lines about Axis 对话框，在 Arc length in degrees 文本框中输入 -90，在 No. of area segments 文本框中输入 1，然后单击 OK 按钮，生成的结果如图 2-27 所示。

7. 面之间执行搭接运算

选择 Main Menu > Preprocessor > Modeling > Operate > Booleans > Overlap > Areas 命令，弹出面拾取框，单击 Pick All 按钮，结果如图 2-28 所示。

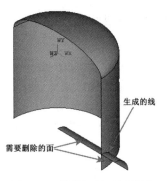

图 2-27　创建出入口圆柱面的结果　　　　　图 2-28　搭接运算后的结果

📢 **提示：**

> Ansys 程序中所有与布尔运算有关的命令都可以在 Main Menu > Preprocessor > Modeling > Operate > Booleans 子菜单中找到，如图 2-29 所示。默认情况下，布尔运算的输入图元在布尔运算之后都将被删除，删除的图元编号变为自由（将会分配给新生成的图元，由最小可用的编号开始）。通过前面的搭接运算可以在输入面的重叠部分创建新面，并在各新面之间形成一个公共的边界，其示例如图 2-30 所示。

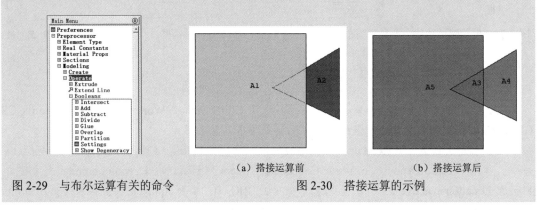

图 2-29　与布尔运算有关的命令　　　　　图 2-30　搭接运算的示例

8. 删除多余的面和关键点

（1）删除面。选择 Main Menu > Preprocessor > Modeling > Delete > Area and Below 命令，弹出面拾取框，拾取图 2-28 所示的两个面（编号分别为 A4 和 A5），单击 OK 按钮。

📢 **提示：**

> Main Menu > Preprocessor > Modeling > Delete > Area and Below 和 Main Menu > Preprocessor > Modeling > Delete > Areas Only 两个命令的区别是前一个命令在删除面的同时删除附属于所选面但未与其他面共享的关键点和线，后一个命令则仅删除面。

（2）删除关键点。选择 Main Menu > Preprocessor > Modeling > Delete > Keypoints 命令，弹出关键点拾取框，选择辅助关键点 1000，单击 OK 按钮，最终结果如图 2-31 所示。

图 2-31　删除面和关键点的结果

9. 镜像面

选择 Main Menu > Preprocessor > Modeling > Reflect > Areas 命令，弹出面拾取框，单击 Pick All 按钮，弹出 Reflect Areas（镜像面）对话框，如图 2-32 所示。在 Plane of symmetry 选项组中选中 X-Z plane Y 单选按钮，单击 Apply 按钮。再次弹出面拾取框，单击 Pick All 按钮，再次弹出 Reflect Areas 对话框，在 Plane of symmetry 选项组中选中 X-Y plane Z 单选按钮，单击 OK 按钮，结果如图 2-33 所示。

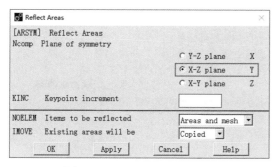

图 2-32　Reflect Areas 对话框

图 2-33　镜像面后的结果

10. 合并重合的关键点

选择 Main Menu>Preprocessor>Numbering Ctrls>Merge Items 命令，弹出如图 2-34 所示的 Merge Coincident or Equivalently Defined Items 对话框，将 Type of item to be merge 设置为 Keypoints，单击 OK 按钮，将重合的关键点进行合并。

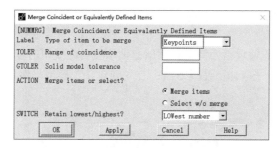

图 2-34　Merge Coincident or Equivalently Defined Items 对话框

11. 保存几何模型

单击工具栏中的 SAVE_DB 按钮，保存文件。

12. APDL 参数化编程操作

在工作目录中找到 tank0.log 文件，并对其进行修改，修改后的命令流文件（tank.txt）中的内容如下。

```
!%%%%%创建储液罐的实体模型%%%%%
C***,Create A Tank Solid Model
/CLEAR,START                    !清除数据
/FILNAME,tank,1                 !更改文件名称
```

```
/TITLE,The Tank Solid Model
HF=0.4                              !封头的高度
H=4                                 !储液罐圆柱部分高度
R=1                                 !储液罐半径
RK=0.3                              !出入口半径
HK=1.3                              !出入口端面与储液罐轴线的距离
/PREP7                              !进入前处理器
K,1000,0,0,0,                       !创建编号为1000的辅助关键点
K,1,R,0,0 $ K,2,R,H/2,0,$ K,3,0,H/2+HF,0, !创建定位关键点
wpoff,0,H/2,0                       !移动工作平面
CSWPLA,11,1,HF/R,1,                 !椭圆局部柱坐标系11
L,2,3                               !创建封头的椭圆线
LSTR,1, 2                           !创建储液罐圆柱部分的边线
AROTAT,1,2 , , , ,1000,3,180,1,     !旋转线以生成1/4储液罐的面
CSYS,0                              !将坐标系设置为全局笛卡儿坐标系
K,11,0,RK,0, $ K,12,HK,RK,0,        !创建定位关键点
L,11,12                             !创建出入口圆柱的边线
AROTAT,7, , , , ,1000,1,-90,1,      !旋转线以生成1/4出入口圆柱面
AOVLAP,all                          !对面进行搭接布尔运算
ADELE,4,5,1,1                       !删除无用的面
KDELE,1000                          !删除辅助关键点1000
ARSYM,Y,All, , , ,0,0               !通过X-Z平面镜像面
ARSYM,Z,All, , , ,0,0               !通过X-Y平面镜像面
NUMMRG,KP, , , ,LOW                 !合并重合关键点
SAVE                                !保存文件
```

2.1.3 实例——轴承座的实体建模

本小节以图 2-35 所示的轴承座为例,介绍创建轴承座实体模型的基本步骤。

分析轴承座的结构,可采取如下建模方法:首先创建 1/2 模型,然后通过镜像操作创建完整的轴承座。

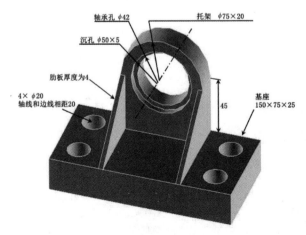

图 2-35 轴承座几何尺寸示意图(单位:mm)

1. 定义工作文件名

选择 Utility Menu > File > Change Jobname 命令，弹出 Change Jobname 对话框，在 Enter new jobname 文本框中输入 BearingSeat 并勾选 New log and error files?复选框，单击 OK 按钮。

2. 定义轴承座的尺寸参数

为了便于今后进行参数化分析，现定义轴承座的尺寸参数。

选择 Utility Menu > Parameters > Scalar Parameters 命令，弹出 Scalar Parameters 对话框，在 Selection 文本框中输入"JL=150"，单击 Accept 按钮。依次在 Selection 文本框中输入"JW=75""JH=25""H=45""TD=75""THK=20""CD=42""CKD=50""CKDP=5""LTHK=4""HD=20""HOFF=20"（JL、JW 和 JH 分别为基座的长、宽和高，H 为轴承轴线距基座上表面的距离，TD 和 THK 分别为托架的直径和厚度，CD 为轴承孔的直径，CKD 和 CKDP 为沉孔的直径和深度，LTHK 为肋板的厚度，HD 为螺栓孔的直径，HOFF 为螺栓孔轴线和基座边线的距离），并单击 Accept 按钮确认，当输入完成后，其输入参数的结果如图 2-36 所示，单击 Close 按钮关闭该对话框。

3. 创建基座

（1）创建长方体。选择 Main Menu > Preprocessor > Modeling > Create > Volumes > Block > By Dimensions 命令，弹出 Create Block by Dimensions（创建长方体）对话框，按图 2-37 所示输入各参数，即设置 X1=0、Y1=0、Z1=0、X2=JL/2、Y2=JH、Z2=JW，单击 OK 按钮。

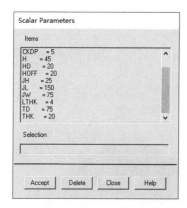

图 2-36 Scalar Parameters 对话框

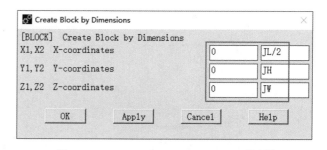

图 2-37 Create Block by Dimensions 对话框

（2）调整视图。单击视图控制栏中的 Isometric View 按钮，以等轴测视图显示长方体，结果如图 2-38 所示。

（3）平移并旋转工作平面。选择 Utility Menu > WorkPlane > Offset WP by Increments 命令，弹出 Offset WP 对话框，在 X,Y,Z Offsets 文本框中输入"JL/2-HOFF,JH+5,HOFF"，单击 Apply 按钮；在 XY,YZ,ZX Angles 文本框中输入"0,-90,0"，如图 2-39 所示，单击 OK 按钮。此处将工作平面的原点偏移至创建第 1 个螺栓孔的轴线上，且工作平面和长方体上表面的距离为 5。

（4）创建圆柱体。选择 Main Menu > Preprocessor > Create > Volumes > Cylinder > Solid Cylinder 命令，弹出 Solid Cylinder（创建圆柱体）对话框，按图 2-40 所示输入各参数后单击 OK 按钮，结果如图 2-41 所示。此处所创建的圆柱体高度在长方体两侧各高出 5 个单位，是为了便于进行拾取体操作。

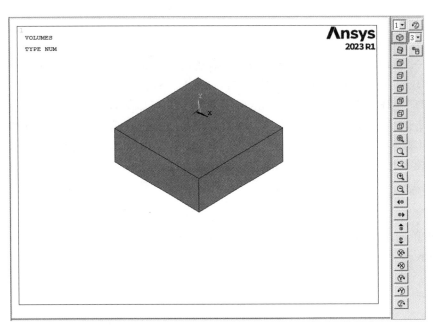

图 2-38　创建长方体的结果　　　　　　图 2-39　Offset WP 对话框

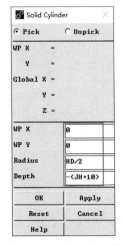
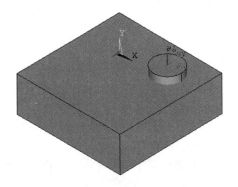

图 2-40　Solid Cylinder 对话框　　　　　图 2-41　创建圆柱体的结果

（5）复制生成另一个圆柱体。选择 Main Menu > Preprocessor > Modeling > Copy > Volumes 命令，弹出体拾取框，拾取刚生成的圆柱体，单击 OK 按钮，弹出 Copy Volumes（复制体）对话框，按图 2-42 所示输入各参数，即设置 ITIME=2（包含原有几何体共创建 2 个几何体），DZ=JW-2*HOFF（Z 轴方向的偏移距离），单击 OK 按钮。

(6) 进行体相减布尔操作。选择 Main Menu > Preprocessor > Modeling > Operate > Booleans > Subtract > Volumes 命令，弹出体拾取框，首先拾取长方体（V1），单击 Apply 按钮，然后拾取 2 个圆柱体（V2 和 V3），单击 OK 按钮，生成的结果如图 2-43 所示。

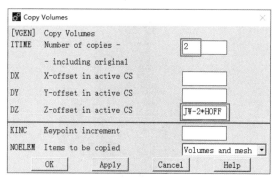

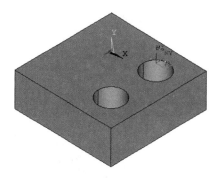

图 2-42　Copy Volumes 对话框　　　　　　图 2-43　体相减的结果

4．创建托架

（1）偏移工作平面。选择 Utility Menu > WorkPlane > Align WP with > Global Cartesian 命令，使工作平面坐标系与总体笛卡儿坐标系对齐。

（2）创建托架的基础。选择 Main Menu > Preprocessor > Modeling > Create > Volumes > Block > By 2 Corners & Z 命令，弹出 Block by 2 Corners & Z（通过 2 角点和高度创建长方体）对话框，按图 2-44 所示输入各参数，单击 OK 按钮，结果如图 2-45 所示。

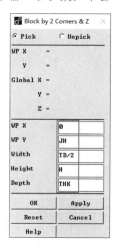

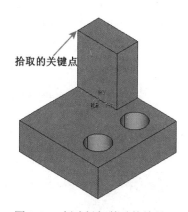

图 2-44　Block by 2 Corners & Z 对话框　　　　图 2-45　创建托架基础的结果

（3）偏移工作平面。选择 Utility Menu > WorkPlane > Offset WP to > Keypoints + 命令，弹出关键点拾取框，拾取图 2-45 所示在步骤（2）中创建的长方体前左上角的关键点，单击 OK 按钮。

（4）创建托架的上半部分。选择 Main Menu > Preprocessor > Modeling > Create > Volumes > Cylinder > Partial Cylinder 命令，弹出 Partial Cylinder（创建部分圆柱体）对话框，按图 2-46 所示输入参数后，单击 OK 按钮，生成的结果如图 2-47 所示。

图 2-46 Partial Cylinder 对话框

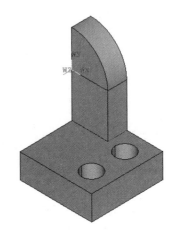

图 2-47 创建托架上半部分的结果

5. 创建圆柱体

选择 Main Menu > Preprocessor > Modeling > Create > Volume > Cylinder > Solid Cylinder 命令，弹出 Solid Cylinder 对话框，在 WP X、WP Y、Radius、Depth 文本框中依次输入 0、0、CKD/2、-CKDP，单击 Apply 按钮；再次在 WP X、WP Y、Radius、Depth 文本框中依次输入 0、0、CD/2、-(THK+10)，单击 OK 按钮，结果如图 2-48 所示。

6. 创建沉孔和轴承孔

通过体相减布尔操作创建沉孔和轴承孔。选择 Main Menu > Preprocessor > Modeling > Operate > Booleans > Subtract > Volumes 命令，弹出体拾取框，先拾取图 2-48 所示的 2 个被减的体，单击 Apply 按钮；然后拾取减去的体 1，单击 Apply 按钮；再次拾取 2 个被减的体，单击 Apply 按钮；最后拾取减去的体 2，单击 OK 按钮，生成的结果如图 2-49 所示。

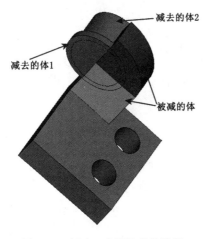

图 2-48 创建 2 个圆柱体的结果

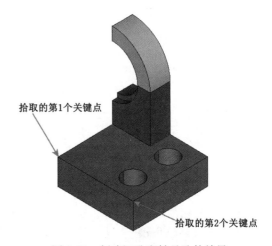

图 2-49 创建沉孔和轴承孔的结果

提示：

为了便于拾取体，读者可以选择 Utility Menu > PlotCtrls > Numbering 命令，在弹出的 Plot Numbering Controls（绘图编号控制）对话框中勾选 Volume numbers 复选框，将 Off 改为 On，单击 OK 按钮，以不同的颜色显示体。

7. 合并重合的关键点

选择 Main Menu>Preprocessor>Numbering Ctrls>Merge Items 命令，弹出如图 2-50 所示的 Merge Coincident or Equivalently Defined Items 对话框，将 Type of item to be merge 设置为 Keypoints，单击 OK 按钮。

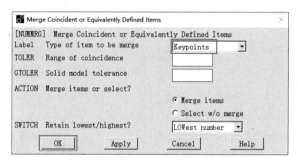

图 2-50 Merge Coincident or Equivalently Defined Items 对话框

8. 创建肋板

（1）创建一个关键点。选择 Main Menu > Preprocessor > Modeling > Create > Keypoints > KP between KPs 命令，弹出关键点拾取框，用鼠标依次拾取图 2-49 所示的第 1 个和第 2 个关键点，单击 OK 按钮，弹出如图 2-51 所示的 KBETween options（关键点之间的选项）对话框，在 Value(ratio, or distance)文本框中输入 TD/JL，单击 OK 按钮。创建的关键点（编号为 9）如图 2-52 所示。

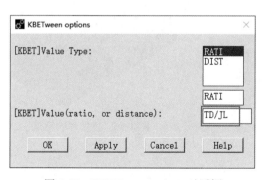

图 2-51 KBETween options 对话框

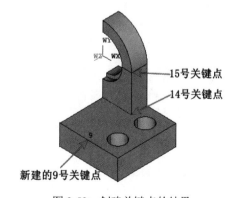

图 2-52 创建关键点的结果

提示：

步骤（1）中所使用的命令用于在 2 个现有关键点之间创建新的关键点。图 2-51 中所输入的参数表示新建关键点到第 1 个关键点的距离与 2 个关键点连线长度的比值。

(2) 创建一个三角形面。选择 Main Menu > Preprocessor > Modeling > Create > Areas > Arbitrary > Through KPs 命令，弹出关键点拾取框，拾取图 2-52 所示编号为 9、14、15 的关键点，单击 OK 按钮，创建一个三角形面。

(3) 拉伸面以创建肋板。选择 Main Menu > Preprocessor > Modeling > Operate > Extrude > Areas > Along Normal 命令，弹出面拾取框，拾取步骤（2）中创建的三角形面，单击 OK 按钮，弹出 Extrude Area along Normal（沿法线拉伸面创建体）对话框，如图 2-53 所示，在 Length of extrusion 文本框中输入 -LTHK，单击 OK 按钮，生成的结果如图 2-54 所示。

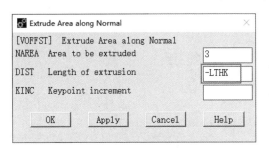

图 2-53　Extrude Area along Normal 对话框　　　图 2-54　创建肋板的结果

9. 镜像体以生成完整的轴承座模型

选择 Main Menu > Preprocessor > Modeling > Reflect > Volumes 命令，弹出体拾取框，单击 Pick All 按钮，弹出 Reflect Volumes（镜像体）对话框，如图 2-55 所示。单击 OK 按钮，生成的结果如图 2-56 所示。

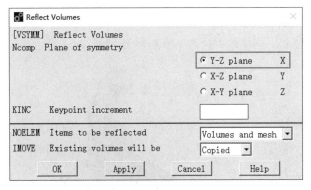
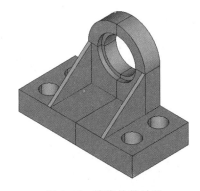

图 2-55　Reflect Volumes 对话框　　　图 2-56　镜像体的结果

10. 粘接所有体

选择 Main Menu > Preprocessor > Modeling > Operate > Booleans > Glue > Volumes 命令，弹出体拾取框，单击 Pick All 按钮，粘接所有的体。

11. 保存几何模型

单击工具栏中的 SAVE_DB 按钮，保存文件。

12. APDL 参数化编程操作

在工作目录中找到 BearingSeat0.log 文件,并对其进行修改,修改后的命令流文件(BearingSeat.txt)中的内容如下。

```
!%%%%%创建轴承座的实体模型%%%%%
C***,Create A Bearing Seat Model
/CLEAR,START                              !清除数据
/FILNAME,BearingSeat,1                    !更改文件名称
/TITLE,The Bearing Seat Model
JL=150 $ JW=75 $ JH=25                    !分别为基座的长、宽和高
H=45                                      !轴承轴线距基座上表面的距离
TD=75 $ THK=20                            !分别为托架的直径和厚度
CD=42                                     !轴承孔的直径
CKD=50 $ CKDP=5                           !分别为套筒沉孔的直径和深度
LTHK=4                                    !肋板的厚度
HD=20                                     !螺栓孔的直径
HOFF=20                                   !螺栓孔轴线和基座边线的距离
/PREP7                                    !进入前处理器
BLOCK,0,JL/2,0,JH,0,JW,                   !创建基座的长方体
/VIEW,1,1,1,1                             !调整视图为等轴测视图
WPOFF,JL/2-HOFF,JH+5,HOFF                 !移动工作平面
WPROT,0,-90,0                             !旋转工作平面
CYL4,0,0,HD/2, , ,-(JH+10)                !创建第1个圆柱体
VGEN,2,2, , , ,JW-2*HOFF, ,0              !复制圆柱体
VSEL,S, , ,2,3,1                          !选择2个圆柱体
CM,V1,VOLU                                !通过2个圆柱体定义组件V1
ALLSEL,ALL                                !选择所有实体
VSBV,1,V1                                 !体相减布尔操作生成螺栓孔
WPCSYS,-1,0                               !将工作平面坐标系与总体笛卡儿坐标系对齐
BLC4,0,JH,TD/2,H,THK                      !创建托架基础的长方体
KWPAVE,16                                 !偏移工作平面
CYL4,0,0,0,0,TD/2,90,-THK                 !创建托架上部分的圆柱体
CYL4,0,0,CKD/2, , , ,-CKDP                !创建圆柱体
CYL4,0,0,CD/2, , , ,-(THK+10)             !创建圆柱体
VSEL,S, , ,1,2,1                          !选择1号体和2号体
CM,V1,VOLU                                !通过1号体和2号体定义组件V1
ALLSEL,ALL                                !选择所有实体
VSBV,V1,3                                 !体相减布尔操作创建沉孔
VSEL,S, , ,6,7,1                          !选择6号体和7号体
CM,V1,VOLU                                !通过6号体和7号体定义组件V1
ALLSEL,ALL                                !选择所有实体
VSBV,V1,5                                 !体相减布尔操作创建轴承孔
NUMMRG,KP, , , ,LOW                       !合并重合关键点
KBETW,8,7,0,RATI,TD/JL,                   !创建肋板的一个关键点
A,9,14,15                                 !创建肋板的三角形面
VOFFST,3,-LTHK, ,                         !拉伸板以生成肋板
VSYMM,X,ALL, , , ,0,0                     !镜像体生成完整的轴承座模型
```

```
VGLUE,ALL                          !粘接所有的体
SAVE                               !保存文件
```

2.2 导入几何模型

如果读者已经通过 CAD 软件创建了几何模型，那么可以通过多种方法将创建好的几何模型导入 Ansys 软件，一旦模型被成功导入，就可以像在 Ansys 中创建的模型一样对其进行修改。

接下来通过具体的实例介绍导入几何模型的具体操作步骤。

2.2.1 实例——导入 IGES 格式几何模型

扫一扫，看视频

在 CAD 软件中可以将模型保存为 IGES（Initial Graphics Exchange Specification，初始图形交换规范）文件格式，然后再导入 Ansys。IGES 是一种被广泛接受的中间标准格式，用于在 CAD 和 CAE 系统之间交换几何模型，读者可以通过该格式来输入 CAD 软件所创建的几何模型，从而减轻建模工作量。读者可以将多个文件输入后合并至同一个模型中，但必须设定相同的输入选项。

对于较大的几何模型，可在 CAD 软件中分别进行独立建模，并输出为各个单独的几何模型文件，然后再按照需要将所建立的各个几何模型文件导入到 Ansys 中，形成一个完整的几何模型。在独立进行建模时，应在公共的整体坐标系下进行，也就是说，各个几何模型的坐标位置都是绝对坐标系的位置，这样在读/写数据时因具有共同的基准从而可以进行自动衔接。

下面通过一个导入 IGES 格式几何模型的实例介绍导入 IGES 格式几何模型的具体操作步骤。

1. 清除 Ansys 数据

选择 Utility Menu > File > Clear & Start New 命令，弹出 Clear Database and Start New（清除数据并开始新的分析）对话框，选中 Read file 单选按钮，如图 2-57 所示。然后单击 OK 按钮，弹出如图 2-58 所示的 Verify（确认）对话框，单击 Yes 按钮。

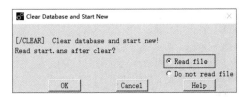

图 2-57 Clear Database and Start New 对话框

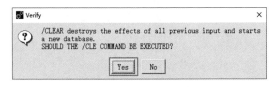

图 2-58 Verify 对话框

2. 定义工作文件名

选择 Utility Menu > File > Change Jobname 命令，弹出 Change Jobname 对话框，在 Enter new jobname 文本框中输入 wing 并勾选 New log and error files?复选框，单击 OK 按钮。

3. 导入 IGES 文件

首先将电子资源包中提供的 wing.iges 文件复制到工作目录中。选择 Utility Menu > File > Import > IGES 命令，弹出如图 2-59 所示的 Import IGES File（导入 IGES 文件）对话框，保持默认设置，单

击 OK 按钮；弹出如图 2-60 所示的 Import IGES File 对话框，单击 Browse 按钮；弹出如图 2-61 所示的<IGESIN> (AUX15) File to import（浏览导入文件）对话框，选择文件 wing.iges，单击"打开"按钮；返回 Import IGES File 对话框，单击 OK 按钮，导入 IGES 文件后的结果如图 2-62 所示。

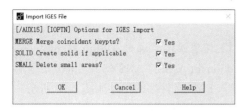

图 2-59　Import IGES File 对话框　　　　　　图 2-60　Import IGES File 对话框

图 2-61　<IGESIN> (AUX15) File to import 对话框　　　图 2-62　导入 IGES 文件后的结果

4．保存几何模型

单击工具栏中的 SAVE_DB 按钮，保存文件。

本实例操作的命令流如下。

```
/CLEAR,START              !清除数据
/FILNAME,wing,1           !更改文件名称
/AUX15                    !进入导入 IGES 模式
IGESIN,'wing','iges',' '  !假设该模型保存在工作目录
VPLOT                     !重新绘制体
SAVE                      !保存文件
```

2.2.2　实例——导入 SAT 格式几何模型

扫一扫，看视频

SAT（Standard ACIS Text）文件格式是 ACIS（3D 模型编程语言）的一种文件形式。它是一种由 ASCII 编码的文本文件，其中包含 3D 模型的几何数据，可以用来描述 3D 模型的几何形状和结构。

下面通过一个导入 SAT 格式几何模型的实例介绍导入 SAT 格式几何模型的具体操作步骤。

1．清除 Ansys 数据

选择 Utility Menu > File > Clear & Start New 命令，弹出 Clear Database and Start New 对话框，选中 Read file 单选按钮，然后单击 OK 按钮，弹出 Verify 对话框，单击 Yes 按钮。

2. 定义工作文件名

选择 Utility Menu > File > Change Jobname 命令，弹出 Change Jobname 对话框，在 Enter new jobname 文本框中输入 grommet 并勾选 New log and error files?复选框，单击 OK 按钮。

3. 导入 SAT 文件

首先将电子资源包中提供的 grommet.sat 文件复制到工作目录中。选择 Utility Menu > File > Import > ACIS 命令，弹出如图 2-63 所示的 ANSYS Connection for ACIS（ANSYS 用于 ACIS 文件的连接）对话框，选择文件 grommet.sat，单击 OK 按钮，导入 SAT 文件后的结果如图 2-64 所示。

此时，所导入的模型以线框模式显示，选择 Utility Menu > PlotCtrls > Reset Plot Ctrls 命令，将显示设置重置为初始默认值。重新绘制图形，并调整为等轴测视图，结果如图 2-65 所示。

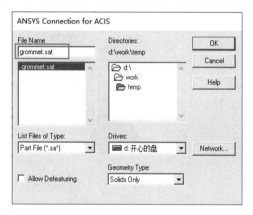
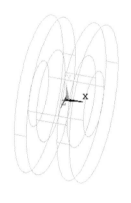

图 2-63 ANSYS Connection for ACIS 对话框　　图 2-64 导入 SAT 文件后的结果　　图 2-65 重新显示模型

4. 保存几何模型

单击工具栏中的 SAVE_DB 按钮，保存文件。

本实例操作的命令流如下。

```
/CLEAR,START                            !清除数据
/FILNAME,grommet,1                      !更改文件名称
~SATIN,'grommet','sat',,SOLIDS,0        !假设该模型保存在工作目录
/RESET                                  !将显示设置重置为初始默认值
/VIEW,1,1,1,1                           !调整为等轴测视图方向
/ANGLE,1                                !旋转视图
/REPLOT,FAST                            !重新绘制图形
SAVE                                    !保存文件
```

2.2.3 实例——导入其他格式的几何模型

扫一扫，看视频

Ansys 除了可以导入 IGES 格式和 SAT 格式的几何模型之外，还可以导入诸如 Parasolid 和 CATIA 等其他格式的几何模型。导入这些格式的几何模型的方法类似，其操作命令都可以在 Utility Menu > File > Import 子菜单中找到，如图 2-66 所示，下面仅介绍导入 Parasolid 格式几何模型的实例。

1. 清除 Ansys 数据

选择 Utility Menu > File > Clear & Start New 命令，弹出 Clear Database and Start New 对话框，选中 Read file 单选按钮，然后单击 OK 按钮，弹出 Verify 对话框，单击 Yes 按钮。

图 2-66 导入几何模型的各命令

2. 定义工作文件名

选择 Utility Menu > File > Change Jobname 命令，弹出 Change Jobname 对话框，在 Enter new jobname 文本框中输入 torsionbar 并勾选 New log and error files?复选框，单击 OK 按钮。

3. 导入 Parasolid 文件

首先将电子资源包中提供的 torsionbar.xmt_txt 文件复制到工作目录中。选择 Utility Menu > File > Import > PARA 命令，弹出如图 2-67 所示的 ANSYS Connection for Parasolid（ANSYS 用于 Parasolid 文件的连接）对话框，选择文件 torsionbar.xmt_txt，单击 OK 按钮，导入 Parasolid 文件后的结果如图 2-68 所示。

此时，所导入的模型以线框模式显示，选择 Utility Menu > PlotCtrls > Reset Plot Ctrls 命令，将显示设置重置为初始默认值。重新绘制图形，并调整为等轴测视图，结果如图 2-69 所示。

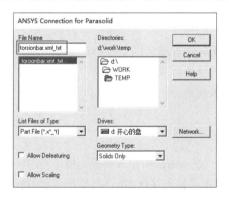

图 2-67 选择 torsionbar.xmt_txt 文件　　图 2-68 导入 Parasolid 文件后的结果　　图 2-69 重新显示模型

4. 保存几何模型

单击工具栏中的 SAVE_DB 按钮，保存文件。

本实例操作的命令流如下。

```
/CLEAR,START                              !清除数据
/FILNAME,torsionbar,1                     !更改文件名称
~PARAIN,'torsionbar','xmt_txt',,SOLIDS,0,0    !假设该模型保存在工作目录
/RESET                                    !将显示设置重置为初始默认值
/VIEW,1,1,1,1                             !调整为等轴测视图方向
/ANGLE,1                                  !旋转视图
/REPLOT,FAST                              !重新绘制图形
SAVE                                      !保存文件
```

第 3 章 生成有限元模型

有限元分析是针对特定的有限元模型进行的,因此,用户必须生成一个能够准确描述所分析问题的有限元模型。本章将对两种生成有限元模型的方法进行具体介绍,并通过具体的实例来演示在 Ansys 中生成有限元模型的具体操作步骤。
- 线性单元和高阶单元
- 直接生成有限元模型
- Ansys 网格划分工具

3.1 有限元模型的基础知识

结构有限元分析的最终目的是用数学方法来描述实际物理结构在载荷下的响应。也就是说,进行有限元分析的有限元模型必须是原有物理模型的精确数学模型。从更广泛的意义上来讲,进行有限元分析的有限元模型是由节点、单元、材料属性、实常数、边界条件和其他参数所表示的物理系统。本章所介绍的有限元模型,取较窄的含义,仅表示描述实际物理结构的节点和单元。

在生成(也称创建)一个有限元模型之前,应制定相应的建模方案,即模型是否具有对称性特征、选用哪种类型的单元等问题,下面将介绍这些问题的相关知识。

3.1.1 生成有限元模型的两种方法

在第 1 章中介绍了生成有限元模型的 4 种途径,归纳而言,在 Ansys 中生成有限元模型有两种方法:间接法和直接法。间接法是指在 Ansys 中直接创建几何模型或导入其他 CAD 软件所创建的几何模型,然后将其划分为有限元网格;直接法是指在 Ansys 中直接定义节点和单元,生成有限元模型。

对于间接法而言,需要在 Ansys 中首先创建如矩形、圆、多边形、长方体、圆柱、棱柱、球、圆锥等形状较为简单的几何模型,然后通过相加、相减或相交等布尔操作获得形状较为复杂的几何模型。对于形状过于复杂的几何模型,也可以采用导入其他 CAD 软件所创建的几何模型,然后将几何模型进行网格划分,生成相应的节点和单元,形成有限元模型。

对于直接法而言,在 Ansys 中无须创建几何模型,而直接创建节点,然后由节点构建单元。这对于几何形状非常简单的情况,效率较高,也比较可行,一般适用于诸如杆、梁、管、面等几何形状。

3.1.2 选择模型类型并利用对称性

1. 选择模型类型

有限元模型一般可以分为二维(2D)或三维(3D)两类,它们都是由点单元(0D,如 MASS21

单元）、线单元（1D，如 LINK180 单元）、面单元（2D，如 PLANE182 单元）或实体单元（3D，如 SOLID185 单元）组成的。从理论上来讲，真实的物理结构均为 3D 模型，只有当它们在某一个方向上具有一定的特征（如在某一个方向上的厚度相等，且边界条件在该方向上的变化也很小）时，才可以将 3D 模型简化为 2D 模型。

读者可以根据需要混合使用不同维度的单元（需要注意自由度之间的协调）。例如，读者可以使用 3D 壳单元表示蒙皮，使用 3D 梁单元表示加强筋，从而对带有加强筋的壳结构进行建模。对模型维度和单元类型的选择通常会决定采取哪种建模方法比较方便。

线型模型可以使用 2D 或 3D 的梁单元或管单元，也可以使用 3D 轴对称壳单元。线型模型通常采用直接生成节点和单元的方法来创建，而无须创建实体模型。

2D 实体模型用于薄板结构（平面应力问题）、具有恒定横截面的"无限长"结构（平面应变问题）或轴对称问题。尽管许多 2D 实体模型比较容易使用直接法来创建，但通过 Ansys 创建 2D 几何模型，然后再进行网格划分通常更为方便。

3D 壳模型用于 3D 空间中的薄板结构。虽然有一些 3D 壳模型相对容易通过直接法创建，但通过 Ansys 创建 3D 几何模型后再进行网格划分通常更为方便。

3D 实体模型用于描述 3D 空间中既没有恒定横截面又没有对称轴的一般性复杂结构。对于 3D 实体模型而言，通过直接法创建有限元模型十分困难，通常采用在 Ansys 创建几何模型或导入其他 CAD 软件所创建的几何模型后再进行网格划分的方法。

2. 利用对称性

对于一些具有对称性特征的物理结构，应尽量利用对称性进行简化处理，这样一方面可以减少计算量，另一方面可以较好地施加约束条件，在约束部位得到更真实和准确的计算结果。

在现实世界中，许多结构都具有某种类型的对称性，可以是重复对称性（如冷却管上均匀间隔的散热片）、反射对称性（如模制塑料容器），也可以是轴对称性（如灯泡），如图 3-1 所示。当一个结构在所有方面（几何、载荷、约束和材料属性）都具有对称性时，读者通常可以利用对称性减少模型的尺寸或维度。

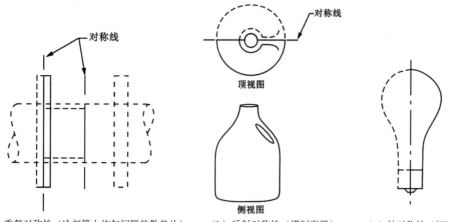

（a）重复对称性（冷却管上均匀间隔的散热片）　（b）反射对称性（模制容器）　（c）轴对称性（灯泡）

图 3-1　对称性的示例

任何围绕中心轴呈现出几何对称性的结构（如壳或旋转实体）都是轴对称结构，如直管、圆锥体、圆形板、穹顶等。轴对称 3D 结构的模型可以使用等效的 2D 形式来表示。根据定义，完全轴对称的模型只能承受轴对称的载荷。然而，在许多情况下，我们希望轴对称结构承受非轴对称的载荷，这时必须使用一种特殊类型的元素，称为通用轴对称单元（General Axisymmetric Element），它可以用来创建承受非轴对称载荷的轴对称结构的 2D 模型。

在 Ansys 中对轴对称模型进行建模时，有以下特殊的要求。

（1）对称轴必须与整体笛卡儿坐标系的 Y 轴重合。

（2）节点的 X 坐标不允许为负。

（3）全局笛卡儿坐标系的 Y 方向代表轴向，X 方向代表径向，Z 方向代表圆周方向。

（4）应采用适当的单元类型。对于轴对称模型，可以采用合适的 2D 实体单元［KEYOPT（3）=1］和/或轴对称壳单元。此外，还可以在轴对称模型中使用各种连接、接触、复合和表面单元。

（5）对于轴对称谐波分析模型，仅使用轴对称谐波单元（Harmonic Element）。

3.1.3　线性单元和高阶单元

Ansys 单元库中包括两种基本类型的面和体单元：线性（一阶，有或没有额外的形状）单元和高阶（二阶）单元。线性单元和高阶单元示例如图 3-2 所示。

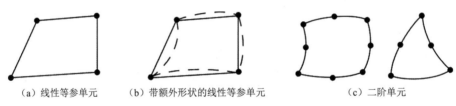

（a）线性等参单元　　（b）带额外形状的线性等参单元　　（c）二阶单元

图 3-2　线性单元和高阶单元示例

1. 线性单元（无中间节点）

对于结构分析而言，这些具有额外形状函数的线性单元通常会在合理的计算时间内产生精确的解。当使用这些单元时，重要的是避免它们在关键区域发生退化。也就是说，避免在结果梯度变化较大的区域或其他特别感兴趣的区域中使用 2D 线性单元的退化形式（即三角形单元）和 3D 线性单元的退化形式（即棱柱体单元或四面体单元）。读者还应该注意避免使用过度扭曲的线性单元。在非线性结构分析中，如果使用这些线性单元的细网格，而不是与其类似的二阶单元的粗网格，通常会以较低的求解成本获得更为准确的计算结果。采用线性单元和二阶单元的单元数量比较如图 3-3 所示。

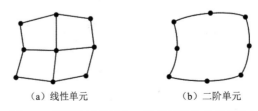

（a）线性单元　　　　（b）二阶单元

图 3-3　采用线性单元和二阶单元的单元数量比较

当对曲面外壳进行建模时，在选择单元时需要在曲边（二阶）壳单元或平面（线性）壳单元之间权衡，这两种选择各有利弊。对于大多数问题而言，使用平面壳单元计算时间较短，求解精度较高。但是，在建模时必须注意确保使用足够数量的平面壳单元来充分逼近曲面外壳。显然，单元越小，求解精度越高。建议 3D 平面壳单元不要大于 15°弧长，圆锥壳（轴对称线）单元应小于 10°弧长（如靠近 Y 轴，则为 5°）。对于热或磁等大多数非结构分析，线性单元的求解精度与高阶单元相当，但求解成本较低。同时，退化单元（三角形和四面体）通常在非结构分析中也可以得到精确的求解结果。

2．二阶单元（带中间节点）

在线性结构分析中，对于退化单元（即 2D 三角形单元和 3D 楔形或四面体单元）而言，二阶单元通常会比线性单元求解成本更低且结果更好。但是，为了正确使用这些单元，读者需要了解它们所表现出的一些特殊特征。

（1）在二阶单元中，分布载荷和线压力载荷并不是均匀地分配给各个节点。单位均匀表面载荷的等效节点力分配如图 3-4 所示。

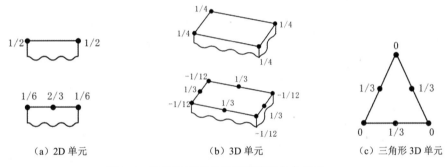

（a）2D 单元 　　　（b）3D 单元 　　　（c）三角形 3D 单元

图 3-4　单位均匀表面载荷等效节点力分配

（2）带中间节点的三维热单元在承受对流载荷时，中间节点的热流方向与角节点的热流方向相反。

（3）在考虑波传播过程的动力学分析中，由于质量分配的不均匀性，不推荐使用二阶单元。

（4）不要在具有中间节点的面上定义基于节点的接触单元（如 COMBIN40、CONTA175 和 CONTA178），也不要将间隙单元连接到具有中间节点的面上，如图 3-5 所示。类似地，对于热问题，不要在辐射连接或非线性对流表面上设置中间节点。在基于节点的接触单元的接触表面，应尽可能移除中间节点。但对于面-面和线-面接触单元（TARGE169、TARGE170、CONTA172、CONTA174 和 CONTA177），则不必考虑此限制。

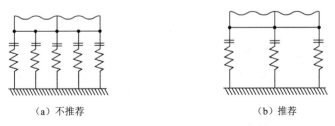

（a）不推荐　　　　　　　　（b）推荐

图 3-5　在间隙和基于节点的接触面上要避免存在中间节点

(5) 当约束一个单元的边（表面）的自由度时，包括中间节点在内的边上的所有节点都应被约束。

(6) 单元的角节点应该只连接到角节点，而不是相邻单元的中间节点。相邻单元应该具有连接的（公共的）中间节点，如图 3-6 所示。

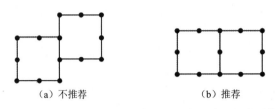

(a) 不推荐　　　　　　　　(b) 推荐

图 3-6　单元之间应避免中间节点和角节点之间的连接

(7) 对于具有中间节点的单元，通常优选中间节点位于相应两个角节点连线的中间位置。然而，在有些情况下，有时中间节点位于弯曲的曲线边界上通常会获得更精确的分析结果，默认情况下，所有的 Ansys 网格划分都这样放置中间节点。为了防止单元倒置或过度扭曲，甚至一些网格中的内部边也可能必须弯曲，Ansys 在网格划分时可以产生这种类型的曲边。为了模拟裂纹尖端的奇异性，需要将中间节点放置在偏离中心的 1/4 处，读者可以通过 KSCON 命令（GUI：Main Menu> Preprocessor> Meshing> Size Cntrls> Concentrat KPs> Create）来生成这种类型的专用面网格。

(8) 中间节点的位置可以通过单元形状测试进行检查。除了 3 节点三角形单元和 4 节点四面体单元之外，所有的实体单元和壳单元都要进行实际 3D 空间与单元本身的自然坐标空间一致性映射的测试。如果单元形状测试结果显示雅可比值过大，则表明单元畸变较大，这可能是由于中间节点的位置放置不当引起的。

(9) 如果没有为中间节点设定位置，程序自动将中间节点放置在两个角节点连线的中点上，通过线性插值得到该中间节点的节点坐标系的旋转角度。

(10) 连接单元的公共边应该有相同数量的节点。当使用混合单元类型相连时，可能需要从二阶单元中移除中间节点。例如，当 8 节点单元连接到 4 节点单元时，节点 N 应该移除，如图 3-7 所示。

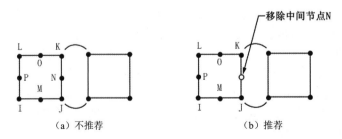

(a) 不推荐　　　　　　　　(b) 推荐

图 3-7　移除中间节点 N

📢 **提示：**

> 在以下情况中，Ansys 将自动移除沿线性和二阶单元公共边上的中间节点：一个面（或体）首先采用线性单元进行网格划分（如 AMESH、VMESH、FVMESH），然后相邻的面（或体）再采用二阶单元进行网格划分。如果网格划分的顺序颠倒（先采用二阶单元然后再采用线性单元），中间节点将不会被移除。

(11) 一条移除中间节点的边意味着该边为直边，这将导致刚度相应增加。推荐在过渡区域使用移除节点的单元,而不使用添加了形函数的简单线性单元。如果需要,可以采用 EMID 或 EMODIF 命令在生成单元后增加或移除中间节点。

(12) 二阶单元的积分点并不比线性单元的积分点多。因此,在非线性分析中通常优先采用线性单元。

(13) 由于存在零能量变形,对于仅使用一种诸如 PLANE183 高阶四边形单元所生成的网格,可能产生奇异性。

(14) 在后处理中,程序在界面显示时仅使用角节点来显示截面和隐藏线。同样,节点应力数据的输出和后处理也只针对角节点进行。

(15) 在图形显示中,曲边形的中间节点单元以直线段显示 [除非使用 PowerGraphics(增强图形)显示模式],因此模型看起来会比实际的要粗糙。

📢 **提示:**

在工具栏中单击 POWRGRPH 按钮,将弹出如图 3-8 所示的 PowerGraphics Display Setting(增强图形显示设置)对话框,选中 ON 单选按钮,然后单击 OK 按钮,即可启用 PowerGraphics 显示模式。

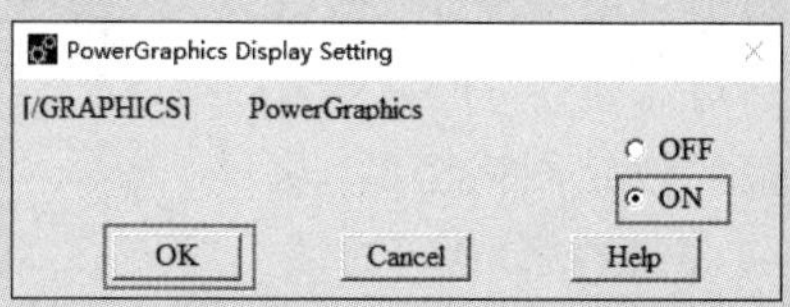

图 3-8 PowerGraphics Display Setting 对话框

3.1.4 考虑分析细节和网格密度

1. 分析细节

对分析来说不重要的小细节不应该包含在实体模型中,因为它们只会使模型更复杂。然而,对于某些结构而言,如圆角或孔等小细节,却可能是最大应力的位置,并且可能非常重要。因此,对细节的取舍取决于读者的分析目标。读者必须对所分析结构的预期行为有足够的理解,以便确定在所分析的模型中包含多少细节。

在某些情况下,只有几个小细节会破坏结构的对称性。为了充分利用模型的对称性,读者有时可以忽略这些细节(即将模型看成是对称的)。当决定是否忽略一个对称结构中所存在的局部不对称细节时,读者必须在简化模型的收益和降低精度的代价之间权衡利弊。

2. 网格密度

"为了获得合理的分析结果,单元网格应该有多精细?"这是在进行有限元分析时经常会问到的一个问题。对于这个问题,没有人能给出一个明确的答案。但在实际的分析中,读者可以尝试使用以下方法来解决网格密度的问题。

(1) 将初步分析结果与独立得出的实验或已知的理论分析结果进行比较,然后在已知结果和计算结果之间差异太大的区域对网格进行细化。

(2) 首先使用读者认为合理的网格进行初步分析,然后在关键区域使用加大一倍的网格密度重新进行分析,并比较两种求解结果。如果两个网格的计算结果的误差相差不大(一般小于5%~10%),那么网格密度可能是足够的。如果两个网格产生实质上不同的结果,则可能需要进一步对网格进行细化。根据此方法,不断对网格进行细化,直到后续两个网格的计算结果的误差相差不大时停止网格细化。

(3) 如果在上一步的网格细化测试中显示只有部分模型需要更精细的网格,读者可以使用子模型(Submodeling)技术对关键区域再进行更进一步的分析。

总之,网格密度极其重要。如果网格过于粗糙,结果可能产生严重的错误;如果网格过细,则求解时间过长,不仅浪费计算资源,有时还可能因模型太大而无法计算。为了避免这样的问题,在开始生成模型之前,一定要规划好网格密度。

3.2 对几何模型进行网格划分

在对几何模型进行网格划分之前,首先应对单元的属性进行定义(如定义单元类型、单元选项、实常数、材料属性、截面等),然后对需要划分网格的几何模型赋予相应的单元属性,最后设定网格密度,从而完成网格划分前的准备工作。网格划分操作命令的分布如图3-9所示。

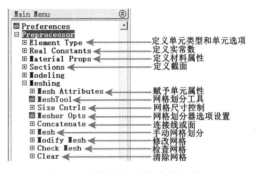

图 3-9 网格划分操作命令的分布

3.2.1 进行网格划分的基础知识

1. Ansys 中的单元选择

Ansys 提供了丰富的单元库,在 Ansys 2023 R1 中共有 150 多种不同类型的单元。每个单元的名称最多由 8 个字符组成,如 PIPE288,它由一个组标签(PIPE)和一个唯一的 ID 编号(288)组成。读者在选择单元时要仔细阅读该单元的功能、维度及选项设置。另外,随着技术的进步,Ansys 公司使用最新的技术开发出了一些新的单元类型,这些新的单元比传统单元在技术上更先进,功能更丰富。在选择单元时,建议读者优先选择新的单元类型。Ansys 结构分析中常用的单元类型见表 3-1。

表 3-1 Ansys 结构分析中常用的单元类型

单元类型	维度	单元名称	简图
实体单元	3D	SOLID185(8 节点六面体单元)	
		SOLID186(20 节点六面体单元)	
		SOLID187(10 节点四面体单元)	

续表

单元类型	维度	单元名称	简图
实体单元	3D	SOLID285（带节点压力的4节点四面体单元）	
	2D	PLANE182（4节点）	
		PLANE183（8节点）	
		PLANE25（4节点轴对称谐波单元）	
		PLANE83（8节点轴对称谐波单元）	
	2D/3D	SOLID272（4~48个节点）	
		SOLID273（8~96个节点）	
实体壳单元	3D	SOLSH190（8节点）	
壳单元	3D	SHELL181（4节点）	
		SHELL281（8节点）	
	2D	SHELL208（2节点轴对称壳单元）	
		SHELL209（3节点轴对称壳单元）	
		SHELL61（2节点轴对称谐波壳单元）	
梁单元	3D	BEAM188（2节点）	
		BEAM189（3节点）	
管单元	3D	PIPE288（2节点）、PIPE289（3节点）	
		ELBOW290（3节点弯管）	

续表

单元类型	维度	单元名称	简图
线单元	3D	LINK180（2节点杆单元）	
		LINK11（2节点线性激励单元）	
		CABLE280（3节点索单元）	
质量单元	3D	MASS21（1节点）	

另外，需要注意，Ansys 中有些单元类型无法通过 GUI 方式进行定义，只能通过命令（ET）进行定义，如 SURF251、SURF252、INFIN257（通过 EINFIN 命令定义）、REINF263、REINF264、REINF265、CABLE280 等。

2．实常数的定义

单元实常数是取决于单元类型的一种属性，如接触刚度和穿透力。并非所有的单元类型都需要定义实常数，而单元类型相同但参考编号不同的单元，其实常数可以不同。对于使用多种单元类型的有限元模型，建议为每个单元类型使用单独的实常数参考编号。

📢 提示：

> Ansys 通过参考编号来标识所定义的单元类型、实常数、材料模型和截面。在同一个分析中，如果定义了多个单元、实常数、材料模型和截面，应使用不同的参考编号来进行区分。

3．材料模型的选择和材料属性的定义

选择 Main Menu > Preprocessor > Material Props > Material Models 命令，弹出如图 3-10 所示的 Define Material Model Behavior 对话框，通过该对话框可以选择 Ansys 中提供的各种材料模型。在该对话框的左侧列表框中列出了已经定义的材料模型（通过材料的参考编号进行识别），通过右侧列表框可以选择需要的材料模型。不同的材料模型需要定义的材料属性参数各不相同，如各向同性弹性材料模型（Linear Isotropic）需要定义杨氏模量（EX）和泊松比（PRXY），如图 3-11 所示。其中需要注意，不是所有的材料模型都可以适用于每一种单元类型，在选用材料模型时，需要仔细阅读 Ansys 帮助文档中关于所选用的材料模型和单元类型的说明。另外，在定义材料模型时，确保使用一致的单位系统。

4．截面的定义

如果读者使用壳单元、梁单元、管单元、线单元和 2D 面单元等创建有限元模型，则需要定义这些单元的截面。通过打开单元形状的显示，Ansys 可以以实体的形式来显示这些单元，以便于读者检查截面的定义是否正确。

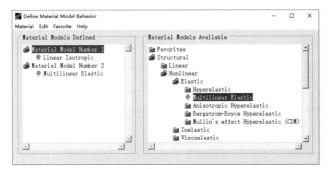

图 3-10 Define Material Model Behavior 对话框

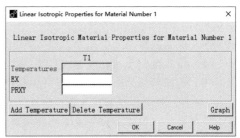

图 3-11 Linear Isotropic Properties for Material Number 1 对话框

5．Ansys 网格划分工具

Ansys 网格划分工具（MeshTool）提供了一个常用网格划分控制和网格划分操作的便捷途径。当选择 Main Menu > Preprocessor > Meshing > MeshTool 命令后，将弹出如图 3-12 所示的 MeshTool 对话框。MeshTool 是一个交互式的工具箱，其中包含许多功能（或工具），该对话框在打开后可以一直保持打开状态而不会影响到读者执行其他的操作命令，直到读者手动关闭或退出前处理器时该对话框才关闭。尽管通过 MeshTool 对话框可以调用的所有功能也可以通过其他的操作命令和菜单调用，但是使用 MeshTool 对话框会更方便和快捷。MeshTool 对话框提供的功能主要包括以下几种。

（1）单元属性设置。用于通过指定参考编号来设置所选图元的材料模型、实常数、单元类型、截面、单元坐标系等。

（2）智能网格划分控制。在通过自由网格划分方法进行网格划分时，可以进行智能网格划分控制。在使用智能网格划分控制时，Ansys 可以根据几何模型的情况自动确定网格的密度。其使用方法如下：勾选 Smart Size 复选框后，通过移动下面的划块可以调整智能网格尺寸的级别。智能网格尺寸的级别共有 10 级，默认值为第 6 级，级别越高则网格越精细。

（3）网格尺寸控制。由于几何模型结构形状的多样性，在许多情况下，由默认网格尺寸或智能网格划分所产生的网格并不合适。这时，可以通过网格尺寸控制中的各选项进行更多

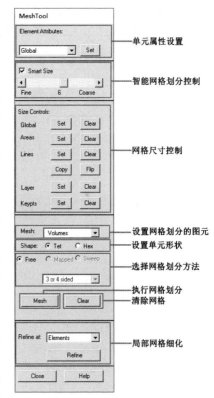

图 3-12 MeshTool 对话框

网格尺寸的控制，如设置总体网格尺寸、设置某些面的网格尺寸、设置某些面边界（线）上单元的边长或单元数量及节点分布、设置某些关键点附近的网格尺寸等。

◁)) 提示：

在同一个几何模型中，如果对多个图元进行了网格尺寸的控制，那么 Ansys 将按照下列优先顺序进行

网格尺寸的控制：①考虑对线的网格尺寸设置；②关键点附近的网格尺寸作为第 2 级考虑对象；③总体网格尺寸作为第 3 级考虑对象；④考虑默认的网格尺寸。

（4）设置网格划分的图元。通过 Mesh 下拉列表可以选择进行网格划分的图元。

（5）设置单元形状。根据进行网格划分的图元设置单元的形状。

（6）选择网格划分方法。单元形状和网格划分方法的设置共同影响网格的生成，表 3-2 所示为 Ansys 支持的单元形状和网格划分方法。自由网格划分方法将生成自由网格，映射网格划分方法将生成映射网格。自由网格对于单元形状无限制，且网格不遵循任何准则，适用于对复杂形状的面和体进行网格划分。与自由网格相比，映射网格对包含的单元形状有限制（如面网格只包含四边形或三角形单元、体网格只包含六面体单元），且映射网格具有明显的规则形状，仅适用于对规则的面和体进行网格划分。自由网格和映射网格的示例如图 3-13 所示。

表 3-2 Ansys 支持的单元形状和网格划分方法

单元形状	自由网格划分	映射网格划分	首选映射网格划分，否则通过智能网格划分控制进行自由网格划分
四边形	是	是	是
三角形	是	是	是
六面体	否	是	否
四面体	是	否	否

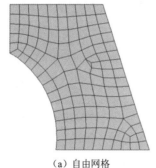
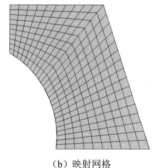

（a）自由网格　　　　　　　（b）映射网格

图 3-13 自由网格和映射网格的示例

（7）执行网格划分。单击 Mesh 按钮，可以对所选图元进行网格划分。

（8）清除网格。单击 Clear 按钮，可以清除所选图元已经划分的网格。

（9）局部网格细化。Ansys 的局部网格细化功能允许在现有的网格上对单元尺寸进行局部细化，而不需要清除已有的网格。通过 Refine at 下拉列表可以选择细化的位置类型（节点、单元、关键点、线、面或所有的单元），然后单击 Refine 按钮即可拾取图元、设置网格细化的级别并进行局部网格细化。

接下来通过具体的实例介绍 Ansys 软件中对几何模型进行网格划分的操作步骤。

3.2.2 实例——筒仓的网格划分

本小节以图 3-14 所示筒仓的几何模型（其中，混凝土材料的弹性模量为 3E4MPa，泊松比为 0.3；结构钢材料的弹性模量为 2E5MPa，泊松比为 0.3）为例，介绍对几何模型进行网格划分的基本步骤。

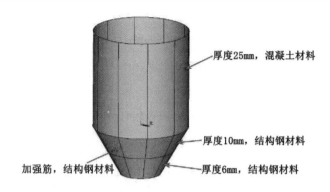

图 3-14 筒仓几何尺寸示意图

分析筒仓的几何模型，筒仓的圆筒面和锥面都可以通过壳单元 SHELL181 进行网格划分，加强筋可以通过梁单元 BEAM188 进行网格划分。

1．定义工作文件名

选择 Utility Menu > File > Change Jobname 命令，弹出 Change Jobname 对话框，在 Enter new jobname 文本框中输入 silo 并勾选 New log and error files?复选框，单击 OK 按钮。

2．恢复数据库文件

将电子资源包中提供的 silo_geo.db 文件复制到当前的工作目录下，然后选择 Utility Menu > File > Resume from 命令，弹出如图 3-15 所示的 Resume Database（恢复数据库）对话框，选择 silo_geo.db 文件，然后单击 OK 按钮。

此时，将会在图形窗口中显示导入的筒仓几何模型。

3．定义单元类型

选择 Main Menu > Preprocessor > Element Type > Add/Edit/Delete 命令，弹出如图 3-16 所示的 Element Types 对话框，单击 Add 按钮，弹出如图 3-17 所示的 Library of Element Types 对话框。在左侧的列表框中选择 Beam 选项，在右侧的列表框中选择 2 node 188 选项，即 BEAM188 单元，单击 Apply 按钮；在左侧的列表框中选择 Shell 选项，在右侧的列表框中选择 3D 4 node 181 选项，即 SHELL181 单元，单击 OK 按钮；返回 Element Types 对话框，单击 Close 按钮将其关闭。

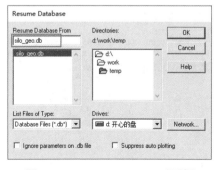

图 3-15 Resume Database 对话框

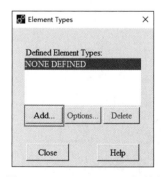

图 3-16 Element Types 对话框

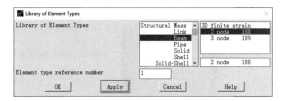

图 3-17 Library of Element Types 对话框

4．定义材料属性

选择 Main Menu > Preprocessor > Material Props > Material Models 命令，弹出如图 3-18 所示的 Define Material Model Behavior 对话框。在该对话框右侧的列表框中选择 Structural > Linear > Elastic > Isotropic 选项，表示选中结构分析中的线弹性各向同性材料。这时弹出如图 3-19 所示的 Linear Isotropic Properties for Material Number 1 对话框，在 EX（弹性模量）文本框中输入 2E5，在 PRXY（泊松比）文本框中输入 0.3，单击 OK 按钮。此时返回 Define Material Model Behavior 对话框，在菜单栏中选择 Material > New Model 命令，弹出如图 3-20 所示的 Define Material ID 对话框，在 Define Material ID 文本框中输入 2（新建的材料模型参考编号为 2），单击 OK 按钮。返回如图 3-21 所示的 Define Material Model Behavior 对话框，在该对话框左侧的列表框中选中 Material Model Number 2 选项，即选择新建的材料模型；在该对话框右侧的列表框中选择 Structural > Linear > Elastic > Isotropic 选项，弹出 Linear Isotropic Properties for Material Number 1 对话框，设置 EX 为 3E4，PRXY 为 0.3，单击 OK 按钮。返回 Define Material Model Behavior 对话框，最后关闭该对话框。

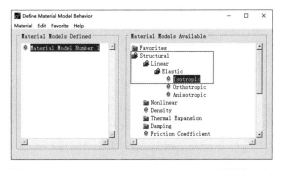

图 3-18 Define Material Model Behavior 对话框（1）

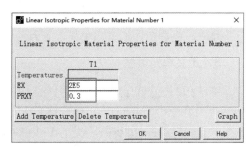

图 3-19 Linear Isotropic Properties for Material Number 1 对话框

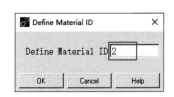

图 3-20 Define Material ID 对话框

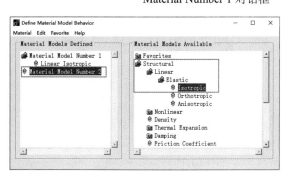

图 3-21 Define Material Model Behavior 对话框（2）

5. 定义截面

（1）定义梁单元的截面。选择 Main Menu > Preprocessor > Sections > Beam > Common Sections 命令，弹出如图 3-22 所示的 Beam Tool（梁工具）对话框，在 ID 文本框中输入 1（截面参考编号为 1），在 B 文本框中输入 50（梁单元的宽度），在 H 文本框中输入 10（梁单元的高度），然后单击 OK 按钮。

（2）定义壳单元的截面。选择 Main Menu > Preprocessor > Sections > Shell > Lay-up > Add/Edit 命令，弹出如图 3-23 所示的 Create and Modify Shell Sections 对话框，在 ID 文本框中输入 2（截面参考编号为 2），在 Thickness 文本框中输入 25（壳单元的厚度），将 Section Offset 设置为 Top-Plane（截面从壳的顶面开始偏移），然后单击 OK 按钮。

通过此方法，再创建两个壳单元的截面，其中一个参考编号为 3，厚度为 10；另一个参考编号为 4，厚度为 6。

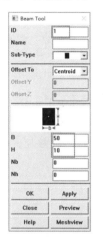
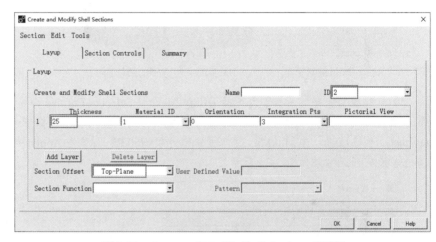

图 3-22　Beam Tool 对话框　　　　图 3-23　Create and Modify Shell Sections 对话框

6. 单元属性的设置

（1）选择圆筒面。选择 Utility Menu > Select > Entities 命令，弹出如图 3-24 所示的 Select Entities（选择实体）对话框，在第 1 个下拉列表中选择 Areas 选项（选择面），在下面的下拉列表中选择 By Location 选项（通过位置选择），选中 Z coordinates 单选按钮（通过 Z 坐标进行选择），在 Min,Max 文本框中输入"0,3000"（通过最小值和最大值的范围进行选择），单击 Apply 按钮后单击 Plot 按钮，最后单击 OK 按钮，结果如图 3-25 所示。

（2）设置圆筒面的单元属性。选择 Main Menu > Preprocessor > Meshing > MeshTool 命令，弹出如图 3-26 所示的 MeshTool 对话框，在 Element Attributes 下拉列表中选择 Areas，然后单击 Set 按钮，弹出面拾取框，单击 Pick All 按钮，即选择组成圆筒的所有面，弹出如图 3-27 所示的 Area Attributes（面属性）对话框，将 Material number 设为 2（材料参考编号设为 2），将 Element type number 设为 2 SHELL181（单元类型参考编号设为 2，即 SHELL181 单元），将 Element section 设为 2（截面参考编号设为 2），然后单击 OK 按钮。

图 3-24 Select Entities 对话框　　图 3-25 所选择的圆筒面　　图 3-26 MeshTool 对话框

（3）选择锥面上部的所有面。选择 Utility Menu > Select > Entities 命令，弹出 Select Entities 对话框，在第 1 个下拉列表中选择 Areas 选项，在下面的下拉列表中选择 By Location 选项，选中 Z coordinates 单选按钮，在 Min,Max 文本框中输入"-750,0"，单击 Apply 按钮后单击 Plot 按钮，最后单击 OK 按钮，结果如图 3-28 所示。

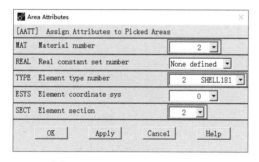 

图 3-27 Area Attributes 对话框　　　　图 3-28 选择锥面上部的所有面

（4）设置锥面上部面的单元属性。在 MeshTool 对话框中将 Element Attributes 设为 Areas，然后单击后面的 Set 按钮，弹出面拾取框，单击 Pick All 按钮，即选择组成锥面上部的所有面，弹出 Area Attributes 对话框，将 Material number 设为 1，将 Element type number 设为 2 SHELL181，将 Element section 设为 3，然后单击 OK 按钮。

（5）选择锥面下部的所有面。选择 Utility Menu > Select > Entities 命令，弹出 Select Entities 对话框，在第 1 个下拉列表中选择 Areas 选项，在下面的下拉列表中选择 By Location 选项，选中 Z coordinates 单选按钮，在 Min,Max 文本框中输入"-1500,-750"，单击 Apply 按钮后单击 Plot 按钮，最后单击 OK 按钮，结果如图 3-29 所示。

（6）设置锥面下部面的单元属性。在 MeshTool 对话框中将 Element Attributes 设为 Areas，然后单击后面的 Set 按钮，弹出面拾取框，单击 Pick All 按钮，即选择组成锥面下部的所有面，弹出 Area Attributes 对话框，将 Material number 设为 1，将 Element type number 设为 2 SHELL181，将 Element section 设为 4，然后单击 OK 按钮。

（7）选择锥面上的所有线。选择 Utility Menu > Select > Entities 命令，弹出 Select Entities 对话框，在第 1 个下拉列表中选择 Lines 选项，在下面的下拉列表中选择 By Location 选项，选中 Z coordinates 单选按钮，在 Min,Max 文本框中输入"-1500,0"，单击 Apply 按钮后单击 Plot 按钮，最后单击 OK 按钮，结果如图 3-30 所示。

图 3-29　选择锥面下部的所有面　　　　图 3-30　选择锥面上的所有线

（8）设置锥面上的线的单元属性。在 MeshTool 对话框中将 Element Attributes 设为 Lines，然后单击后面的 Set 按钮，弹出线拾取框，单击 Pick All 按钮，即选择锥面上的所有线，弹出如图 3-31 所示的 Line Attributes（线属性）对话框，将 Material number 设为 1，将 Element type number 设为 1 BEAM188，将 Element section 设为 1，然后单击 OK 按钮。

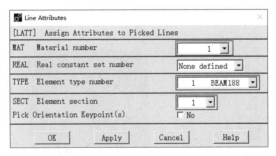

图 3-31　Line Attributes 对话框

7．网格划分

（1）对锥面上的线进行网格划分。在 MeshTool 对话框中将 Mesh 设为 Lines（对线进行网格划分），然后单击 Mesh 按钮，弹出线拾取框，单击 Pick All 按钮，对锥面上的所有线进行网格划分。

（2）显示梁单元的形状。选择 Utility Menu > PlotCtrls > Style > Size and Shape 命令，弹出如图 3-32 所示的 Size and Shape（尺寸和形状）对话框，将 Display of element 设置为 On（显示单元的形状），单击 Apply 按钮，结果如图 3-33 所示。完成梁单元形状的查看后，在 Size and Shape 对话框中将 Display of element 设置为 Off（不显示单元的形状），单击 OK 按钮。

（3）选择所有实体。选择 Utility Menu > Select > Everything 命令，选择所有实体。

（4）绘制面。选择 Utility Menu > Plot > Areas 命令，在图形窗口中显示面。

（5）对所有面进行网格划分。在 MeshTool 对话框中将 Mesh 设置为 Areas（对面进行网格划分），然后单击 Mesh 按钮，弹出面拾取框，单击 Pick All 按钮，对所有面进行网格划分，结果如图 3-34 所示。完成网格划分后，单击 MeshTool 对话框中的 Close 按钮将其关闭。

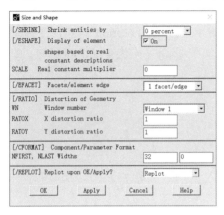

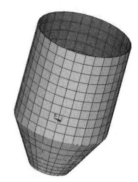

图 3-32　Size and Shape 对话框　　　图 3-33　显示单元尺寸的结果　　图 3-34　面网格划分的结果

8．检查网格划分的结果

（1）以材料编号显示网格单元。选择 Utility Menu > PlotCtrls > Numbering 命令，弹出如图 3-35 所示的 Plot Numbering Controls 对话框，将 Elem/Attrib numbering 设置为 Material numbers（以材料参考编号显示单元属性），单击 Apply 按钮，结果如图 3-36 所示。

（2）以截面编号显示网格单元。在 Plot Numbering Controls 对话框中将 Elem/Attrib numbering 设置为 Section numbers（以截面参考编号显示单元属性），单击 OK 按钮，结果如图 3-37 所示。

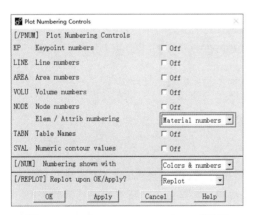
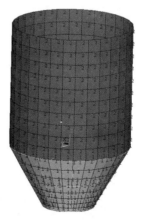

图 3-35　Plot Numbering Controls 对话框　　　图 3-36　以材料编号显示　　图 3-37　以截面编号显示
　　　　　　　　　　　　　　　　　　　　　　　　　　　网格单元的结果　　　　　　网格单元的结果

9．保存有限元模型

单击工具栏中的 SAVE_DB 按钮，保存文件。单击工具栏中的 QUIT 按钮，在弹出的 Exit 对话框中选择 Quit - No Save!选项，单击 OK 按钮，退出 Ansys 程序。

10. 命令流文件

在工作目录中找到 silo0.log 文件，并对其进行修改，修改后的命令流文件（silo.txt）中的内容如下。

```
!%%%%对筒仓进行网格划分%%%%%
/CLEAR,START                    !清除数据
/FILNAME,silo,1                 !更改文件名称
RESUME,silo_geo,db,             !恢复数据库文件(假设 silo_geo.db 已复制到当前工作目录)
/PREP7                          !进入前处理器
ET,1,BEAM188                    !定义单元类型
ET,2,SHELL181
MP,EX,1,2E5,                    !定义1号材料模型的材料属性
MP,PRXY,1,0.3,
MP,EX,2,3E4,                    !定义2号材料模型的材料属性
MP,PRXY,2,0.3,
SECTYPE,1,BEAM, RECT,,0         !定义梁的截面
SECOFFSET,CENT
SECDATA,50,10,0,0,0,0,0,0,0,0,0,0
SECTYPE,2,SHELL,,               !定义壳截面
SECDATA, 25,1,0.0,3
SECOFFSET,TOP
SECCONTROL,,,, , , ,
SECTYPE,3,SHELL,,               !定义壳截面
SECDATA, 10,1,0,3
SECOFFSET,TOP
SECCONTROL,0,0,0, 0, 1, 1, 1
SECTYPE,4,SHELL,,               !定义壳截面
SECDATA, 6,1,0,3
SECOFFSET,TOP
SECCONTROL,0,0,0, 0, 1, 1, 1
ASEL,S,LOC,Z,0,3000             !选择圆筒面
AATT,2,,2,0,2                   !将单元属性与面相关联
ASEL,S,LOC,Z,-750,0             !选择锥面上部的所有面
AATT,1,,2,0,3                   !将单元属性与面相关联
ASEL,S,LOC,Z,-1500,-750         !选择锥面下部的所有面
AATT,1,,2,0,4                   !将单元属性与面相关联
LSEL,S,LOC,Z,-1500,0            !选择锥面上的所有线
LATT,1,,1,,,,1                  !将单元属性与线相关联
LMESH,ALL                       !对线进行网格划分
/ESHAPE,1                       !显示单元形状
/REPLOT                         !重新绘制图形
/ESHAPE,0                       !关闭单元形状的显示
ALLSEL,ALL,                     !选择所有实体
AMESH,ALL                       !对面进行网格划分
/PNUM,MAT,1                     !打开材料编号显示
EPLOT                           !显示单元
/PNUM,SEC,1                     !打开截面编号显示
```

```
EPLOT                        !显示单元
SAVE                         !保存文件
FINISH                       !退出前处理器
/EXIT,NOSAVE                 !退出 Ansys
```

扫一扫，看视频

3.2.3 实例——轴承座的网格划分

本小节将对 2.1.3 小节中创建的轴承座几何模型进行网格划分，介绍 Ansys 中智能网格划分控制、自由网格划分、局部网格细化、扫掠网格划分的具体操作方法。

1．定义工作文件名

选择 Utility Menu > File > Change Jobname 命令，弹出 Change Jobname 对话框，在 Enter new jobname 文本框中输入 BS_Mesh 并勾选 New log and error files?复选框，单击 OK 按钮。

2．恢复数据库文件

将电子资源包中提供的 BearingSeat_geo.db 文件复制到当前的工作目录下，然后选择 Utility Menu > File > Resume from 命令，弹出如图 3-38 所示的 Resume Database 对话框，选择 BearingSeat_geo.db 文件，然后单击 OK 按钮。此时将会在图形窗口中显示导入轴承座的几何模型。

3．定义单元类型

选择 Main Menu > Preprocessor > Element Type > Add/Edit/Delete 命令，弹出如图 3-39 所示的 Element Types 对话框，单击 Add 按钮，弹出如图 3-40 所示的 Library of Element Types 对话框，在左侧的列表框中选择 Solid 选项，在右侧的列表框中选择 20node 186 选项，即 SOLID186 单元，单击 OK 按钮，返回 Element Types 对话框，单击 Close 按钮将其关闭。

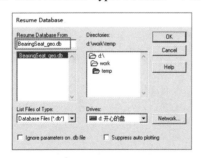

图 3-38 Resume Database 对话框

图 3-39 Element Types 对话框

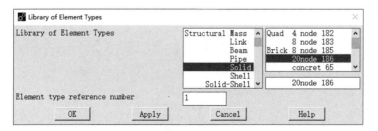

图 3-40 Library of Element Types 对话框

4. 定义材料属性

选择 Main Menu > Preprocessor > Material Props > Material Models 命令，弹出如图 3-41 所示的 Define Material Model Behavior 对话框。在该对话框的右侧框中依次选择 Structural > Linear > Elastic > Isotropic 选项，表示选中结构分析中的线弹性各向同性材料。这时弹出如图 3-42 所示的 Linear Isotropic Properties for Material Number 1 对话框，在其中将 EX 设为 2E5，PRXY 设为 0.3，单击 OK 按钮，返回 Define Material Model Behavior 对话框并将其关闭。

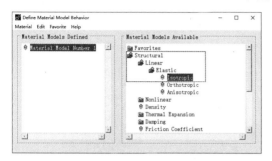

图 3-41　Define Material Model Behavior 对话框

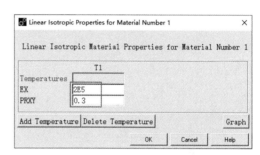

图 3-42　Linear Isotropic Properties for Material Number 1 对话框

5. 智能网格划分控制

选择 Main Menu > Preprocessor > Meshing > MeshTool 命令，弹出如图 3-43 所示的 MeshTool 对话框，勾选 Smart Size 复选框，然后通过移动下面的滑块将网格尺寸的级别设置为 4。

6. 自由网格划分

在 MeshTool 对话框中，将 Mesh 设为 Volumes（对体进行网格划分），分别选中下面的 Tet 单选按钮（单元形状为四面体）和 Free 单选按钮（自由网格划分方法），然后单击 Mesh 按钮，弹出体拾取框，单击 Pick All 按钮，即对所有体进行网格划分，结果如图 3-44 所示。

> 📢 **提示：**
>
> 由于本实例中仅定义了唯一的一种单元类型和材料模型，所以 Ansys 程序可自动进行单元属性的设置，此处无须再进行手动设置。

7. 局部网格细化

局部网格细化的操作步骤如下。

（1）显示面的编号。选择 Unitity Menu > PlotCtrls > Numbering 命令，弹出 Plot Numbering Controls 对话框，将 Area numbers 设为 On，单击 OK 按钮。

（2）细化局部网格。在 MeshTool 对话框中，将 Refine at 设为 Areas（对面周围的网格进行局部细化），然后单击 Refine 按钮，弹出面拾取框，在图形窗口中选择组成螺栓孔的 8 个面（A15、A16、A17、A18、A53、A55、A57、A58），单击 OK 按钮，弹出如图 3-45 所示的 Refine Mesh at Area（在面周围细化网格）对话框，将 Level of refinement 设为"1 (Minimal)"（表示细化级别为 1），单击 OK 按钮，结果如图 3-46 所示。

图 3-43 MeshTool 对话框

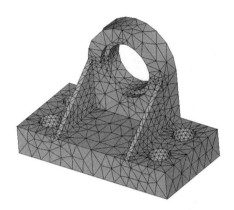

图 3-44 自由网格划分的结果

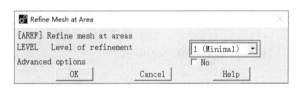

图 3-45 Refine Mesh at Area 对话框

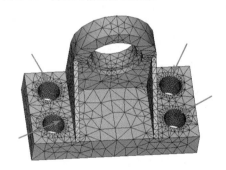

图 3-46 局部网格细化的结果

8. 保存已划分网格的模型

选择 Unitity Menu > File > Save as 命令，弹出 Save DataBase 对话框，以 B_mesh_free.db 为文件名将模型进行保存。

9. 清除自由划分的网格

清除自由划分的网格的操作步骤如下。

（1）清除体网格。在 MeshTool 对话框中，单击 Mesh 按钮后面的 Clear 按钮，弹出体拾取框，单击 Pick All 按钮，清除自由划分的体网格，然后关闭 MeshTool 对话框。

（2）显示体。选择 Unitity Menu > PlotCtrls > Numbering 命令，在弹出的 Plot Numbering Controls 对话框中将 Area numbers 设为 Off，将 Volume numbers 设为 On，即关闭面编号的显示，打开体编号的显示，最后单击 OK 按钮。

10. 删除体

由于该轴承座的几何模型具有对称性，为了减少扫掠网格划分的工作量，首先删除其中一半的体。选择 Main Menu > Preprocessor > Modeling > Delete > Volume and Below 命令，弹出体拾取框，用鼠标拾取对称面左侧的所有体（V10、V12、V7、V14），然后单击 OK 按钮，结果如图 3-47 所示。

11. 切分轴承座底座

为了进行扫掠网格划分，需要将轴承座的底座进行切分操作。

（1）通过关键点调整工作平面。选择 Unitity Menu > WorkPlane > Align WP with > Keypoints 命令，弹出关键点拾取框，依次拾取图 3-47 所示的 3 个关键点（编号分别为 12、14、11），单击 OK 按钮。

（2）通过工作平面切分体。选择 Main Menu > Preprocessor > Modeling > Operate > Booleans > Divide > Volu by WrkPlane 命令，弹出体拾取框，在图形窗口中拾取基座（V13），单击 OK 按钮，将基座切分为左右两部分。

12. 对轴承孔生成圆弧面

选择 Main Menu > Preprocessor > Modeling > Operate > Extrude > Lines > Along Lines 命令，弹出线拾取框，拾取如图 3-48 所示编号为 L46 的线，单击 Apply 按钮，然后拾取编号为 L78 的线，单击 Apply 按钮，生成圆弧面 A20；再拾取编号为 L49 的线，单击 Apply 按钮，然后拾取编号为 L47 的线，单击 OK 按钮，生成圆弧面 A29（为了方便拾取，读者可以打开线的编号显示）。

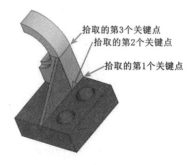
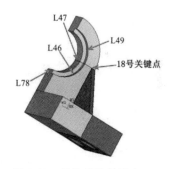

图 3-47　删除体后的结果　　　　　图 3-48　拾取线和关键点

13. 切分轴承座托架

切分轴承座托架的操作步骤如下。

（1）通过面切分体。选择 Main Menu > Preprocessor > Modeling > Operate > Booleans > Divide > Volume by Area 命令，弹出体拾取框，拾取托架的基础（体编号为 V11，读者要随时关注拾取框中的拾取反馈，如 Volu No.就显示了所拾取体的编号），单击 Apply 按钮；弹出面拾取框，拾取刚刚生成的面 A20，再单击 Apply 按钮；弹出体拾取框，再拾取托架的上部分（体编号为 V9），单击 Apply 按钮；弹出面拾取框，再拾取刚刚生成的面 A29，单击 OK 按钮。

（2）移动工作平面。选择 Unitity Menu > WorkPlane > Offset WP to > Keypoints 命令，弹出 Offset WP to Keypoints 拾取框，拾取如图 3-48 所示编号为 18 的关键点，单击 OK 按钮。

（3）通过工作平面切分体。选择 Main Menu > Preprocessor > Modeling > Operate > Booleans > Divide > Volu by WrkPlane 命令，弹出体拾取框，拾取托架基础中编号为 V5 的体，单击 OK 按钮。

（4）隐藏工作平面。选择 Utility Menu > WorkPlane > Display Working Plane 命令，取消该命令前的对号标识，将工作平面隐藏。

📢 提示：

> 可以进行扫掠网格划分的体在扫掠方向上必须具有拓扑的一致性，且源面及目标面必须都是单个面。而编号为 V5 的体，其位于前部的面由 2 个面所组成，所以必须进行再次切分，否则无法进行扫掠网格划分。

14．设置全局网格尺寸

选择 Main Menu > Preprocessor > Meshing > MeshTool 命令，弹出如图 3-49 所示的 MeshTool 对话框，取消勾选 Smart Size 复选框，关闭智能网格划分控制；单击 Global 后面的 Set 按钮，弹出如图 3-50 所示的 Global Element Sizes 对话框，在 Element edge length 文本框中输入 3，单击 OK 按钮，返回 MeshTool 对话框。

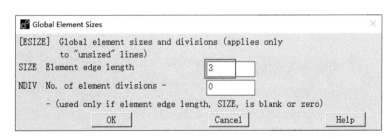

图 3-49　MeshTool 对话框　　　　　图 3-50　Global Element Sizes 对话框

15．扫掠网格划分

在 MeshTool 对话框中，将 Mesh 设为 Volumes，选中下面的 Hex/Wedge 单选按钮（单元形状为六面体或五面体）和 Sweep 单选按钮（网格划分方法为扫掠），然后单击 Sweep 按钮，弹出体拾取框，单击 Pick All 按钮，对所有体进行扫掠网格划分，结果如图 3-51 所示。

16. 镜像生成另一半有限元模型

镜像生成另一半有限元模型的操作步骤如下。

（1）镜像体和网格。选择 Main Menu > Preprocessor > Modeling > Reflect > Volumes 命令，弹出体拾取框，单击 Pick All 按钮，弹出 Reflect Volumes 对话框，如图 3-52 所示，保持默认设置，即 Plane of symmetry 设为 Y-Z plane X（表示通过全局笛卡儿坐标系的 YZ 平面进行映射），Items to be reflected 设为 Volumes and mesh（表示同时镜像体和网格），Existing volumes will be 设为 Copied（表示镜像时保留现有体），然后单击 OK 按钮。

（2）重新绘制图形。选择 Unitity Menu > Plot > Replot 命令，重新绘制图形，结果如图 3-53 所示。

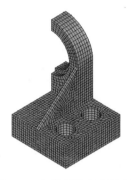

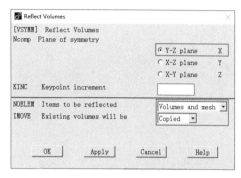

图 3-51　扫掠网格划分的结果　　　　　图 3-52　Reflect Volumes 对话框

17. 合并重合的节点和关键点

选择 Main Menu > Preprocessor > Numbering Ctrls > Merge Items 命令，弹出如图 3-54 所示的 Merge Coincident or Equivalently Defined Items 对话框，在 Type of item to be merge 下拉列表中选择 All 选项（合并所有对象），单击 OK 按钮。

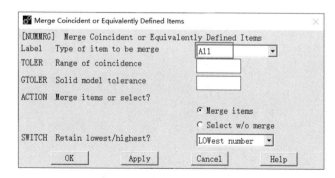

图 3-53　镜像后的结果　　　　图 3-54　Merge Coincident or Equivalently Defined Items 对话框

🔊 提示：

> 在图 3-54 所示的对话框中，虽然将 Type of item to be merge 设为 All，但读者通过查看输出窗口可以得知，本操作仅合并了重合的节点和关键点。当然，读者也可以首先将 Type of item to be merge 设为 Nodes，单击 Apply 按钮进行节点合并；然后再将 Type of item to be merge 设为 Keypoints，单击 OK 按钮进行关键点合并。

18. 保存有限元模型

选择 Unitity Menu > File > Save as 命令，弹出 Save DataBase 对话框，以 B_mesh_sweep.db 为文件名将模型进行保存。

单击工具栏中的 QUIT 按钮，在弹出的 Exit 对话框中选择 Quit - No Save! 选项，单击 OK 按钮，退出 Ansys 程序。

19. 命令流文件

在工作目录中找到 BS_Mesh0.log 文件，并对其进行修改，修改后的命令流文件（BS_Mesh.txt）中的内容如下。

```
!%%%%对轴承座进行网格划分%%%%%
/CLEAR,START                        !清除数据
/FILNAME,BS_Mesh,1                  !更改文件名称
RESUME,BearingSeat_geo,db,          !恢复数据库文件
/PREP7                              !进入前处理器
ET,1,SOLID186                       !定义单元类型
MP,EX,1,2E5,                        !定义材料模型的材料属性
MP,PRXY,1,0.3,
SMRTSIZE,4                          !将智能网格尺寸的级别设置为4
MSHAPE,1,3D                         !设置单元形状
MSHKEY,0                            !使用自由网格划分方法
VMESH,ALL                           !对体进行网格划分
ASEL,S,AREA,,15,18,1,               !选择组成螺栓孔的所有面
ASEL,A,AREA,,53,55,2,
ASEL,A,AREA,,57,58,1,
CM,A_F1,AREA                        !通过所选面创建一个组件A_F1
AREFINE,A_F1, , ,1,0,1,1            !进行网格局部细化
CMDELE,A_F1                         !删除组件A_F1
ALLSEL,ALL,                         !选择所有实体
SAVE,'B_mesh_free','db',            !保存网格文件
VCLEAR,ALL                          !清除自由划分的网格
/PNUM,VOLU,1                        !打开体编号
VPLOT                               !显示体
VDELE,10,12,2,1                     !删除左侧的体
VDELE,7,14,7,1
KWPLAN,-1,12,14,11                  !移动工作平面
VSBW,13                             !通过工作平面切分体
ADRAG,46, , , , , ,78               !创建两个圆弧面
ADRAG,49, , , , , ,47
VSBA,11,20                          !通过面切分体
VSBA,9,29
KWPAVE,18                           !移动工作平面
VSBW,5                              !通过工作平面切分体
WPSTYLE,,,,,,,,0                    !隐藏工作平面
SMRTSIZE,OFF                        !关闭智能网格划分
ESIZE,3,0,                          !设置全局网格尺寸
```

```
VSWEEP,ALL                    !对体进行扫掠网格划分
VSYMM,X,ALL, , , ,0,0         !镜像体
/REPLOT                       !重新绘制图形
NUMMRG,ALL, , , ,LOW          !合并重合的节点和关键点
SAVE,'B_mesh_sweep','db',     !保存网格文件
FINISH                        !退出前处理器
/EXIT,NOSAVE                  !退出 Ansys
```

3.2.4 实例——旋转外轮的网格划分

本小节将对图 3-55 所示的旋转外轮几何模型（该几何模型为完整旋转外轮的 1/36）进行网格划分，以介绍 Ansys 中映射网格划分、生成过渡网格的具体操作方法。由于本实例主要讲解网格划分的方法，因此省略了定义材料属性的操作步骤，读者可以根据 3.2.3 小节的实例进行材料属性的定义。

扫一扫，看视频

图 3-55 旋转外轮几何模型示意图（1/36）

1．定义工作文件名

选择 Utility Menu > File > Change Jobname 命令，弹出 Change Jobname 对话框，在 Enter new jobname 文本框中输入 roter 并勾选 New log and error files?复选框，单击 OK 按钮。

2．恢复数据库文件

将电子资源包中提供的 roter_geo.db 文件复制到当前的工作目录下，然后选择 Utility Menu > File > Resume from 命令，弹出 Resume Database 对话框，选择 roter_geo.db 文件，然后单击 OK 按钮。此时将会在图形窗口中显示旋转外轮的几何模型，如图 3-55 所示。

3．定义单元类型

选择 Main Menu > Preprocessor > Element Type > Add/Edit/Delete 命令，弹出如图 3-56 所示的 Element Types 对话框，单击 Add 按钮，弹出如图 3-57 所示的 Library of Element Types 对话框。在左侧的列表框中选择 Solid 选项，在右侧的列表框中选择 20node 186 选项，即 SOLID186 单元，单击 OK 按钮，返回 Element Types 对话框，单击 Close 按钮将其关闭。

4．切分旋转外轮

（1）通过关键点调整工作平面。选择 Unitity Menu > WorkPlane > Align WP with > Keypoints 命令，弹出关键点拾取框，依次拾取图 3-58 所示的 3 个关键点（编号分别为 15、35、19），单击 OK 按钮。

（2）通过工作平面切分体。选择 Main Menu > Preprocessor > Modeling > Operate > Booleans > Divide > Volu by WrkPlane 命令，弹出体拾取框，在图形窗口中拾取唯一的体 V1，单击 OK 按钮，将旋转外轮切分为上下两部分。

（3）移动工作平面。选择 Unitity Menu > WorkPlane > Offset WP to > Keypoints 命令，弹出 Offset WP to Keypoints 拾取框，拾取图 3-58 所示编号为 20 的关键点，单击 OK 按钮。

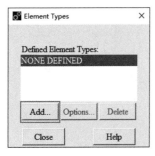

图 3-56 Element Types 对话框　　　　图 3-57 Library of Element Types 库对话框

（4）通过工作平面切分体。选择 Main Menu > Preprocessor > Modeling > Operate > Booleans > Divide > Volu by WrkPlane 命令，弹出体拾取框，在图形窗口中拾取旋转外轮下部分的体 V4，单击 OK 按钮。

（5）隐藏工作平面。选择 Utility Menu > WorkPlane > Display Working Plane 命令，取消该命令前的对号标识，将工作平面隐藏。

（6）重新显示体。选择 Unitity Menu > PlotCtrls > Numbering 命令，将 Volume numbers 设为 On，即关闭面编号的显示，打开体编号的显示，结果如图 3-59 所示。

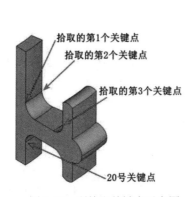
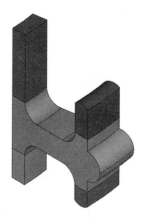

图 3-58 所拾取关键点示意图　　　　图 3-59 切分后的几何模型

◁）) 提示：

在图 3-59 所示的几何模型中，虽然打开了体编号的显示，但仅以不同的颜色对各个体进行了区分，并未显示体的编号。这是由于 Ansys 中体编号总是在其质心位置显示，所以容易被遮挡而不可见。通过对体进行透明度的设置，可以使体编号显示出来，具体操作方法如下：选择 Utility Menu > PlotCtrls > Style > Translucency> By Value 命令，弹出如图 3-60 所示的 Translucency（透明度）对话框，将 Apply translucency to 设为 Volumes（设置体的透明度），单击 OK 按钮。弹出如图 3-61 所示的 Translucency 对话框，在 Translucency level (0-1) 文本框中输入 1（为了突出透明度的效果，本实例输入最大值 1），单击 OK 按钮。重新显示体，最终的效果如图 3-62 所示。

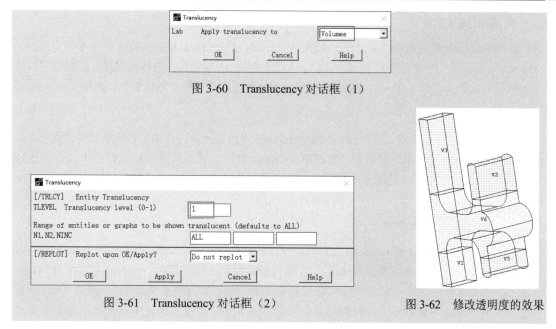

图 3-60　Translucency 对话框（1）

图 3-61　Translucency 对话框（2）　　图 3-62　修改透明度的效果

5．设置全局网格尺寸

选择 Main Menu > Preprocessor > Meshing > MeshTool 命令，弹出如图 3-63 所示的 MeshTool 对话框，单击 Global 后面的 Set 按钮，弹出如图 3-64 所示的 Global Element Sizes 对话框，在 Element edge length 文本框中输入 0.2，单击 OK 按钮，返回 MeshTool 对话框。

图 3-63　MeshTool 对话框 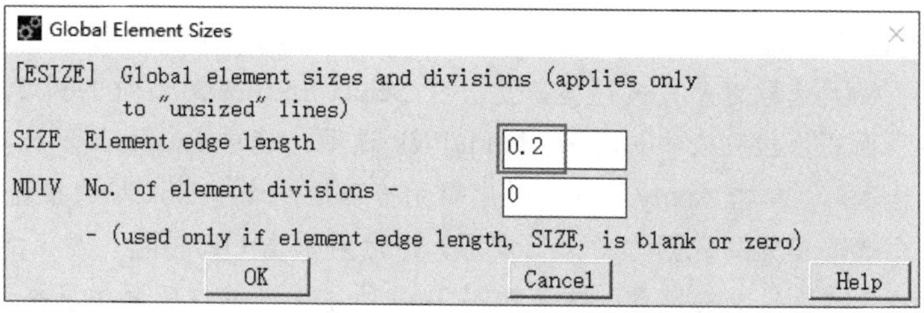　　　　　　图 3-64　Global Element Sizes 对话框

6. 映射网格划分

在 MeshTool 对话框中,将 Mesh 设为 Volumes,选中 Hex 单选按钮(单元形状为六面体)和 Mapped 单选按钮(网格划分方法为映射),然后单击 Mesh 按钮,弹出体拾取框,在图形窗口中选择上下两侧的共计 4 个体(即 V1、V2、V3、V5),对所选体进行映射网格划分,结果如图 3-65 所示。

7. 自由网格划分

在 MeshTool 对话框中,将 Mesh 设为 Volumes,选中 Tet 单选按钮(单元形状为四面体)和 Free 单选按钮(网格划分方法为自由),然后单击 Mesh 按钮,弹出体拾取框,在图形窗口中选择旋转外轮中间的体(即 V6),对所选体进行自由网格划分,结果如图 3-66 所示,最后关闭 MeshTool 对话框。

8. 查看过渡处的网格单元

(1)选择体。选择 Utility Menu > Select > Entities 命令,弹出如图 3-67 所示的 Select Entities 对话框,在第 1 个下拉列表中选择 Volumes 选项(选择体),在下面的下拉列表中选择 By Num/Pick 选项(通过在拾取框的输入窗口中输入图元编号或者在图形窗口中直接拾取),选中 From Full 单选按钮(从整个模型中选取一个新的图元集合),单击 Apply 按钮,弹出体拾取框,在图形窗口中拾取体 V6,单击 OK 按钮,返回 Select Entities 对话框。

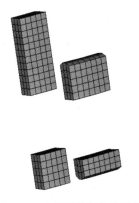  

图 3-65 映射网格划分的结果　　图 3-66 自由网格划分的结果　　图 3-67 Select Entities 对话框

(2)选择中间体的所有单元。在 Select Entities 对话框的第 1 个下拉列表中选择 Elements 选项(选择单元),在下面的下拉列表中选择 Attached to 选项(通过与已选取的其他类型图元相关联来选取,本实例中已选取体 V6),选中 Volumes 单选按钮(表示选取与体相关联的所有单元),单击 Apply 按钮。

(3)选取过渡处的网格单元。在 Select Entities 对话框的第 1 个下拉列表中选择 Elements 选项,在下面的下拉列表中选择 By Num/Pick 选项,选中 Reselect 单选按钮(从已选取好的图元集合中再次选取),单击 Apply 按钮。弹出单元拾取框,选中 Box 单选按钮(框选),在图形窗口中按图 3-68 所示选取单元(视图方向为正视图),然后单击 OK 按钮。返回 Select Entities 对话框,单击 Plot 按钮,显示所拾取的单元,结果如图 3-69 所示。可见在四面体网格和六面体网格的过渡部分生成了一些金字塔形单元。完成网格查看后,选择 Utility Menu > Select > Everything 命令,选择所有实体。

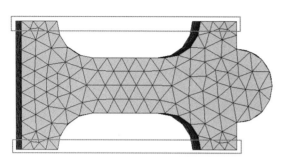
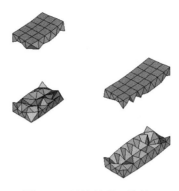

图 3-68 拾取单元示意图　　　　图 3-69 过渡处的网格单元

9. 复制体和网格

由于前面仅对旋转外轮的 1/36 几何模型进行了网格划分，下面通过复制体来形成完整的旋转外轮的网格。

（1）调整坐标系为柱坐标系。选择 Utility Menu > WorkPlane > Change Active CS to > Global Cylindrical Y 命令，将当前坐标系设为全局柱坐标系（Y 轴作为旋转轴）。

（2）复制体。选择 Main Menu > Preprocessor > Modeling > Copy > Volumes 命令，弹出体拾取框，单击 Pick All 按钮，拾取所有体，弹出如图 3-70 所示的 Copy Volumes 对话框，在 Number of copies 文本框中输入 36，在 Y-offset in active CS 文本框中输入 10（Y 坐标的增量为 10°），单击 OK 按钮，结果如图 3-71 所示。

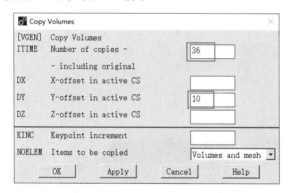

图 3-70 Copy Volumes 对话框　　　　图 3-71 完整的旋转外轮网格

10. 保存有限元模型

单击工具栏中的 SAVE_DB 按钮，保存文件。单击工具栏中的 QUIT 按钮，在弹出的 Exit 对话框中选择 Quit - No Save!选项，单击 OK 按钮，退出 Ansys 程序。

11. 命令流文件

在工作目录中找到 roter0.log 文件，并对其进行修改，修改后的命令流文件（roter.txt）中的内容如下。

```
!%%%%%对旋转外轮进行网格划分%%%%%%
```

```
/CLEAR,START              !清除数据
/FILNAME,roter,1          !更改文件名称
RESUME,roter_geo,db,      !恢复数据库文件
/PREP7                    !进入前处理器
ET,1,SOLID186             !定义单元类型
MP,EX,1,2E5,              !定义材料模型的材料属性
MP,PRXY,1,0.3,
KWPLAN,-1,15,35,19        !通过关键点调整工作平面
VSBW,1                    !通过工作平面切分体
KWPAVE,20                 !移动工作平面
VSBW,4                    !通过工作平面切分体
WPSTYLE,,,,,,,,0          !隐藏工作平面
/PNUM,VOLU,1              !显示体编号
/REPLOT                   !重新绘制图形
ESIZE,0.2,0,              !设置全局网格尺寸
MSHAPE,0,3D               !设置单元形状为六面体
MSHKEY,1                  !网格划分方法为映射
VMESH,1,3,1               !对体 1、2、3 进行网格划分
VMESH,5                   !对体 5 进行网格划分
MSHAPE,1,3D               !设置单元形状为四面体
MSHKEY,0                  !网格划分方法为自由
VMESH,6                   !对体 6 进行网格划分
CSYS,5                    !将坐标系设为柱坐标系
VGEN,36,ALL, , , ,10, , ,0 !复制体的同时复制网格
EPLOT                     !显示单元
SAVE                      !保存文件
FINISH                    !退出前处理器
/EXIT,NOSAVE              !退出 Ansys
```

3.2.5 实例——换热管的网格划分

扫一扫，看视频

本小节将对图 3-72 所示的换热管几何模型（图中仅为部分模型）进行网格划分，以介绍 Ansys 中为了进行映射网格划分而进行连接操作的具体操作方法。由于本实例主要讲解网格划分的方法，因此省略了定义材料属性的操作步骤，读者可以根据 3.2.3 小节的实例进行材料属性的定义。

根据换热管在结构上的对称性，首先对 1/4 几何模型进行网格划分，然后通过镜像操作生成完整的有限元模型。

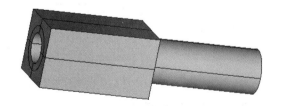

图 3-72 换热管几何模型示意图（部分）

1. 定义工作文件名

选择 Utility Menu > File > Change Jobname 命令，弹出 Change Jobname 对话框，在 Enter new jobname 文本框中输入 HeatTube 并勾选 New log and error files?复选框，单击 OK 按钮。

2. 恢复数据库文件

将电子资源包中提供的 HeatTube_geo.db 文件复制到当前的工作目录下，然后选择 Utility Menu > File > Resume from 命令，弹出 Resume Database 对话框，选择 HeatTube_geo.db 文件，然后单击 OK 按钮。此时将会在图形窗口中显示换热管的 1/4 几何模型，如图 3-73 所示。

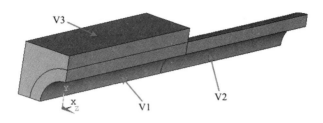

图 3-73 换热管的 1/4 几何模型

3. 定义单元类型

选择 Main Menu > Preprocessor > Element Type > Add/Edit/Delete 命令，弹出如图 3-74 所示的 Element Types 对话框，单击 Add 按钮，弹出如图 3-75 所示的 Library of Element Types 对话框。在左侧的列表框中选择 Solid 选项，在右侧的列表框中选择 Brick 8 node 185 选项，即 SOLID185 单元，单击 Apply 按钮；在左侧的列表框中选择 Shell 选项，在右侧的列表框中选择 3D 4node 181 选项，即 SHELL181 单元，单击 OK 按钮；返回 Element Types 对话框，单击 Close 按钮将其关闭。

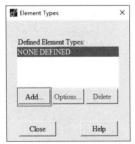

图 3-74 Element Types 对话框

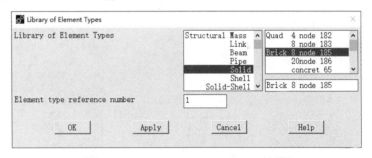

图 3-75 Library of Element Types 对话框

4. 设置体 V3 中线的单元数量

（1）显示线和面的编号。为了便于在后续的操作中拾取线和面，需要显示线和面的编号。选择 Utility Menu > PlotCtrls > Numbering 命令，在弹出的 Plot Numbering Controls 对话框中将 Line numbers 和 Area numbers 设为 On，即打开线和面编号的显示，单击 OK 按钮。

（2）选择体 V3。选择 Utility Menu > Select > Entities 命令，弹出如图 3-76 所示的 Select Entities 对话框，在第 1 个下拉列表中选择 Volumes 选项，在下面的下拉列表中选择 By Num/Pick 选项，单击 Apply 按钮，弹出体拾取框，在图形窗口中拾取体 V3，单击 OK 按钮，返回 Select Entities 对话框。

（3）选择体 V3 中的所有面。在 Select Entities 对话框的第 1 个下拉列表中选择 Areas 选项，在下面的下拉列表中选择 Attached to 选项，然后单击 Volumes 单选按钮，单击 Apply 按钮，选择与体 V3 相关联的所有面。

（4）选择线。在 Select Entities 对话框的第 1 个下拉列表中选择 Lines 选项，在下面的下拉列表中选择 Attached to 选项，然后单击 Areas 单选按钮，单击 OK 按钮。

（5）设置体 V3 中线上的单元数量。选择 Main Menu > Preprocessor > Meshing > MeshTool 命令，弹出如图 3-77 所示的 MeshTool 对话框，单击 Size Controls 下面 Lines 后面的 Set 按钮，弹出线拾取框，在图形窗口中拾取编号为 L14、L15、L18、L19 的线，单击 OK 按钮。弹出如图 3-78 所示的 Element Sizes on Picked Lines（设置所选线上的单元尺寸）对话框，在 No. of element divisions 文本框中输入 10（表示在所选线上将网格划分为 10 个单元，即所选线上的单元数量为 10），单击 Apply 按钮。

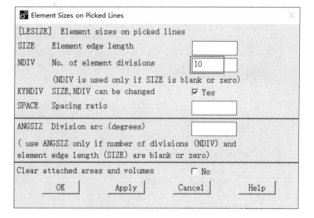

图 3-76　Select Entities 对话框　　图 3-77　MeshTool 对话框　　图 3-78　Element Sizes on Picked Lines 对话框

通过此方法，将编号为 L41、L42、L43、L44 的线上的单元数量设为 5，将编号为 L4、L36、L22、L23、L24、L32、L34 的线上的单元数量设为 20，最后单击 OK 按钮，返回 MeshTool 对话框。所设置线上的单元数量如图 3-79 所示。

5．对线进行连接操作

选择 Main Menu > Preprocessor > Meshing > Concatenate > Lines 命令，弹出线拾取框，拾取图 3-80 所示编号为 L14、L15 的线，单击 OK 按钮。

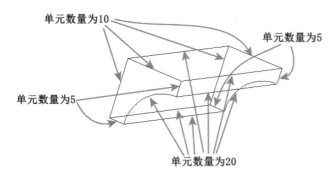
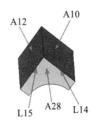

图 3-79 所设置线上的单元数量示意图　　图 3-80 所选线和面示意图

6. 对面进行网格划分

（1）设置单元属性。在 MeshTool 对话框中将 Element Attributes 设为 Areas，然后单击 Areas 后面的 Set 按钮，弹出面拾取框，拾取图 3-80 所示编号为 A28 的面，单击 OK 按钮，弹出如图 3-81 所示的 Area Attributes 对话框，将 Element type number 设为 2 SHELL181，单击 OK 按钮，返回 MeshTool 对话框。

（2）对面 A28 进行网格划分。在 MeshTool 对话框中将 Mesh 设为 Areas（表示对面进行网格划分），将 Shape 设为 Quad（表示网格形状为四边形），选中 Mapped 单选按钮（使用映射网格划分方法），然后单击 Mesh 按钮，弹出面拾取框，拾取图 3-80 所示编号为 A28 的面，单击 OK 按钮，生成的壳网格如图 3-82 所示。

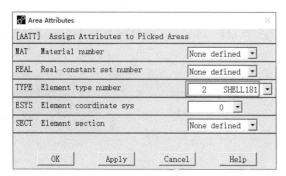
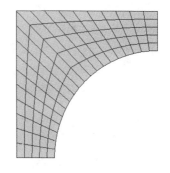

图 3-81 Area Attributes 对话框　　图 3-82 生成的壳网格

📢 **提示：**

> 　　在对面进行映射网格划分时，必须满足以下条件：①该面必须由 3 或 4 条线围成；②在对边上必须有相等的单元划分数；③如果该面由 3 条线围成，则 3 条线上的单元划分数必须相等且必须是偶数。
>
> 　　如果一个面由多于 4 条线所围成，则它不能直接采用映射网格进行划分，然而，为了将总的线数减少到 4，其中的某些线可以连接起来。本实例中为了对面 A28 进行映射网格划分，将编号为 L14、L15 的 2 条线进行了连接操作。其中需要注意，只能在原始线上进行单元尺寸或单元数量的设置，不能在连接操作后生成的新线上进行单元尺寸或单元数量的设置。

7. 清除网格

（1）删除线的连接。选择 Main Menu > Preprocessor > Meshing > Concatenate > Del Concats > Lines 命令，连接在一起的线自然分开。

（2）清除网格。在 MeshTool 对话框中单击 Mesh 按钮后面的 Clear 按钮，弹出面拾取框，拾取编号为 A28 的面，单击 OK 按钮。

8. 对体 V3 进行映射网格划分

（1）对面进行连接操作。选择 Main Menu > Preprocessor > Meshing > Concatenate > Areas 命令，弹出面拾取框，拾取图 3-80 所示编号为 A10 和 A12 的两个面，单击 OK 按钮。

（2）对体 V3 进行网格划分。在 MeshTool 对话框中将 Mesh 设为 Volumes，将 Shape 设为 Hex，选中 Mapped 单选按钮，然后单击 Mesh 按钮，弹出体拾取框，拾取编号为 V3 的体，单击 OK 按钮，结果如图 3-83 所示。

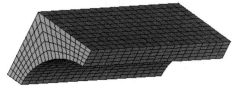

图 3-83　对体 V3 划分网格的结果

（3）删除面之间和线之间的连接。选择 Main Menu > Preprocessor > Meshing > Concatenate > Del Concats > Areas 命令，连接在一起的面自然分开。选择 Main Menu > Preprocessor > Meshing > Concatenate > Del Concats > Lines 命令，连接在一起的线自然分开。

> **提示：**
>
> 在对体进行映射网格划分时，必须满足以下条件：①该体必须是砖形（六面体）、楔形体（五面体）或四面体形；②在相对的面上所定义的单元划分数必须相等；③如果体是棱柱形或四面体形，在三角形面上的单元划分数必须是偶数；④在相对的棱边上所定义的单元划分数必须相等。
>
> 为了进行映射网格划分，读者可以通过连接面来减少围成体的边界面的数量。在本实例中，为了对体 V3 进行映射网格划分，将编号为 A10 和 A12 的两个面进行了连接操作。其中需要注意，连接面后也要求进行连接线的操作，由于本实例中是对相邻的两个四边形面进行连接，所以 Ansys 会自动进行连接线的操作，但在其他情况下，在完成面的连接操作后，必须进行人工连接线的操作。

9. 对体 V1 和 V2 进行映射网格划分

（1）选择体 V1 和 V2 中的所有线。选择 Utility Menu > Select > Entities 命令，弹出 Select Entities 对话框，在第 1 个下拉列表中选择 Volumes 选项，在下面的下拉列表中选择 By Num/Pick 选项，单击 Apply 按钮，弹出体拾取框，在图形窗口中拾取体 V1 和 V2，单击 Apply 按钮。在 Select Entities 对话框的第 1 个下拉列表中选择 Areas 选项，在下面的下拉列表中选择 Attached to 选项，然后选中 Volumes 单选按钮，单击 Apply 按钮，选择与体 V1 和 V2 相关联的所有面。返回 Select Entities 对话框并将其关闭。在 Select Entities 对话框的第 1 个下拉列表中选择 Lines 选项，在下面的下拉列表中选择 Attached to 选项，然后选中 Areas 单选按钮，单击 OK 按钮。

（2）设置体 V1 和 V2 中线上的单元数量。参照步骤 4，将编号为 L1、L3、L33、L35、L6、L8 的线上的单元数量设为 4，将编号为 L2、L29、L5、L7、L30、L31、L37、L38、L39、L40 的线上

的单元数量设为 20。

（3）对体 V1 和 V2 进行网格划分。在 MeshTool 对话框中单击 Mesh 按钮，弹出体拾取框，拾取编号为 V1 和 V2 的体，单击 OK 按钮，生成的映射体网格如图 3-84 所示。完成网格划分后，关闭 MeshTool 对话框。

（4）选择所有实体。选择 Utility Menu > Select > Everything 命令，选择所有实体。

图 3-84　生成的映射体网格

10．镜像体和网格

选择 Main Menu > Preprocessor > Modeling > Reflect > Volumes 命令，弹出体拾取框，单击 Pick All 按钮，弹出 Reflect Volumes 对话框，如图 3-85 所示，将 Plane of symmetry 设为 X-Z plane Y，单击 Apply 按钮；弹出体拾取框，单击 Pick All 按钮，弹出 Reflect Volumes 对话框，再将 Plane of symmetry 设为 X-Y plane Z，单击 OK 按钮。选择 Utility Menu > Plot > Elements 命令，结果如图 3-86 所示。

11．合并重合的节点和关键点

选择 Main Menu > Preprocessor > Numbering Ctrls > Merge Items 命令，弹出如图 3-87 所示的 Merge Coincident or Equivalently Defined Items 对话框，将 Type of item to be merge 设为 All，单击 OK 按钮。

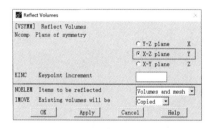

图 3-85　Reflect Volumes 对话框

图 3-86　镜像后的网格

12．压缩编号

选择 Main Menu > Preprocessor > Numbering Ctrls > Compress Numbers，弹出如图 3-88 所示的 Compress Numbers（压缩编号）对话框，将 Item to be compressed 设为 All（压缩所有对象的编号），单击 OK 按钮。

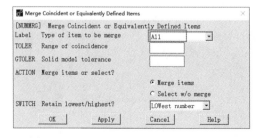

图 3-87　Merge Coincident or Equivalently Defined Items 对话框

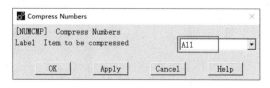

图 3-88　Compress Numbers 对话框

13. 保存有限元模型

单击工具栏中的 SAVE_DB 按钮，保存文件。单击工具栏中的 QUIT 按钮，在弹出的 Exit 对话框中选择 Quit - No Save!选项，单击 OK 按钮，退出 Ansys 程序。

14. 命令流文件

在工作目录中找到 HeatTube0.log 文件，并对其进行修改，修改后的命令流文件（HeatTube.txt）中的内容如下。

```
!%%%%对换热管进行网格划分%%%%
/CLEAR,START                    !清除数据
/FILNAME,HeatTube,1             !更改文件名称
RESUME,HeatTube_geo,db,         !恢复数据库文件
/PREP7                          !进入前处理器
ET,1,SOLID186                   !定义单元类型
ET,2,SHELL181
MP,EX,1,2E5,                    !定义材料模型的材料属性
MP,PRXY,1,0.3,
LSEL,S,LINE,,14,15,1            !选择线 L14、L15
LSEL,A,LINE,,18,19,1            !增加选择线 L18、L19
CM,LS,LINE                      !将所选线定义为一个组件 LS
LESIZE,LS, , ,10, , , ,1        !将所选线的单元数量设为 10
CMDELE,LS                       !删除组件 LS
LSEL,S,LINE,,41,44,1            !选择线 L41、L42、L43、L44
CM,LS,LINE                      !将所选线定义为一个组件 LS
LESIZE,LS, , ,5, , , ,1         !将所选线的单元数量设为 5
CMDELE,LS                       !删除组件 LS
LSEL,S,LINE,,4                  !选择线 L4
LSEL,A,LINE,,22,24,1            !增加选择线 L22、L23、L24
LSEL,A,LINE,,32,36,2            !增加选择线 L32、L34、L36
CM,LS,LINE                      !将所选线定义为一个组件 LS
LESIZE,LS, , ,20, , , ,1        !将所选线的单元数量设为 20
CMDELE,LS                       !删除组件 LS
LSEL,ALL                        !选择所有线
LCCAT,14,15                     !连接线 L14 和 L15，生成线 L9
ASEL,S,,,28                     !选择面 A28
AATT, , ,2,0,                   !设置面 A28 的单元为 SHELL181
MSHAPE,0,2D                     !单元形状为四边形
MSHKEY,1                        !映射网格划分方法
AMESH,28                        !对面 A28 进行网格划分
LDELE,9                         !删除连接线 L9，还原为线 L14 和 L15
ACLEAR,28                       !清除面 A28 的网格
ASEL,ALL                        !选择所有面
ACCAT,10,12                     !连接面 A10 和 A12，生成面 A3 和 L9、L10
MSHAPE,0,3D                     !网格形状为六面体
MSHKEY,1                        !映射网格划分方法
VMESH,3                         !对体 V3 进行网格划分
ADELE,3                         !删除连接面 A3，还原为面 A10 和 A12
```

```
LDELE,9,10,1,                !删除连接线 L9 和 L10
LSEL,S,LINE,,1,3,2           !选择线 L1、L3
LSEL,A,LINE,,33,35,2         !增加选择线 L33、L35
LSEL,A,LINE,,6,8,2           !增加选择线 L6、L8
CM,LS,LINE                   !将所选线定义为一个组件 LS
LESIZE,LS, , ,4, , , ,1      !将所选线的单元数量设为 4
CMDELE,LS                    !删除组件 LS
LSEL,S,LINE,,2               !选择线 L2
LSEL,A,LINE,,29              !增加选择线 L29
LSEL,A,LINE,,5,7,2           !增加选择线 L5、L7
LSEL,A,LINE,,30,31,1         !增加选择线 L30、L31
LSEL,A,LINE,,37,40,1         !增加选择线 L37、L38、L39、L40
CM,LS,LINE                   !将所选线定义为一个组件 LS
LESIZE,LS, , ,20, , , ,1     !将所选线的单元数量设为 20
CMDELE,LS                    !删除组件 LS
MSHAPE,0,3D                  !网格形状为六面体
MSHKEY,1                     !映射网格划分方法
VMESH,1,2,1                  !对体 V1、V2 进行网格划分
ALLSEL,ALL                   !选择所有实体
VSYMM,Y,ALL, , , ,0,0        !镜像体
VSYMM,Z,ALL, , , ,0,0        !镜像体
NUMMRG,ALL, , , ,LOW         !合并重合的节点和关键点
NUMCMP,ALL                   !压缩编号
EPLOT                        !显示单元
SAVE                         !保存文件
FINISH                       !退出前处理器
/EXIT,NOSAVE                 !退出 Ansys
```

3.3 直接生成有限元模型

直接生成有限元模型是指直接定义节点和单元，而无须建立几何模型并对其进行网格划分。在直接生成有限元模型的操作中，定义节点和单元的操作可以穿插进行，但对于一个单元而言，必须在其节点全部生成后才能定义该单元。尽管 Ansys 软件提供了可以直接对节点和单元进行复制、镜像、移动等极为方便的操作命令，但对于复杂的模型，直接生成有限元模型仍然极为困难。因此，直接生成有限元模型仅适用于模型非常简单的情况，其大部分操作命令在 Main Menu > Preprocessor > Modeling 子菜单之中。

下面通过具体的实例介绍 Ansys 软件中直接创建有限元模型的操作步骤。

3.3.1 实例——直接生成圆环有限元模型

扫一扫，看视频

本小节将直接创建图 3-89 所示的圆环有限元模型（单位：mm），以介绍 Ansys 中直接生成有限元模型的具体操作方法。由于本实例主要讲解网格划分的方法，因此省略了定义材料属性的操作步骤，读者可以根据 3.2.3 小节的实例进行材料属性的定义。

本实例使用 PLANE182 单元对圆环进行建模，根据圆环在结构上的对称性，首先建立 1/4 的有限元模型，然后通过复制操作生成完整的有限元模型。

1. 定义工作文件名

选择 Utility Menu > File > Change Jobname 命令，弹出 Change Jobname 对话框，在 Enter new jobname 文本框中输入 ring 并勾选 New log and error files?复选框，单击 OK 按钮。

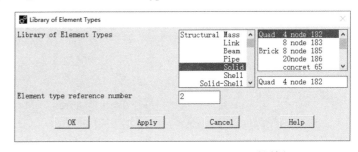

图 3-89　圆环有限元模型示意图

2. 定义单元类型

选择 Main Menu > Preprocessor > Element Type > Add/Edit/Delete 命令，弹出如图 3-90 所示的 Element Types 对话框，单击 Add 按钮，弹出如图 3-91 所示的 Library of Element Types 对话框。在左侧的列表框中选择 Solid 选项，在右侧的列表框中选择 Quad 4 node 182 选项，即 PLANE182 单元，单击 OK 按钮；返回 Element Types 对话框，选中刚刚添加的 PLANE182 单元，然后单击 Options 按钮，弹出如图 3-92 所示的 PLANE182 element type options（PLANE182 单元类型选项）对话框，将 K3 设为 Plane strs w/thk，单击 OK 按钮，返回 Element Types 对话框并将其关闭。

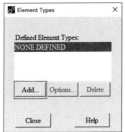

图 3-90　Element Types 对话框　　　　图 3-91　Library of Element Types 对话框

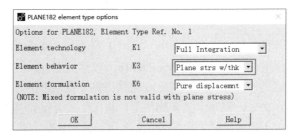

图 3-92　PLANE182 element type options 对话框

3. 定义实常数

选择 Main Menu > Preprocessor > Real Constants > Add/Edit/Delete 命令，弹出如图 3-93 所示的 Real Constants 对话框，单击 Add 按钮，弹出 Element Type for Real Constants（定义实常数的元素类型）对话框，单击 OK 按钮，弹出如图 3-94 所示的 Real Constant Set Number 1, for PLANE182（设置 PLANE182 单元实常数）对话框，在 THK 文本框中输入 0.5，单击 OK 按钮，返回 Real Constants 对话框并将其关闭。

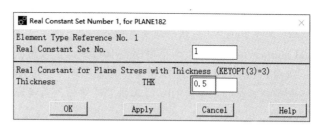

图 3-93 Real Constants 对话框   图 3-94 Real Constant Set Number 1, for PLANE182 对话框

4. 创建节点

（1）将坐标系设为全局柱坐标系。为了便于创建节点，需要将当前坐标系转换为柱坐标系。选择 Utility Menu > WorkPlane> Change Active CS to> Global Cylindrical 命令，将当前坐标系设为柱坐标系。

（2）创建 2 个节点。选择 Main Menu > Preprocessor > Modeling > Create > Nodes > In Active CS 命令，弹出如图 3-95 所示的 Create Nodes in Active Coordinate System（在活动的坐标系中创建节点）对话框，在 Node number 文本框中输入 1（节点编号为 1），在 Location in active CS 文本框中输入 10、0、0[节点坐标位置为（10,0,0）]，单击 Apply 按钮；在 Node number 文本框中输入 9，在 Location in active CS 文本框中输入 30、0、0，单击 OK 按钮，结果如图 3-96 所示。

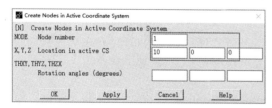

图 3-95 Create Nodes in Active Coordinate System 对话框   图 3-96 创建的 2 个节点

（3）在现有的 2 个节点之间生成一系列节点。选择 Main Menu > Preprocessor > Modeling > Create > Nodes > Fill between Nds 命令，弹出节点拾取框，在图形窗口中依次拾取节点 1 和节点 9，单击 OK 按钮，弹出如图 3-97 所示的 Create Nodes Between 2 Nodes（在 2 个节点之间创建节点）对话框，在 Number of nodes to fill 文本框中输入 7（表示在 2 个节点之间生成 7 个节点），在 Spacing ratio 文本框中输入 1（节点之间的间距比为 1，即相邻节点之间等间距），单击 OK 按钮，结果如图 3-98 所示。

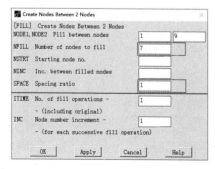

图 3-97 Create Nodes Between 2 Nodes 对话框   图 3-98 在现有 2 节点之间生成 7 个节点

(4) 复制节点。选择 Main Menu > Preprocessor > Modeling > Copy > Nodes > Copy 命令，弹出节点拾取框，单击 Pick All 按钮拾取所有节点，弹出如图 3-99 所示的 Copy nodes（复制节点）对话框，在 Total number of copies 文本框中输入 10（表示共复制出 10 份），在 Y-offset in active CS 文本框中输入 90/9（表示每次复制时 Y 坐标值增加 10°），在 Node number increment 文本框中输入 10（表示每次复制时节点编号增加 10），单击 OK 按钮，结果如图 3-100 所示。

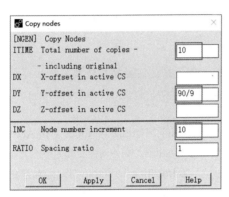

图 3-99 Copy nodes 对话框

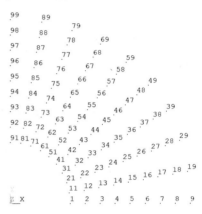

图 3-100 复制节点的结果

5. 创建单元

(1) 创建第 1 个单元。选择 Main Menu > Preprocessor > Modeling > Create > Elements > Auto Numbered > Thru Nodes 命令，弹出节点拾取框，在图形窗口中依次选择编号为 1、2、12、11 的节点，创建一个单元，结果如图 3-101 所示。

(2) 复制单元。选择 Main Menu > Preprocessor > Modeling > Copy > Elements > Auto Numbered 命令，弹出单元拾取框，在图形窗口中选择刚刚创建的单元，单击 Apply 按钮，弹出如图 3-102 所示的 Copy Elements (Automatically-Numbered)［复制单元（自动编号）］对话框，在 Total number of copies 文本框中输入 8（表示共复制出 8 份），在 Node number increment 文本框中输入 1（表示每次复制时单元编号增加 1），单击 Apply 按钮，结果如图 3-103 所示。

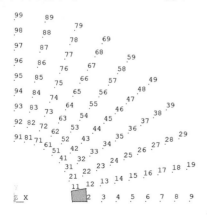

图 3-101 创建第 1 个单元的结果

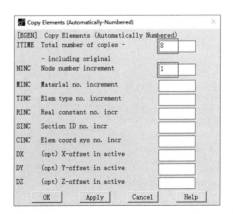

图 3-102 Copy Elements (Automatically-Numbered) 对话框

此时，将再次弹出单元拾取框，单击 Pick All 按钮拾取所有单元，再次弹出 Copy Elements (Automatically-Numbered)对话框，在 Total number of copies 文本框中输入 9，在 Node number increment 文本框中输入 10，单击 OK 按钮，结果如图 3-104 所示。

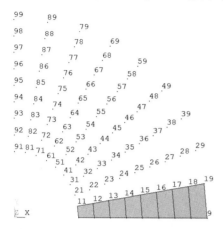

图 3-103　第 1 次复制单元的结果

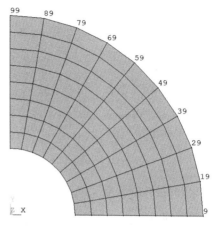

图 3-104　第 2 次复制单元的结果

6．复制节点和单元

通过前面的操作，已经完成了 1/4 有限元模型的创建，接下来通过复制节点和单元生成完整的有限元模型。

（1）复制节点。选择 Main Menu > Preprocessor > Modeling > Copy > Nodes > Copy 命令，弹出节点拾取框，单击 Pick All 按钮拾取所有节点，弹出如图 3-105 所示的 Copy nodes 对话框，在 Total number of copies 文本框中输入 4，在 Y-offset in active CS 文本框中输入 90，在 Node number increment 文本框中输入 100，单击 OK 按钮，结果如图 3-106 所示。

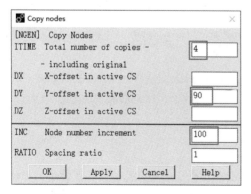

图 3-105　Copy nodes 对话框

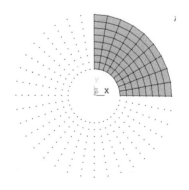

图 3-106　复制节点的结果

（2）复制单元。选择 Main Menu > Preprocessor > Modeling > Copy > Elements > Auto Numbered 命令，弹出单元拾取框，单击 Pick All 按钮，弹出如图 3-107 所示的 Copy Elements (Automatically-Numbered)对话框，在 Total number of copies 文本框中输入 4，在 Node number increment 文本框中输入 100，单击 OK 按钮，结果如图 3-108 所示。

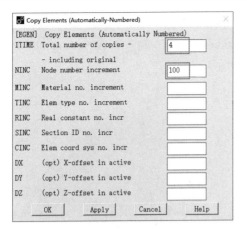
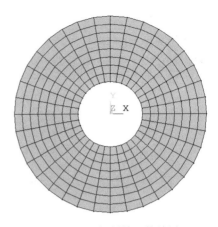

图 3-107 Copy Elements (Automatically-Numbered)对话框   图 3-108 复制单元的结果

7．合并重合的节点

选择 Main Menu > Preprocessor > Numbering Ctrls > Merge Items 命令，弹出如图 3-109 所示的 Merge Coincident or Equivalently Defined Items 对话框，将 Type of item to be merge 设为 Nodes，单击 OK 按钮。

8．压缩节点编号

选择 Main Menu > Preprocessor > Numbering Ctrls > Compress Numbers，弹出如图 3-110 所示的 Compress Numbers 对话框，将 Item to be compressed 设为 Nodes，单击 OK 按钮。

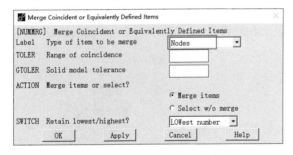
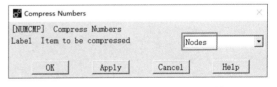

图 3-109 Merge Coincident or Equivalently 　　图 3-110 Compress Numbers 对话框
　　　　　 Defined Items 对话框

9．保存有限元模型

单击工具栏中的 SAVE_DB 按钮，保存文件。单击工具栏中的 QUIT 按钮，在弹出的 Exit 对话框中选择 Quit - No Save!选项，单击 OK 按钮，退出 Ansys 程序。

10．命令流文件

在工作目录中找到 ring0.log 文件，并对其进行修改，修改后的命令流文件（ring.txt）中的内容如下。

```
!%%%%%直接生成圆环的有限元模型%%%%%
```

```
/CLEAR,START                          !清除数据
/FILNAME,ring,1                       !更改文件名称
/PREP7                                !进入前处理器
ET,1,PLANE182 , , , 3                 !定义单元类型和单元选项
R,1,0.5,                              !定义单元的实常数
MP,EX,1,2E5,                          !定义材料模型的材料属性
MP,PRXY,1,0.3,
CSYS,1                                !设置当前坐标系为柱坐标系
N,1,10                                !定义1号节点
N,9,30                                !定义9号节点
FILL,1,9,7, , ,1,1,1,                 !在1号节点和9号节点之间生成7个节点
NGEN,10,10,1,10,1,0,(90/9)            !复制节点
E,1,2,12,11                           !定义1个单元
EGEN,8,1,ALL                          !复制出共计8个单元
EGEN,9,10,ALL                         !再次复制出9组单元
NGEN,4,100,ALL, , , ,90, ,1,          !复制出4组节点
EGEN,4,100,ALL, , , , , , , ,90, ,    !复制出4组单元
NUMMRG,NODE, , ,LOW                   !合并重合的节点
NUMCMP,NODE                           !压缩节点编号
EPLOT                                 !显示单元
SAVE                                  !保存文件
FINISH                                !退出前处理器
/EXIT,NOSAVE                          !退出Ansys
```

3.3.2 实例——直接生成钢桁架桥有限元模型

本小节将直接创建图 3-111 所示的钢桁架桥结构有限元模型,以介绍 Ansys 中直接创建有限元模型的具体操作方法。

该下承式简支钢桁架桥的桥长 72m,每个节段长 12m,桥宽 10m、高 16m;桥面板为 0.3m 厚的混凝土板。钢桁架桥杆件规格有 3 种,见表 3-3。

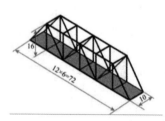

图 3-111 钢桁架桥结构有限元模型示意图（单位：m）

表 3-3 钢桁架桥杆件规格

杆 件	截 面 号	形 状	规格/m
端斜杆	1	工字形	0.4×0.4×0.016×0.016
上下弦	2	工字形	0.4×0.4×0.012×0.012
横向连接梁	2	工字形	0.4×0.4×0.012×0.012
其他腹杆	3	工字形	0.4×0.3×0.012×0.012

钢材和混凝土材料的材料属性见表 3-4。

表 3-4　钢材和混凝土材料的材料属性

参　　数	钢　　材	混　凝　土
弹性模量 EX/Pa	$2.1×10^{11}$	$3.5×10^{10}$
泊松比 PRXY	0.3	0.1667
密度 DENS/（kg/m³）	7850	2500

分析钢桁架桥的结构，钢桁架桥杆件可以通过 BEAM188 单元进行建模，桥面板可以通过 SHELL181 单元进行建模。根据钢桁架桥结构的对称性，首先创建 1/2 有限元模型，然后通过镜像操作生成完整的有限元模型，具体操作步骤如下。

1. 定义工作文件名

选择 Utility Menu > File > Change Jobname 命令，弹出 Change Jobname 对话框，在 Enter new jobname 文本框中输入 bridge 并勾选 New log and error files?复选框，单击 OK 按钮。

2. 定义单元类型

选择 Main Menu > Preprocessor > Element Type > Add/Edit/Delete 命令，弹出 Element Types 对话框，单击 Add 按钮，弹出如图 3-112 所示的 Library of Element Types 对话框。在该对话框左侧的列表框中选择 Beam 选项，在右侧的列表框中选择 2 node 188 选项，即 BEAM188 单元，单击 Apply 按钮；在该对话框左侧的列表框中选择 Shell 选项，在右侧的列表框中选择 3D 4node 181 选项，即 SHELL181 单元，单击 OK 按钮。返回如图 3-113 所示的 Element Types 对话框，在列表框中选择 BEAM188 单元，单击 Options 按钮，弹出如图 3-114 所示的 BEAM188 element type options 对话框，将其中的 K3 设置为 Cubic Form.（单元形函数为三阶），单击 OK 按钮。返回 Element Types 对话框，在列表框中选择 SHELL181 单元，单击 Options 按钮，弹出如图 3-115 所示的 SHELL181 element type options 对话框，将其中的 K3 设置为 Full w/incompatible（非协调的完全积分方案），单击 OK 按钮。返回 Element Types 对话框，最后单击 Close 按钮将其关闭。

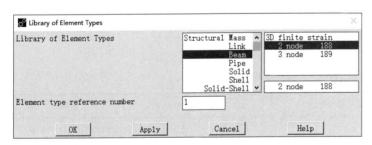
图 3-112　Library of Element Types 对话框

图 3-113　Element Types 对话框

3. 定义材料属性

（1）定义钢材的材料模型。选择 Main Menu > Preprocessor > Material Props > Material Models 命令，弹出 Define Material Model Behavior 对话框，在右侧的列表框中选择 Structural > Linear > Elastic > Isotropic 选项后，弹出如图 3-116 所示的 Linear Isotropic Properties for Material Number 1 对话框，在 EX 文本框中输入 2.1E11，在 PRXY 文本框中输入 0.3，单击 OK 按钮。

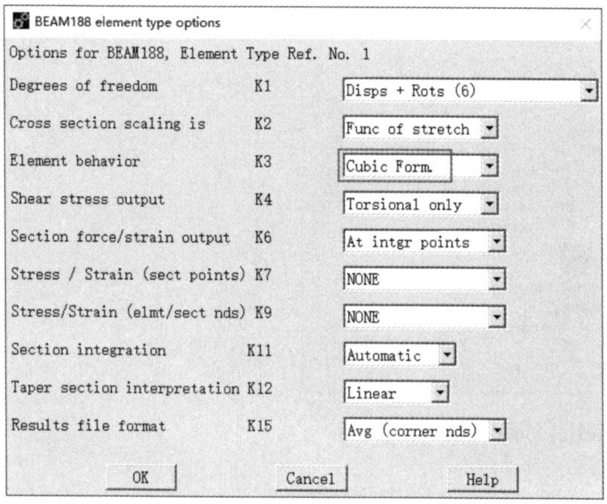

图 3-114 BEAM188 element type options 对话框

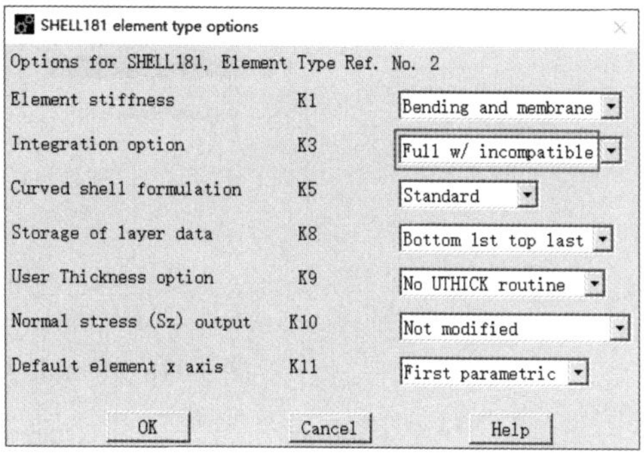

图 3-115 SHELL181 element type options 对话框

在 Define Material Model Behavior 对话框右侧的列表框中选择 Structural > Density，弹出如图 3-117 所示的 Density for Material Number 1（定义密度材料属性）对话框，在 DENS 文本框中输入 7850，单击 OK 按钮。

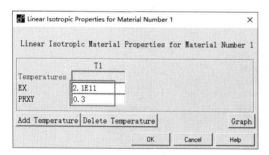

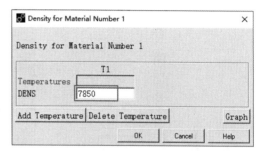

图 3-116 Linear Isotropic Properties for Material Number 1 对话框

图 3-117 Density for Material Number 1 对话框

（2）定义混凝土的材料模型。在 Define Material Model Behavior 对话框的 Material 菜单中选择 New model 命令，采用默认的材料编号（默认材料编号为 2），单击 OK 按钮。这时 Define Material Model Behavior 对话框左侧的列表框中出现 Material Model Number 2 选项，选中该选项后，同第 1 种材料的设置方法一样，在弹出的 Linear Isotropic Properties for Material Number 2 对话框的 EX 文本框中输入 3.5E10，在 PRXY 文本框中输入 0.1667；在弹出的 Density for Material Number 2 对话框的 DENS 文本框中输入 2500，单击 OK 按钮，返回 Define Material Model Behavior 对话框，如图 3-118 所示，最后关闭该对话框。

4．定义截面

（1）定义梁单元的截面。选择 Main Menu > Preprocessor > Sections > Beam > Common Sections 命令，弹出 BeamTool 对话框，按图 3-119（a）所示进行参数设置，单击 Apply 按钮；然后按图 3-119（b）所示进行参数设置；单击 Apply 按钮；再按图 3-119（c）所示进行参数设置，最后单击 OK 按钮（当每次完成梁单元截面的参数设置后，可以单击 Preview 按钮观察所定义的截面特性）。

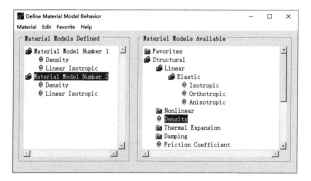

图 3-118　Define Material Model Behavior 对话框

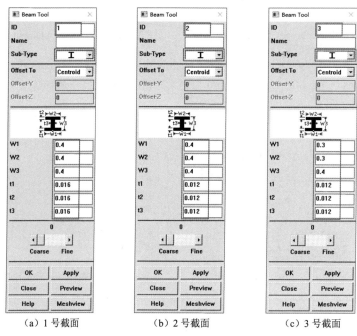

(a) 1 号截面　　　　　(b) 2 号截面　　　　　(c) 3 号截面

图 3-119　Beam Tool 对话框

（2）定义壳单元的厚度。选择 Main Menu > Preprocessor > Sections > Shell > Lay-up > Add / Edit 命令，弹出如图 3-120 所示的 Create and Modify Shell Sections 对话框，设置 ID 为 4（截面的编号为 4），Thickness 为 0.3（壳单元的厚度为 0.3），Material ID 为 2（选择 2 号材料），Integration Pts 为 1（积分点数为 1），其他参数保持默认设置，单击 OK 按钮。

5. 创建节点

（1）创建第 1 个节点。选择 Main Menu > Preprocessor > Modeling > Create > Nodes > In Active CS 命令，弹出如图 3-121 所示的 Create Nodes in Active Coordinate System 对话框，在 Node number 文本框中输入 1，在 Location in active CS 文本框中输入 0、0、−5（桥宽为 10，以坐标系的 XY 平面为对称面，故向 Z 轴负方向偏移 5 个单位），单击 OK 按钮。

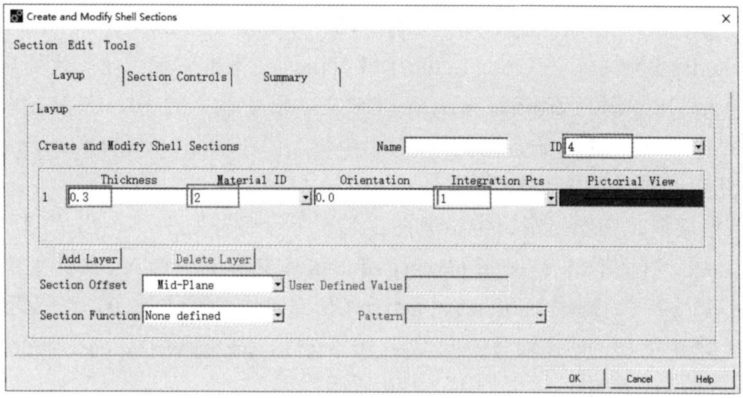

图 3-120 Create and Modify Shell Sections 对话框

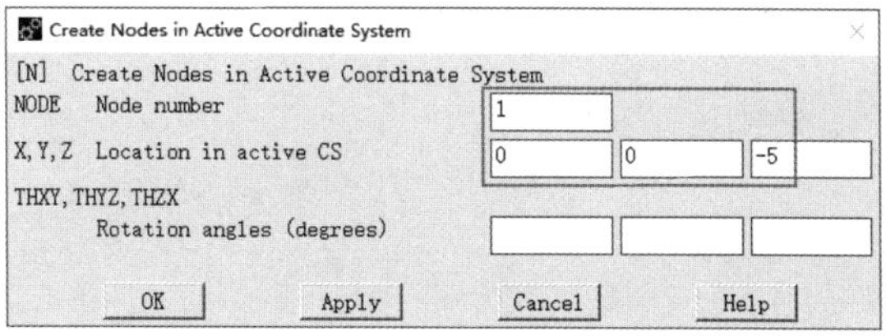

图 3-121 Create Nodes in Active Coordinate System 对话框

（2）复制节点。选择 Main Menu > Preprocessor > Modeling > Copy > Nodes > Copy 命令，弹出节点拾取框，单击 Pick All 按钮拾取仅有的 1 号节点，弹出如图 3-122 所示的 Copy nodes 对话框，在 Total number of copies 文本框中输入 4（桥共 6 个节段，首先创建 1/2 有限元模型，需要创建 3 个节段，即 3 个单元，故此处需要复制出共计 4 个节点），在 X-offset in active CS 文本框中输入 12（每个节段的长为 12，故向 X 方向偏移 12 个单位），在 Node number increment 文本框中输入 4，单击 Apply 按钮，结果如图 3-123 所示。

此时，再次弹出节点拾取框，单击 Pick All 按钮拾取全部节点，弹出 Copy nodes 对话框，在 Total number of copies 文本框中输入 2（此处需要复制出 XY 平面另一侧的 4 个节点，故输入 2），删除 X-offset in active CS 文本框中输入的 12，在 Z-offset in active CS 文本框中输入 10（桥宽为 10，故向 Z 方向偏移 10 个单位），在 Node number increment 文本框中输入 1，单击 Apply 按钮，结果如图 3-124 所示。

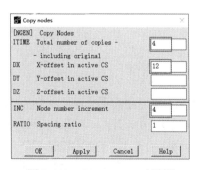

图 3-122 Copy nodes 对话框

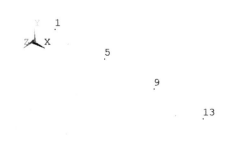

图 3-123 第 1 次复制节点的结果

继续弹出节点拾取框，在图形窗口中拾取图 3-124 所示编号为 2、6、10 的 3 个节点，单击 OK 按钮，弹出 Copy nodes 对话框，在 Total number of copies 文本框中输入 2（此处需要复制出桥上弦一侧的节点，故输入 2），删除 Z-offset in active CS 文本框中输入的 10，在 Y-offset in active CS 文本框中输入 16（桥高为 16，故向 Y 方向偏移 16 个单位），在 Node number increment 文本框中输入 1，单击 Apply 按钮，结果如图 3-125 所示。

继续弹出节点拾取框，在图形窗口中拾取图 3-125 所示编号为 3、7、11 的 3 个节点，单击 OK 按钮，弹出 Copy nodes 对话框，在 Total number of copies 文本框中输入 2（此处需要复制出桥上弦另一侧的节点，故输入 2），删除 Y-offset in active CS 文本框中输入的 16，在 Z-offset in active CS 文本框中输入-10（桥宽为 10，向 Z 轴负方向偏移 10 个单位，故输入-10），在 Node number increment 文本框中输入 1，单击 OK 按钮，结果如图 3-126 所示。

图 3-124　第 2 次复制节点的结果　　　　图 3-125　第 3 次复制节点的结果

图 3-126　第 4 次复制节点的结果

6．创建单元

（1）设置第 1 种单元属性。选择 Main Menu > Preprocessor > Modeling > Create > Elements > Elem Attributes 命令，弹出如图 3-127 所示的 Element Attributes（单元属性）对话框，将 Element type number 设为 1 BEAM188，将 Material number 设为 1，将 Section number 设为 1，单击 OK 按钮。

（2）创建端部斜杆的梁单元。选择 Main Menu > Preprocessor > Modeling > Create > Elements >

Auto Numbered > Thru Nodes 命令，弹出节点拾取框，在图形窗口中依次拾取 11 和 14 号节点，单击 Apply 按钮；再拾取 12 和 13 号节点，单击 OK 按钮，结果如图 3-128 所示。

（3）设置第 2 种单元属性。选择 Main Menu > Preprocessor > Modeling > Create > Elements > Elem Attributes 命令，弹出 Element Attributes 对话框，将 Section number 设为 2，其他参数保持不变，单击 OK 按钮。

（4）创建上下弦杆和横梁杆的梁单元。选择 Main Menu > Preprocessor > Modeling > Create > Elements > Auto Numbered > Thru Nodes 命令，弹出节点拾取框，根据步骤（2）中的方法，通过 2 号和 6 号节点、6 号和 10 号节点、10 号和 14 号节点、1 号和 5 号节点、5 号和 9 号节点、9 号和 13 号节点、3 号和 7 号节点、7 号和 11 号节点、4 号和 8 号节点、8 号和 12 号节点、1 号和 2 号节点、3 号和 4 号节点、5 号和 6 号节点、7 号和 8 号节点、9 号和 10 号节点、11 号和 12 号节点、13 号和 14 号节点创建单元，最后单击 OK 按钮。

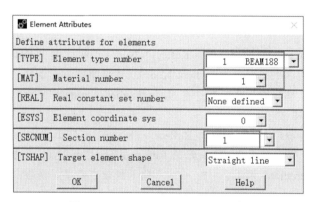 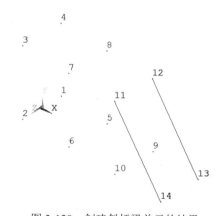

图 3-127　Element Attributes 对话框　　　图 3-128　创建斜杆梁单元的结果

（5）设置第 3 种单元属性。选择 Main Menu > Preprocessor > Modeling > Create > Elements > Elem Attributes 命令，弹出 Element Attributes 对话框，将 Section number 设为 3，其他参数保持不变，单击 OK 按钮。

（6）创建其他腹杆的梁单元。选择 Main Menu > Preprocessor > Modeling > Create > Elements > Auto Numbered > Thru Nodes 命令，弹出节点拾取框，根据步骤（2）中的方法，通过 3 号和 6 号节点、6 号和 11 号节点、4 号和 5 号节点、5 号和 12 号节点、2 号和 3 号节点、1 号和 4 号节点、6 号和 7 号节点、5 号和 8 号节点、10 号和 11 号节点、9 号和 12 号节点创建单元，最后单击 OK 按钮，结果如图 3-129 所示。

（7）设置第 4 种单元属性。选择 Main Menu > Preprocessor > Modeling > Create > Elements > Elem Attributes 命令，弹出 Element Attributes 对话框，将 Element type number 设为 2 SHELL181，将 Material number 设为 2，将 Section number 设为 4，单击 OK 按钮。

（8）创建桥面的壳单元。选择 Main Menu > Preprocessor > Modeling > Create > Elements > Auto Numbered > Thru Nodes 命令，弹出节点拾取框，依次拾取 1 号、2 号、6 号、5 号节点，单击 Apply 按钮；再依次拾取 5 号、6 号、10 号、9 号节点，单击 Apply 按钮；再依次拾取 9 号、10 号、14 号、13 号节点，单击 OK 按钮，一共创建 3 个壳单元，结果如图 3-130 所示。

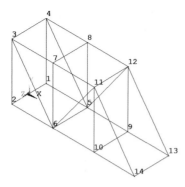
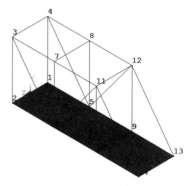

图 3-129　完成创建梁单元的结果　　　　图 3-130　创建壳单元的结果

7．镜像节点和单元

通过前面的操作，已经完成了 1/2 有限元模型的创建，接下来通过镜像节点和单元生成完整的有限元模型。

（1）镜像节点。选择 Main Menu > Preprocessor > Modeling > Reflect > Nodes 命令，弹出 Reflect Nodes 对话框，单击 Pick All 按钮，弹出如图 3-131 所示的 Reflect Nodes（镜像节点）对话框，将 Plane of symmetry 设为 Y-Z plane X（通过 YZ 平面进行映射），在 Node number increment 文本框中输入 14（映射时节点编号增加 14），单击 OK 按钮。

（2）镜像单元。选择 Main Menu > Preprocessor > Modeling > Reflect > Elements > Auto Numbered 命令，弹出单元拾取框，单击 Pick All 按钮，弹出如图 3-132 所示的 Reflect Elems Auto-Num（自动编号方式镜像单元）对话框，在 Node no. increment 文本框中输入 14 [输入的数值需要与步骤（1）中的增加的节点编号相同]，单击 OK 按钮。

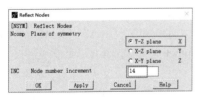
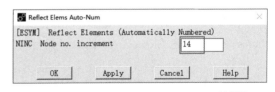

图 3-131　Reflect Nodes 对话框　　　　图 3-132　Reflect Elems Auto-Num 对话框

（3）显示单元。选择 Utility Menu > Plot > Elements 命令，得到的完整有限元模型如图 3-133 所示。

8．合并重合的节点

在镜像节点的过程中，原来位于 YZ 平面的节点 1、2、3、4 在镜像后所生成的节点 15、16、17、18 将与原节点位置重合，因此需要进行合并节点操作。

（1）合并节点。选择 Main Menu > Preprocessor > Numbering Ctrls > Merge Items 命令，弹出如图 3-134 所示的 Merge Coincident or Equivalently Defined Items 对话框，将

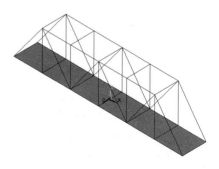

图 3-133　完整的有限元模型

Type of item to be merge 设为 Nodes，单击 OK 按钮。

（2）查看合并后的节点编号。选择 Utility Menu > List > Nodes 命令，弹出如图 3-135 所示的 Sort NODE Listing（排序节点列表）对话框，保持默认设置，单击 OK 按钮，结果如图 3-136 所示。通过节点列表窗口可以看出，编号为 15、16、17、18 的节点已经被合并，且节点编号序列中出现了间隙，因此，下一步将对节点编号进行压缩。

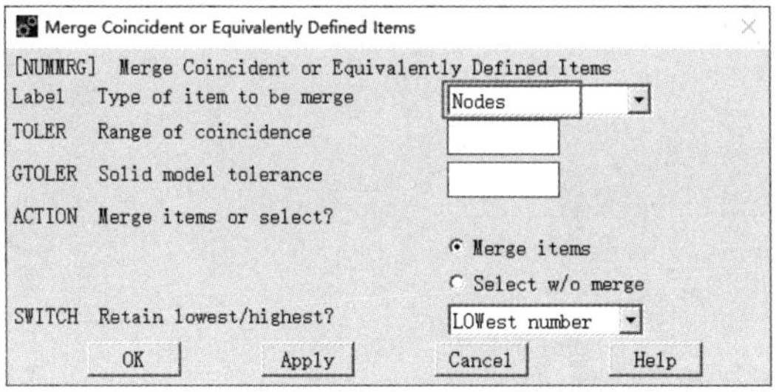

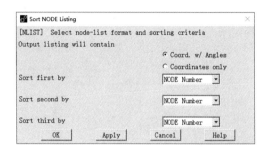

图 3-134 Merge Coincident or Equivalently Defined Items 对话框

图 3-135 Sort NODE Listing 对话框

NODE	X	Y	Z	THXY	THYZ	THZX
1	0.0000	0.0000	-5.0000	0.00	0.00	0.00
2	0.0000	0.0000	5.0000	0.00	0.00	0.00
3	0.0000	16.000	5.0000	0.00	0.00	0.00
4	0.0000	16.000	-5.0000	0.00	0.00	0.00
5	12.000	0.0000	-5.0000	0.00	0.00	0.00
6	12.000	0.0000	5.0000	0.00	0.00	0.00
7	12.000	16.000	5.0000	0.00	0.00	0.00
8	12.000	16.000	-5.0000	0.00	0.00	0.00
9	24.000	0.0000	-5.0000	0.00	0.00	0.00
10	24.000	0.0000	5.0000	0.00	0.00	0.00
11	24.000	16.000	5.0000	0.00	0.00	0.00
12	24.000	16.000	-5.0000	0.00	0.00	0.00
13	36.000	0.0000	-5.0000	0.00	0.00	0.00
14	36.000	0.0000	5.0000	0.00	0.00	0.00
19	-12.000	0.0000	-5.0000	0.00	0.00	0.00
20	-12.000	0.0000	5.0000	0.00	0.00	0.00
21	-12.000	16.000	5.0000	0.00	0.00	0.00
22	-12.000	16.000	-5.0000	0.00	0.00	0.00
23	-24.000	0.0000	-5.0000	0.00	0.00	0.00
24	-24.000	0.0000	5.0000	0.00	0.00	0.00

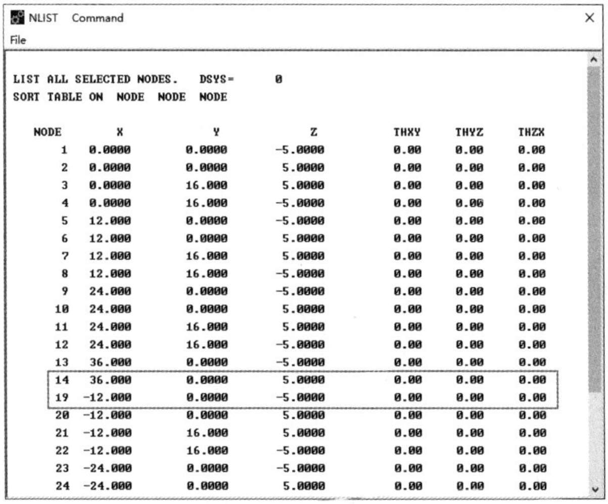

图 3-136 节点列表窗口

9. 压缩节点编号

选择 Main Menu > Preprocessor > Numbering Ctrls > Compress Numbers，弹出如图 3-137 所示的 Compress Numbers 对话框，将 Item to be compressed 设为 Nodes，单击 OK 按钮。

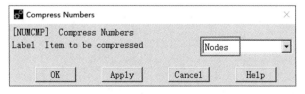

图 3-137 Compress Numbers 对话框

10. 保存有限元模型

单击工具栏中的 SAVE_DB 按钮，保存文件。单击工具栏中的 QUIT 按钮，在弹出的 Exit 对话框中选择 Quit - No Save!选项，单击 OK 按钮，退出 Ansys 程序。

11. 命令流文件

在工作目录中找到 bridge0.log 文件，并对其进行修改，修改后的命令流文件（bridge.txt）中的内容如下：

```
!%%%%%直接生成钢桁架桥的有限元模型%%%%%
/CLEAR,START                            !清除数据
/FILNAME,bridge,1                       !更改文件名称
/PREP7                                  !进入前处理器
ET,1,BEAM188 , , , 3                    !定义 BEAM188 单元和单元选项
ET,2,SHELL181, , , 2                    !定义 SHELL181 单元和单元选项
MP,EX,1,2.1E11,                         !定义钢材的材料属性
MP,PRXY,1,0.3,
MP,DENS,1,7850,
MP,EX,2,3.5E10,                         !定义混凝土的材料属性
MP,PRXY,2,0.1667,
MP,DENS,2,2500,
SECTYPE,1, BEAM, I, , 0                 !定义 1 号截面
SECOFFSET, CENT
SECDATA,0.4,0.4,0.4,0.016,0.016,0.016,0,0,0,0,0,0
SECTYPE,2, BEAM, I, , 0                 !定义 2 号截面
SECOFFSET, CENT
SECDATA,0.4,0.4,0.4,0.012,0.012,0.012,0,0,0,0,0,0
SECTYPE,3, BEAM, I, , 0                 !定义 3 号截面
SECOFFSET, CENT
SECDATA,0.3,0.3,0.4,0.012,0.012,0.012,0,0,0,0,0,0
SECT,4,SHELL,,                          !定义 4 号截面
SECDATA,0.3,2,0.0,1
SECOFFSET,MID
SECCONTROL,,, , , ,
N,1,,,-5,,,,                            !定义 1 号节点
NGEN,4,4,ALL, , ,12, , ,1,              !第 1 次复制节点
NGEN,2,1,ALL, , , , ,10,1,              !第 2 次复制节点
NGEN,2,1,2,10,4, ,16, ,1,               !第 3 次复制节点
NGEN,2,1,3,11,4, , ,-10,1,              !第 4 次复制节点
TYPE,1                                  !设置第 1 种单元属性
MAT,1
SECNUM,1
E,11,14                                 !创建端部斜杆的梁单元
E,12,13
SECNUM,2                                !设置第 2 种单元属性
E,2,6 $ E,6,10 $ E,10,14 $ E,1,5 $ E,5,9      !创建上下弦杆和横梁杆的梁单元
E,9,13 $ E,3,7 $ E,7,11 $ E,4,8 $ E,8,12 $ E,1,2
E,3,4 $ E,5,6 $ E,7,8 $ E,9,10 $ E,11,12 $ E,13,14
```

```
SECNUM,3                              !设置第 3 种单元属性
E,3,6 $ E,6,11 $ E,4,5 $ E,5,12 $ E,2,3    !创建其他腹杆的梁单元
E,1,4 $ E,6,7 $ E,5,8 $ E,10,11 $ E,9,12
TYPE,2                                !设置第 4 种单元属性
MAT,2
SECNUM,4
E,1,2,6,5 $ E,5,6,10,9 $ E,9,10,14,13          !创建桥面的壳单元
NSYM,X,14,ALL                         !镜像节点
ESYM, ,14,ALL                         !镜像单元
EPLOT                                 !显示单元
NUMMRG,NODE, , , ,LOW                 !合并重合的节点
NUMCMP,NODE                           !压缩节点编号
SAVE                                  !保存文件
FINISH                                !退出前处理器
/EXIT,NOSAVE                          !退出 Ansys
```

第 4 章 施 加 载 荷

在创建有限元模型之后,就需要对模型施加载荷。本章主要介绍与施加载荷有关的基础知识,并通过具体的实例讲解施加一些常用载荷的操作方法。

- ➢ 载荷的类型
- ➢ 载荷步、子步和平衡迭代
- ➢ 斜坡和阶跃施加载荷
- ➢ 载荷的施加方式

4.1 施加载荷的基础知识

创建有限元分析模型之后,在提交求解之前,需要在模型上施加载荷。由于有限元分析的主要目的是分析结构或构建在一定载荷条件下的响应,因此,指定合适的载荷条件是非常关键的一步。在 Ansys 程序中,可以通过多种方式对模型施加载荷,而且借助于载荷步选项可以控制在求解中如何使用载荷。

本节将简要介绍 Ansys 程序中施加载荷的基础知识。

1. 载荷的类型

在 Ansys 分析中,载荷包括边界条件和外部或内部作用力函数。载荷可以分为以下 6 种类型。

(1) 自由度约束。将自由度设为给定的已知值,如结构分析中指定位移和对称边界条件。在结构分析中,自由度约束还可以用它的微分形式来代替,即速度约束;在瞬态结构分析中,也可以应用自由度约束的二阶微分形式来代替,即加速度约束。

(2) 力。施加在模型节点上的集中载荷,如结构分析中的力和力矩。

(3) 表面载荷。施加于某个表面上的分布载荷,如结构分析中的压力。

(4) 体载荷。施加在体积上的载荷或场载荷,如结构分析中的温度。

(5) 惯性载荷。由于物体惯性(质量矩阵)引起的载荷,主要用于结构分析,如重力加速度、角速度和角加速度。

(6) 耦合场载荷。可以认为是以上载荷的一种特殊情况,从一种分析中得到的结果用作另一种分析的载荷,如可将磁场分析中计算所得的磁力作为结构分析中的力载荷。

2. 载荷步、子步和平衡迭代

(1) 载荷步(Load Step)。载荷步是为了获得解答的一种载荷配置。在线性静态或稳态分析中,可以使用不同的载荷步施加不同的载荷组合:在第 1 个载荷步中施加风载荷,在第 2 个载荷步中加重力载荷,在第 3 个载荷步中施加风和重力载荷,以及一个不同的支承条件等。在瞬态分析中,多个载荷步可施加到载荷历程曲线的不同区段。

Ansys 程序将为第 1 个载荷步选择的单元组（可通过 ESEL 命令定义单元组）用于随后的载荷步中，而不是由用户为随后的载荷步指定单元组。

一个需要 3 个载荷步的载荷历程曲线如图 4-1 所示。第 1 个载荷步用于线性载荷部分，第 2 个载荷步用于不变载荷部分，第 3 个载荷步用于卸载。

（2）子步（Substep）。子步是执行求解载荷步中的点。由于不同的原因需要使用子步：①在非线性静态或稳态分析中，使用子步逐渐施加载荷，以便获得精确的解；②在线性或非线性瞬态分析中，使用子步来满足瞬态时间累积法则（为获得精确解，通常规定一个最小累积时间步长）；③在谐波分析中，使用子步来获得谐波频率范围内多个频率处的解。

（3）平衡迭代（Equilibrium Iteration）。平衡迭代是在给定子步的情况下，为了收敛而计算的附加解。它仅用于收敛起重要作用的非线性分析（静态或瞬态）中的迭代修正。例如，对于一个二维非线性静态磁场分析，为获得精确解，通常使用两个载荷步，如图 4-2 所示。①第 1 个载荷步，通过 5～10 个子步逐渐施加载荷，每个子步仅用 1 次平衡迭代；②第 2 个载荷步，仅通过一个子步得到最终的收敛解，该子步使用 15～25 次平衡迭代。

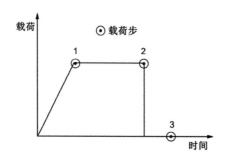

图 4-1 瞬态分析的载荷历程曲线

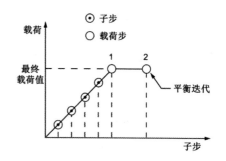

图 4-2 载荷步、子步和平衡迭代

3. 时间参数

在所有静态和瞬态分析中，Ansys 均使用时间作为跟踪参数，而该分析无论是否依赖于时间。使用时间参数的优点是可以在所有情况下使用一个一致的"计数器"或"跟踪器"，而不需要依赖于分析的术语。另外，时间总是单调增加的，自然界中的大多数事情都是在一段时间内发生的，不管这段时间有多么短暂。

在瞬态分析或速率相关的静态分析（蠕变或粘塑性）中，时间代表实际的、按年月顺序的时间，用秒、分钟或小时表示。在指定载荷历程曲线时，可以在每个载荷步的结束点赋予时间值（使用 TIME 命令）。

然而，在与速率无关的分析中，时间成为一个标识载荷步和子步的计数器。默认情况下，程序自动对 time（时间）赋值，在载荷步 1 结束时，自动分配 time=1；在载荷步 2 结束时，自动分配 time=2；以此类推。载荷步中的任何子步将被分配合适的、用线性插值得到的时间值。在此类分析中，通过分配自定义的时间值，就可以建立自己的跟踪参数。例如，若要将 100 个单位的载荷递增应用到一个载荷步上，可以在该载荷步结束的时间指定为 100，以使载荷值和时间值完全同步。

在后处理器中，如果得到一个变形-时间关系图，其含义与变形-载荷关系图相同。这种技术非常有用，如在大变形屈曲分析中，其任务是跟踪在载荷增加时结构的变形。

当在求解中使用弧长方法时，时间还表示其他含义。在这种情况下，时间等于载荷步开始时的时间值加上弧长载荷系数（当前所施加载荷的放大系数）的数值。ALLF 不必单调增加（即它可以增加、减少甚至为负），且在每个载荷步的开始时被重新设置为 0。因此，在弧长求解中，时间不作为"计数器"。

载荷步表示作用在给定时间间隔内的一系列载荷；子步表示载荷步中的时间点，在这些时间点中求得中间解；两个连续的子步之间的时间差称为时间步长或时间增量；平衡迭代是纯粹为了收敛而在给定时间点进行计算的迭代求解。

4．斜坡和阶跃施加载荷

当在一个载荷步中指定一个以上的子步时，可以选择斜坡施加载荷或阶跃施加载荷。假设需要施加图 4-3（a）所示 2 个载荷步的载荷。

（1）如果选择斜坡施加载荷，那么将以线性插值的方式在每个子步中递增施加载荷，并在载荷步结束时达到全部载荷值，如图 4-3（b）所示。

（2）如果选择阶跃施加载荷，那么所有载荷施加于第 1 个子步，在载荷步的其余部分，载荷保持不变，如图 4-3（c）所示。

使用 KBC 命令中的 KEY 变量来指定加载方式是斜坡施加载荷（KBC,0）还是阶跃施加载荷（KBC,1），该变量的默认设置取决于学科和分析的类型。

如果以斜坡方式施加旋转速度载荷（OMEGA、CMOMEGA 和 CMROTATE），则有第 3 个选项，即通过将 KBC 命令中的 OMGSQRDKEY 变量设置为 1，可以选择二次插值而不是线性插值的方式在每个子步中递增施加载荷，如图 4-3（d）所示。

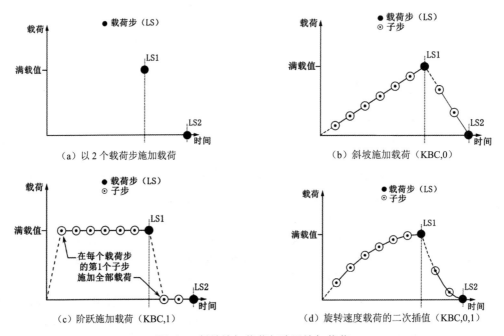

图 4-3 斜坡施加载荷与阶跃施加载荷

载荷步选项是用于表示控制载荷应用的各选项（如时间、子步数、时间步、载荷为阶跃或斜坡）的总称。其他类型的载荷步选项包括收敛公差（用于非线性分析）、结构分析中的阻尼规范，以及输出控制。

5．载荷的施加方式

施加载荷有以下两种基本方式：①在有限元模型中的节点和单元上直接施加载荷；②在几何模型的图元（关键点、线、面、体）上间接施加载荷。

直接施加载荷是指直接针对节点或单元进行操作，可以通过节点或单元的编号来施加，也可以通过选择某一位置上的节点或单元来施加。该方式的载荷显示比较直观，但对有限元网格的修改会使载荷无效，需要删除以前的载荷并在新的有限元网格上重新进行施加。另外，通过图形窗口拾取节点或单元来施加载荷不便于操作，除非只拾取很少的节点或单元。

对几何模型间接施加载荷时，Ansys 程序将自动将其等效到对应的节点或单元上。由于对几何模型所施加的载荷独立于有限元网格，也就是说，读者可以在不影响施加载荷的情况下对有限元网格进行修改。此功能使读者能够进行网格修改和网格灵敏度研究，而不必每次都重新施加载荷。另外，几何模型通常比有限元模型所包含的图元数量要少，因此，选择几何模型的图元并在其上施加载荷要容易得多，尤其是通过图形窗口进行拾取。由于对几何模型进行网格划分所生成的单元使用当前活动的单元坐标系，所生成的节点使用全局笛卡儿坐标系，因此几何模型和有限元模型可能具有不同的坐标系和加载方向。对关键点施加自由度约束时需要注意，尤其是在使用约束扩展选项时（扩展选项能够将自由度约束扩展到由 1 条线连接的 2 个关键点之间的所有节点）。另外，不能显示所有施加在几何模型上的载荷。

如果使用 GUI 操作模式，Ansys 程序既可以在前处理器中进行施加载荷的操作［图 4-4（a）］，也可以在求解器中进行施加载荷的操作［图 4-4（b）］，本书中主要通过求解器中的操作命令进行加载操作。

 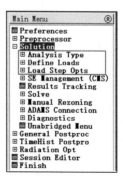

（a）前处理器中加载子菜单　　　　　　　　（a）求解器中加载子菜单

图 4-4　施加载荷操作的子菜单分布

6．实体的选择、组件和组装

在施加载荷过程中，Ansys 允许通过 Utility Menu > Select > Entities 命令来选择模型的一部分进行操作。所选择的模型的一部分可以是节点、单元、关键点、线、面、体。Ansys 还允许对所选择的实体子集（Subset）进行命名，这些命名后的实体子集称为组件（Component）。如果把多个组件组合在一起，称为组装（Assembly）。

（1）实体的选择。选择 Utility Menu > Select > Entities 命令后，将弹出如图 4-5 所示的 Select Entities 对话框。在选择实体时，首先通过该对话框设置所选实体的类型，接下来设置选择的方式，然后确定选择的逻辑，最后单击 Apply 按钮或 OK 按钮进行相应的选择，在完成选择后可以通过 Plot 或 Replot 按钮检查所选的实体是否正确。

1）实体的类型。可以进行选择的实体包括节点（Nodes）、单元（Elements）、体（Volumes）、面（Areas）、线（Lines）、关键点（Keypoints）。

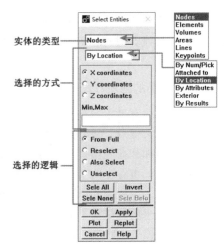

图 4-5 Select Entities 对话框

2）选择的方式。选择的方式根据所选实体类型的不同而不同，下面仅介绍常见的选择方式。①By Num/Pick：根据实体号码或拾取进行选择；②Attached to：依据所隶属实体进行选择，如选择所有隶属于当前面子集的所有线；③By Location：依据 X、Y、Z 的坐标位置进行选择，如选择坐标位置在 X=2.5 的所有节点，X、Y、Z 是当前活动坐标系下的坐标值；④By Attributes：根据材料编号、实常数编号、单元类型编号、截面编号等属性进行选择，适用于不同的实体有不同属性的情况；⑤Exterior：选择外边界上的实体；⑥By Results：根据结果数据进行选择，如根据节点位移进行选择。

3）选择的逻辑。选择的逻辑是指 Ansys 从全集中选择还是从子集中选择，并对所选子集进行逻辑运算。选择的逻辑中各选项的含义见表 4-1。

表 4-1 选择的逻辑中各选项的含义

选项名称	含　义	示　意　简　图
From Full	从全部实体集中选择子集	
Reselect	从当前子集中选择（再选择）子集	
Also Select	增加另一个子集到当前子集中	
Unselect	从当前子集中去掉一部分	

续表

选项名称	含 义	示 意 简 图
Sele All	选择该实体类型下的所有实体	当前子集 →Sele All→ 全体实体集
Invert	对激活及未激活的子集取反（反向选择）	当前子集 →Invert→ 激活的子集 / 未激活的子集
Sele None	全部实体集都不选择	当前子集 →Sele None→ 未激活的子集
Sele Belo	选择已选实体子集以下的所有实体	如果在选择某个实体后单击 Sele Belo 按钮，则与该实体相关联的所有面、线、关键点、单元、节点等低阶实体都将被选择

提示：

> 在完成对实体子集的加载或其他操作之后，应重新激活整个实体集。如果提交求解时不激活所有节点和单元，求解器会发出警告。激活整个实体集的最简单操作是选择 Utility Menu > Select > Everything 命令（命令为 ALLSEL,ALL）。

（2）组件和组装。组件是命名后的实体子集，组装是多个组件的组合。组件或组装的名称在对话框或命令参数中可以替代实体编号或 ALL 进行输入。一组节点、单元、关键点、线、面、体都可以定义为组件，但组件只能包含同一类实体。组件或组装可以被选择也可以不被选择，如选择了一个组件或组装，就等于选择了该组件或组装中所包含的全部实体。

通过 Component Manager（组件管理器）对话框能够进行新建、求交、重新命名、删除、显示、列表、选择、取消选择组件或组装等操作，如图 4-6 所示。该对话框可以通过 Utility Menu > Select > Component Manager 命令打开。

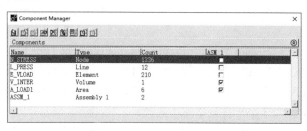

图 4-6　Component Manager 对话框

前面简单介绍了有关施加载荷的基础知识，接下来将通过具体的实例介绍 Ansys 软件中施加各种载荷的操作步骤。

4.2 实例——超静定杆施加自由度约束和力载荷

本小节将为图 4-7 所示的超静定杆施加自由度约束和力载荷,以介绍如何在有限元模型中的节点上直接施加载荷。

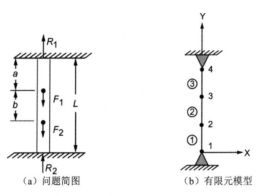

图 4-7 超静定杆问题简图

通过该问题简图可知,一个两端固定约束的正方形截面(截面的面积为 1in^2)杆在图 4-7 所示的 2 处受到垂直向下的大小为 F_1 和 F_2 的力载荷。该问题的材料属性、几何尺寸以及载荷见表 4-2(采用英制单位)。

表 4-2 材料属性、几何尺寸以及载荷

材料属性	几何尺寸	载荷
$E=3\times10^7\text{psi}$	$L=10\text{in}$ $a=b=3\text{in}$	$F_1=1000\text{lbf}$ $F_2=500\text{lbf}$

4.2.1 创建有限元模型

(1)定义工作文件名。选择 Utility Menu > File > Change Jobname 命令,弹出 Change Jobname 对话框,在 Enter new jobname 文本框中输入 bar 并勾选 New log and error files?复选框,单击 OK 按钮。

(2)定义单元类型。选择 Main Menu > Preprocessor > Element Type > Add/Edit/Delete 命令,弹出 Element Types 对话框,单击 Add 按钮,弹出如图 4-8 所示的 Library of Element Types 对话框。在左侧的列表框中选择 Link 选项,在右侧的列表框中选择 3D finit stn 180 选项,即 LINK180 单元,单击 OK 按钮,返回 Element Types 对话框并将其关闭。

(3)定义材料属性。选择 Main Menu > Preprocessor > Material Props > Material Models 命令,弹出 Define Material Model Behavior 对话框,在右侧的列表框中选择 Structural > Linear > Elastic > Isotropic 选项后,弹出如图 4-9 所示的 Linear Isotropic Properties for Material Number 1 对话框,在 EX 文本框中输入 3E7,单击 OK 按钮。返回 Define Material Model Behavior 对话框并将其关闭。

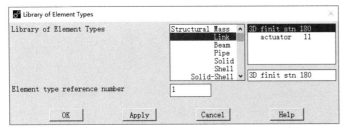
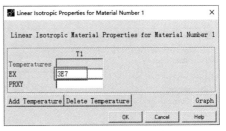

图 4-8　Library of Element Types 对话框　　　图 4-9　Linear Isotropic Properties for Material Number 1 对话框

（4）定义杆的截面。选择 Main Menu > Preprocessor > Sections > Link > Add 命令，弹出如图 4-10 所示的 Add Link Section（添加杆截面）对话框，在 Add Link Section with ID 文本框中输入 1（截面编号为 1），单击 OK 按钮；弹出如图 4-11 所示的 Add or Edit Link Section（添加或编辑杆截面）对话框，在 Link area 文本框中输入 1（杆的横截面面积为 1），单击 OK 按钮。

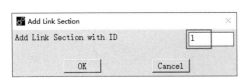
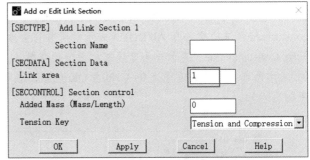

图 4-10　Add Link Section 对话框　　　图 4-11　Add or Edit Link Section 对话框

（5）创建节点。选择 Main Menu > Preprocessor > Modeling > Create > Nodes > In Active CS 命令，弹出如图 4-12 所示的 Create Nodes in Active Coordinate System 对话框，在 Node number 文本框中输入 1，在 Location in active CS 文本框中输入 0、0、0，单击 Apply 按钮，创建一个坐标位置为（0,0,0）的 1 号节点。通过此方法，分别创建坐标位置为（0,4,0）的 2 号节点，坐标位置为（0,7,0）的 3 号节点，坐标位置为（0,10,0）的 4 号节点，创建 4 号节点时单击 OK 按钮关闭此对话框，结果如图 4-13 所示。

（6）创建单元。选择 Main Menu > Preprocessor > Modeling > Create > Elements > Auto Numbered > Thru Nodes 命令，弹出节点拾取框，在图形窗口中依次拾取 1 号和 2 号节点，单击 OK 按钮，创建一个单元。

（7）复制单元。选择 Main Menu > Preprocessor > Modeling > Copy > Elements > Auto Numbered 命令，弹出单元拾取框，在图形窗口中选择刚刚创建的单元，单击 Apply 按钮，弹出 Copy Elements (Automatically-Numbered) 对话框，在 Total number of copies 文本框中输入 3，单击 OK 按钮，结果如图 4-14 所示。

图 4-12 Create Nodes in Active Coordinate System 对话框   图 4-13 创建节点的结果   图 4-14 创建单元的结果

4.2.2 施加载荷

（1）施加自由度约束。选择 Main Menu > Solution > Define Loads > Apply > Structural > Displacement > On Nodes 命令，弹出节点拾取框，在图形窗口中拾取 1 号和 4 号节点，单击 OK 按钮，弹出如图 4-15 所示的 Apply U,ROT on Nodes（在节点上施加自由度约束）对话框，在 DOFs to be constrained 列表框中选择 All DOF（表示对所有自由度进行约束），其他参数保持默认，即 Apply as 设为 Constant value（表示自由度约束的数值为常数），Displacement value 保持空白（默认情况下为 0，表示所选自由度的位移为 0），单击 OK 按钮，结果如图 4-16 所示（在所选节点处显示自由度约束的标识）。

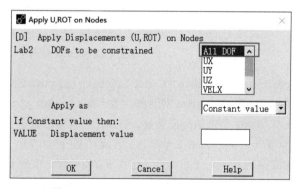 

图 4-15 Apply U,ROT on Nodes 对话框   图 4-16 施加自由度约束的结果

（2）施加力载荷。选择 Main Menu > Solution > Define Loads > Apply > Structural > Force/Moment > On Nodes 命令，弹出节点拾取框，拾取 2 号节点，单击 OK 按钮，弹出如图 4-17 所示的 Apply F/M on Nodes 对话框，将 Direction of force/mom 设为 FY（表示将力或力矩的方向设为 Y 轴方向），在 Force/moment value 文本框中输入-500（负号表示力的方向与 Y 轴的方向相反，500 表示力的幅值），单击 Apply 按钮；再次弹出节点拾取框，拾取 3 号节点，单击 OK 按钮，再次弹出 Apply F/M on Nodes 对话框，在 Force/moment value 文本框中输入-1000，其他参数保持不变，单击 OK 按钮，结果如图 4-18 所示（在所选节点处显示力载荷的标识，箭头方向用于标识载荷方向，箭头长度和大小用于标识力的幅值）。

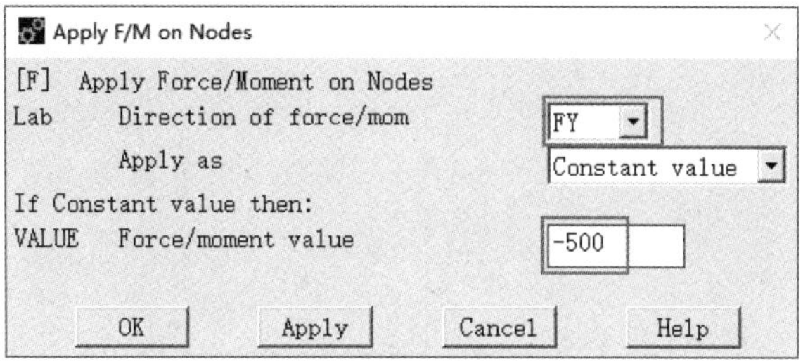

图 4-17 Apply F/M on Nodes 对话框　　　图 4-18 施加力载荷后的结果

（3）保存文件。单击工具栏中的 SAVE_DB 按钮，保存文件。

4.2.3 命令流文件

在工作目录中找到 bar0.log 文件，并对其进行修改，修改后的命令流文件（bar.txt）中的内容如下。

```
!%%%%%超静定杆施加载荷%%%%%
/CLEAR,START              !清除数据
/FILNAME,bar,1            !更改文件名称
/PREP7                    !进入前处理器
ET,1,LINK180              !定义单元类型
SECTYPE,1,LINK            !定义杆截面
SECDATA,1                 !定义杆截面的面积
MP,EX,1,3E7               !定义材料模型的材料属性
N,1,0,0,0                 !定义1号节点
N,2,0,4,0                 !定义2号节点
N,3,0,7,0                 !定义3号节点
N,4,0,10,0                !定义4号节点
E,1,2                     !定义1号单元
EGEN,3,1,1                !复制出共计3个单元
FINISH                    !退出前处理器
/SOLU                     !进入求解器
D,1,ALL,,,4,3             !对1号和4号节点施加自由度约束
F,2,FY,-500               !对2号节点施加力载荷
F,3,FY,-1000              !对3号节点施加力载荷
SAVE                      !保存文件
FINISH                    !退出求解器
/EXIT,NOSAVE              !退出 Ansys
```

4.3 实例——带裂纹的平板施加对称边界条件和表面载荷

扫一扫，看视频

本小节将为图 4-19 所示的带裂纹的平板施加对称边界条件和表面载荷，以介绍如何在 Ansys 分析中施加对称边界条件和表面载荷。

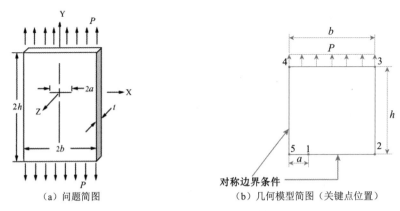

(a）问题简图　　　　　　　　（b）几何模型简图（关键点位置）

图 4-19　带裂纹平板的问题简图

通过该问题简图可知，一个中间位置存在裂纹的平板，其两侧面受到大小为 P 的表面载荷。由于平板在 Z 方向的厚度尺寸（0.25 in）相对于其在 X 和 Y 方向的尺寸来说很小，并且载荷仅作用在 X、Y 平面上，因此可以将该三维分析简化为一个二维平面分析问题。根据结构的对称性，只需建立 1/4 模型。该问题的材料属性、几何尺寸以及载荷见表 4-3（采用英制单位）。

表 4-3　材料属性、几何尺寸以及载荷

材料属性	几何尺寸	载荷
$E=3\times10^7$ psi $v=0.3$	$a=1$ in $b=5$ in $h=5$ in $t=0.25$ in	$P=0.6$ psi

4.3.1　创建有限元模型

（1）定义工作文件名。选择 Utility Menu > File > Change Jobname 命令，弹出 Change Jobname 对话框，在 Enter new jobname 文本框中输入 CrackPlate 并勾选 New log and error files?复选框，单击 OK 按钮。

（2）定义单元类型。选择 Main Menu > Preprocessor > Element Type > Add/Edit/Delete 命令，弹出 Element Types 对话框，单击 Add 按钮，弹出如图 4-20 所示的 Library of Element Types 对话框。在左侧的列表框中选择 Solid 选项，在右侧的列表框中选择 8 node 183 选项，即 PLANE183 单元，单击 OK 按钮。返回 Element Types 对话框，单击 Options 按钮，弹出如图 4-21 所示的 PLANE183 element type options 对话框，将 K3 设为 Plane strain（表示假设 Z 方向的应变为 0，所以无须再定义单元厚度），返回 Element Types 对话框并将其关闭。

（3）定义材料属性。选择 Main Menu > Preprocessor > Material Props > Material Models 命令，弹出 Define Material Model Behavior 对话框，在右侧的列表框中选择 Structural > Linear > Elastic > Isotropic 选项后，弹出如图 4-22 所示的 Linear Isotropic Properties for Material Number 1 对话框，在 EX 文本框中输入 3E7，在 PRXY 文本框中输入 0.3，单击 OK 按钮，返回 Define Material Model Behavior 对话框并将其关闭。

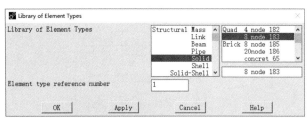
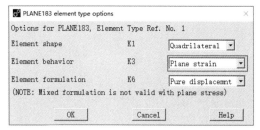

图 4-20　Library of Element Types 对话框　　　图 4-21　PLANE183 element type options 对话框

（4）创建关键点。选择 Main Menu > Preprocessor > Modeling > Create > Keypoints > In Active CS 命令，弹出如图 4-23 所示的 Create Keypoints in Active Coordinate System 对话框，在 Keypoint number 文本框中输入 1，在 Location in active CS 文本框中依次输入 1、0、0，单击 Apply 按钮，即创建坐标为（1,0,0）的 1 号关键点；通过此方法，创建编号为 2、3、4、5 的关键点，其坐标分别为（5,0,0）、（5,5,0）、（0,5,0）、（0,0,0），创建最后一个关键点时，单击 OK 按钮关闭对话框。

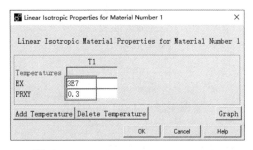

图 4-22　Linear Isotropic Properties for　　　图 4-23　Create Keypoints in Active Coordinate
　　　　　Material Number 1 对话框　　　　　　　　　　　　System 对话框

（5）创建线。选择 Main Menu > Preprocessor > Modeling > Create > Lines > Lines > In Active Coord 命令，弹出关键点拾取框，在图形窗口中依次拾取关键点 1 和 2、关键点 2 和 3、关键点 3 和 4、关键点 4 和 5、关键点 5 和 1，最后单击 OK 按钮，共创建 5 条线，结果如图 4-24 所示。

（6）创建面。选择 Main Menu > Preprocessor > Modeling > Create > Areas > Arbitrary > By Lines 命令，弹出线拾取框，在图形窗口中依次拾取图 4-24 所示的线 L1、L2、L3、L4 和 L5，单击 OK 按钮，通过所选的 5 条线创建一个面。

（7）设置网格尺寸。选择 Main Menu > Preprocessor > Meshing > MeshTool 命令，弹出如图 4-25 所示的 MeshTool 对话框，单击 Global 后面的 Set 按钮，弹出如图 4-26 所示的 Global Element Sizes 对话框，在 No. of element divisions 文本框中输入 10（表示将所有未进行单元尺寸设置的线的单元数量设为 10），单击 OK 按钮，返回 MeshTool 对话框。

在 MeshTool 对话框中单击 Lines 后面的 Set 按钮，弹出线拾取框，拾取线 L2 和 L3，单击 OK 按钮，弹出如图 4-27 所示的 Element Sizes on Picked Lines（设置所选线的单元尺寸）对话框，在 No. of element divisions 文本框中输入 8，单击 Apply 按钮；再次弹出线拾取框，拾取线 L4，单击 OK 按钮，再次弹出 Element Sizes on Picked Lines 对话框，在 No. of element divisions 文本框中输入 16，在 Spacing ratio 文本框中输入 0.2，单击 OK 按钮。

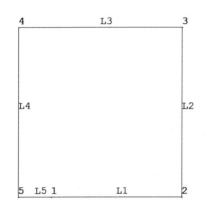

图 4-24 创建线的结果（显示线和关键点编号）

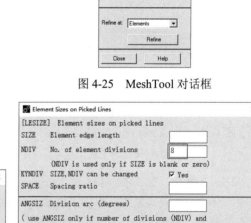

图 4-25 MeshTool 对话框

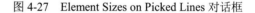

图 4-26 Global Element Sizes 对话框　　　　图 4-27 Element Sizes on Picked Lines 对话框

📢 提示：

　　在 Element Sizes on Picked Lines 对话框中，Spacing ratio 为间距比。如果输入数值为正数，该值表示线上最后 1 个单元尺寸与第 1 个单元尺寸的比值；如果输入数值为负数，则该值的绝对值表示线上中点处的单元尺寸与两个端点处单元尺寸的比值。

（8）定义网格密度向选定的关键点倾斜。选择 Main Menu > Preprocessor > Meshing > Size Cntrls > Concentrat KPs > Create 命令，弹出关键点拾取框，拾取 1 号关键点，单击 OK 按钮，弹出如图 4-28 所示的 Concentration Keypoint（网格密度关键点设置）对话框，在 Radius of 1st row of elems 文本框中输入 0.1（表示围绕关键点的第 1 行单元的半径为 0.1），在 No of elems around circumf 文本框中输

入 8（圆周方向上的单元数量），将 midside node position 设为 Skewed 1/4pt（将第 1 行单元的中间节点倾斜到距离裂纹尖端奇点的 1/4 处），单击 OK 按钮。

📢 **提示：**

> 定义网格密度将向其倾斜的关键点可用于模拟应力集中和裂纹尖端。在网格划分过程中，最初围绕该关键点圆周生成单元，并且径向远离该关键点而生成网格。与该关键点相连的线将被赋予适当的单元数量和间距比。每个未进行网格划分的面只允许定义一个网格密度关键点，且不支持 3D 模型。

（9）网格划分。在 MeshTool 对话框中单击 Mesh 按钮，弹出面拾取框，拾取唯一的一个面 A1，单击 OK 按钮，生成的面网格如图 4-29 所示。

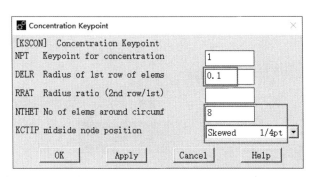

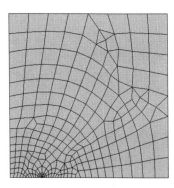

图 4-28　Concentration Keypoint 对话框　　　　图 4-29　生成的面网格

4.3.2　施加载荷

（1）施加对称边界条件。选择 Main Menu > Solution > Define Loads > Apply > Structural > Displacement > Symmetry B.C. > On Lines 命令，弹出线拾取框，拾取编号为 L1 和 L4 的 2 条线，单击 OK 按钮，结果如图 4-30 所示。

（2）施加表面压力载荷。选择 Main Menu > Solution > Define Loads > Apply > Structural > Pressure > On Lines 命令，弹出线拾取框，拾取编号为 L3 的线，单击 OK 按钮，弹出如图 4-31 所示的 Apply PRES on lines（在线上施加压力）对话框，在 Load PRES value 文本框中输入-0.6，单击 OK 按钮，结果如图 4-32 所示。

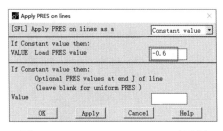

图 4-30　施加对称边界　　图 4-31　Apply PRES on lines 对话框　　图 4-32　施加表面压力
　　　　条件的结果　　　　　　　　　　　　　　　　　　　　　　　　　　　　载荷的结果

> **提示：**
> 在某些类型的 Ansys 分析中，可以利用模型的对称性，只建立 1/2 或 1/4 的模型，而在对称面上指定对称或反对称边界条件。以结构分析为例，对称边界条件的含义为平面外移动和平面内旋转为 0，而反对称边界条件是指平面内移动和平面外旋转被设置为 0，如图 4-33 和图 4-34 所示。

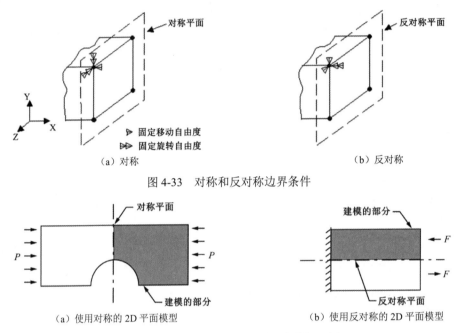

图 4-33 对称和反对称边界条件

图 4-34 使用对称和反对称边界条件的示例

（3）保存文件。单击工具栏中的 SAVE_DB 按钮，保存文件。

4.3.3 命令流文件

在工作目录中找到 CrackPlate0.log 文件，并对其进行修改，修改后的命令流文件（CrackPlate.txt）中的内容如下。

```
!%%%%%带裂纹平板施加载荷%%%%%
/CLEAR,START                !清除数据
/FILNAME,CrackPlate,1       !更改文件名称
/PREP7                      !进入前处理器
ET,1,PLANE183,,,2           !定义单元类型
MP,EX,1,3E7                 !定义材料模型的材料属性
MP,PRXY,1,0.3
K,1,1,0,0                   !创建关键点
K,2,5,0,0
K,3,5,5,0
K,4,0,5,0
K,5,0,0,0
```

```
L,1,2                          !通过关键点创建线
L,2,3
L,3,4
L,4,5
L,5,1
AL,1,2,3,4,5                   !通过线创建面
ESIZE,,10                      !设置全局单元尺寸
LESIZE,2,,,8                   !设置线的单元数量
LESIZE,3,,,8
LESIZE,4,,,16,0.2
KSCON,1,0.1,1,8                !定义裂纹尖端的单元尺寸
AMESH,1                        !对面进行网格划分
/SOLU                          !进入求解器
DL,1,1,SYMM                    !对线 L1 施加对称边界条件
DL,4,1,SYMM                    !对线 L4 施加对称边界条件
SFL,3,PRES,-0.6                !对线 L3 施加表面压力载荷
SAVE                           !保存文件
FINISH                         !退出求解器
/EXIT,NOSAVE                   !退出 Ansys
```

4.4 实例——筒形拱顶施加惯性载荷

本节将为图 4-35 所示的筒形拱顶施加惯性载荷，以介绍 Ansys 中施加惯性载荷的方法。

通过该问题简图可知，一个筒形拱顶的壳板承受自重的惯性载荷，拱顶的两端由墙壁支撑，两侧是自由的。根据结构的对称性，只需建立 1/4 模型。该问题的材料属性、几何尺寸以及载荷见表 4-4。

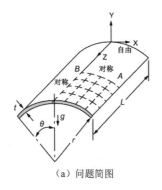
（a）问题简图

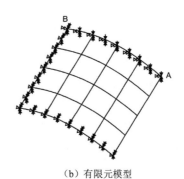
（b）有限元模型

图 4-35 筒形拱顶的问题简图

表 4-4 材料属性、几何尺寸以及载荷

材 料 属 性	几 何 尺 寸	载 荷
$E=4.32\times10^8\ N/m^2$ $v=0$ $\rho=36.7347 kg/m^3$	$t=0.25m$ $r=25m$ $L=50m$ $\theta=40°$	$g=9.8 m/s^2$

4.4.1 创建有限元模型

（1）定义工作文件名。选择 Utility Menu > File > Change Jobname 命令，弹出 Change Jobname 对话框，在 Enter new jobname 文本框中输入 BarrelVault 并勾选 New log and error files?复选框，单击 OK 按钮。

（2）定义单元类型。选择 Main Menu > Preprocessor > Element Type > Add/Edit/Delete 命令，弹出 Element Types 对话框，单击 Add 按钮，弹出如图 4-36 所示的 Library of Element Types 对话框。在左侧的列表框中选择 Shell 选项，在右侧的列表框中选择 8node 281 选项，即 SHELL281 单元，单击 OK 按钮，返回 Element Types 对话框并将其关闭。

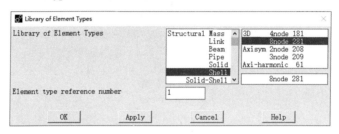

图 4-36　Library of Element Types 对话框

（3）定义材料属性。选择 Main Menu > Preprocessor > Material Props > Material Models 命令，弹出 Define Material Model Behavior 对话框，在右侧的列表框中选择 Structural > Linear > Elastic > Isotropic 选项，弹出如图 4-37 所示的 Linear Isotropic Properties for Material Number 1 对话框，在 EX 文本框中输入 4.32E8，在 PRXY 文本框中输入 0，单击 OK 按钮；在右侧的列表框中选择 Structural > Density 选项后，弹出如图 4-38 所示的 Density for Material Number 1 对话框，在 DENS 文本框中输入 36.7347，单击 OK 按钮，返回 Define Material Model Behavior 对话框并将其关闭。

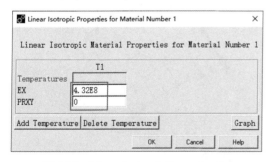

图 4-37　Linear Isotropic Properties for Material Number 1 对话框

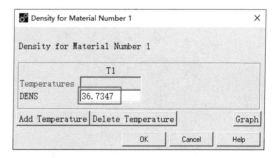

图 4-38　Density for Material Number 1 对话框

（4）定义壳单元的截面。选择 Main Menu > Preprocessor > Sections > Shell > Lay-up > Add/Edit 命令，弹出如图 4-39 所示的 Create and Modify Shell Sections 对话框，在 ID 文本框中输入 1，在 Thickness 文本框中输入 0.25，在 Integration Pts 文本框中输入 5（壳单元厚度方向上的积分点数为 5），然后单击 OK 按钮。

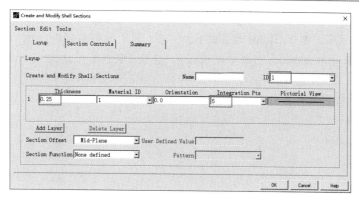

图 4-39　Create and Modify Shell Sections 对话框

（5）设置坐标系。选择 Utility Menu > WorkPlane > Change Active CS to > Global Cylindrical 命令，将当前坐标系设为柱坐标系。

（6）创建关键点。选择 Main Menu > Preprocessor > Modeling > Create > Keypoints > In Active CS 命令，弹出如图 4-40 所示的 Create Keypoints in Active Coordinate System 对话框，在 Keypoint number 文本框中输入 1，在 Location in active CS 文本框中依次输入 25、50、0，单击 Apply 按钮，即创建坐标为（25,50,0）的 1 号关键点；在 Keypoint number 文本框中输入 2，在 Location in active CS 文本框中依次输入 25、50、25，单击 OK 按钮，即创建坐标为（25,50,25）的 2 号关键点。

图 4-40　Create Keypoints in Active Coordinate System 对话框

（7）复制关键点。选择 Main Menu > Preprocessor > Modeling > Copy > Keypoints 命令，弹出关键点拾取框，拾取 1 号和 2 号关键点，单击 OK 按钮，弹出如图 4-41 所示的 Copy Keypoints（复制关键点）对话框，在 Y-offset in active CS 文本框中输入 40，单击 OK 按钮。

（8）创建面。选择 Main Menu > Preprocessor > Modeling > Create > Areas > Arbitrary > Through KPs 命令，弹出线拾取框，依次拾取编号为 1、3、4、2 的关键点，单击 OK 按钮，创建面的结果如图 4-42 所示。

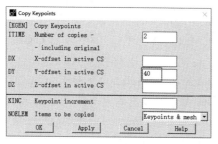

图 4-41　Copy Keypoints 对话框

图 4-42　创建面的结果

（9）设置网格尺寸。选择 Main Menu > Preprocessor > Meshing > MeshTool 命令，弹出如图 4-43 所示的 MeshTool 对话框，单击 Global 后面的 Set 按钮，弹出如图 4-44 所示的 Global Element Sizes 对话框，在 No. of element divisions 文本框中输入 4，单击 OK 按钮，返回 MeshTool 对话框。

（10）网格划分。在 MeshTool 对话框中单击 Mesh 按钮，弹出面拾取框，拾取唯一的一个面 A1，单击 OK 按钮，生成的面网格如图 4-45 所示。

图 4-43 MeshTool 对话框

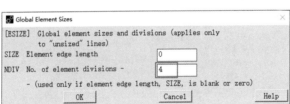

图 4-44 Global Element Sizes 对话框

图 4-45 生成的面网格

4.4.2 施加载荷

（1）设置坐标系。为了后续施加载荷，首先将活动坐标系设为全局笛卡儿坐标系。选择 Utility Menu > WorkPlane > Change Active CS to > Global Cartesian 命令，将当前坐标系设为全局笛卡儿坐标系。

（2）选择 X 坐标为 0 的所有节点。选择 Utility Menu > Select > Entities 命令，弹出如图 4-46 所示的 Select Entities 对话框，在第 1 个下拉列表中选择 Nodes 选项，在下面的下拉列表中选择 By Location 选项，选中 X coordinates 单选按钮，在 Min,Max 文本框中输入 0，单击 OK 按钮，选择 X 坐标为 0 的所有节点。

（3）施加关于 YZ 面对称的边界条件。选择 Main Menu > Solution > Define Loads > Apply > Structural > Displacement > Symmetry B.C. > On Nodes 命令，弹出如图 4-47 所示的 Apply SYMM on Nodes（在节点上施加对称边界条件）对话框，将 Symm surface is normal to 设为 X-axis（表示对称面的法向量为 X 轴，即 YZ 平面），单击 OK 按钮，结果如图 4-48 所示。

 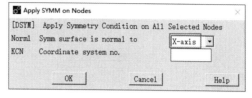

图 4-46 Select Entities 对话框　　　　图 4-47 Apply SYMM on Nodes 对话框

（4）选择 Z 坐标为 0 的所有节点。选择 Utility Menu > Select > Entities 命令，弹出 Select Entities 对话框，在第 1 个下拉列表中选择 Nodes 选项，在下面的下拉列表中选择 By Location 选项，选中 Z coordinates 单选按钮，在 Min,Max 文本框中输入 0，单击 OK 按钮，选择 Z 坐标为 0 的所有节点。

（5）施加关于 XY 面对称的边界条件。选择 Main Menu > Solution > Define Loads > Apply > Structural > Displacement > Symmetry B.C. > On Nodes 命令，弹出 Apply SYMM on Nodes 对话框，将 Symm surface is normal to 设为 Z-axis（表示对称面的法向量为 Z 轴，即 XY 平面），单击 OK 按钮，结果如图 4-49 所示。

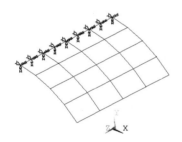 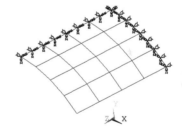

图 4-48 施加对称边界条件的结果（1）　　　图 4-49 施加对称边界条件的结果（2）

（6）选择 Z 坐标为 25 的所有节点（即选择拱顶由墙壁支撑的节点）。选择 Utility Menu > Select > Entities 命令，弹出 Select Entities 对话框，在第 1 个下拉列表中选择 Nodes 选项，在下面的下拉列表中选择 By Location 选项，选中 Z coordinates 单选按钮，在 Min,Max 文本框中输入 25，单击 OK 按钮，选择 Z 坐标为 25 的所有节点。

（7）施加自由度约束。选择 Main Menu > Solution > Define Loads > Apply > Structural > Displacement > On Nodes 命令，弹出节点拾取框，单击 Pick All 按钮，即选择所有节点，弹出如图 4-50 所示的 Apply U,ROT on Nodes 对话框，在 DOFs to be constrained 列表框中选中 UX、UY 和 ROTZ（即约束 X、Y 方向的移动和绕 Z 轴的旋转自由度），单击 OK 按钮，结果如图 4-51 所示。

（8）选择所有节点。选择 Utility Menu > Select > Entities 命令，弹出 Select Entities 对话框，在第一个下拉列表中选择 Nodes 选项，单击 Sele All 按钮，选择所有的节点，再单击 Cancel 按钮将其关闭。

（9）施加重力加速度的惯性载荷。选择 Main Menu> Solution> Define Loads> Apply> Structural> Inertia> Gravity> Global 命令，弹出如图 4-52 所示的 Apply (Gravitational) Acceleration（施加重力加

速度）对话框，在 Global Cartesian Y-comp 文本框中输入 9.8（表示全局笛卡儿坐标系 Y 方向的重力加速度分量为 9.8），单击 OK 按钮。此时将会在图形窗口的坐标系处以箭头的方式显示出惯性载荷的标识，如图 4-53 所示。

图 4-50 Apply U,ROT on Nodes 对话框

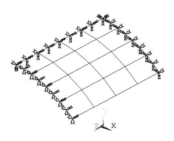

图 4-51 施加自由度约束后的结果

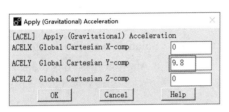

图 4-52 Apply (Gravitational) Acceleration 对话框

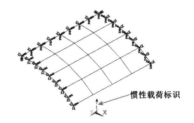

图 4-53 惯性载荷标识

（10）保存文件。单击工具栏中的 SAVE_DB 按钮，保存文件。

4.4.3 命令流文件

在工作目录中找到 BarrelVault0.log 文件，并对其进行修改，修改后的命令流文件（BarrelVault.txt）中的内容如下。

```
!%%%%%筒形拱顶施加载荷%%%%%
/CLEAR,START                    !清除数据
/FILNAME,BarrelVault,1          !更改文件名称
/PREP7                          !进入前处理器
ET,1,SHELL281                   !定义单元类型
MP,EX,1,4.32E8                  !定义材料模型的材料属性
MP,PRXY,1,0
MP,DENS,1,36.7347
SECTYPE,1,SHELL                 !定义截面
SECDATA,0.25,1,0,5
CSYS,1                          !坐标系设为柱坐标系
K,1,25,50,0                     !创建关键点
K,2,25,50,25
KGEN,2,1,2,1,,40                !复制关键点
A,1,3,4,2                       !创建面
ESIZE,,4                        !设置全局单元尺寸
AMESH,1                         !对面进行网格划分
```

```
/SOLU                          !进入求解器
CSYS,0                         !将当前坐标系设为笛卡儿坐标系
NSEL,S,LOC,X,0                 !选择 X 坐标为 0 的所有节点
DSYM,SYMM,X                    !施加关于 YZ 面对称的边界条件
NSEL,S,LOC,Z,0                 !选择 Z 坐标为 0 的所有节点
DSYM,SYMM,Z                    !施加关于 XY 面对称的边界条件
NSEL,S,LOC,Z,25                !选择 Z 坐标为 25 的所有节点
D,ALL,UX,0,,,,UY,ROTZ          !施加自由度约束
NSEL,ALL                       !选择所有节点
ACEL,,9.8                      !施加惯性载荷
SAVE                           !保存文件
FINISH                         !退出前处理器
/EXIT,NOSAVE                   !退出 Ansys
```

第 5 章 求解及后处理

在完成模型的施加载荷之后，就需要进行提交求解并对计算结果进行后处理操作。本章分别介绍有关求解及后处理的相关基础知识，并通过具体的实例讲解提交求解及结果后处理的操作方法。
- ➤ 求解器的选择
- ➤ 通用后处理器
- ➤ 时间历程后处理器

5.1 求　　解

在 Ansys 分析的求解阶段，计算机接收并求解有限元法产生的联立方程组。求解的结果包括：①节点自由度值，为基本解；②导出解，形成单元解。

单元解通常是在单元的积分点上计算的。Ansys 程序将结果写入数据库和结果文件（.rst、.rth 或者.rmg 文件）中。

本节将介绍 Ansys 程序中与求解相关的基础知识。

5.1.1 求解器的选择

为求解有限元法产生的联立方程组，Ansys 提供了多种求解器：稀疏矩阵直接（Sparse Direct，SPARSE）求解器、预条件共轭梯度（Preconditioned Conjugate Gradient，PCG）求解器、雅可比共轭梯度（Jacobi Conjugate Gradient，JCG）求解器、不完全乔列斯基共轭梯度（Incomplete Chobesky Conjugate Gradient，ICCG）求解器和准最小残差（Quasi-Minimal Residual，QMR）求解器。此外，在 Ansys 的分布式版本中，可以选择使用稀疏矩阵直接求解器、预条件共轭梯度求解器或雅可比共轭梯度求解器。

读者可以通过 EQSLV 命令（GUI：Main Menu > Solution > Analysis Type > Analysis Options 或 Main Menu > Solution > Analysis Type > Sol'n Controls > Sol'n Options）来选择求解器。

选择求解器的一般准则见表 5-1 和表 5-2（DOF 表示自由度，MDOF 表示 100 万个自由度），这些准则有助于针对给定的问题选择合适的求解器。

表 5-1　选择共享式内存求解器的一般准则

求 解 器	典型应用场合	理想的模型规模
稀疏矩阵直接求解器（直接消元）	当要求稳定性和求解速度兼顾时（非线性分析）；当迭代收敛很慢时（线性分析，尤其对病态矩阵，如形状不好的单元）	100 000 DOF 及以上

续表

求 解 器	典型应用场合	理想的模型规模
预条件共轭梯度求解器（迭代求解器）	与稀疏矩阵直接求解器相比，该求解器可以减少磁盘需求。最适合具有实体单元和精细网格的大型模型，它是 Ansys 程序中稳定性最好的迭代求解器	500 000 DOF 到 20 MDOF 以上
雅可比共轭梯度求解器（迭代求解器）	最适合求解单场问题（如热、磁、声、多物理场问题）。该求解器使用快速但简单的预处理程序，内存需求最小。该求解器的稳定性不如预条件共轭梯度求解器	500 000 DOF 到 20 MDOF 以上
不完全乔列斯基共轭梯度求解器（迭代求解器）	该求解器使用比雅可比共轭梯度求解器更复杂的预处理程序。最适合雅可比共轭梯度求解器求解失败的更困难问题，如不对称热分析	50 000 DOF 到 1 MDOF 以上
准最小残差求解器（迭代求解器）	用于完全谐响应分析，适用于对称矩阵、复矩阵、正定矩阵和不定矩阵，求解过程中仅启用处理器的 1 个核心	50 000 DOF 到 1 MDOF 以上

表 5-2 选择分布式内存求解器的一般准则

求 解 器	典型应用场合	理想的模型规模
分布式内存稀疏矩阵直接求解器	与稀疏矩阵直接求解器相同，但也可以在分布式内存并行硬件系统上运行	500 000 DOF 到 10 MDOF（超出这个范围也能运行良好）
分布式内存预条件共轭梯度求解器	与预条件共轭梯度求解器相同，但也可以在分布式内存并行硬件系统上运行	1 MDOF 到 100 MDOF
分布式内存雅可比共轭梯度求解器	与雅可比共轭梯度求解器相同，但也可以在分布式内存并行硬件系统上运行。该求解器的稳定性不如分布式内存预条件共轭梯度或共享式内存预条件共轭梯度求解器	1 MDOF 到 100 MDOF

5.1.2 用于特定类型结构分析的求解工具

在执行某些类型的结构分析时，可以利用以下两种特殊的求解工具。

（1）缩略的 Solution 菜单可用于静态、瞬态（所有求解方法）、模态和屈曲分析。

（2）Solution Controls 求解控制对话框，该对话框可用于静态和瞬态（仅限完全求解方法）分析。

下面对这两种求解工具进行简要介绍。

1．缩略的 Solution 菜单

如果使用 GUI 方式进行结构静态、瞬态、模态或屈曲分析，则可以使用缩略或完整的 Solution 菜单。

（1）完整的 Solution 菜单列出了所有求解命令，无论是否推荐或可能在当前的分析中使用到它们（如果无法在当前分析中使用某个命令，仍然会列出该命令，但显示为灰色）。

（2）缩略的 Solution 菜单则要简单一些，只会列出那些适用于当前分析的命令。例如，如果当前在执行静态分析，Modal Cyclic Sym 命令不会出现在缩略的 Solution 菜单中，而仅显示对当前分析类型有效或推荐的命令。

在进行结构分析时，当进入求解器（选择 Main Menu > Solution 命令）时，默认情况下会显示缩略的 Solution 菜单。如图 5-1（a）所示。如果执行的是静态分析或完全法的瞬态分析，可以使用 Solution 菜单上的操作命令来完成分析的求解阶段；如果选择其他的分析类型，图 5-1（a）所示默认的缩略 Solution 菜单将被与之不同的 Solution 菜单所取代，新的 Solution 菜单适用于当前所选择的分析类型。

所有缩略的 Solution 菜单都包含一个 Unabridged Menu 命令，选择该命令，可切换到完整的 Solution 菜单。完整的 Solution 菜单如图 5-1（b）所示，其中包含一个 Abridged Menu 命令，选择该命令，可以切换回缩略的 Solution 菜单。

（a）缩略的 Solution 菜单　　　　　　　　（b）完整的 Solution 菜单

图 5-1　Solution 菜单

2. Solution Controls 对话框

当读者进行结构静态分析或完全法的瞬态分析时，可以使用简化的求解界面（称为 Solution Controls 对话框）来设置许多分析选项。Solution Controls 对话框由 5 个选项卡组成，每个选项卡包含一组相关的求解控制选项。对于指定多载荷步分析中每个载荷步的设置，该对话框非常有效。

只要读者进行结构静态分析或完全法的瞬态分析，则 Solution 菜单中将包含 Sol'n Controls 命令。选择 Sol'n Controls 命令时，将显示 Solution Controls 对话框，如图 5-2 所示。此对话框为分析设置和载荷步选项设置提供了统一的界面。

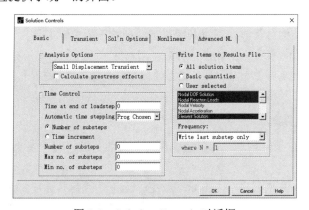

图 5-2　Solution Controls 对话框

一旦读者打开 Solution Controls 对话框，Basic（基本）选项卡即处于活动状态。完整的选项卡按从左到右的顺序依次是 Basic、Transient（瞬态）、Sol'n Options（求解选项）、Nonlinear（非线性）、Advanced NL（高级非线性）。

每组控制选项在逻辑上分在一个选项卡中，最基本的控制选项出现在第一个选项卡上，而后续的每个选项卡内提供了更高级的求解控制选项。Transient 选项卡包含瞬态分析控件，仅当分析类型设为完全法的瞬态分析时才可用，当选择静态分析时将呈现灰色。Solution Controls 对话框中的每个选项对应于一个 Ansys 命令，选项卡与命令之间的关系见表 5-3。

表 5-3　Solution Controls 对话框选项卡与命令之间的关系

选项卡名称	选项卡的功能	与该选项卡对应的命令
Basic	指定要执行分析类型的分析选项； 控制各种时间设置； 指定要写入数据库的求解数据； 指定预应力效应	ANTYPE、NLGEOM、TIME、AUTOTS、 NSUBST、DELTIM、OUTRES、PSTRES
Transient	指定瞬态选项，如瞬态效应和斜坡加载、阶跃加载； 指定阻尼选项； 选择时间积分方法； 定义积分参数； 设置中间步残差标准	TIMINT、KBC、ALPHAD、BETAD、 TRNOPT、TINTP、MIDTOL
Sol'n Options	指定要使用的方程求解器的类型； 指定用于执行多架构重新启动的参数	EQSLV、RESCONTROL
Nonlinear	控制非线性选项，如线搜索和求解预测； 指定每个子步允许的最大迭代次数； 指示是否要在分析中包括蠕变计算； 控制二分； 设置收敛标准； 指定蠕变应变率效应	LNSRCH、PRED、NEQIT、RATE、 CUTCONTROL、CNVTOL、RATE
Advanced NL	指定分析终止标准； 控制弧长方法的激活和终止； 激活支持非线性稳定的单元	NCNV、ARCLEN、ARCTRM、SSTATE

如果读者对 Basic 选项卡的设置感到满意，除非想要更改某些高级控制选项，否则不需要继续设置其余选项卡。只要在该对话框的任何选项卡下单击 OK 按钮，设置就会应用到 Ansys 数据库，对话框也随之关闭。无论只对一个选项卡进行更改还是对多个选项卡进行更改，只有在单击 OK 按钮时，更改才会应用到 Ansys 数据库。

5.1.3　获得求解

要启动求解，需要输入 SOLVE 命令（GUI：Main Menu > Solution > Solve > Current LS）。

因为求解阶段与其他阶段相比，一般需要更多的计算机资源，所以批处理（后台）模式要比交互模式更适宜。

求解器将输出写入输出文件（Jobname.out）和结果文件中，如果用户以交互模式运行求解，则屏幕显示将取代输出文件。通过在 SOLVE 命令之前输入 /OUTPUT 命令（GUI：Utility Menu > File > Switch Output to > File），可以将输出转移到文件而不是屏幕。

写入输出文件的数据包括以下内容。

（1）载荷概要信息。
（2）模型的质量和惯性矩。
（3）求解概要信息。
（4）最后的结束标题，给出总的 CPU 时间和求解过程所用的时间。
（5）由 OUTPR 输出控制命令所请求的数据。

在交互模式中,大部分输出是被压缩的。结果文件(.rst、.rth 或者.rmg)包含二进制形式的所有结果数据,读者可以在后处理器中查看这些数据。

在求解过程中生成的另一个有用的文件是 Jobname.stat,它给出了求解的状态。读者可以使用此文件在分析运行时对其进行监视。该文件在诸如非线性和瞬态分析的迭代分析中特别有用。

SOLVE 命令还能对当前数据库中的载荷步数据进行求解计算。

5.1.4 多载荷步求解

定义和求解多载荷步有 3 种方法:①多重求解法;②载荷步文件法;③数组参数法。

下面对这 3 种方法逐一进行介绍。

1. 多重求解法

多重求解法是最直接的,它是在定义好每个载荷步后输入 SOLVE 命令。该方法的主要缺点是,在交互模式下,必须等待每一个载荷步求解完成才能定义下一个载荷步。多重求解法的典型命令流如下。

```
/SOLU                    !进入求解器
...
!定义载荷步 1
D,...
SF,...
...
SOLVE                    !求解载荷步 1
!定义载荷步 2
F,...
SF,...
...
SOLVE                    !求解载荷步 2
Etc.
```

2. 载荷步文件法

当读者想在离开终端或计算机时进行求解,使用载荷步文件法比较方便。该方法首先将每个载荷步写入一个载荷步文件中(通过 LSWRITE 命令或选择 Main Menu>Solution>Load Step Opts>Write LS File 命令),然后使用 LSSOLVE 命令(GUI:Main Menu > Solution > Solve > From LS Files)读入载荷步文件并获得求解。

LSSOLVE 命令实际上是一个宏指令,它按顺序读入载荷步文件,并为每个载荷步启动求解。载荷步文件法的命令输入示例如下。

```
/SOLU                    !进入求解器
...
!定义载荷步 1
D,...                    !施加载荷
SF,...
...
NSUBST,...               !载荷步选项
```

```
KBC,...
OUTRES,...
OUTPR,...
...
LSWRITE                    !写入载荷步文件：Jobname.S01
!定义载荷步1
D,...                      !施加载荷
SF,...
...
NSUBST,...                 !载荷步选项
KBC,...
OUTRES,...
OUTPR,...
...
LSWRITE                    !写入载荷步文件：Jobname.S02
...
LSSOLVE,1,2                !开始求解载荷步文件1和载荷步文件2
```

3. 数组参数法

数组参数法主要用于瞬态或非线性静态（稳态）分析，需要了解有关数组参数和 DO 循环的知识，这是 Ansys 参数化设计语言的一部分。数组参数法包括使用数组参数构建载荷与时间的关系表，通过下面的示例对此进行解释。

假设有一组随时间变化的载荷，如图 5-3 所示。图 5-3 中有 3 个载荷函数，因此需要定义 3 个数组参数。3 个数组参数必须是 TABLE（表格）类型。力函数有 5 个点，所以需要一个 5×1 的数组；压力函数需要一个 6×1 的数组；温度函数需要一个 2×1 的数组。3 个数组都是一维的，在第 1 列中输入载荷值，在第 0 列中输入时间值（第 0 列、第 0 行，一般包含索引号，如果将数组参数定义为一个表格，则必须更改通常包含索引号的第 0 列、第 0 行，且需要填上一组单调递增的数字）。

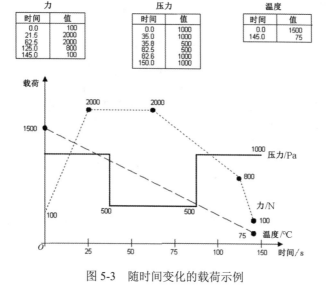

图 5-3 随时间变化的载荷示例

要定义这 3 个数组参数,首先需要通过*DIM 命令(GUI:Utility Menu > Parameters > Array Parameters > Define/Edit)声明其类型和维度。

例如:
```
*DIM,FORCE,TABLE,5,1
*DIM,PRESSURE,TABLE,6,1
*DIM,TEMP,TABLE,2,1
```

接下来可以使用数组参数编辑器(GUI:Utility Menu > Parameters > Array Parameters > Define/Edit)或一系列"="命令来填充这些数组。后一种方法如下。

```
FORCE(1,1)=100,2000,2000,800,100      !第 1 列为力的数值
FORCE(1,0)=0,21.5,62.5,125,145        !第 0 列为对应时间的数值
FORCE(0,1)=1                          !第 0 行
PRESSURE(1,1)=1000,1000,500,500,1000,1000
PRESSURE(1,0)=0,35,35.8,82.5,82.6,150
PRESSURE(0,1)=1
TEMP(1,1)=1500,75
TEMP(1,0)=0,145
TEMP(0,1)=1
```

已经定义了载荷历程,要施加载荷并获得求解,需要构造一个 DO 循环(使用命令*DO 和 *ENDDO),如下所示。

```
TM_START=1E-6                         !开始时间(必须大于 0)
TM_END=145                            !瞬态分析的结束时间
TM_INCR=1.5                           !时间增量
*DO,TM,TM_START,TM_END,TM_INCR        !DO 循环从 TM_START 开始到 TM_END 结束
                                      !时间步长为 TM_INCR
    TIME,TM                           !时间的数值
    F,272,FY,FORCE(TM)                !随时间变化的力载荷(节点 272 处,方向 FY)
    NSEL,...                          !在压力表面上选择节点
    SF,ALL,PRES,PRESSURE(TM)          !随时间变化的压力
    NSEL,ALL                          !激活全部节点
    NSEL,...                          !选择施加温度载荷的节点
    BF,ALL,TEMP,TEMP(TM)              !随时间变化的温度
    NSEL,ALL                          !激活全部节点
    SOLVE                             !开始求解
*ENDDO
```

使用此方法可以非常容易地改变时间增量(TM_INCR 参数),而使用其他方法改变如此复杂的载荷历程的时间增量将会很麻烦。

5.2 后 处 理

本节将主要介绍与后处理有关的基础知识,并通过具体实例讲解 Ansys 分析中后处理的具体操作步骤。

5.2.1 后处理概述

后处理是指检查分析结果，这是 Ansys 分析中最重要的一步，因为读者通过后处理可以了解施加载荷后结构的响应。在创建有限元模型、施加载荷并获得求解后，读者需要回答一些关键问题：这个设计投入使用后可靠吗？这个区域的应力有多大？这部分的温度如何随时间变化？模型中这个面的热量损失是多少？通过后处理可以帮助读者回答上述这些问题。

1. Ansys 的两个后处理器

检查 Ansys 的分析结果可使用两个后处理器，即通用后处理器（POST1）和时间历程后处理器（POST26）。通用后处理器允许检查整个模型在某一载荷步和子步（或某一特定时间点或频率）的结果。例如，在静态结构分析中，可显示载荷步 3 的应力分布；在瞬态热分析中，可显示 time=100s 时的温度分布。一种典型的通用后处理器云图显示如图 5-4 所示。

时间历程后处理器可以检查模型中指定点的特定结果项相对于时间、频率或其他结果项的变化。例如，在瞬态磁场分析中，可以绘制某一特定单元中的涡流与时间关系的曲线图；在非线性结构分析中，可以绘制某一特定节点的力与其变形关系的曲线图。一种典型的时间历程后处理器曲线如图 5-5 所示。

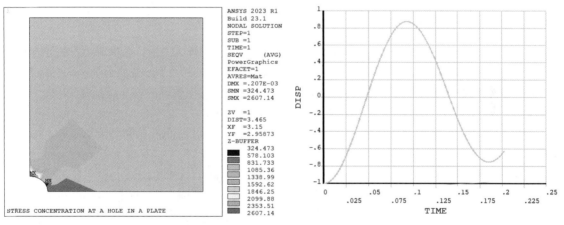

图 5-4 一种典型的通用后处理器云图显示　　图 5-5 一种典型的时间历程后处理器曲线图

其中需要注意的是，后处理器仅是检查分析结果的工具，读者仍然需要使用工程判断能力来分析和解释结果。例如，云图显示表明模型中的最高应力为 260MPa，必须由读者自己来确定这种应力水平对于设计来说是否可以接受。

2. 后处理可用的数据类型

求解阶段计算两种类型的结果数据：基本数据和导出数据。

（1）基本数据包含在每个节点所计算的自由度解，如结构分析中的位移、热分析中的温度、磁场分析的磁势等，这些数据也称为节点解数据。

（2）导出数据是从基本数据计算得到的结果，如结构分析中的应力和应变、热分析中的热梯度和热流量、磁场分析中的磁通量等。导出数据也称为单元解数据，通常是为每个单元所计算的，并且可能出现在单元节点、单元积分点以及单元质心等任何位置。

不同分析的基本数据和导出数据见表5-4。

表5-4 不同分析的基本数据和导出数据

分　　析	基　本　数　据	导　出　数　据
结构分析	位移	应力、应变、反作用力等
热分析	温度	热流量、热梯度等
磁场分析	磁势	磁通量、磁流密度等
电场分析	标量电势	电场、电流密度等
流体分析	速度、压力	压力梯度、热流量等
扩散分析	浓度	浓度梯度、扩散通量等

5.2.2 通用后处理器

使用通用后处理器可观察整个模型或模型的一部分在某个时间（或频率）上针对特定载荷组合时的结果。通用后处理器有许多功能，包括从简单的图形显示到针对更为复杂数据操作的列表，如载荷工况的组合。

1. 将结果数据读入数据库

通用后处理器的第1步是将数据从结果文件读入数据库。在读入之前，数据库中首先要有模型数据（节点和单元等）。若数据库中没有模型数据，可输入 RESUME 命令（GUI：Utility Menu > File > Resume Jobname.db）读入数据文件 Jobname.db。数据库包含的模型数据应该与计算模型相同，包括单元类型、节点、单元、单元实常数、材料属性和节点坐标系。

输入 SET 命令（GUI：Main Menu > General Postproc > Read Results，如图5-6所示），可在特定的载荷条件下将整个模型的结果数据从结果文件中读入数据库，覆盖数据库中以前存在的数据。边界条件信息（约束和集中力）也被读入，但仅在存在单元节点载荷和反作用力的情况下（详情请见 OUTERS 命令）。若不存在边界条件信息，则不列出或显示边界条件。只读入自由度约束和力；表面和体载荷不会更新，并保持其最后指定的值。如果表面和体载荷是通过表格边界条件指定的，则它们将依据当前的结果集进行处理，表格中相应的数据被读入。加载条件靠载荷步和子步或靠时间（或频率）来识别。

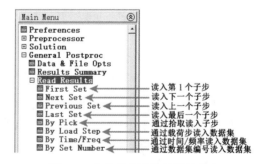

图5-6 主菜单中读取结果的命令

2. 图形显示结果

一旦所需结果被读入数据库，就可以通过图形显示和表格方式进行观察。另外，可映射沿某一路径的结果数据。图形显示可能是观察结果最有效的方法，通用后处理器中可显示下列类型的图形。

（1）云图显示。云图显示表现了结果项（如应力、温度、磁场磁通密度等）在模型上的变化。云图显示中有以下 4 个可用命令：①PLNSOL 命令可以通过连续的云图显示结果项；②PLESOL 命令可以通过不连续的单元云图显示结果项；③PLETAB 命令可以显示单元表的结果项；④PLLS 命令可以将单元表的结果项显示为沿单元的云图面。

（2）变形后的形状显示。在结构分析中可以使用变形后的形状显示来查看结构在施加载荷作用下的变形情况。通过 PLDISP 命令可以生成变形后的形状显示。

（3）矢量显示。矢量显示是指使用箭头来显示模型中某个矢量的大小和方向的变化。矢量包括位移（U）、旋转（ROT）、主应力（S）等。

（4）路径图。路径图显示某个结果项沿模型中预定义路径的变化。要生成路径图，需要执行以下步骤：①通过 PATH 命令定义路径属性；②通过 PPATH 命令定义路径点；③通过 PDEF 命令将所需的量映射到路径上；④通过 PLPATH 和 PLPAGM 命令显示结果。

（5）反作用力显示。反作用力显示类似于边界条件显示，可以通过/PBC 命令中的 RFOR 或 RMOM 变量进行激活。后续的任何显示（由 NPLOT、EPLOT 或 PLDISP 等命令生成）将在指定 DOF 约束的点处显示反作用力符号。与反作用力一样，也可以通过/PBC 命令中的 NFOR 或 NMOM 变量显示节点力，这是单元在其节点上施加的外力。每个节点上的这些力的总和通常为 0，除了约束节点或施加载荷的节点。

（6）带电粒子轨迹。带电粒子轨迹是显示带电粒子如何在电场或磁场中运动的图形显示。

3．单元表

单元表有两个功能：①它是在结果数据中进行数学运算的工具；②它能够访问其他方法不能直接访问的单元结果数据。例如，结构一维单元的导出数据（尽管 SET、SUBSET 和 APPEND 命令将所有请求的结果项读入数据库，但并非所有数据都可以直接通过 PLNSOL、PLESOL 等命令直接访问）。

可以将单元表看作一个电子表格，其中每行代表一个单元，每列代表单元的一个特定数据项。例如，第 1 列可以包含单元的平均应力 SX，而第 2 列可以包含单元的体积，第 3 列则可以包含每个单元质心的 Y 坐标。

可通过 ETABLE 命令定义或删除单元表。有关单元表操作的命令大部分位于 Main Menu > General Postproc > Element Table 子菜单之下，如图 5-7 所示。

4．列表显示结果

将分析结果（如报告、呈文）存档的一个有效方法是在通用后处理器中生成表格列表。列表选项可用于节点和单元解数据、反作用力数据、单元表数据等。有关列表显示结果的命令大部分位于 Main Menu > General Postproc > List Results 子菜单之下，如图 5-8 所示。

5．动画显示结果

动画对于以图形方式呈现的许多分析结果非常有用，尤其是非线性或时间相关的分析。在 GUI 模式下，生成动画最简单的方法是选择 Utility Menu > PlotCtrls > Animate 子菜单中的各个命令，如图 5-9 所示。

图 5-7　主菜单中有关单元表操作的命令

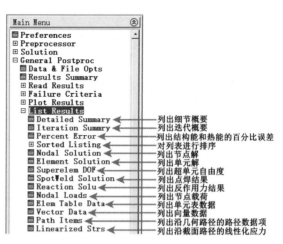

图 5-8　主菜单中有关列表显示结果的命令

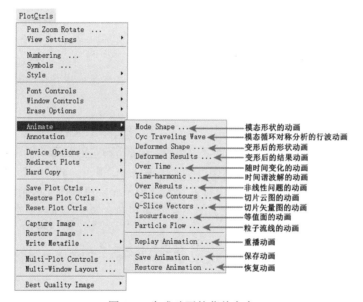

图 5-9　生成动画的菜单命令

6．使用结果查看器访问结果文件数据

结果查看器是一个用于查看分析结果的紧凑窗口。打开结果查看器后，会禁用许多标准的 GUI 功能，但是许多通用后处理器的功能都包含在结果查看器的菜单和选项中。

读者可以使用结果查看器访问存储在有效结果文件（如*.rst、*.rth 和*.rmg）中的任何数据。由于结果查看器可以在不加载整个数据库文件的情况下访问结果数据，所以它是比较许多不同分析结果数据的理想工具。即使读者已经加载了其他结果文件，也可以返回到原始的分析。在关闭结果查看器之前，可以从当前分析中重新加载原始的结果文件。

选择 Main Menu > General Postproc > Results Viewer 命令，将弹出如图 5-10 所示的 Results Viewer（结果查看器）窗口，该窗口由 3 个主要控制区域所组成，下面对这 3 个主要控制区域作简要介绍。

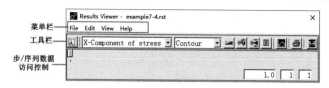

图 5-10　Results Viewer 窗口

（1）菜单栏。菜单栏中包含 File（文件）、Edit（编辑）、View（查看）和 Help（帮助）菜单，如图 5-11 所示。

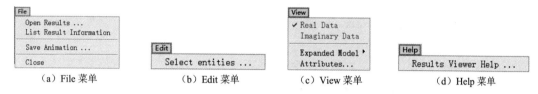

图 5-11　结果查看器的菜单栏

1) File 菜单。File 菜单中包含 4 个命令。①Open Results：打开任何结果文件；②List Result Information：显示当前文件中包含的所有结果数据的列表；③Save Animation：保存动画文件（*.anim、*.avi），通过结果查看器创建的动画不会写入数据库；④Close：关闭结果查看器并返回到标准 GUI 界面。若已经打开了另一个分析的结果文件，在关闭结果查看器之前需要返回到原始文件。

2) Edit 菜单。选择 Select entities 命令后，将弹出 Select Entities 对话框，可用于选择实体。

3) View 菜单。View 菜单中包含 4 个命令。①Real Data：在图形窗口中显示来自分析的实部数据，当分析中只有实部数据时，此选项将以灰色显示；②Imaginary Data：在图形窗口中显示来自分析的虚部数据，当分析中不存在有效的虚部数据时，此选项将以灰色显示；③Expanded Model：通过/EXPAND 命令来执行任何可用的周期性/循环对称、模态循环对称和轴对称扩展；④Attributes：访问模型的属性（通过/PNUM 命令）。

4) Help 菜单。用于访问有关结果查看器的帮助信息。

（2）工具栏。工具栏如图 5-12 所示，通过工具栏可以选择结果数据的类型，并指定应如何绘制信息。另外，通过工具栏还可以从图形显示中查询结果数据、创建动画、生成结果列表以及绘制或生成屏幕内容的文件导出。

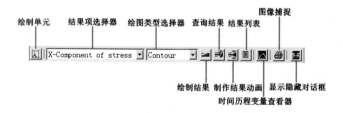

图 5-12　结果查看器的工具栏

1) Element Plot（绘制单元）。在图形窗口中显示单元。

2) Result Item Selector（结果项选择器）。此下拉菜单用于从各种类型的数据中进行选择，但所选择的结果项可能并不总是在结果文件中可用。

3) Plot Type Selector（绘图类型选择器）。用于选择绘图的类型，如云图、向量图、轨迹图等。

4) Plot Results（绘制结果）。单击该按钮将根据绘图类型显示结果项的图形。

5) Query Results（查询结果）。使用查询工具直接从图形窗口中的选定区域检索结果数据。单击该按钮，将显示拾取框，并允许选择多个实体。查询得到的信息仅在当前视图中显示。

6) Animate Results（制作结果动画）。可根据包含在结果文件中的信息创建动画。由于此信息是作为单独的文件创建的，所以它不会保存在结果文件中。读者必须通过结果查看器菜单栏中的 File > Save Animation 命令保存单个动画。

7) List Results（结果列表）。根据所选序列号和结果项创建所有节点结果值的文本列表。

8) Time-History Variable Viewer（时间历程变量查看器）。单击该按钮，将弹出时间历程变量查看器。

9) Image Capture（图像捕捉）。单击该按钮，可将图形窗口的内容直接发送到打印机，或者将其捕获到自动创建的另一个窗口，或者将其以一种流行格式的图形文件（如 PNG）进行保存。

10) Raise Hidden（显示隐藏对话框）。单击该按钮，可显示隐藏的对话框。

（3）步/序列数据访问控制。当访问结果文件时，数据将根据原始分析的数据集的顺序进行显示。这些数据集对应于分析的特定时间、载荷步和子步。使用步/序列数据访问控制的选项可以访问这些不同的结果数据集，如图 5-13 所示。

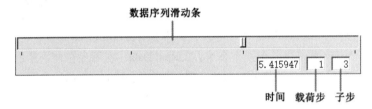

图 5-13 结果查看器的步/序列数据访问控制

1) The Data Sequence Slider Bar（数据序列滑动条）。该数据系列滑动条对应于当前结果文件中可用的单个数据序列。滑块上的每个刻度线代表一个数据集，可以通过移动滑块移动到任何数据集。

2) Time（时间）。此文本框用于显示每个数据集的时间。

3) Load Step（载荷步）。此文本框用于显示每个单独的载荷步编号。若输入有效的载荷步编号，将显示该载荷步的结果。

4) Substep（子步）。此文本框用于显示每个单独的载荷子步编号。若输入有效的子步编号，将显示该子步的结果。

5.2.3 时间历程后处理器

使用时间历程后处理器可以查看模型中指定位置的分析结果相对于时间、频率或其他一些和时间相关分析参数的变化特性。在时间历程后处理器中，可以使用多种方式处理结果数据，如图形显示、图表显示、列表显示或对数据集进行数学运算。时间历程后处理器的一个典型用途是在瞬态分析中绘制结果数据项与时间的关系曲线图，或在非线性结构分析中绘制力与变形的关系曲线图。

求解完成后，Ansys 程序将使用结果数据创建结果文件。启动后处理时，会自动加载激活的结果文件（*.rst、*.rth、*.rmg 等）。

进入时间历程后处理器之前，必须加载几何模型，并且必须存在一个有效的结果文件。若当前分析中不包含结果文件，系统会提示提供一个结果文件。默认情况下，时间历程后处理器会查找通用后处理器中所描述的标准结果文件之一，读者也可以指定不同的结果文件（使用 FILE 命令）。

使用时间历程后处理器的基本步骤如下。

（1）进入时间历程后处理器（/POST26）。
（2）定义时间历程变量。不仅包括定义变量，还要求存储变量。
（3）处理变量。计算数据，或进行数据的提取，或产生相关的数据集。
（4）输出数据。可通过图表（曲线图）、列表及文件等形式。

在首次选择 Main Menu > TimeHist Postpro 命令时，将弹出如图 5-14 所示的时间历程变量查看器，通过该查看器可以交互式地进行时间历程变量的定义、处理和输出。下面对该对话框进行简要介绍。

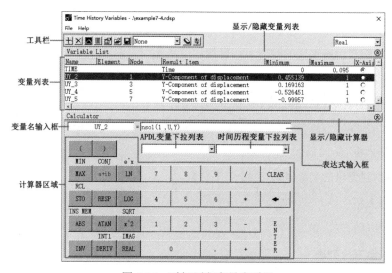

图 5-14　时间历程变量查看器

1．工具栏

使用工具栏可以控制时间历程的后处理操作。工具栏各选项的简要介绍见表 5-5。

表 5-5　工具栏各选项的简要介绍

图　标	名　称	功　能
	Add Data（增加数据）	打开 Add Time-History Variable（增加时间历程变量）对话框
	Delete Data（删除数据）	从变量列表中删除选定的变量
	Graph Data（绘制图表）	根据预定义的属性，可绘制多达 10 个变量的图表
	List Data（列出数据）	生成多达 6 个变量的数据列表
	Properties（属性）	定义选定变量和全局的属性
	Import Data（导入数据）	打开对话框，将信息导入变量空间

续表

图标	名称	功能
🖫	Export Data（导出数据）	打开对话框，将数据导出到文件或 APDL 数组
None ▼	Overlay Data（覆盖数据）	通过该下拉列表可选择用于图表覆盖的数据
✎	Clear Time-History Data（清除时间历程数据）	删除所有变量并将设置恢复为默认值
💲	Refresh Time-History Data（刷新时间历程数据）	更新变量列表。如果某些变量不是通过 Time History Variables 对话框定义的，则此功能非常有用
Real ▼	Results to View（查看的数据）	用于选择复变量输出形式的下拉列表（即实部、虚部、幅值或相位）

2．显示/隐藏变量列表

为暂时缩小 Time History Variables 对话框的尺寸，可单击该工具栏的任意位置以隐藏或显示变量列表。

3．变量列表

变量列表区域将显示所定义的时间历程变量，可从此列表中选择变量来进行处理。

4．显示/隐藏计算器

为暂时缩小 Time History Variables 对话框的尺寸，可单击该工具栏的任意位置以隐藏或显示计算器。

5．变量名输入框

用于输入所创建变量的名称（最多 32 个字符）。

6．表达式输入框

输入所创建变量的表达式。

7．APDL 变量下拉列表

在输入表达式时，使用此菜单可选择当前已定义的 APDL 变量。

8．时间历程变量下拉列表

在输入表达式时，使用此菜单可选择已经存储的时间历程变量。

9．计算器区域

在输入表达式时，可使用计算器区域来添加标准数学运算符和函数。只需单击该区域的按钮，即可将运算符或函数添加到表达式输入框。单击 INV 按钮，可切换某些按钮上的函数。

除了使用 Time History Variables 对话框进行时间历程变量的定义、处理和输出之外，读者也可以使用时间历程后处理器中的其他命令对时间历程变量进行操作，如图 5-15 所示。

图 5-15　时间历程后处理器中的操作命令

前面简单介绍了有关后处理的相关知识，接下来将通过具体的实例介绍使用通用后处理器进行结果后处理的操作步骤。有关时间历程后处理器进行后处理的具体操作方法将在讲解瞬态分析和非线性分析时进行介绍。

扫一扫，看视频

5.2.4 实例——变截面悬臂梁分析的结果后处理

如图 5-16 所示的厚度为 t、长度为 L 的渐变截面的悬臂梁，一端固定约束，另一端受到垂直向下的力 F。计算悬臂梁顶部在固定约束端（图中 Ⅰ 点）和长度中间位置（图中 Ⅱ 点）的应力，在 Ⅰ 点计算 X 方向应力分量的大小，在 Ⅱ 点计算等效应力的大小。

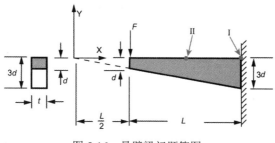

图 5-16 悬臂梁问题简图

该问题的材料属性、几何尺寸以及载荷见表 5-6（采用英制单位）。

表 5-6 材料属性、几何尺寸以及载荷

材 料 属 性	几 何 尺 寸	载 荷
$E=3×10^7$psi $v=0$	$L=50$in $d=3$in $t=2$in	$F=4000$lbf

1．创建有限元模型

（1）定义工作文件名。选择 Utility Menu > File > Change Jobname 命令，弹出 Change Jobname 对话框，在 Enter new jobname 文本框中输入 Cantilever 并勾选 New log and error files?复选框，单击 OK 按钮。

（2）定义单元类型。选择 Main Menu > Preprocessor > Element Type > Add/Edit/Delete 命令，弹出 Element Types 对话框，单击 Add 按钮，弹出如图 5-17 所示的 Library of Element Types 对话框。在左侧的列表框中选择 Solid 选项，在右侧的列表框中选择 8 node 183 选项，即 PLANE183 单元，单击 OK 按钮。返回 Element Types 对话框，单击 Options 按钮，弹出如图 5-18 所示的 PLANE183 element type options 对话框，将 K3 设为 Plane strs w/thk（表示带厚度的平面应力，且厚度通过实常数来输入），单击 OK 按钮，返回 Element Types 对话框并将其关闭。

（3）定义实常数。选择 Main Menu > Preprocessor > Real Constants > Add/Edit/Delete 命令，弹出 Real Constants 对话框，单击 Add 按钮，弹出 Element Type for Real Constants 对话框，单击 OK 按钮，弹出如图 5-19 所示的 Real Constant Set Number 1, for PLANE183 对话框，在 THK 文本框中输入 2，单击 OK 按钮，返回 Real Constants 对话框并将其关闭。

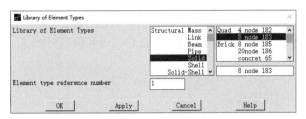
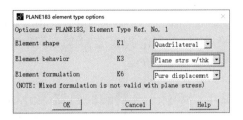

图 5-17　Library of Element Types 对话框　　　　图 5-18　PLANE183 element type options 对话框

（4）定义材料属性。选择 Main Menu > Preprocessor > Material Props > Material Models 命令，弹出 Define Material Model Behavior 对话框，在右侧的列表框中选择 Structural > Linear > Elastic > Isotropic 选项后，弹出如图 5-20 所示的 Linear Isotropic Properties for Material Number 1 对话框，在 EX 文本框中输入 3E7，在 PRXY 文本框中输入 0，单击 OK 按钮，返回 Define Material Model Behavior 对话框并将其关闭。

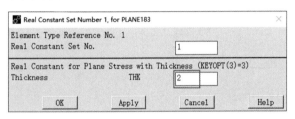
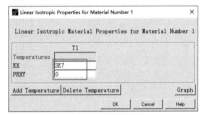

图 5-19　Real Constant Set Number 1,　　　　图 5-20　Linear Isotropic Properties for
　　　　　for PLANE183 对话框　　　　　　　　　　　　　Material Number 1 对话框

（5）创建节点。选择 Main Menu > Preprocessor > Modeling > Create > Nodes > In Active CS 命令，弹出如图 5-21 所示的 Create Nodes in Active Coordinate System 对话框，在 Node number 文本框中输入 1，在 Location in active CS 文本框中输入 25、0、0，单击 Apply 按钮，创建一个坐标位置为（25,0,0）的 1 号节点。通过此方法，分别创建坐标位置为（75,0,0）的 7 号节点，坐标位置为（25,-3,0）的 8 号节点，坐标位置为（75,-9,0）的 14 号节点，创建最后一个节点时单击 OK 按钮关闭此对话框，结果如图 5-22 所示。

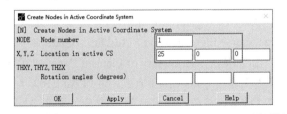

图 5-21　Create Nodes in Active Coordinate System 对话框　　　　图 5-22　创建节点的结果

（6）填充节点。选择 Main Menu > Preprocessor > Modeling > Create > Nodes > Fill between Nds 命令，弹出节点拾取框，在图形窗口中依次拾取节点 1 和节点 7，单击 OK 按钮，弹出如图 5-23 所示的 Create Nodes Between 2 Nodes 对话框，保持默认参数设置，单击 Apply 按钮；再次弹出节点拾取框，在图形窗口中依次拾取节点 8 和节点 14，单击 OK 按钮，保持默认参数设置，单击 OK 按钮，结果如图 5-24 所示。

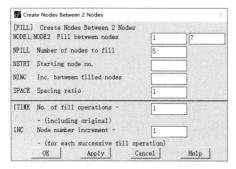

图 5-23　Create Nodes Between 2 Nodes 对话框　　　　图 5-24　填充节点的结果

（7）创建单元。选择 Main Menu > Preprocessor > Modeling > Create > Elements > Auto Numbered > Thru Nodes 命令，弹出节点拾取框，在图形窗口中依次拾取 2、1、8、9 号节点，单击 OK 按钮，创建一个单元。

（8）复制单元。选择 Main Menu > Preprocessor > Modeling > Copy > Elements > Auto Numbered 命令，弹出单元拾取框，在图形窗口中选择刚刚创建的单元，单击 Apply 按钮，弹出 Copy Elements (Automatically-Numbered)对话框，在 Total number of copies 文本框中输入 6，单击 OK 按钮，结果如图 5-25 所示。

（9）增加中间节点。选择 Main Menu > Preprocessor > Modeling > Move/Modify > Elements > Add Mid Nodes 命令，弹出如图 5-26 所示的 Add Midside Nodes to Elements（向单元添加中间节点）对话框，保持默认参数设置（其中 Selectively add midside nodes 默认设为 to all edges，表示为选定单元的所有单元边添加中间节点），单击 OK 按钮，完成中间节点的添加。

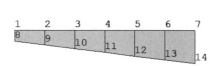
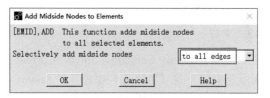

图 5-25　复制单元的结果　　　　图 5-26　Add Midside Nodes to Elements 对话框

2．施加载荷

（1）选择节点。选择 Utility Menu > Select > Entities 命令，弹出如图 5-27 所示的 Select Entities 对话框，在第 1 个下拉列表中选择 Nodes 选项，在下面的下拉列表中选择 By Location 选项，选中 X coordinates 单选按钮，在 Min,Max 文本框中输入 75，单击 Apply 按钮，选择 X 坐标为 75 的所有节点，即梁固定端的所有节点。

（2）施加自由度约束。选择 Main Menu > Solution > Define Loads > Apply > Structural > Displacement > On Nodes 命令，弹出节点拾取框，单击 Pick All 按钮，弹出如图 5-28 所示的 Apply U,ROT on Nodes 对话框，在 DOFs to be constrained 列表框中选择 All DOF，单击 OK 按钮。

（3）施加力载荷。返回 Select Entities 对话框，单击 Sele All 按钮，选择所有节点，然后单击 Cancel 按钮将其关闭。选择 Main Menu > Solution > Define Loads > Apply > Structural > Force/Moment > On Nodes 命令，弹出节点拾取框，拾取 1 号节点，单击 OK 按钮，弹出如图 5-29 所示的 Apply F/M on Nodes 对话框，将 Direction of force/mom 设为 FY，在 Force/moment value 文本框中输入-4000，单击 OK 按钮。施加载荷后的结果如图 5-30 所示。

图 5-27 Select Entities 对话框

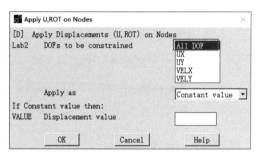

图 5-28 Apply U,ROT on Nodes 对话框

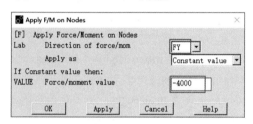

图 5-29 Apply F/M on Nodes 对话框

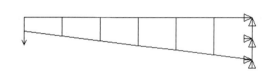

图 5-30 施加载荷后的结果

3. 求解

选择 Main Menu > Solution > Solve > Current LS 命令，弹出如图 5-31 所示的/STATUS Command（求解状态概要）窗口和如图 5-32 所示的 Solve Current Load Step 对话框。阅读/STATUS Command 窗口中的内容，确认无误后将其关闭。单击 Solve Current Load Step 对话框中的 OK 按钮，提交求解。

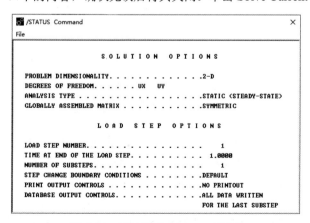

图 5-31 /STATUS Command 窗口

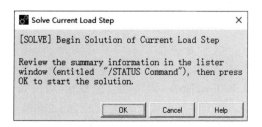

图 5-32 Solve Current Load Step 对话框

求解完成时，弹出如图 5-33 所示的 Note 对话框，单击 Close 按钮将其关闭。

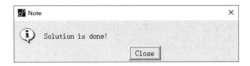

图 5-33　Note 对话框

4．后处理

（1）将结果数据读入数据库。由于本实例中只有一个载荷步，所以选择 Main Menu > General Postproc > Read Results > First Set 或 Main Menu > General Postproc > Read Results > Last Set 命令，均可将结果数据读入数据库。

（2）显示变形后的形状。选择 Main Menu > General Postproc > Plot Results > Deformed Shape 或 Utility Menu > Plot > Results > Deformed Shape 命令，弹出如图 5-34 所示的 Plot Deformed Shape 对话框，选中 Def + undef edge 单选按钮，单击 OK 按钮。显示变形后的形状的结果如图 5-35 所示。

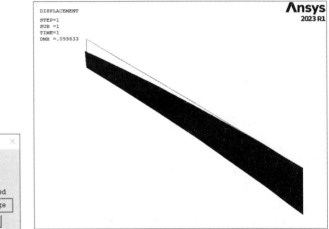

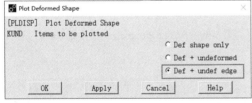

图 5-34　Plot Deformed Shape 对话框　　　　图 5-35　显示变形后的形状的结果

> 提示：
>
> Plot Deformed Shape 对话框中有 3 个单选按钮，其区别如下：Def shape only 表示仅显示变形后的形状；Def + undeformed 表示在显示变形后的形状的同时显示变形前的形状，且变形前的形状通过线框的形式显示；Def + undef edge 表示在显示变形后的形状的同时以线框的形式显示变形前模型的外轮廓。

（3）显示单元形状。选择 Utility Menu > PlotCtrls > Style > Size and Shape 命令，弹出如图 5-36 所示的 Size and Shape 对话框，将 Display of element 设置为 On，单击 OK 按钮，结果如图 5-37 所示。

（4）获取悬臂梁顶部在固定约束端和长度中间位置的节点编号。选择 Utility Menu > Parameters > Scalar Parameters 命令，弹出如图 5-38 所示的 Scalar Parameters 对话框，在 Selection 文本框中输入"END_NODE=NODE(75,0,0)"，单击 Accept 按钮，将坐标位置为（75,0,0）的节点编号赋值给参数 END_NODE（即将悬臂梁顶部在固定约束端的节点编号赋值给该参数）；在 Selection 文本框中再输入"MID_NODE=NODE(50,0,0)",单击 Accept 按钮,将坐标位置为(50,0,0)的节点编号赋值给参数 MID_NODE(即将悬臂梁顶部在长度中间位置的节点编号赋值给该参数)。输入完成后的结果如图 5-39 所示,最后单击 Close 按钮,关闭 Scalar Parameters 对话框。

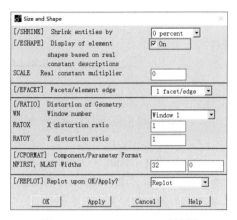

图 5-36 Size and Shape 对话框

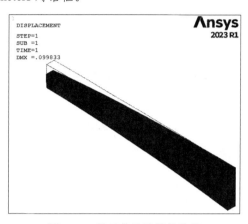

图 5-37 显示单元形状的结果

图 5-38 Scalar Parameters 对话框(1)

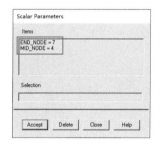

图 5-39 Scalar Parameters 对话框(2)

📢 提示:

> 在 Scalar Parameters 对话框的 Selection 文本框中输入的"END_NODE=NODE(75,0,0)"表达式中使用到了在 Ansys 中被称为获取函数(GET Function)的其中一个函数,即 NODE(X,Y,Z)。该函数表示获取最靠近当前活动坐标系中 X、Y、Z 坐标位置的节点的编号数值(存在重合的多个节点时取最小编号的数值)。

(5)获取悬臂梁顶部在固定约束端 X 方向应力分量的大小和长度中间位置等效应力的大小。选择 Utility Menu > Parameters > Get Scalar Data 命令,弹出如图 5-40 所示的 Get Scalar Data(获取标量数据)对话框,在左侧的列表框中选择 Results data(表示结果数据),在右侧的列表框中选择 Nodal results(表示节点结果),单击 OK 按钮。弹出如图 5-41 所示的 Get Nodal Results Data(获取节点结果数据)对话框,在 Name of parameter to be defined 文本框中输入 STS_E_END(表示将所定义的标量参数命名为 STS_E_END);在 Node number N 文本框中输入 END_NODE[表示获取编号为 END_NODE 的节点(即悬臂梁顶部在固定约束端的节点)的结果数据];在 Results data to be retrieved 的左侧列表框中选择 Stress(表示选择应力结果),在右侧列表框中选择 X-direction SX(表示选择 X 方向的应力分量),单击 Apply 按钮。返回 Get Scalar Data 对话框,保持默认设置,单击 OK 按钮。再次弹出 Get Nodal Results Data 对话框,在 Name of parameter to be defined 文本框中输入 STS_M_MID;在 Node number N 文本框中输入 MID_NODE [表示获取编号为 MID_NODE 的节点（即悬臂梁顶部在长度中间位置的节点）的结果数据]；在 Results data to be retrieved 的左侧列表框中选择 Stress，在右侧列表框中选择 von Mises SEOV（表示选择等效应力），单击 OK 按钮。

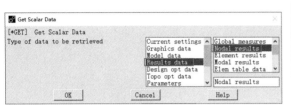
图 5-40 Get Scalar Data 对话框

图 5-41 Get Nodal Results Data 对话框

（6）查看悬臂梁顶部在固定约束端 X 方向应力分量的大小和长度中间位置等效应力的大小。选择 Utility Menu > Parameters > Scalar Parameters 命令，弹出如图 5-42 所示的 Scalar Parameters 对话框，可以看到在该对话框中列出了步骤（5）所获取的标量数据的大小：STS_E_END=7408.97998（表示悬臂梁顶部在固定约束端 X 方向应力分量的大小为 7408.97998 psi），STS_M_MID=8363.70903（表示悬臂梁顶部在长度中间位置等效应力的大小为 8363.70903 psi）。

（7）保存文件。单击工具栏中的 SAVE_DB 按钮，保存文件。

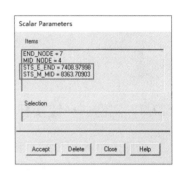
图 5-42 Scalar Parameters 对话框

5. 命令流文件

在工作目录中找到 Cantilever0.log 文件，并对其进行修改，修改后的命令流文件（Cantilever.txt）中的内容如下。

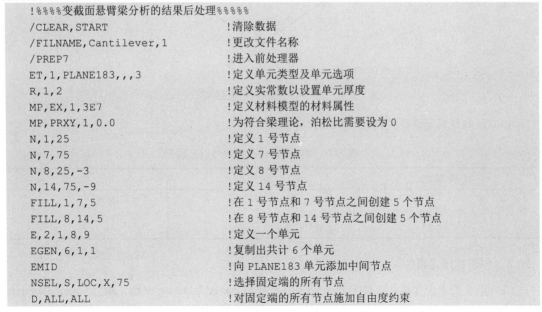

```
NSEL,ALL                               !选择所有节点
F,1,FY,-4000                           !对1号施加力载荷
FINISH                                 !退出前处理器
/SOLU                                  !进入求解器
SOLVE                                  !求解当前载荷步
FINISH                                 !退出求解器
/POST1                                 !进入通用后处理器
SET,FIRST                              !将结果数据读入数据库
PLDISP,2                               !显示变形后的形状
/ESHAPE,1                              !显示单元形状
/REPLOT                                !重新绘图
END_NODE=NODE(75,0,0)                  !获取悬臂梁顶部在固定约束端的节点编号
MID_NODE=NODE(50,0,0)                  !获取悬臂梁顶部在长度中间位置的节点编号
*GET,STS_E_END,NODE,END_NODE,S,X       !获取悬臂梁顶部在固定约束端X方向应力分量大小
*GET,STS_M_MID,NODE,MID_NODE,S,EQV     !获取悬臂梁顶部在长度中间位置等效应力的大小
SAVE                                   !保存文件
FINISH                                 !退出通用后处理器
/EXIT,NOSAVE                           !退出Ansys
```

5.2.5 实例——铰接杆受力分析的结果后处理

扫一扫，看视频

如图 5-43 所示长度 L 和横截面 A 均相等的 2 根钢筋，左右两侧端部铰接固定，中间铰接处受到垂直向下的力 F。计算钢筋的轴应力 σ 和中间铰接处的变形 δ。

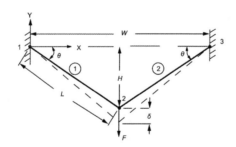

图 5-43 铰接杆问题简图

该问题的材料属性、几何尺寸以及载荷见表 5-7。

表 5-7 材料属性、几何尺寸以及载荷

材 料 属 性	几 何 尺 寸	载 荷
$E=2.07\times10^{11}$Pa	L=4m A=0.0004m^2 θ=30°	F=−20 000N

1. 创建有限元模型

（1）定义工作文件名。选择 Utility Menu > File > Change Jobname 命令，弹出 Change Jobname 对话框，在 Enter new jobname 对话框中输入 Truss 并勾选 New log and error files?复选框，单击 OK 按钮。

（2）设置参数表达式中函数的角度单位。选择 Utility Menu > Parameters > Angular Units 命令，弹出如图 5-44 所示的 Angular Units for Parametric Functions（参数化函数的角度单位）对话框，将 Units for angular 设为 Degree DEG，单击 OK 按钮。

（3）定义参数。选择 Utility Menu > Parameters > Scalar Parameters 命令，弹出 Scalar Parameters 对话框，在 Selection 文本框中输入 L=4，单击 Accept 按钮。然后依次在 Selection 文本框中分别输入"THETA=30""W=2*L*COS(THETA)""H=L*SIN(THETA)""A=0.0004""F=-20000"，并单击 Accept 按钮确认，输入完成后的结果如图 5-45 所示，单击 Close 按钮关闭该对话框。

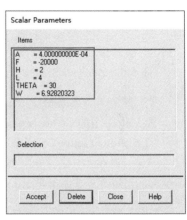

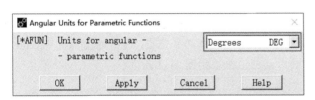

图 5-44　Angular Units for Parametric Functions 对话框　　　图 5-45　Scalar Parameters 对话框

（4）定义单元类型。选择 Main Menu > Preprocessor > Element Type > Add/Edit/Delete 命令，弹出 Element Types 对话框，单击 Add 按钮，弹出如图 5-46 所示的 Library of Element Types 对话框。在左侧的列表框中选择 Link 选项，在右侧的列表框中选择 3D finit stn 180 选项，即 LINK180 单元，单击 OK 按钮，返回 Element Types 对话框并将其关闭。

（5）定义材料属性。选择 Main Menu > Preprocessor > Material Props > Material Models 命令，弹出 Define Material Model Behavior 对话框，在右侧的列表框中选择 Structural > Linear > Elastic > Isotropic 选项后，弹出如图 5-47 所示的 Linear Isotropic Properties for Material Number 1 对话框，在 EX 文本框中输入 2.07E11（若不在 PRXY 文本框中输入任何数值，Ansys 程序会自动将 PRXY 设为 0.0），单击 OK 按钮，返回 Define Material Model Behavior 对话框并将其关闭。

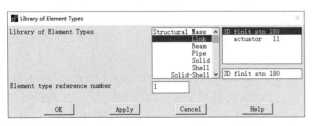
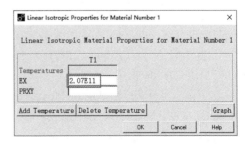

图 5-46　Library of Element Types 对话框　　　图 5-47　Linear Isotropic Properties for Material Number 1 对话框

（6）定义杆的截面。选择 Main Menu > Preprocessor > Sections > Link > Add 命令，弹出如图 5-48 所示的 Add Link Section 对话框，在 Add Link Section with ID 文本框中输入 1，单击 OK 按钮；弹出如图 5-49 所示的 Add or Edit Link Section 对话框，在 Link area 文本框中输入 A，单击 OK 按钮。

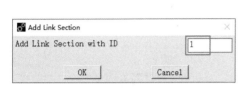
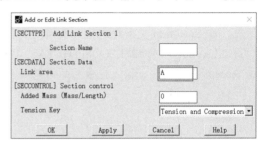

图 5-48　Add Link Section 对话框　　　　图 5-49　Add or Edit Link Section 对话框

（7）创建节点。选择 Main Menu > Preprocessor > Modeling > Create > Nodes > In Active CS 命令，弹出如图 5-50 所示的 Create Nodes in Active Coordinate System 对话框，在 Node number 文本框中输入 1，在 Location in active CS 文本框中输入 0、0、0，单击 Apply 按钮，创建一个坐标位置为（0,0,0）的 1 号节点。通过此方法，分别创建坐标位置为（W/2,-H,0）的 2 号节点，坐标位置为（W,0,0）的 3 号节点，创建 3 号节点时单击 OK 按钮关闭该对话框，结果如图 5-51 所示。

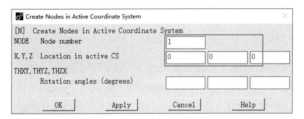

图 5-50　Create Nodes in Active Coordinate System 对话框　　　　图 5-51　创建节点的结果

（8）创建单元。选择 Main Menu > Preprocessor > Modeling > Create > Elements > Auto Numbered > Thru Nodes 命令，弹出节点拾取框，在图形窗口中依次拾取 1、2 号节点，单击 Apply 按钮，创建第 1 个单元；在图形窗口中依次拾取 2、3 号节点，单击 OK 按钮，创建第 2 个单元。

2. 施加载荷

（1）施加自由度约束。选择 Main Menu > Solution > Define Loads > Apply > Structural > Displacement > On Nodes 命令，弹出节点拾取框，依次拾取 1 号和 3 号节点，然后单击 OK 按钮，弹出如图 5-52 所示的 Apply U,ROT on Nodes 对话框，在 DOFs to be constrained 列表框中选择 All DOF，单击 OK 按钮。

（2）施加力载荷。选择 Main Menu > Solution > Define Loads > Apply > Structural > Force/Moment > On Nodes 命令，弹出节点拾取框，拾取 2 号节点，单击 OK 按钮，弹出如图 5-53 所示的 Apply F/M on Nodes 对话框，将 Direction of force/mom 设为 FY，在 Force/moment value 文本框中输入 F，单击 OK 按钮。施加载荷后的结果如图 5-54 所示。

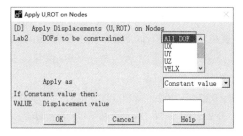

图 5-52　Apply U,ROT on Nodes 对话框

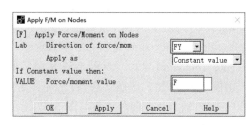

图 5-53　Apply F/M on Nodes 对话框

3. 求解

选择 Main Menu > Solution > Solve > Current LS 命令，弹出/STATUS Command 窗口和如图 5-55 所示的 Solve Current Load Step 对话框。阅读/STATUS Command 窗口中的内容，确认无误后将其关闭。单击 Solve Current Load Step 对话框中的 OK 按钮，提交求解。

图 5-54　施加载荷后的结果

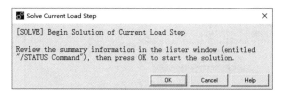

图 5-55　Solve Current Load Step 对话框

求解完成时，弹出显示 Solution is done! 信息的 Note 对话框，单击 Close 按钮将其关闭。

4. 后处理

（1）将结果数据读入数据库。选择 Main Menu > General Postproc > Read Results > First Set，可将结果数据读入数据库。

（2）显示变形后的形状。选择 Main Menu > General Postproc > Plot Results > Deformed Shape 或 Utility Menu > Plot > Results > Deformed Shape 命令，弹出如图 5-56 所示的 Plot Deformed Shape 对话框，选中 Def + undef edge 单选按钮，单击 OK 按钮，结果如图 5-57 所示。通过左上角的 DMX=.001932 文字可知，最大变形量为 0.001932m。

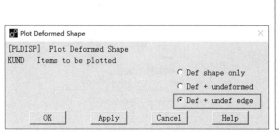

图 5-56　Plot Deformed Shape 对话框

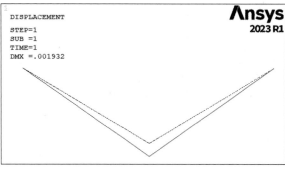

图 5-57　显示变形后的形状的结果

（3）列表显示变形结果。除了通过图形显示变形结果之外，还可以通过列表显示变形结果。选

择 Main Menu > General Postproc > List Results > Nodal Solution 命令，弹出如图 5-58 所示的 List Nodal Solution（列表显示节点解）对话框，在 Item to be listed 列表框中选择 Nodal Solution > DOF Solution > Displacement vector sum 选项（即节点解 > 自由度解 > 总的位移矢量）后，单击 OK 按钮，弹出 PRNSQL Command 窗口，如图 5-59 所示，便可通过列表显示变形结果。

由图 5-59 可知，节点 2 在 Y 方向上发生的位移为-0.19324E-002，即-0.0019324，负号表示位移方向为 Y 轴的负方向，该值与图 5-57 所示的结果有所差别，是由于 Ansys 程序对求解结果进行圆整时所取的位数不同而产生的。

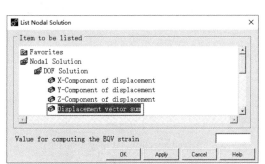

图 5-58　List Nodal Solution 对话框

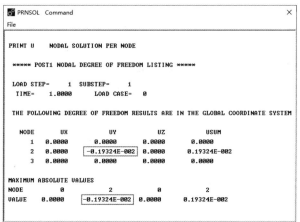

图 5-59　列表显示的变形结果

（4）通过单元表存储轴应力。选择 Main Menu > General Postproc > Element Table > Define Table 命令，弹出如图 5-60 所示的 Element Table Data（单元表数据）对话框，单击 Add 按钮；弹出如图 5-61 所示的 Define Additional Element Table Items（定义附加的单元表数据项）对话框，在 User label for item 文本框中输入 STRS（表示将单元表的数据项命名为 STRS）；在 Results data item 的左侧列表框中选择 By sequence num（表示根据序列号选择结果项），在右侧列表框中选择"LS,"，然后将右侧列表框下方的文本框中的内容设置为"LS,1"；最后单击 OK 按钮，返回 Element Table Data 对话框并将其关闭。

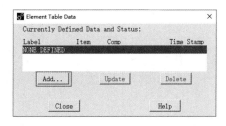

图 5-60　Element Table Data 对话框

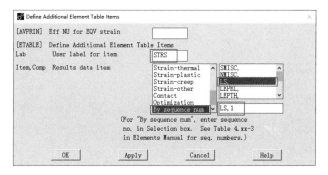

图 5-61　Define Additional Element Table Items 对话框

📢 提示：

本例中，在对 Define Additional Element Table Items 对话框进行设置时，需要查阅 Ansys 帮助中单元参考部分有关 LINK180 单元的详细说明。由于需要访问 LINK180 单元中轴应力的结果项，查阅 LINK180 单元的详细说明后，通过如图 5-62 所示的 LINK180 单元输出定义表可知，Sxx 表示轴应力；通过如图 5-63 所示的 LINK180 结果项和序列号表可知，Sxx 对应序列号的选择项应为 LS，由于 LINK180 单元内的应力是均匀的，故图 5-61 最底部的文本框设置为 "LS,1" 和设置为 "LS,2" 在计算结果上没有区别，读者可以修改此处设置进行尝试，本书不再赘述。

图 5-62　LINK180 单元输出定义表（节选）　　图 5-63　LINK180 结果项和序列号表（节选）

（5）以云图形式显示轴应力。选择 Main Menu > General Postproc > Plot Results > Contour Plot > Line Elem Res 命令，弹出如图 5-64 所示的 Plot Line-Element Results（绘制线单元结果）对话框，由于在步骤（4）中仅定义了一个单元表结果项，所以程序自动将 Elem table item at node I 和 Elem table item at node J 均设为 STRS（表示节点 I 和节点 J 的单元表结果项均为轴应力），将 Items to be plotted on 设为 Deformed shape（表示将在变形后的模型上显示结果项），单击 OK 按钮，结果如图 5-65 所示。通过左上角的 MIN=.500E+08 和 MAX=.500E+08 文字可知，最小轴应力和最大轴应力均为 $5×10^7$ Pa。

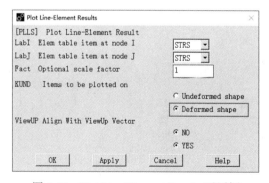

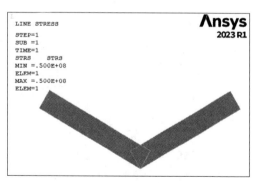

图 5-64　Plot Line-Element Results 对话框　　图 5-65　以云图形式显示轴应力的结果

（6）列表显示轴应力。选择 Main Menu> General Postproc> List Results> Elem Table Data 命令，弹出如图 5-66 所示的 List Element Table Data（列表显示单元表数据）对话框，在 Items to be listed 列表框中选择 STRS 选项（即轴应力），单击 OK 按钮，弹出 PRETAB Command 窗口，如图 5-67 所示。列表中显示了 2 个单元的轴应力均为 50000000，即 $5×10^7$ Pa。

（7）保存文件。单击工具栏中的 SAVE_DB 按钮，保存文件。

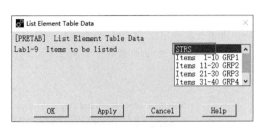
图 5-66 List Element Table Data 对话框

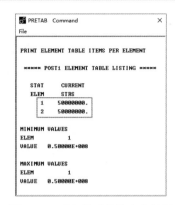
图 5-67 列表显示的轴应力结果

5. 命令流文件

在工作目录中找到 Truss0.log 文件,并对其进行修改,修改后的命令流文件(Truss.txt)中的内容如下。

```
!%%%%铰接杆受力分析的结果后处理%%%%%
/CLEAR,START                !清除数据
/FILNAME,Truss,1            !更改文件名称
/PREP7                      !进入前处理器
*AFUN,DEG                   !设置参数表达式中函数的角度单位
L=4                         !L 为杆的长度
THETA=30                    !计算桁架宽度和高度的角度
W=2*L*COS(THETA)            !计算桁架的宽度
H=L*SIN(THETA)              !计算桁架的高度
A=0.0004                    !A 为钢筋杆的横截面积
F=-20000                    !F 为力载荷的幅值
ET,1,LINK180                !定义单元类型
MP,EX,1,2.07E11             !定义材料属性
SECTYPE,1,LINK              !定义杆单元的截面
SECDATA,A
N,1 $ N,2,W/2,-H $ N,3,W    !定义 1、2、3 号节点
E,1,2 $ E,2,3               !定义 2 个单元
FINISH                      !退出前处理器
/SOLU                       !进入求解器
D,1,ALL,,,3,2               !对 1 号和 3 号节点施加自由度约束
F,2,FY,F                    !对 2 号施加力载荷
SOLVE                       !求解当前载荷步
FINISH                      !退出求解器
/POST1                      !进入通用后处理器
SET,FIRST                   !将结果数据读入数据库
PLDISP,2                    !显示变形后的形状
PRNSOL,U,COMP               !列出变形结果
ETABLE,STRS,LS,1            !通过单元表存储轴应力
PLLS,STRS,STRS,1,1,0        !以云图形式显示轴应力
PRETAB,STRS                 !列表显示轴应力
```

```
SAVE                                    !保存文件
FINISH                                  !退出通用后处理器
/EXIT,NOSAVE                            !退出 Ansys
```

5.2.6 实例——变截面悬垂铝棒受力分析的结果后处理

一个正方形横截面的渐变截面铝棒悬挂在天花板上,铝棒的自由端施加轴向载荷 F,如图 5-68 所示。计算铝棒的最大轴向变形 δ 和铝棒长度中间位置(位于 $Y=L/2$ 处)的轴向应力 σ_y。

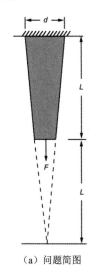
(a)问题简图

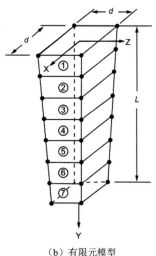
(b)有限元模型

图 5-68 变截面悬垂铝棒问题简图

该问题的材料属性、几何尺寸以及载荷见表 5-8(采用英制单位)。

表 5-8 材料属性、几何尺寸以及载荷

材 料 属 性	几 何 尺 寸	载 荷
$E=1.04×10^7$psi	$L=10$in	$F=10\ 000$lbf
$v=0.3$	$d=2$in	

1. 创建有限元模型

(1)定义工作文件名。选择 Utility Menu > File > Change Jobname 命令,弹出 Change Jobname 对话框,在 Enter new jobname 文本框中输入 TaperedBar 并勾选 New log and error files?复选框,单击 OK 按钮。

(2)定义单元类型。选择 Main Menu > Preprocessor > Element Type > Add/Edit/Delete 命令,弹出 Element Types 对话框,单击 Add 按钮,弹出如图 5-69 所示的 Library of Element Types 对话框。在左侧的列表框中选择 Solid 选项,在右侧的列表框中选择 Brick 8 node 185 选项,即 SOLID185 单元,单击 OK 按钮。返回 Element Types 对话框,单击 Options 按钮,弹出如图 5-70 所示的 SOLID185 element type options 对话框,将 K2 设为 Enhanced Strain(表示使用增强应变算法),单击 OK 按钮,返回 Element Types 对话框并将其关闭。

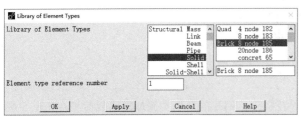
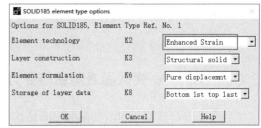

图 5-69 Library of Element Types 对话框   图 5-70 SOLID185 element type options 对话框

（3）定义材料属性。选择 Main Menu > Preprocessor > Material Props > Material Models 命令，弹出 Define Material Model Behavior 对话框，在右侧的列表框中选择 Structural > Linear > Elastic > Isotropic 选项，弹出如图 5-71 所示的 Linear Isotropic Properties for Material Number 1 对话框，在 EX 文本框中输入 1.04E7，在 PRXY 文本框中输入 0.3，单击 OK 按钮，返回 Define Material Model Behavior 对话框并将其关闭。

（4）创建关键点。选择 Main Menu > Preprocessor > Modeling > Create > Keypoints > In Active CS 命令，弹出如图 5-72 所示的 Create Keypoints in Active Coordinate System（在活动的坐标系中创建关键点）对话框，在 Keypoint number 文本框中输入 1，在 Location in active CS 文本框中输入 1、0、1，单击 Apply 按钮，创建一个坐标位置为（1,0,1）的 1 号关键点。通过此方法，分别创建坐标位置为（-1,0,1）、（-1,0,-1）、（1,0,-1）、（0.5,10,0.5）、（-0.5,10,0.5）、（-0.5,10,-0.5）、（0.5,10,-0.5）的 2、3、4、5、6、7、8 号关键点，创建最后一个关键点时单击 OK 按钮关闭此对话框，结果如图 5-73 所示。

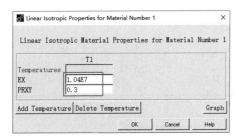
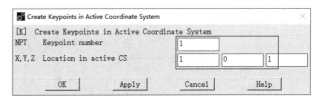

图 5-71 Linear Isotropic Properties for   图 5-72 Create Keypoints in Active
　　　　Material Number 1 对话框   Coordinate System 对话框

（5）创建体。选择 Main Menu > Preprocessor > Modeling > Create > Volumes > Arbitrary > Through KPs 命令，弹出关键点拾取框，在图形窗口中依次拾取 1、2、3、4、5、6、7、8 号关键点，单击 OK 按钮，创建一个体。选择 Utility Menu > Plot > Lines 命令，在图形窗口中绘制线，结果如图 5-74 所示（图中显示线的编号）。

（6）设置网格尺寸。选择 Main Menu > Preprocessor > Meshing > MeshTool 命令，弹出如图 5-75 所示的 MeshTool 对话框，单击 Lines 后面的 Set 按钮，弹出线拾取框，在图形窗口中拾取图 5-74 所示编号为 L5、L7、L9、L11 的 4 条线，单击 OK 按钮，弹出如图 5-76 所示的 Element

图 5-73 创建关键点的结果

Sizes on Picked Lines 对话框，在 No. of element divisions 文本框中输入 7，单击 OK 按钮，返回 MeshTool 对话框。

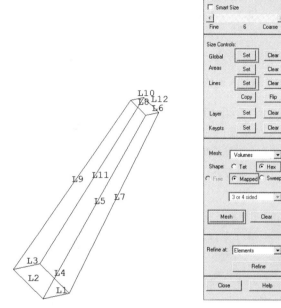

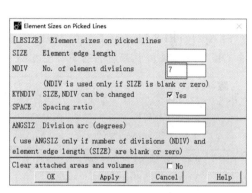

图 5-74 绘制线的结果   图 5-75 MeshTool 对话框   图 5-76 Element Sizes on Picked Lines 对话框

在 MeshTool 对话框中单击 Global 后面的 Set 按钮，弹出如图 5-77 所示的 Global Element Sizes 对话框，在 No. of element divisions 文本框中输入 1，单击 OK 按钮，返回 MeshTool 对话框。

（7）网格划分。在 MeshTool 对话框中选中 Shape 后面的 Hex 单选按钮和 Mapped 单选按钮，然后单击 Mesh 按钮，弹出体拾取框，单击 Pick All 按钮，完成体的网格划分，结果如图 5-78 所示。

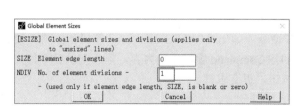

图 5-77 Global Element Sizes 对话框   图 5-78 对体进行网格划分的结果

完成网格划分后，关闭 MeshTool 对话框。

2．施加载荷

（1）施加自由度约束。选择 Main Menu > Solution > Define Loads > Apply > Structural > Displacement > On Keypoints 命令，弹出关键点拾取框，依次拾取 1、2、3、4 号关键点，然后单击

OK 按钮，弹出如图 5-79 所示的 Apply U,ROT on KPs（在关键点上施加自由度约束）对话框，在 DOFs to be constrained 列表框中选择 All DOF，单击 OK 按钮。

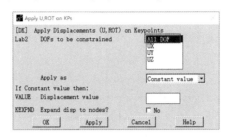

图 5-79　Apply U,ROT on KPs 对话框

（2）施加表面压力载荷。选择 Main Menu > Solution > Define Loads > Apply > Structural > Pressure > On Areas 命令，弹出面拾取框，拾取图 5-78 所示的施加载荷的面，单击 OK 按钮，弹出如图 5-80 所示的 Apply PRES on areas（在面上施加压力）对话框，在 Load PRES value 文本框中输入-10000，单击 OK 按钮。施加载荷后的结果如图 5-81 所示。

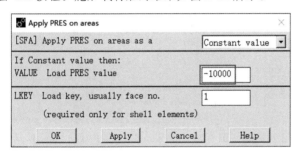

图 5-80　Apply PRES on areas 对话框

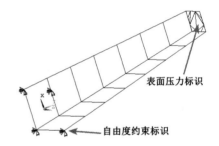

图 5-81　施加载荷后的结果

🔊 提示：

本实例通过施加等效的表面载荷来代替力载荷。由于自由端施加的集中力载荷 F 为 10000lbf，而自由端端面的面积 A 为 $1in^2$，所以自由端端面应施加的压力载荷 Press=F/A=10000psi。

3．求解

选择 Main Menu > Solution > Solve > Current LS 命令，弹出/STATUS Command 窗口和如图 5-82 所示的 Solve Current Load Step 对话框。阅读/STATUS Command 窗口中的内容，确认无误后将其关闭。单击 Solve Current Load Step 对话框中的 OK 按钮，提交求解。

图 5-82　Solve Current Load Step 对话框

求解完成时，弹出显示 Solution is done!信息的 Note 对话框，单击 Close 按钮将其关闭。

4. 后处理

（1）将结果数据读入数据库。选择 Main Menu > General Postproc > Read Results > First Set 命令，可将结果数据读入数据库。

（2）显示铝棒轴向变形的云图。选择 Main Menu > General Postproc > Plot Results > Contour Plot > Nodal Solu 命令，弹出如图 5-83 所示的 Contour Nodal Solution Data 对话框，在 Item to be contoured 列表框中选择 Nodal Solution > DOF Solution > Y-Component of displacement 选项（表示选择 Y 方向的自由度分量）后，在 Undisplaced shape key 下拉列表中选择 Deformed shape with undeformed edge 选项（表示在显示变形后形状的同时以线框的形式显示变形前模型的外轮廓），单击 OK 按钮，结果如图 5-84 所示。通过该图左上角的 SMX=.004757 文字可知，铝棒轴向最大变形量为 0.004757 in。

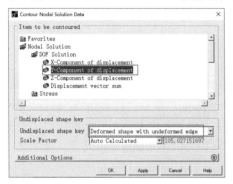

图 5-83　Contour Nodal Solution Data 对话框　　　图 5-84　显示变形后的形状的结果

（3）列出铝棒自由端的轴向变形结果。选择 Utility Menu > Select > Entities 命令，弹出如图 5-85 所示的 Select Entities 对话框，在第 1 个下拉列表中选择 Nodes 选项，在下面的下拉列表中选择 By Location 选项，选中 Y coordinates 单选按钮，在 Min,Max 文本框中输入 10，单击 Apply 按钮，选择 Y 坐标为 10 的所有节点（即铝棒自由端的所有节点）。选择 Main Menu > General Postproc > List Results > Nodal Solution 命令，弹出如图 5-86 所示的 List Nodal Solution 对话框，在 Item to be listed 列表框中选择 Nodal Solution > DOF Solution > Y-Component of displacement 选项后，单击 OK 按钮，弹出 PRNSQL Command 窗口，如图 5-87 所示。返回 Select Entitics 对话框，单击 Sele All 单选按钮，最后单击 Cancel 按钮关闭该对话框。

 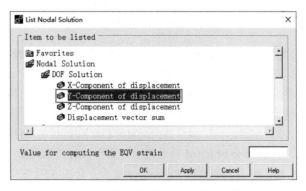

图 5-85　Select Entities 对话框　　　　　　图 5-86　List Nodal Solution 对话框

由图 5-87 可知，自由端的 4 个节点在 Y 方向上发生的位移为 0.47570E-002，即 0.004757。

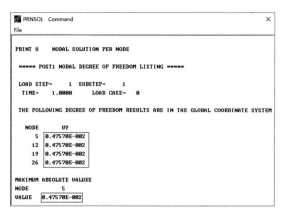

图 5-87 列表显示的变形结果

（4）显示铝棒轴向应力的云图。选择 Main Menu > General Postproc > Plot Results > Contour Plot > Nodal Solu 命令，弹出如图 5-88 所示的 Contour Nodal Solution Data 对话框，在 Item to be contoured 列表框中选择 Nodal Solution > Stress > Y-Component of stress 选项（表示选择 Y 方向的应力，即铝棒的轴向应力）后，在 Undisplaced shape key 下拉列表中选择 Deformed shape only 选项（表示仅显示变形后形状），单击 OK 按钮，结果如图 5-89 所示。

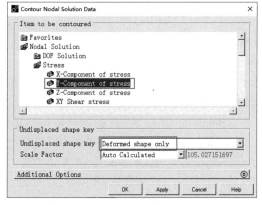

图 5-88 Contour Nodal Solution Data 对话框

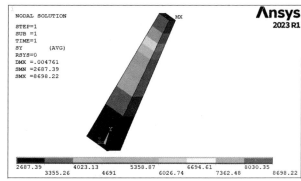

图 5-89 铝棒轴向应力的云图

（5）列表显示铝棒长度中间位置的轴向应力。选择 Utility Menu > Select > Entities 命令，弹出 Select Entities 对话框，在第 1 个下拉列表中选择 Elements 选项，在下面的下拉列表中选择 By Num/Pick 选项，单击 Apply 按钮，弹出如图 5-90 所示的 Select elements 拾取框，在底部的输入框内直接输入 4，然后单击 OK 按钮（铝棒共划分为 7 个单元，第 4 个单元位于铝棒长度的中间位置）。选择 Main Menu > General Postproc > List Results > Nodal Solution 命令，弹出 List Nodal Solution 对话框，在 Item to be listed 列表框中选择 Nodal Solution > Stress > Y-Component of stress 选项后，单击 OK 按钮，弹出 PRNSQL Command 窗口，如图 5-91 所示。返回 Select Entities 对话框，单击 Sele All 单选按钮，最后单击 Cancel 按钮关闭该对话框。

由图 5-91 可知，隶属于 4 号单元的 8 个节点的 Y 方向的应力分量为 4441.1 psi，即铝棒长度中间位置的轴向应力为 4441.1 psi。

图 5-90　Select elements 拾取框

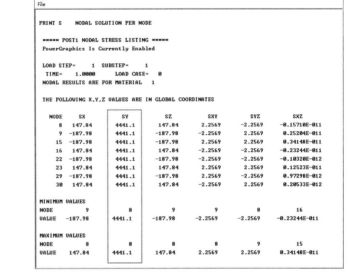

图 5-91　列表显示的轴应力结果

（6）通过单元表存储轴向应力。选择 Main Menu > General Postproc > Element Table > Define Table 命令，弹出 Element Table Data 对话框，单击 Add 按钮。弹出如图 5-92 所示的 Define Additional Element Table Items 对话框，在 User label for item 文本框中输入 SIGY；在 Results data item 的左侧列表框中选择 Stress，在右侧列表框中选择 Y-direction SY；单击 OK 按钮，返回 Element Table Data 对话框并将其关闭。

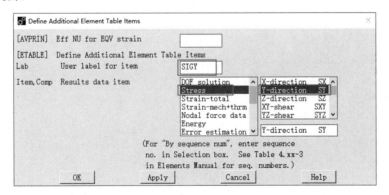

图 5-92　Define Additional Element Table Items 对话框

（7）列表显示轴向应力的结果。选择 Main Menu >General Postproc>List Results>Elem Table Data 命令，弹出如图 5-93 所示的 List Element Table Data 对话框，在 Items to be listed 列表框中选择 SIGY 选项（即轴向应力），单击 OK 按钮，弹出 PRETAB Command 窗口，如图 5-94 所示。列表中可以看到 4 号单元的轴向应力为 4441.1。

(8) 保存文件。完成处理后，单击工具栏中的 SAVE_DB 按钮，保存文件。

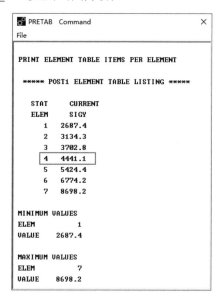

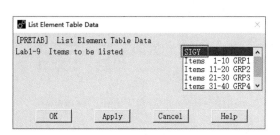

图 5-93 List Element Table Data 对话框   图 5-94 列表显示的轴向应力结果

5. 命令流文件

在工作目录中找到 TaperedBar0.log 文件，并对其进行修改，修改后的命令流文件（TaperedBar.txt）中的内容如下。

```
!%%%%%变截面悬垂铝棒受力分析的结果后处理%%%%%
/CLEAR,START                    !清除数据
/FILNAME,TaperedBar,1           !更改文件名称
/PREP7                          !进入前处理器
ET,1,SOLID185, ,2               !定义单元类型
MP,EX,1,1.04E7                  !定义材料属性
MP,PRXY,1,0.3
K,1,1,,1 $ K,2,-1,,1            !定义关键点
K,3,-1,,-1 $ K,4,1,,-1
K,5,.5,10,.5 $ K,6,-.5,10,.5
K,7,-.5,10,-.5 $ K,8,.5,10,-.5
V,1,2,3,4,5,6,7,8               !定义体
LSEL,S,LINE,,5,11,2             !选择 5、7、9、11 号线
LESIZE,ALL,,,7                  !所选线划分为 7 个单元
LSEL,ALL                        !选择所有线
ESIZE,,1                        !除 5、7、9、11 号线之外的线划分为 1 个单元
MSHAPE,0,3D                     !设置单元形状
MSHKEY,1                        !使用映射网格划分方法
VMESH,1                         !对体进行网格划分
FINISH                          !退出前处理器
/SOLU                           !进入求解器
KSEL,S,LOC,Y,0                  !选择固定端的关键点
```

```
DK,ALL,ALL                      !施加自由度约束
KSEL,ALL                        !选择所有关键点
ASEL,S,LOC,Y,10                 !选择自由端的端面
SFA,ALL,1,PRES,-10000           !施加表面载荷
ASEL,ALL                        !选择所有面
SOLVE                           !求解当前载荷步
FINISH                          !退出求解器
/POST1                          !进入通用后处理器
SET,FIRST                       !将结果数据读入数据库
PLNSOL,U,Y,2,1.0                !显示铝棒轴向变形的云图
NSEL,S,LOC,Y,10                 !选择自由端的所有节点
PRNSOL,U,Y                      !列出自由端的轴向变形结果
NSEL,ALL                        !选择所有节点
PLNSOL,S,Y                      !显示铝棒轴向应力的云图
ESEL,S,ELEM,,4                  !选择铝棒长度中间位置的单元
PRNSOL,S,COMP                   !列出单元上节点的应力结果
ESEL,ALL                        !选择所有单元
SAVE                            !保存文件
FINISH                          !退出通用后处理器
/EXIT,NOSAVE                    !退出 Ansys
```

第 6 章　线性静力分析

静力分析一般用于求解静力载荷作用下结构的位移和应力等。本章首先介绍线性静力分析与非线性静力分析的区别,接着介绍静力分析的基本步骤,最后通过具体的实例讲解采用线单元、面单元和体单元进行线性静力分析的操作步骤。

- ➢ 线性静力分析与非线性静力分析
- ➢ 静力分析的基本步骤
- ➢ 线单元的线性静力分析
- ➢ 面单元的线性静力分析
- ➢ 体单元的线性静力分析

6.1　线性静力分析概述

静力分析用于计算固定不变的载荷作用下结构的响应,该分析中将忽略惯性和阻尼的影响,如结构承受随时间变化载荷的情况。然而,静力分析中的载荷可以包含固定不变的惯性载荷(如重力载荷和旋转速度载荷),以及那些可以近似为等效静力载荷的随时间变化载荷(如通常在许多建筑规范中所定义的等效静力风载和地震载荷)。

静力分析用于计算在不会引起显著惯性和阻尼效应的载荷作用下,结构或部件所产生的位移、应力、应变和力。其中,固定不变的载荷和响应是一种假设条件,即假设载荷和结构的响应随时间的变化非常缓慢。在静力分析中,可以施加的载荷类型包括以下几种:①外部施加的力和压力载荷;②固定不变的惯性力(如重力载荷或旋转速度载荷);③强制的(非零)位移;④温度载荷(用于计算热应变);⑤注量(用于计算核膨胀)。

1. 线性静力分析与非线性静力分析

静力分析既可以是线性的,也可以是非线性的。非线性静力分析包括所有的非线性行为,即大变形、塑性、蠕变、应力刚化、接触(间隙)单元、超弹性单元等。本章主要介绍线性静力分析,非线性静力分析将在第 12 章中介绍。

2. 静力分析的基本步骤

静力分析的基本步骤如下。

(1)创建有限元模型。在创建有限元模型时,需要选择合适的单元类型,材料属性要定义完整[如施加惯性载荷时需要定义密度(DENS),施加温度载荷时需要定义热膨胀系数(ALPX)]。另外,关于模型的网格密度,需要注意以下几点:①应力或应变快速变化的区域(通常是感兴趣的区域)需要相对精细的网格;②如果分析中包含非线性因素,网格应划分到能捕捉非线性因素影响的程度。

（2）进行求解控制。进行求解控制包括定义分析类型和常用分析选项，以及为其指定载荷步选项。在进行结构静力分析时，可以利用 Solution Controls 对话框来设置大部分的选项。Solution Controls 对话框提供了适用于许多结构静力分析的默认设置，因此可能需要进行设置的选项很少。

（3）施加载荷。在设置了所需的求解选项后，接下来就可以对模型施加载荷。在施加载荷时需要注意，对于位移、速度、力和力矩等载荷，其载荷方向是在节点坐标系下所定义的；对于压力载荷（表面载荷），其正方向垂直于单元面（产生压缩的效果）。

（4）求解。在完成施加载荷后，就可以向求解器提交求解。为了防止在求解过程中发生错误，在提交求解之前，一般需要保存一个数据库的副本。

（5）查看结果数据。静力分析的结果将写入结果文件 Jobname.rst。结果文件由以下数据构成：①基本数据，节点位移（UX、UY、UZ、ROTX、ROTY、ROTZ）；②导出数据，节点和单元应力、节点和单元应变、单元集中力、节点反力等。线性静力分析一般使用通用后处理器即可完成结果后处理工作。

接下来通过具体的实例介绍 Ansys 软件中进行线性静力分析的操作步骤。

扫一扫，看视频

6.2 实例——曲线杆的线性静力分析

图 6-1 所示为实心圆形横截面的曲线杆问题简图，A 端固定约束，B 端承受垂直向上大小为 F 的力载荷。计算载荷作用下曲线杆的 B 端点在 Z 方向所产生的变形 δ，曲线杆的最大弯曲应力 σ_{Bend} 和最大剪切应力 τ。

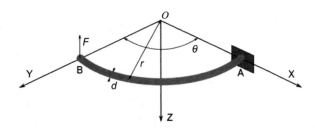

图 6-1 曲线杆问题简图

该问题的材料属性、几何尺寸以及载荷见表 6-1（采用英制单位）。

表 6-1 材料属性、几何尺寸以及载荷

材 料 属 性	几 何 尺 寸	载 荷
$E=3\times10^7$psi $v=0.3$	$r=100$in $d=2$in $\theta=90°$	$F=50$lbf

根据静力分析的基本步骤，接下来对曲线杆的分析步骤进行具体介绍。

6.2.1 创建有限元模型

(1) 定义工作文件名。选择 Utility Menu > File > Change Jobname 命令，弹出 Change Jobname 对话框，在 Enter new jobname 文本框中输入 CurvedBar 并勾选 New log and error files?复选框，单击 OK 按钮。

(2) 定义单元类型。选择 Main Menu > Preprocessor > Element Type > Add/Edit/Delete 命令，弹出 Element Types 对话框，单击 Add 按钮，弹出如图 6-2 所示的 Library of Element Types 对话框。在左侧的列表框中选择 Pipe 选项，在右侧的列表框中选择 3 node 289 选项，即 PIPE289 单元，单击 OK 按钮。返回 Element Types 对话框，单击 Options 按钮，弹出如图 6-3 所示的 PIPE289 element type options 对话框，将 K4 设为 Thick shell（表示使用厚壁管理论），单击 OK 按钮，返回 Element Types 对话框并将其关闭。

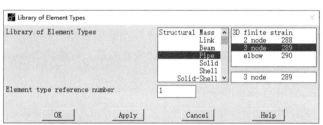

图 6-2 Library of Element Types 对话框

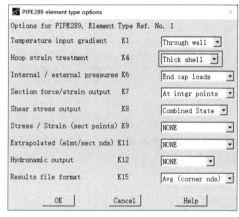

图 6-3 PIPE289 element type options 对话框

(3) 定义材料属性。选择 Main Menu > Preprocessor > Material Props > Material Models 命令，弹出 Define Material Model Behavior 对话框，在右侧的列表框中选择 Structural > Linear > Elastic > Isotropic 选项后，弹出如图 6-4 所示的 Linear Isotropic Properties for Material Number 1 对话框，在 EX 文本框中输入 3E7，在 PRXY 文本框中输入 0.3，单击 OK 按钮，返回 Define Material Model Behavior 对话框并将其关闭。

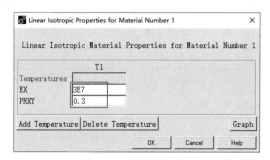

图 6-4 Linear Isotropic Properties for Material Number 1 对话框

（4）定义管单元的截面。选择 Main Menu > Preprocessor > Sections > Pipe > Add 命令，弹出如图 6-5 所示的 Add Pipe Section 对话框，在 Add Pipe Section with ID 文本框中输入 1，单击 OK 按钮；弹出如图 6-6 所示的 Add or Edit Pipe Section 对话框，在 Pipe diameter 文本框中输入 2（表示管的直径设为 2in），在 Wall thickness 文本框中输入 1（表示管的壁厚为 1in，即实心圆形横截面的杆），在 Circumferential divisions 文本框中输入 16（表示管单元横截面的圆周方向划分为 16 份），单击 OK 按钮。

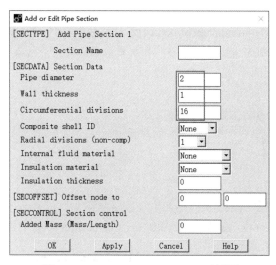

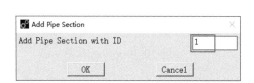

图 6-5　Add Pipe Section 对话框　　　　图 6-6　Add or Edit Pipe Section 对话框

（5）绘制管单元的截面。选择 Main Menu > Preprocessor > Sections > Pipe > Plot Section 命令，弹出如图 6-7 所示的 Plot Pipe Section（绘制管截面）对话框，将 Show section mesh? 设为 Yes（表示显示横截面的网格），单击 OK 按钮，结果如图 6-8 所示。

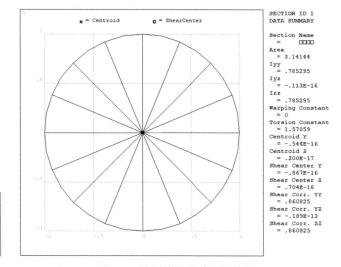

图 6-7　Plot Pipe Section 对话框　　　　图 6-8　绘制管单元截面的结果

（6）设置坐标系。为了便于创建有限元模型，需要将当前坐标系转换为柱坐标系。选择 Utility Menu > WorkPlane> Change Active CS to> Global Cylindrical 命令，将当前坐标系设为柱坐标系。

（7）创建一个节点。选择 Main Menu > Preprocessor > Modeling > Create > Nodes > In Active CS 命令，弹出如图 6-9 所示的 Create Nodes in Active Coordinate System 对话框，在 Node number 文本框中输入 1，在 Location in active CS 文本框中依次输入 100、0、0，单击 OK 按钮。

（8）复制节点。选择 Main Menu > Preprocessor > Modeling > Copy > Nodes > Copy 命令，弹出节点拾取框，拾取步骤（7）中创建的节点，单击 OK 按钮，弹出图 6-10 所示的 Copy nodes 对话框，在 Total number of copies 文本框中输入 19，在 Y-offset in active CS 文本框中输入 90/18（表示每次复制 Y 坐标值增加 5°），单击 OK 按钮，结果如图 6-11 所示。

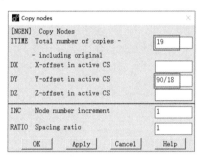

图 6-9　Create Nodes in Active Coordinate System 对话框　　　　图 6-10　Copy nodes 对话框

（9）创建单元。选择 Main Menu > Preprocessor > Modeling > Create > Elements > Auto Numbered > Thru Nodes 命令，弹出节点拾取框，在图形窗口中依次拾取 1、3、2 号节点，单击 OK 按钮，创建一个单元。

（10）复制单元。选择 Main Menu > Preprocessor > Modeling > Copy > Elements > Auto Numbered 命令，弹出单元拾取框，在图形窗口中拾取步骤（9）中创建的单元，单击 OK 按钮，弹出如图 6-12 所示的 Copy Elements (Automatically-Numbered)对话框，在 Total number of copies 文本框中输入 9，在 Node number increment 文本框中输入 2，单击 OK 按钮。

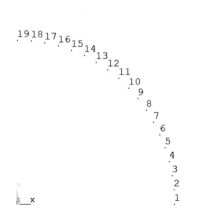

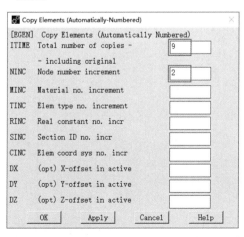

图 6-11　复制节点的结果　　　　图 6-12　Copy Elements (Automatically-Numbered)对话框

（11）设置坐标系为笛卡儿坐标系。完成有限元模型的创建后，将当前坐标系恢复为笛卡儿坐标系。选择 Utility Menu > WorkPlane> Change Active CS to> Global Cartesian 命令，将当前坐标系设为笛卡儿坐标系。

6.2.2 施加载荷并提交求解

（1）设置分析类型。选择 Main Menu > Solution > Analysis Type > New Analysis 命令，弹出如图 6-13 所示的 New Analysis 对话框，默认 Type of analysis 设置为 Static（由于该对话框默认为 Static 选项，表示静力分析，所以在静力分析中经常省略该步骤），单击 OK 按钮。

（2）施加自由度约束。选择 Main Menu > Solution > Define Loads > Apply > Structural > Displacement > On Nodes 命令，弹出节点拾取框，在图形窗口中拾取 1 号节点，单击 OK 按钮，弹出如图 6-14 所示的 Apply U,ROT on Nodes 对话框，在 DOFs to be constrained 列表框中选择 All DOF，其他参数保持默认，单击 OK 按钮。

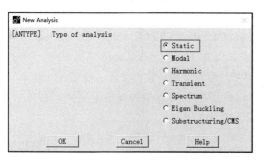

图 6-13　New Analysis 对话框

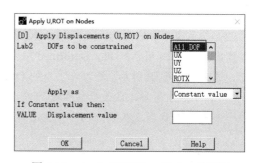

图 6-14　Apply U,ROT on Nodes 对话框

（3）施加力载荷。选择 Main Menu > Solution > Define Loads > Apply > Structural > Force/Moment > On Nodes 命令，弹出节点拾取框，拾取 19 号节点，单击 OK 按钮，弹出如图 6-15 所示的 Apply F/M on Nodes 对话框，将 Direction of force/mom 设为 FZ，在 Force/moment value 文本框中输入-50，单击 OK 按钮，结果如图 6-16 所示。

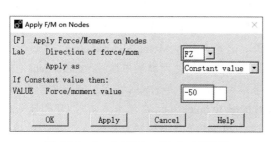

图 6-15　Apply F/M on Nodes 对话框

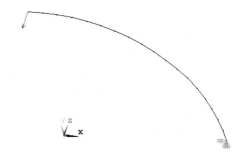

图 6-16　施加力载荷后的结果

（4）保存文件。单击工具栏中的 SAVE_DB 按钮，保存文件。

（5）求解。选择 Main Menu > Solution > Solve > Current LS 命令，弹出/STATUS Command 窗口

和如图 6-17 所示的 Solve Current Load Step 对话框。阅读/STATUS Command 窗口中的内容，确认无误后将其关闭。单击 Solve Current Load Step 对话框中的 OK 按钮，提交求解。

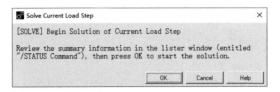

图 6-17　Solve Current Load Step 对话框

求解完成时，弹出显示 Solution is done!信息的 Note 对话框，单击 Close 按钮将其关闭。

6.2.3　查看结果数据

（1）将结果数据读入数据库。选择 Main Menu > General Postproc > Read Results > Last Set 命令，将结果数据读入数据库。

（2）显示变形后的形状。选择 Main Menu > General Postproc > Plot Results > Deformed Shape 命令，弹出如图 6-18 所示的 Plot Deformed Shape 对话框，选中 Def + undef edge 单选按钮，单击 OK 按钮，结果如图 6-19 所示。通过左上角的 DMX=2.64953 文字可知，最大变形量为 2.64953in（由于 X、Y 方向不产生变形，曲线杆仅在 Z 方向产生变形，而图中 B 端点处的变形量最大，因此，载荷作用下曲线杆的 B 端点在 Z 方向所产生的变形 δ 为 2.64953in）。

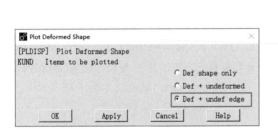

图 6-18　Plot Deformed Shape 对话框

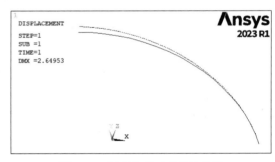

图 6-19　显示变形后形状的结果

（3）获取 19 号节点 Z 方向的变形结果。为了进一步验证 B 端点在 Z 方向所产生的变形为 2.64953in，接下来获取 19 号节点 Z 方向的变形结果。选择 Utility Menu > Parameters > Get Scalar Data 命令，弹出如图 6-20 所示的 Get Scalar Data 对话框，在左侧的列表框中选择 Results data（表示结果数据），在右侧的列表框中选择 Nodal results（表示节点解），单击 OK 按钮。弹出如图 6-21 所示的 Get Nodal Results Data 对话框，在 Name of parameter to be defined 文本框中输入 DEF_B（将所获取的结果赋值给参数 DEF_B）；在 Node number N 文本框中输入 19（B 端点处的节点编号为 19）；在 Results data to be retrieved 的左侧列表框中选择 DOF solution（表示自由度解），在右侧列表框中选择 UZ（即 Z 方向的位移），单击 OK 按钮。

（4）查看 19 号节点 Z 方向的变形结果。选择 Utility Menu > Parameters > Scalar Parameters 命令，弹出如图 6-22 所示的 Scalar Parameters 对话框，可以看到标量参数 DEF_B 的数值为-2.64953263，

负号表示变形方向为 Z 轴的负方向,读者可以根据需要对该数值进行调整。

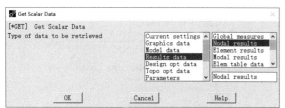 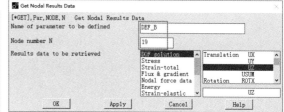

图 6-20　Get Scalar Data 对话框　　　　图 6-21　Get Nodal Results Data 对话框

（5）通过单元表存储弯曲应力。选择 Main Menu > General Postproc > Element Table > Define Table 命令,弹出 Element Table Data 对话框,单击 Add 按钮。弹出如图 6-23 所示的 Define Additional Element Table Items 对话框,在 User label for item 文本框中输入 STRS_BEN；在 Results data item 的左侧列表框中选择 By sequence num,在右侧列表框中选择"SMISC,",然后将右侧列表框下方的文本框中的内容设置为"SMISC,34"；最后单击 OK 按钮,返回 Element Table Data 对话框并将其关闭。

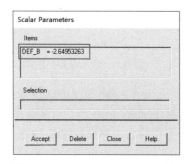 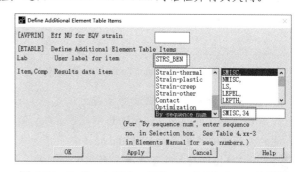

图 6-22　Scalar Parameters 对话框　　　　图 6-23　Define Additional Element Table Items 对话框

📢 提示：

本例中,在对 Define Additional Element Table Items 对话框进行设置时,需要查阅 Ansys 帮助中单元参考部分有关 PIPE289 单元的详细说明。由于需要访问 PIPE289 单元中弯曲应力的结果项,查阅 PIPE289 单元的详细说明后可知,输出项 SBzT 用于表示管单元+Z 方向一侧（即管单元顶部）的弯曲应力,管单元在 I 节点处的弯曲应力 SBzT 以"SMISC,34"的结果项和序号表示,如图 6-24 和图 6-25 所示。

Table 289.1: PIPE289 Element Output Definitions			
Name	Definition	O	R
SBzT	Bending stress on the element +Z side of the pipe	-	Y

Table 289.2: PIPE289 Item and Sequence Numbers			
Output Quantity Name	ETABLE and ESOL Command Input		
	Item	E	I	J
SBzT	SMISC	--	34	39

图 6-24　PIPE289 单元输出定义表（节选）　　　　图 6-25　PIPE289 结果项和序列号表（节选）

（6）列表显示弯曲应力。选择 Main Menu > General Postproc > Element Table > List Elem Table 命令,弹出如图 6-26 所示的 List Element Table Data 对话框,在 Items to be listed 列表框中选择 STRS_BEN,单击 OK 按钮。弹出如图 6-27 所示的 PRETAB Command 窗口,通过 PRETAB Command 窗口可以

看到，弯曲应力绝对值最大的位置出现在 1 号单元中，其数值为 6446.6（正值表示拉应力），即最大弯曲应力 σ_{Bend}=6446.6psi。

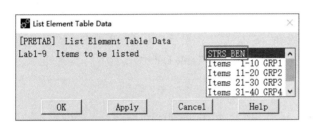

图 6-26 List Element Table Data 对话框

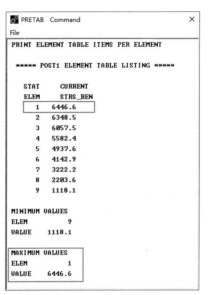

图 6-27 列表显示单元表数据的结果

（7）通过标量参数存储最大弯曲应力。选择 Utility Menu > Parameters > Get Scalar Data 命令，弹出如图 6-28 所示的 Get Scalar Data 对话框，在左侧的列表框中选择 Results data（表示结果数据），在右侧的列表框中选择 Elem table data（表示单元表数据），单击 OK 按钮。弹出如图 6-29 所示的 Get Element Table Data（获取单元表数据）对话框，在 Name of parameter to be defined 文本框中输入 STRSS_T（将所获取的单元表数据赋值给参数 STRSS_T）；在 Element number N 文本框中输入 1（A 端点处的单元编号为 1）；在 Elem table data to be retrieved 下拉列表中选择 STRS_BEN（表示选择弯曲应力的单元表数据），单击 OK 按钮。

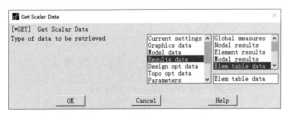

图 6-28 Get Scalar Data 对话框

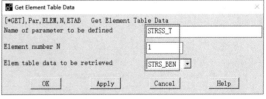

图 6-29 Get Element Table Data 对话框

（8）查看最大弯曲应力的数值。选择 Utility Menu > Parameters > Scalar Parameters 命令，弹出如图 6-30 所示的 Scalar Parameters 对话框，可以看到变量 STRSS_T 的数值为 6446.63135，即最大弯曲应力 σ_{Bend}=6446.63135psi，读者可以根据需要对该数值进行调整。

（9）显示单元形状。选择 Utility Menu > PlotCtrls > Style > Size and Shape 命令，弹出如图 6-31 所示的 Size and Shape 对话框，将 Display of element 设为 On，单击 OK 按钮。

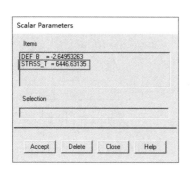

图 6-30　Scalar Parameters 对话框

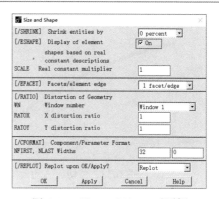

图 6-31　Size and Shape 对话框

（10）绘制剪切应力的云图。选择 Main Menu > General Postproc > Plot Results > Contour Plot > Nodal Solu 命令，弹出如图 6-32 所示的 Contour Nodal Solution Data 对话框，在 Item to be contoured 列表框中选择 Nodal Solution > Stress > XY Shear stress 选项（表示选择 XY 平面的剪切应力，即管单元横截面的剪切应力）后，单击 OK 按钮，调整视图方向后的结果如图 6-33 所示。通过该云图可知，最小剪切应力（绝对值最大的剪切应力）的位置在 A 端点处（通过 MN 标识来表示该位置），通过左侧的 SMN=-3199.47 文字可知，A 端点处 1 号单元的剪切应力为-3199.47psi，负号表示结构在剪切力的作用下向与剪切力相同的方向产生相对位移。

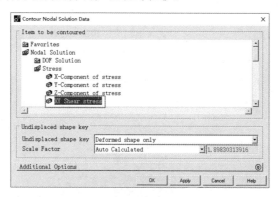

图 6-32　Contour Nodal Solution Data 对话框

（11）获取最小剪切应力的数值。在命令输入窗口中输入命令 "*GET,SHEAR,PLNSOL,0,MIN"，然后选择 Utility Menu > Parameters > Scalar Parameters 命令，弹出如图 6-34 所示的 Scalar Parameters 对话框，可以看到变量 SHEAR 的数值为-3199.47241，即最小剪切应力 τ =-3199.47241psi，读者可以根据需要对该数值进行圆整。

📢 提示：

命令 "*GET,SHEAR,PLNSOL,0,MIN" 中，*GET 命令用于获取数值并将其存储为标量参数或数组参数的一部分；SHEAR 表示将参数命名为 SHEAR；PLNSOL,0,MIN 表示获取上一步所显示剪切应力云图中的最小值。由于需要计算出结构在载荷作用下的最大剪切应力，而剪切应力前面的负号仅用于表示剪切应力的方向，所以此处所获取到的剪切应力最小值实际为结构的最大剪切应力。

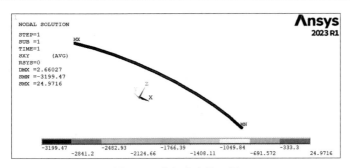

图 6-33 剪切应力的云图

图 6-34 Scalar Parameters 对话框

（12）保存文件。单击工具栏中的 SAVE_DB 按钮，保存文件。

6.2.4 命令流文件

在工作目录中找到 CurvedBar0.log 文件，并对其进行修改，修改后的命令流文件（CurvedBar.txt）中的内容如下。

```
!%%%%%曲线杆的线性静力分析%%%%%
/CLEAR,START                    !清除数据
/FILNAME,CurvedBar,1            !更改文件名称
/TITLE,OUT-OF-PLANE BENDING OF A CURVED BAR
/PREP7                          !进入前处理器
ET,1,PIPE289,,,,2               !定义单元类型和单元选项
MP,EX,1,3E7                     !定义材料的弹性模量
MP,PRXY,1,0.3                   !定义材料的泊松比
SECTYPE,1,PIPE                  !定义截面
SECDATA,2,1,16
CSYS,1                          !设置为柱坐标系
N,1,100                         !定义1号节点
NGEN,19,1,1,,,,90/18            !复制节点
E,1,3,2                         !定义1号单元
EGEN,9,2,-1                     !复制单元
FINISH                          !退出前处理器
CSYS,0                          !设置为笛卡儿坐标系
/SOLU                           !进入求解器
ANTYPE,STATIC                   !设置分析类型
D,1,ALL                         !对1号节点施加自由度约束
F,19,FZ,-50                     !对19号节点施加力载荷
SOLVE                           !求解当前载荷步
FINISH                          !退出求解器
/POST1                          !进入通用后处理器
SET,LAST                        !将结果数据读入数据库
PLDISP,2                        !显示变形后的形状
*GET,DEF_B,NODE,19,U,Z          !获取19号节点Z方向的变形结果
ETABLE,STRS_BEN,SMISC,34        !通过单元表存储弯曲应力
PRETAB,STRS_BEN                 !列表显示弯曲应力
```

```
*GET,STRSS_T,ELEM,1,ETAB,STRS_BEN    !通过标量参数存储最大弯曲应力
/ESHAPE,1                            !显示单元形状
/VIEW,1,1,1,1                        !调整视图
PLNSOL,S,XY                          !绘制剪切应力的云图
*GET,SHEAR,PLNSOL,0,MIN              !获取最小剪切应力的数值
SAVE                                 !保存文件
FINISH                               !退出通用后处理器
/EXIT,NOSAVE                         !退出 Ansys
```

6.3 实例——圆柱形压力容器侧壁的静力分析

扫一扫，看视频

图 6-35 所示为中径为 d、壁厚为 t 的非常长的圆柱形压力容器，两端封闭，内壁承受的平均压力载荷为 P。计算该容器侧壁中径处的轴向应力 σ_y 和环向应力 σ_z。

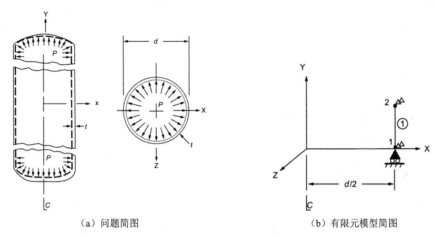

(a) 问题简图　　　　　　　　　　(b) 有限元模型简图

图 6-35　圆柱形压力容器侧壁问题简图

该问题的材料属性、几何尺寸以及载荷见表 6-2（采用英制单位）。

表 6-2　材料属性、几何尺寸以及载荷

材料属性	几何尺寸	载荷
$E=3\times10^7$ psi $v=0.3$	$d=120$ in $t=1$ in	$P=500$ psi

由于圆柱形压力容器侧壁的任意位置的应力状态相同，因此可以在圆柱形压力容器轴向的中间位置建立坐标系，在 Y 轴正方向任意截取长度为 10 in（长度可以任意截取，计算结果相同，读者可调整此长度参数）的侧壁进行分析。另外，根据该压力容器的轴对称性，可以通过 2 节点轴对称壳单元 SHELL208 对该问题进行建模。根据静力分析的基本步骤，接下来对圆柱形压力容器侧壁的分析步骤进行具体介绍。

6.3.1 创建有限元模型

(1) 定义工作文件名。选择 Utility Menu > File > Change Jobname 命令,弹出 Change Jobname 对话框,在 Enter new jobname 文本框中输入 CylindricalShell 并勾选 New log and error files?复选框,单击 OK 按钮。

(2) 定义单元类型。选择 Main Menu > Preprocessor > Element Type > Add/Edit/Delete 命令,弹出 Element Types 对话框,单击 Add 按钮,弹出如图 6-36 所示的 Library of Element Types 对话框;在左侧的列表框中选择 Shell 选项,在右侧的列表框中选择 Axisym 2node 208 选项,即 SHELL208 单元,单击 OK 按钮,返回 Element Types 对话框并将其关闭。

(3) 定义材料属性。选择 Main Menu > Preprocessor > Material Props > Material Models 命令,弹出 Define Material Model Behavior 对话框,在右侧的列表框中选择 Structural > Linear > Elastic > Isotropic 选项,弹出如图 6-37 所示的 Linear Isotropic Properties for Material Number 1 对话框,在 EX 文本框中输入 3E7,在 PRXY 文本框中输入 0.3,单击 OK 按钮,返回 Define Material Model Behavior 对话框并将其关闭。

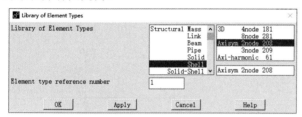

图 6-36 Library of Element Types 对话框

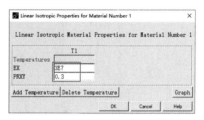

图 6-37 Linear Isotropic Properties for Material Number 1 对话框

(4) 定义壳单元的截面。选择 Main Menu > Preprocessor > Sections > Shell > Lay-up > Add/Edit 命令,弹出如图 6-38 所示的 Create and Modify Shell Sections 对话框,在 ID 文本框中输入 1,在 Thickness 文本框中输入 1,其他参数保持默认,然后单击 OK 按钮。

(5) 设置单元属性。选择 Main Menu > Preprocessor > Modeling > Create > Elements > Elem Attributes 命令,弹出如图 6-39 所示的 Element Attributes 对话框,由于本实例中仅定义了一种单元类型、一种材料和一种截面,所以程序已自动将 1 号材料和 1 号截面赋给了编号为 1 的单元 SHELL208,保持默认的参数设置,单击 OK 按钮。

(6) 创建 2 个节点。选择 Main Menu > Preprocessor > Modeling > Create > Nodes > In Active CS 命令,弹出如图 6-40 所示的 Create Nodes in Active Coordinate System 对话框,在 Node number 文本框中输入 1,在 Location in active CS 文本框中依次输入 60、0、0,单击 Apply 按钮,创建 1 号节点;在 Node number 文本框中输入 2,在 Location in active CS 文本框中依次输入 60、10、0,单击 OK 按钮。所创建的 2 个节点如图 6-41 所示。

(7) 创建单元。选择 Main Menu > Preprocessor > Modeling > Create > Elements > Auto Numbered > Thru Nodes 命令,弹出节点拾取框,在图形窗口中依次拾取 1、2 号节点,单击 OK 按钮,创建一个 SHELL208 单元。

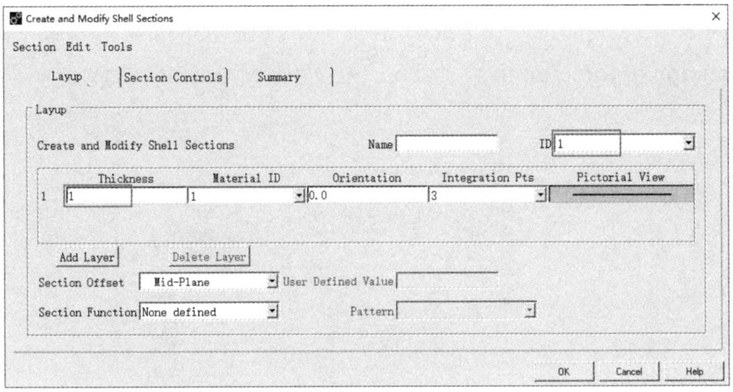

图 6-38 Create and Modify Shell Sections 对话框

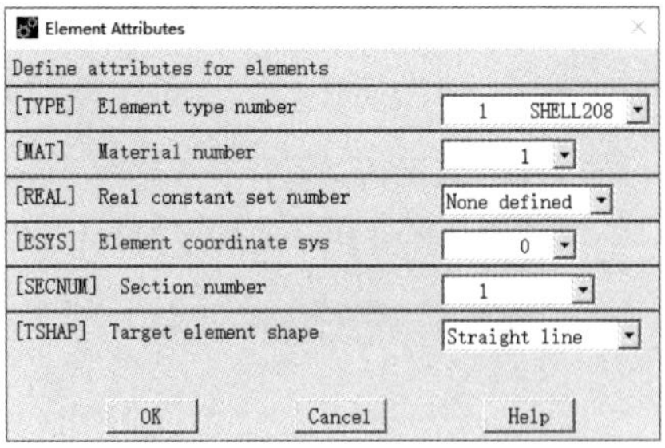

图 6-39 Element Attributes 对话框

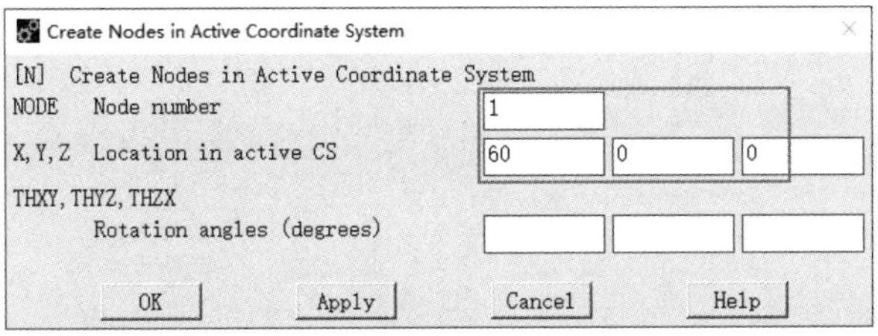

图 6-40 Create Nodes in Active Coordinate System 对话框

图 6-41 创建节点的结果

6.3.2 施加载荷并提交求解

（1）耦合 X 方向的自由度。选择 Main Menu > Preprocessor > Coupling / Ceqn > Couple DOFs 命令，弹出节点拾取框，在图形窗口中依次拾取 1 号节点和 2 号节点，单击 OK 按钮，弹出如图 6-42 所示的 Define Coupled DOFs（定义耦合自由度）对话框，在 Set reference number 文本框中输入 1（表示参考编号为 1），在 Degree-of-freedom label 下拉列表中选择 UX（表示耦合 X 方向的自由度），单击 OK 按钮。

📢 提示：

> 在压力载荷的作用下，1 号节点和 2 号节点在 X 方向所产生的位移相同，故此处将 2 个节点 X 方向的自由度进行耦合。

（2）对 1 号节点施加自由度约束。选择 Main Menu > Solution > Define Loads > Apply > Structural > Displacement > On Nodes 命令，弹出节点拾取框，在图形窗口中拾取 1 号节点，单击 OK 按钮，弹出如图 6-43 所示的 Apply U,ROT on Nodes 对话框，在 DOFs to be constrained 列表框中选择 UY 和 ROTZ 选项，其他参数保持默认，单击 OK 按钮。

（3）对 2 号节点施加自由度约束。选择 Main Menu > Solution > Define Loads > Apply > Structural > Displacement > On Nodes 命令，弹出节点拾取框，在图形窗口中拾取 2 号节点，单击 OK 按钮，弹出如图 6-44 所示的 Apply U,ROT on Nodes 对话框，在 DOFs to be constrained 列表框中选择 ROTZ 选项，其他参数保持默认，单击 OK 按钮。

（4）对节点 2 施加力载荷。选择 Main Menu > Solution > Define Loads > Apply > Structural >

Force/Moment > On Nodes 命令，弹出节点拾取框，拾取 2 号节点，单击 OK 按钮，弹出如图 6-45 所示的 Apply F/M on Nodes 对话框，将 Direction of force/mom 设为 FY，在 Force/moment value 文本框中输入 5654866.8，单击 OK 按钮。

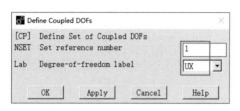

图 6-42　Define Coupled DOFs 对话框

图 6-43　Apply U,ROT on Nodes 对话框（1）

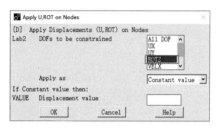

图 6-44　Apply U,ROT on Nodes 对话框（2）

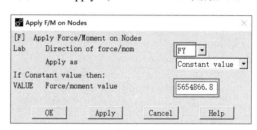

图 6-45　Apply F/M on Nodes 对话框

🔊 提示：

在对轴对称模型施加载荷时，对于约束、表面载荷、体载荷和 Y 方向加速度，可以像对其他任何非轴对称模型一样来定义这些载荷。然而，对集中力载荷的定义会有一些不同。因为输入的力、力矩等是按 360°定义的，即载荷的输入是按圆周的总载荷进行的。例如，如果圆周上 1500N/m 的轴对称轴向载荷被施加到直径为 10m 的管上，如图 6-46 所示，则需要在顶端的节点上施加 47124N（1500×2π×5≈47124）的总载荷。轴对称结果按照与其输入载荷相同的方式进行解释，即输出的反作用力、力矩等按总载荷（360°）计。因此，在本实例中，为了模拟压力容器两端封头所产生的等效载荷，需要施加的集中力载荷为 $5654866.8[(P\pi d^2)/4=(500\times\pi\times120^2)/4\approx5654866.8]$。

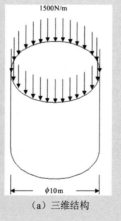
（a）三维结构

（b）二维有限元模型

图 6-46　在 360°范围内定义集中力的轴对称载荷

（5）施加压力载荷。选择 Main Menu > Solution > Define Loads > Apply > Structural > Pressure > On Elements 命令，弹出单元拾取框，拾取 1 号单元，单击 OK 按钮，弹出如图 6-47 所示的 Apply PRES on elems（在单元上施加压力）对话框，在 Load PRES value 文本框中输入 500，单击 OK 按钮。施加压力载荷后的结果如图 6-48 所示。

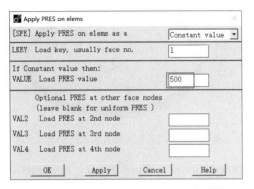

图 6-47　Apply PRES on elems 对话框　　　　图 6-48　施加压力载荷后的结果

（6）保存文件。单击工具栏中的 SAVE_DB 按钮，保存文件。

（7）求解。选择 Main Menu > Solution > Solve > Current LS 命令，弹出 /STATUS Command 窗口和 Solve Current Load Step 对话框。阅读 /STATUS Command 窗口中的内容，确认无误后将其关闭。单击 Solve Current Load Step 对话框中的 OK 按钮，提交求解。

求解完成时，弹出显示 Solution is done! 信息的 Note 对话框，单击 Close 按钮将其关闭。

6.3.3　查看结果数据

（1）将结果数据读入数据库。选择 Main Menu > General Postproc > Read Results > Last Set 命令，将结果数据读入数据库。

（2）显示变形后的形状。选择 Main Menu > General Postproc > Plot Results > Deformed Shape 命令，弹出如图 6-49 所示的 Plot Deformed Shape 对话框，选中 Def + undef edge 单选按钮，单击 OK 按钮，结果如图 6-50 所示。可以看到压力容器侧壁仅在 X 方向产生了位移变形。

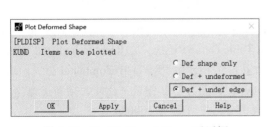
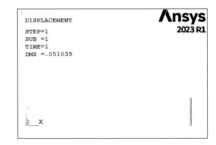

图 6-49　Plot Deformed Shape 对话框　　　　图 6-50　显示变形后的形状的结果

（3）扩展变形后的形状。为了更清楚地看到圆柱形压力容器侧壁所产生的变形，可以对变形后的形状进行扩展。选择 Utility Menu > PlotCtrls > Style > Symmetry Expansion > 2D Axi-Symmetric 命令，弹出如图 6-51 所示的 2D Axi-Symmetric Expansion（二维轴对称扩展）对话框，在 Select expansion amount 栏中选中 Full expansion（完全扩展，即 360°扩展）单选按钮，单击 OK 按钮，结果如图 6-52 所示。

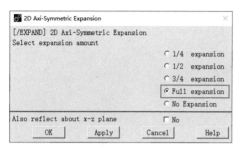
图 6-51 2D Axi-Symmetric Expansion 对话框

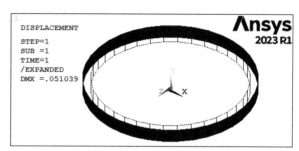
图 6-52 扩展变形后的形状的结果

（4）通过单元表存储轴向应力和环向应力。选择 Main Menu > General Postproc > Element Table > Define Table 命令，弹出 Element Table Data 对话框，单击 Add 按钮。弹出如图 6-53 所示的 Define Additional Element Table Items 对话框，在 User label for item 文本框中输入 STRS_Y（用于存储轴向应力）；在 Results data item 的左侧列表框中选择 Stress，在右侧列表框中选择 Y-direction SY，单击 Apply 按钮。在 User label for item 文本框中输入 STRS_Z（用于存储环向应力）；在 Results data item 的左侧列表框中选择 Stress，在右侧列表框中选择 Z-direction SZ，单击 OK 按钮，返回 Element Table Data 对话框，结果如图 6-54 所示，可以在 Currently Defined Data and Status 列表框中显示新创建的 2 个单元表，单击 Close 按钮将其关闭。

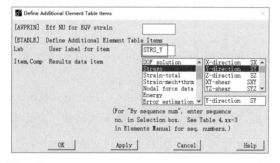
图 6-53 Define Additional Element Table Items 对话框

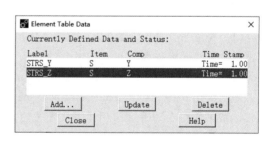
图 6-54 Element Table Data 对话框

（5）列表显示轴向应力和环向应力。选择 Main Menu > General Postproc > Element Table > List Elem Table 命令，弹出如图 6-55 所示的 List Element Table Data 对话框，在 Items to be listed 列表框中选择 STRS_Y 和 STRS_Z，单击 OK 按钮。弹出如图 6-56 所示的 PRETAB Command 窗口，通过 PRETAB Command 窗口可以看到，STRS_Y 为 15000，即压力容器侧壁中径处的轴向应力 σ_y 为 15000psi；STRS_Z 为 30000，即压力容器侧壁中径处的环向应力 σ_z 为 30000psi。

（6）通过标量参数存储轴向应力和环向应力。选择 Utility Menu > Parameters > Get Scalar Data 命令，弹出如图 6-57 所示的 Get Scalar Data 对话框，在左侧的列表框中选择 Results data，在右侧的列表框中选择 Elem table data，单击 OK 按钮。弹出如图 6-58 所示的 Get Element Table Data 对话框，

在 Name of parameter to be defined 文本框中输入 STRSS_Y；在 Element number N 文本框中输入 1；在 Elem table data to be retrieved 下拉列表中选择 STRS_Y，单击 Apply 按钮。返回 Get Scalar Data 对话框，单击 OK 按钮，再次弹出 Get Element Table Data 对话框，在 Name of parameter to be defined 文本框中输入 STRSS_Z；在 Element number N 文本框中输入 1；在 Elem table data to be retrieved 下拉列表中选择 STRS_Z，单击 OK 按钮。

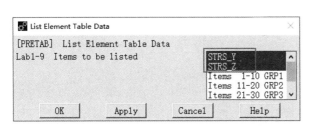

图 6-55　List Element Table Data 对话框

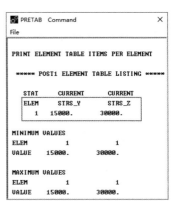

图 6-56　列表显示单元表数据的结果

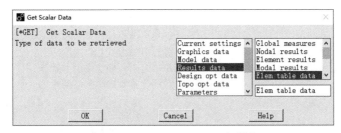

图 6-57　Get Scalar Data 对话框

（7）查看轴向应力和环向应力的数值。选择 Utility Menu > Parameters > Scalar Parameters 命令，弹出如图 6-59 所示的 Scalar Parameters 对话框，可以看到轴向应力（STRSS_Y）和环向应力（STRSS_Z）的具体数值。

（8）保存文件。单击工具栏中的 SAVE_DB 按钮，保存文件。

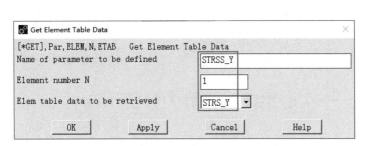

图 6-58　Get Element Table Data 对话框

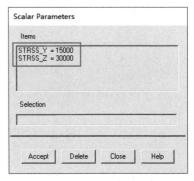

图 6-59　Scalar Parameters 对话框

6.3.4 命令流文件

在工作目录中找到 CylindricalShell0.log 文件，并对其进行修改，修改后的命令流文件（CylindricalShell.txt）中的内容如下。

```
!%%%%%圆柱形压力容器侧壁的静力分析%%%%%
/CLEAR,START                        !清除数据
/FILNAME,CylindricalShell,1         !更改文件名称
/TITLE,CYLINDRICAL SHELL UNDER PRESSURE
/PREP7                              !进入前处理器
ET,1,SHELL208                       !定义单元类型
MP,EX,1,3E7                         !定义材料的弹性模量
MP,PRXY,1,0.3                       !定义材料的泊松比
SECTYPE,1,SHELL                     !定义截面
SECDATA,1
SECNUM,1                            !定义单元的截面编号
N,1,60 $ N,2,60,10                  !定义2个节点
E,1,2                               !定义1号单元
CP,1,UX,1,2                         !耦合径向的自由度
FINISH                              !退出前处理器
/SOLU                               !进入求解器
D,1,UY,,,,,ROTZ                     !对1号节点施加自由度约束
D,2,ROTZ                            !对2号节点施加自由度约束
F,2,FY,5654866.8                    !对2号节点施加集中力载荷
SFE,1,1,PRES,,500                   !对单元施加表面压力载荷
SOLVE                               !求解当前载荷步
FINISH                              !退出求解器
/POST1                              !进入通用后处理器
SET,LAST                            !将结果数据读入数据库
PLDISP,2                            !显示变形后的形状
/EXPAND,36,AXIS,,,10                !扩展结果显示
/VIEW,1,1,1,1                       !调整视图方向
ETABLE,STRS_Y,S,Y                   !通过单元表存储轴向应力
ETABLE,STRS_Z,S,Z                   !通过单元表存储环向应力
PRETAB,STRS_Y,STRS_Z                !列表显示轴向应力和环向应力
*GET,STRSS_Y,ELEM,1,ETAB,STRS_Y     !获取轴向应力
*GET,STRSS_Z,ELEM,1,ETAB,STRS_Z     !获取环向应力
SAVE                                !保存文件
FINISH                              !退出通用后处理器
/EXIT,NOSAVE                        !退出 Ansys
```

6.4 实例——实心梁的线性静力分析

扫一扫，看视频

图 6-60 所示为实心梁问题简图，左端固定约束，第 1 种工况右端承受力矩 M 的载荷，第 2 种工况右端承受集中力 F 的载荷。分别计算在两种工况下，梁右端在 Y 方向所产生的变形 δ 和梁顶端

距离墙壁为 d 的位置处的弯曲应力 σ_{Bend}。

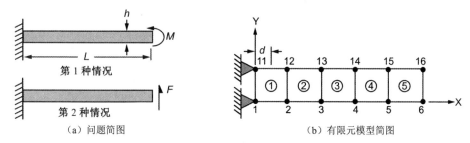

图 6-60　实心梁问题简图

该问题的材料属性、几何尺寸以及载荷见表 6-3（采用英制单位）。

表 6-3　材料属性、几何尺寸以及载荷

材料属性	几何尺寸	载　荷
$E=3\times10^7\text{psi}$ $v=0.0$	$L=10\text{in}$ $h=2\text{in}$ $d=1\text{in}$	第一种工况：$M=2000\text{lbf}\cdot\text{in}$ 第二种工况：$F=300\text{lbf}$

根据静力分析的基本步骤，接下来对实心梁的分析步骤进行具体介绍。

6.4.1　创建有限元模型

（1）定义工作文件名。选择 Utility Menu > File > Change Jobname 命令，弹出 Change Jobname 对话框，在 Enter new jobname 文本框中输入 SolidBeam 并勾选 New log and error files?复选框，单击 OK 按钮。

（2）定义单元类型。选择 Main Menu > Preprocessor > Element Type > Add/Edit/Delete 命令，弹出 Element Types 对话框，单击 Add 按钮，弹出如图 6-61 所示的 Library of Element Types 对话框。在左侧的列表框中选择 Solid 选项，在右侧的列表框中选择 Quad 4 node 182 选项，即 PLANE182 单元，单击 OK 按钮。返回 Element Types 对话框，单击 Options 按钮，弹出如图 6-62 所示的 PLANE182 element type options 对话框，将 K1 设为 Simple Enhanced Strn（表示使用简化增强应变算法），单击 OK 按钮，返回 Element Types 对话框并将其关闭。

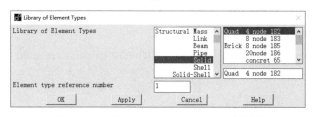

图 6-61　Library of Element Types 对话框

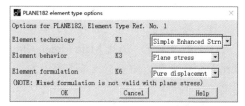

图 6-62　PLANE182 element type options 对话框

（3）定义材料属性。选择 Main Menu > Preprocessor > Material Props > Material Models 命令，弹出 Define Material Model Behavior 对话框，在右侧的列表框中选择 Structural > Linear > Elastic >

Isotropic 选项，弹出如图 6-63 所示的 Linear Isotropic Properties for Material Number 1 对话框，在 EX 文本框中输入 3E7，在 PRXY 文本框中输入 0，单击 OK 按钮，返回 Define Material Model Behavior 对话框并将其关闭。

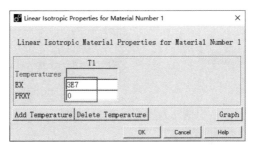

图 6-63　Linear Isotropic Properties for Material Number 1 对话框

（4）创建 2 个节点。选择 Main Menu > Preprocessor > Modeling > Create > Nodes > In Active CS 命令，弹出如图 6-64 所示的 Create Nodes in Active Coordinate System 对话框，在 Node number 文本框中输入 1，在 Location in active CS 文本框中依次输入 0、0、0，单击 Apply 按钮，创建一个坐标位置为（0,0,0）的 1 号节点。通过此方法，创建坐标位置为（10,0,0）的 6 号节点，单击 OK 按钮关闭此对话框。

（5）填充节点。选择 Main Menu > Preprocessor > Modeling > Create > Nodes > Fill between Nds 命令，弹出节点拾取框，在图形窗口中依次拾取 1 号节点和 6 号节点，单击 OK 按钮，弹出 Create Nodes Between 2 Nodes 对话框，保持默认参数设置，单击 OK 按钮，结果如图 6-65 所示。

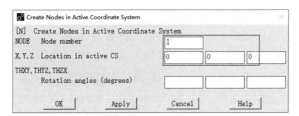

图 6-64　Create Nodes in Active Coordinate System 对话框　　图 6-65　填充节点后的结果

（6）复制节点。选择 Main Menu > Preprocessor > Modeling > Copy > Nodes > Copy 命令，弹出节点拾取框，单击 Pick All 按钮，单击 OK 按钮，弹出如图 6-66 所示的 Copy nodes 对话框，在 Total number of copies 文本框中输入 2，在 Y-offset in active CS 文本框中输入 2，在 Node number increment 文本框中输入 10，单击 OK 按钮，结果如图 6-67 所示。

（7）创建单元。选择 Main Menu > Preprocessor > Modeling > Create > Elements > Auto Numbered > Thru Nodes 命令，弹出节点拾取框，在图形窗口中依次拾取 1、2、12、11 号节点，单击 OK 按钮，创建一个单元。

（8）复制单元。选择 Main Menu > Preprocessor > Modeling > Copy > Elements > Auto Numbered 命令，弹出单元拾取框，在图形窗口中选择步骤（7）中创建的单元，单击 OK 按钮，弹出如图 6-68 所示的 Copy Elements (Automatically-Numbered)对话框，在 Total number of copies 文本框中输入 5，单击 OK 按钮。

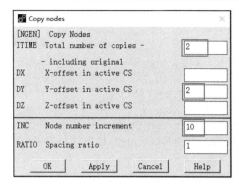

图 6-66 Copy nodes 对话框

图 6-67 复制节点的结果

（9）显示节点编号和单元编号。选择 Utility Menu > PlotCtrls > Numbering 命令，弹出如图 6-69 所示的 Plot Numbering Controls 对话框，将 Node numbers 设为 On，在 Elem/Attrib numbering 下拉列表中选择 Element numbers 选项（表示显示单元编号），单击 Apply 按钮，结果如图 6-70 所示。查看完节点编号和单元编号后，将 Node numbers 设为 Off，在 Elem/Attrib numbering 下拉列表中选择 No numbering 选项，单击 OK 按钮，关闭节点编号和单元编号的显示。

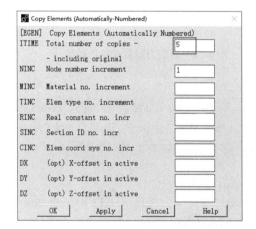

图 6-68 Copy Elements (Automatically-Numbered)对话框

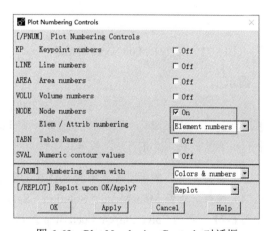

图 6-69 Plot Numbering Controls 对话框

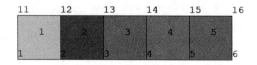

图 6-70 显示节点编号和单元编号的结果

6.4.2 施加载荷并提交求解（第 1 种工况）

（1）施加自由度约束。选择 Main Menu > Solution > Define Loads > Apply > Structural > Displacement > On Nodes 命令，弹出节点拾取框，在图形窗口中拾取 1 号节点和 11 号节点，单击

OK 按钮，弹出如图 6-71 所示的 Apply U,ROT on Nodes 对话框，在 DOFs to be constrained 列表框中选择 All DOF，其他参数保持默认，单击 OK 按钮。

（2）施加力矩载荷。为了施加逆时针方向的力矩 M，可以通过在 6 号节点和 16 号节点上施加大小相等、方向相反的力，以模拟等效的力矩载荷。选择 Main Menu > Solution > Define Loads > Apply > Structural > Force/Moment > On Nodes 命令，弹出节点拾取框，拾取 6 号节点，单击 OK 按钮，弹

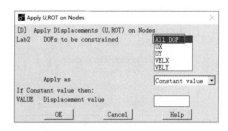

图 6-71　Apply U,ROT on Nodes 对话框

出如图 6-72 所示的 Apply F/M on Nodes 对话框，将 Direction of force/mom 设为 FX，在 Force/moment value 文本框中输入 1000，单击 Apply 按钮。再次弹出节点拾取框，拾取 16 号节点，单击 OK 按钮，再次弹出 Apply F/M on Nodes 对话框，在 Force/moment value 文本框中输入-1000，单击 OK 按钮。施加力矩载荷后的结果如图 6-73 所示。

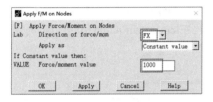

图 6-72　Apply F/M on Nodes 对话框

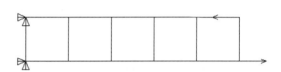

图 6-73　施加力矩载荷后的结果

📢 提示：

> 在梁的右端需要施加的总力矩载荷为 2000lbf·in，6 号节点和 16 号节点之间的距离为 2in，所以在 2 个节点上需要施加的力载荷的大小为 $F=M/L=2000/2=1000lbf$。由于力矩 M 的方向为逆时针方向，所以在 6 号节点所施加力的方向为 X 轴的正方向，在 16 号节点所施加力的方向为 X 轴的负方向。

（3）保存文件。单击工具栏中的 SAVE_DB 按钮，保存文件。

（4）求解。选择 Main Menu > Solution > Solve > Current LS 命令，弹出/STATUS Command 窗口和如图 6-74 所示的 Solve Current Load Step 对话框。阅读/STATUS Command 窗口中的内容，确认无误后将其关闭。单击 Solve Current Load Step 对话框中的 OK 按钮，提交求解。

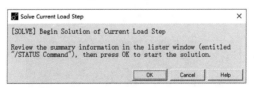

图 6-74　Solve Current Load Step 对话框

求解完成时，弹出显示 Solution is done!信息的 Note 对话框，单击 Close 按钮将其关闭。

6.4.3　查看结果数据（第 1 种工况）

（1）将结果数据读入数据库。选择 Main Menu > General Postproc > Read Results > Last Set 命令，

将结果数据读入数据库。

（2）显示变形后的形状。选择 Main Menu > General Postproc > Plot Results > Deformed Shape 命令，弹出如图 6-75 所示的 Plot Deformed Shape 对话框，选中 Def + undef edge 单选按钮，单击 OK 按钮，结果如图 6-76 所示。通过左上角的 DMX=.005099 文字可知，XY 方向总的最大变形量为 0.005099in（位于梁的最右端），由于需要计算梁右端在 Y 方向所产生的变形 δ，所以在接下来的步骤中查看 Y 方向的变形分量。

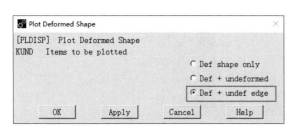

图 6-75　Plot Deformed Shape 对话框

图 6-76　显示变形后的形状的结果

（3）显示 Y 方向的变形云图。选择 Main Menu > General Postproc > Plot Results > Contour Plot > Nodal Solu 命令，弹出如图 6-77 所示的 Contour Nodal Solution Data 对话框，在 Item to be contoured 列表框中选择 Nodal Solution > DOF Solution > Y-Component of displacement 选项（表示选择 Y 方向的位移分量）后，单击 OK 按钮。

（4）控制图形窗口的显示。选择 Utility Menu > PlotCtrls > Window Controls > Window Options 命令，弹出如图 6-78 所示的 Window Options 对话框，将 Display of legend 设为 Legend ON（表示打开图例的显示），将 DATE/TIME display 设为 No Date or Time（表示关闭日期或时间的显示），将 Location of triad 设为 Not shown（表示不显示坐标系），单击 OK 按钮，结果如图 6-79 所示。通过右侧的 SMX=.005 文字可知，Y 方向的最大变形为 0.005in（位于梁的最右端）。

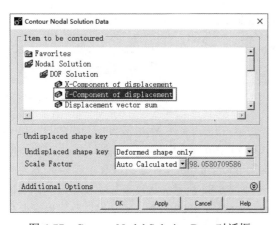

图 6-77　Contour Nodal Solution Data 对话框

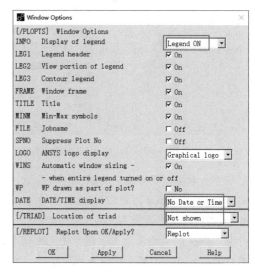

图 6-78　Window Options 对话框

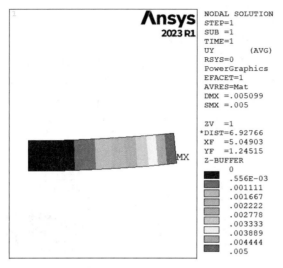

图 6-79 Y 方向的变形云图

（5）获取梁右端在 Y 方向所产生的变形结果。选择 Utility Menu > Parameters > Get Scalar Data 命令，弹出 Get Scalar Data 对话框，在左侧的列表框中选择 Results data，在右侧的列表框中选择 Nodal results，单击 OK 按钮。弹出如图 6-80 所示的 Get Nodal Results Data 对话框，在 Name of parameter to be defined 文本框中输入 U1；在 Node number N 文本框中输入 16[右端点顶部的节点编号为 16，读者也可以输入 6（即右端点底部的节点），最终结果相同]；在 Results data to be retrieved 的左侧列表框中选择 DOF solution，在右侧列表框中选择 UY，单击 OK 按钮。

（6）查看梁右端在 Y 方向所产生的变形结果。选择 Utility Menu > Parameters > Scalar Parameters 命令，弹出如图 6-81 所示的 Scalar Parameters 对话框，可以看到变量 U1 的数值为 5.000000000E-03（可表示为 0.005），即梁右端在 Y 方向所产生的变形 δ=0.005in。

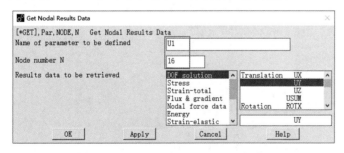

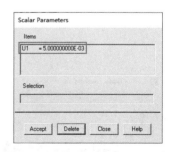

图 6-80 Get Nodal Results Data 对话框   图 6-81 Scalar Parameters 对话框

（7）显示实心梁弯曲应力的云图（即 X 方向的应力云图）。选择 Main Menu > General Postproc > Plot Results > Contour Plot > Nodal Solu 命令，弹出 Contour Nodal Solution Data 对话框，在 Item to be contoured 列表框中选择 Nodal Solution > Stress > X-Component of stress 选项（表示选择 X 方向的应力分量，即梁的弯曲应力）后，单击 OK 按钮，结果如图 6-82 所示。通过该应力云图可知，梁顶端的弯曲应力均相等，MN 标识表示最小值，通过右侧的 SMN=-3000 可知，梁顶端各位置的弯曲应力均为 -3000psi，则距离墙壁为 d 位置处的弯曲应力 σ_{Bend}=-3000psi，负号表示压应力。

（8）获取最小弯曲应力的数值。在命令输入窗口中输入命令"*GET,BEND_STRESS1,PLNSOL,0,MIN"，然后选择 Utility Menu > Parameters > Scalar Parameters 命令，弹出如图 6-83 所示的 Scalar Parameters 对话框，可以看到变量 BEND_STRESS1 的数值为-3000。

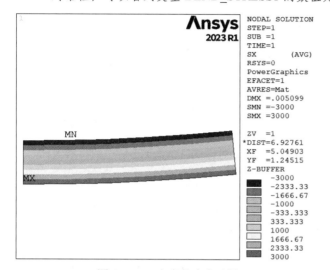

图 6-82　X 方向的应力云图　　　　　　图 6-83　Scalar Parameters 对话框

6.4.4　施加载荷并提交求解（第 2 种工况）

（1）去除力矩载荷。选择 Main Menu > Solution > Define Loads > Apply > Structural > Force/Moment > On Nodes 命令，弹出节点拾取框，拾取 6 号节点和 16 号节点，单击 OK 按钮，弹出如图 6-84 所示的 Apply F/M on Nodes 对话框，将 Direction of force/mom 设为 FX，在 Force/moment value 文本框中输入 0，单击 OK 按钮，去除施加在 6 号节点和 16 号节点上的力载荷。

（2）施加力载荷。选择 Main Menu > Solution > Define Loads > Apply > Structural > Force/Moment > On Nodes 命令，弹出节点拾取框，拾取 6 号节点和 16 号节点，单击 OK 按钮，弹出如图 6-85 所示的 Apply F/M on Nodes 对话框，将 Direction of force/mom 设为 FY，在 Force/moment value 文本框中输入 150（总的力载荷大小为 300lbf，平均分配到 2 个节点上，每个节点施加的力载荷大小为 150lbf），单击 OK 按钮。施加力载荷后的结果如图 6-86 所示。

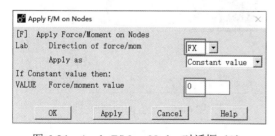
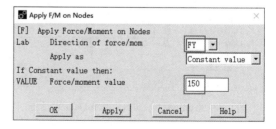

图 6-84　Apply F/M on Nodes 对话框（1）　　　图 6-85　Apply F/M on Nodes 对话框（2）

（3）保存文件。单击工具栏中的 SAVE_DB 按钮，保存文件。

（4）求解。选择 Main Menu > Solution > Solve > Current LS 命令，弹出/STATUS Command 窗口和如图 6-87 所示的 Solve Current Load Step 对话框。阅读/STATUS Command 窗口中的内容，确认无误后将其关闭。单击 Solve Current Load Step 对话框中的 OK 按钮，提交求解。

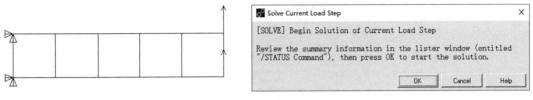

图 6-86 施加力载荷后的结果　　　　　图 6-87 Solve Current Load Step 对话框

求解完成时，弹出显示 Solution is done!信息的 Note 对话框，单击 Close 按钮将其关闭。

6.4.5　查看结果数据（第 2 种工况）

（1）将结果数据读入数据库。选择 Main Menu > General Postproc > Read Results > Last Set 命令，将结果数据读入数据库。

（2）显示 Y 方向的变形云图。选择 Main Menu > General Postproc > Plot Results > Contour Plot > Nodal Solu 命令，弹出如图 6-88 所示的 Contour Nodal Solution Data 对话框，在 Item to be contoured 列表框中选择 Nodal Solution > DOF Solution > Y-Component of displacement 选项，将 Undisplaced shape key 设为 Deformed shape with undeformed edge，单击 OK 按钮，结果如图 6-89 所示。通过右侧的 SMX=.00505 的文字可知，Y 方向的最大变形为 0.00505in（位于梁的最右端）。

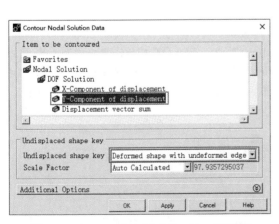
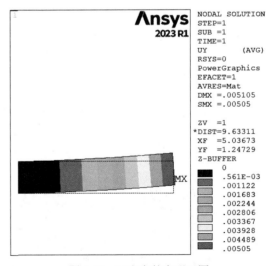

图 6-88 Contour Nodal Solution Data 对话框　　　图 6-89 Y 方向的变形云图

（3）获取梁右端在 Y 方向所产生的变形结果。选择 Utility Menu > Parameters > Get Scalar Data 命令，弹出 Get Scalar Data 对话框，在左侧的列表框中选择 Results data，在右侧的列表框中选择 Nodal results，单击 OK 按钮。弹出如图 6-90 所示的 Get Nodal Results Data 对话框，在 Name of parameter to be defined 文本框中输入 U2；在 Node number N 文本框中输入 16（右端点顶部的节点编号为 16，读者也可以输入右端点底部的节点编号 6，最终结果相同）；在 Results data to be retrieved 的左侧列表框中选择 DOF solution，在右侧列表框中选择 UY，单击 OK 按钮。

（4）查看梁右端在 Y 方向所产生的变形结果。选择 Utility Menu > Parameters > Scalar Parameters 命令，弹出如图 6-91 所示的 Scalar Parameters 对话框，可以看到变量 U2 的数值为 5.050000000E-03（可表示为 0.00505），即梁右端在 Y 方向所产生的变形 δ=0.00505in。

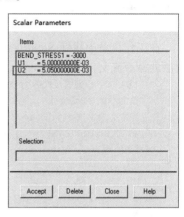

图 6-90 Get Nodal Results Data 对话框

图 6-91 Scalar Parameters 对话框

（5）显示实心梁弯曲应力的云图（单元解）。选择 Main Menu > General Postproc > Plot Results > Contour Plot > Element Solu 命令，弹出如图 6-92 所示的 Contour Element Solution Data（云图显示单元解数据）对话框，在 Item to be contoured 列表框中选择 Element Solution > Stress > X-Component of stress 选项后，单击 OK 按钮，结果如图 6-93 所示。通过该弯曲应力云图可见，1 号单元顶端（梁顶端距离墙壁为 d 的位置位于此处）的应力值最小，通过右侧 SMN=-4050 的文字可知，距离墙壁为 d 位置处的弯曲应力 σ_{Bend}=-4050psi，负号表示压应力。

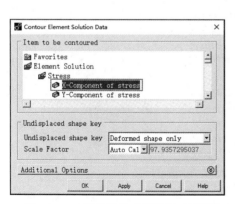

图 6-92 云图显示单元解数据对话框

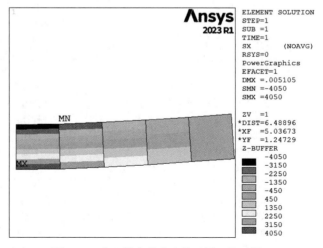

图 6-93 实心梁弯曲应力的云图（单元解）

（6）获取最小弯曲应力的数值。在命令输入窗口中输入命令"*GET,BEND_STRESS2,PLNSOL, 0,MIN"，然后选择 Utility Menu > Parameters > Scalar Parameters 命令，弹出如图 6-94 所示的 Scalar Parameters 对话框，可以看到变量 BEND_STRESS2 的数值为-4050。

（7）保存文件。单击工具栏中的 SAVE_DB 按钮，保存文件。

6.4.6 命令流文件

在工作目录中找到 SolidBeam0.log 文件，并对其进行修改，修改后的命令流文件（SolidBeam.txt）中的内容如下。

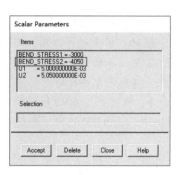

图 6-94 Scalar Parameters 对话框

```
!%%%%实心梁的线性静力分析%%%%%
/CLEAR,START                              !清除数据
/FILNAME,SolidBeam,1                      !更改文件名称
/TITLE,BENDING OF A SOLID BEAM(PLANE ELEMENTS)
/PREP7                                    !进入前处理器
ET,1,PLANE182,3                           !定义单元类型和单元选项
MP,EX,1,3E7                               !定义材料的弹性模量
MP,PRXY,1,0.0                             !定义材料的泊松比
N,1                                       !定义1号节点
N,6,10                                    !定义6号节点
FILL                                      !在1号节点和6号节点之间填充节点
NGEN,2,10,1,6,1,,2                        !复制节点
E,1,2,12,11                               !定义单元
EGEN,5,1,1                                !复制单元
FINISH                                    !退出前处理器
/SOLU                                     !进入求解器
D,1,ALL,,,11,10                           !对1号节点和11号节点施加自由度约束
F,6,FX,1000                               !对6号节点施加力载荷
F,16,FX,-1000                             !对16号节点施加力载荷
SOLVE                                     !求解当前载荷步
FINISH                                    !退出求解器
/POST1                                    !进入通用后处理器
SET,LAST                                  !将结果数据读入数据库
PLDISP,2                                  !显示变形后的形状
PLNSOL,U,Y                                !显示Y方向的变形云图
/PLOPTS,INFO,1                            !打开图例的显示
/PLOPTS,DATE,0                            !关闭日期或时间的显示
/TRIAD,OFF                                !不显示坐标系
/REPLOT                                   !重新绘制图形
*GET,U1,NODE,16,U,Y                       !获取梁右端在Y方向所产生的变形结果
PLNSOL,S,X                                !绘制弯曲应力的云图
*GET,BEND_STRESS1,PLNSOL,0,MIN            !获取最小弯曲应力的数值
FINISH                                    !退出通用后处理器
/SOLU                                     !重新进入求解器
F,6,FX,,,16,10                            !去除6号节点和16号节点的力载荷
```

```
F,6,FY,150,,16,10              !对 6 号节点和 16 号节点施加力载荷
SOLVE                          !求解当前载荷步
FINISH                         !退出求解器
/POST1                         !进入通用后处理器
SET,LAST                       !将结果数据读入数据库
PLNSOL,U,Y,2,1                 !显示 Y 方向的变形云图
*GET,U2,NODE,16,U,Y            !获取梁右端在 Y 方向所产生的变形结果
PLESOL,S,X !BENDING STRESS     !绘制弯曲应力的云图（单元解）
*GET,BEND_STRESS2,PLNSOL,0,MIN !获取最小弯曲应力的数值
SAVE                           !保存文件
FINISH                         !退出通用后处理器
/EXIT,NOSAVE                   !退出 Ansys
```

6.5 实例——内六角扳手的线性静力分析

扫一扫，看视频

图 6-95 所示为内六角扳手问题简图，首先在长端端部施加 100N 的扭曲力，随后，在保持原来 100N 扭曲力的同时，在端部顶面施加 20N 向下的力。计算扳手在这两种载荷条件下的应力强度。

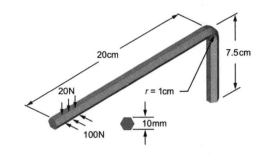

图 6-95　内六角扳手问题简图

该问题的材料属性、几何尺寸以及载荷见表 6-4。

表 6-4　材料属性、几何尺寸以及载荷

材　料　属　性	几　何　尺　寸	载　荷
$E=2.07×10^{11}$Pa $v=0.3$	扳手横截面高度：W_HEX=10mm=0.01m 柄脚长度：L_SHANK=7.5cm=0.075m 手柄长度：L_HANDLE=20cm=0.2m 弯曲半径：BENDRAD=1cm=0.01m	扭曲力：F_1=100N 向下的力：F_2=20N

根据静力分析的基本步骤，接下来我们对内六角扳手的分析步骤进行具体介绍。

6.5.1　创建有限元模型

（1）定义工作文件名。选择 Utility Menu > File > Change Jobname 命令，弹出 Change Jobname 对话框，在 Enter new jobname 文本框中输入 AllenWrench 并勾选 New log and error files?复选框，单击

OK 按钮。

（2）定义工作标题。选择 Utility Menu > File > Change Title 命令，弹出如图 6-96 所示的 Change Title 对话框。在 Enter new title 文本框中输入 Static Analysis of an Allen Wrench，单击 OK 按钮。

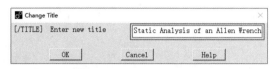

图 6-96　Change Title 对话框

（3）设置参数表达式中函数的角度单位。选择 Utility Menu > Parameters > Angular Units 命令，弹出如图 6-97 所示的 Angular Units for Parametric Functions 对话框，将 Units for angular 设为 Degrees DEG，单击 OK 按钮。

（4）定义参数。选择 Utility Menu > Parameters > Scalar Parameters 命令，弹出 Scalar Parameters 对话框，在 Selection 文本框中输入 EXX=2.07E11（EXX 表示材料的弹性模量），单击 Accept 按钮。然后依次在 Selection 文本框中输入 W_HEX=0.01、W_FLAT=W_HEX*TAN(30)（W_FLAT 表示内六角扳手横截面的边长）、L_SHANK=0.075、L_HANDLE=0.2、BENDRAD=0.01、L_ELEM=0.0075（L_ELEM 表示单元的长度）、NO_D_HEX=2（NO_D_HEX 表示扳手横截面外边界边所划分的单元数）、TOL=25E-6（TOL 表示选择节点时的容差），并单击 Accept 按钮确认，当输入完成后，其输入参数的结果如图 6-98 所示，单击 Close 按钮，关闭 Scalar Parameters 对话框。

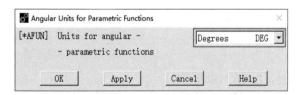

图 6-97　Angular Units for Parametric Functions 对话框　　　图 6-98　Scalar Parameters 对话框

（5）定义单元类型。选择 Main Menu> Preprocessor> Element Type> Add/Edit/Delete 命令，弹出 Element Types 对话框，单击 Add 按钮，弹出如图 6-99 所示的 Library of Element Types 对话框。在左侧的列表框中选择 Solid 选项，在右侧的列表框中选择 Brick 8 node 185 选项，即 SOLID185 单元，单击 Apply 按钮；在左侧的列表框中选择 Solid 选项，在右侧的列表框中选择 Quad 4 node 182 选项，即 PLANE182 单元，单击 OK 按钮。

在关闭 Library of Element Types 对话框的同时，返回如图 6-100 所示的 Element Types 对话框，在 Defined Element Types 列表框中选择 Type 1 SOLID185 选项，单击 Options 按钮，弹出如图 6-101 所示的 SOLID185 element type options 对话框，将 K2 设为 Simple Enhanced Strn（表示使用简化增强应变算法），单击 OK 按钮。返回 Element Types 对话框，在 Defined Element Types 列表框中选择

Type 2 PLANE182 选项，单击 Options 按钮，弹出如图 6-102 所示的 PLANE182 element type options 对话框，将 K1 设为 Simple Enhanced Strn（表示使用简化增强应变算法），单击 OK 按钮，返回 Element Types 对话框并将其关闭。

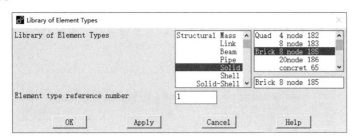

图 6-99　Library of Element Types 对话框　　　　图 6-100　Element Types 对话框

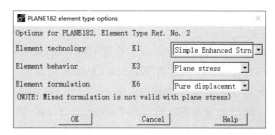

图 6-101　SOLID185 element type options 对话框　　图 6-102　PLANE182 element type options 对话框

（6）定义材料属性。选择 Main Menu > Preprocessor > Material Props > Material Models 命令，弹出 Define Material Model Behavior 对话框，在右侧的列表框中选择 Structural > Linear > Elastic > Isotropic 选项，弹出如图 6-103 所示的 Linear Isotropic Properties for Material Number 1 对话框，在 EX 文本框中输入 EXX，在 PRXY 文本框中输入 0.3，单击 OK 按钮，返回 Define Material Model Behavior 对话框并将其关闭。

（7）创建正六边形的横截面。选择 Main Menu > Preprocessor > Modeling > Create > Areas > Polygon > By Side Length 命令，弹出如图 6-104 所示的 Polygon by Side Length（通过边长创建正多边形）对话框，在 Number of sides 文本框中输入 6（输入正多边形的边数），在 Length of each side 文本框中输入 W_FLAT（输入正多边形的边长），单击 OK 按钮，结果如图 6-105 所示。

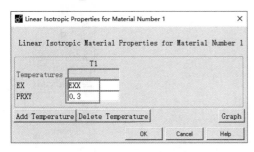

图 6-103　Linear Isotropic Properties for Material Number 1 对话框

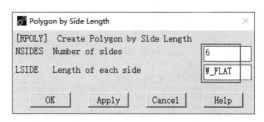

图 6-104　Polygon by Side Length 对话框

（8）创建扫掠路径的关键点。选择 Main Menu > Preprocessor > Modeling > Create > Keypoints > In Active CS 命令，弹出如图 6-106 所示的 Create Keypoints in Active Coordinate System 对话框，在 Keypoint number 文本框中输入 7，在 Location in active CS 文本框中依次输入 0、0、0，单击 Apply 按钮，创建一个坐标为（0,0,0）的 7 号关键点。通过此方法，创建编号为 8、9 的关键点，其坐标分别为（0,0,-L_SHANK）、（0,L_HANDLE,-L_SHANK），创建最后一个关键点时，单击 OK 按钮关闭对话框。

图 6-105　创建正六边形的结果

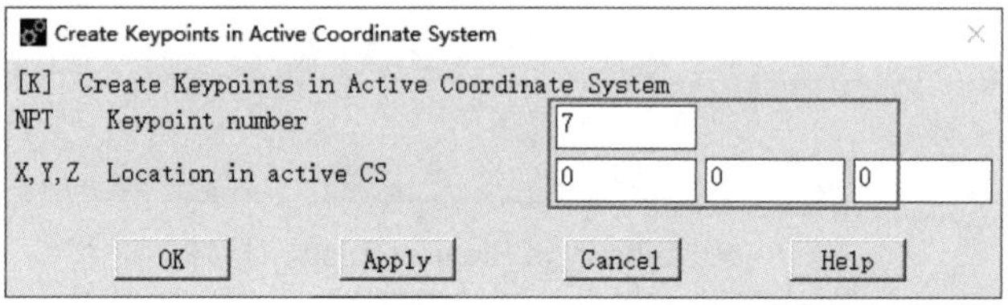

图 6-106　Create Keypoints in Active Coordinate System 对话框

（9）控制视图的显示。选择 Utility Menu > PlotCtrls > Window Controls > Window Options 命令，弹出如图 6-107 所示的 Window Options 对话框，将 Location of triad 设为 At top left（表示将坐标系位置调整到图形窗口的左上角），单击 OK 按钮。选择 Utility Menu > PlotCtrls > Pan Zoom Rotate 命令，弹出如图 6-108 所示的 Pan-Zoom-Rotate 对话框，单击 Iso 按钮，以等轴测视图方向显示模型，单击 Close 按钮关闭对话框。选择 Utility Menu > PlotCtrls > View Settings > Angle of Rotation 命令，弹出如图 6-109 所示的 Angle of Rotation（旋转角度）对话框，在 Angle in degrees 文本框中输入 90（表示旋转 90°），将 Axis of rotation 设为 Global Cartes X（表示旋转轴为全局笛卡儿坐标系的 X 轴），单击 OK 按钮。选择 Utility Menu > PlotCtrls > Numbering 命令，弹出 Plot Numbering Controls 对话框，将 Keypoint numbers 和 Line numbers 设为 On（表示显示关键点和线的编号），单击 OK 按钮。

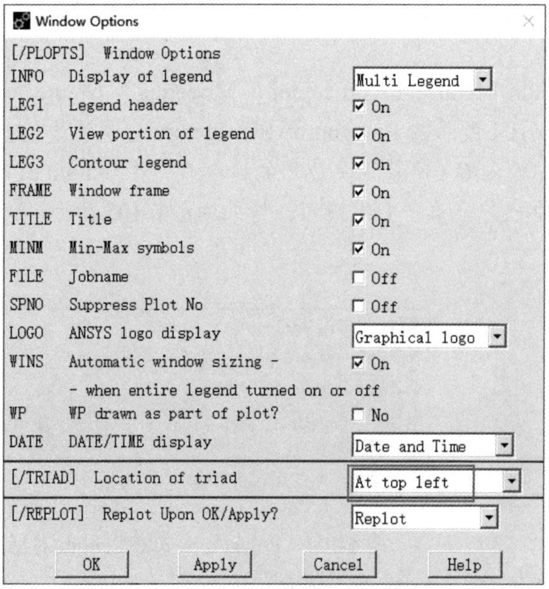

图 6-107　Window Options 对话框

图 6-108　Pan-Zoom-Rotate 对话框

（10）创建扫掠路径的线。选择 Main Menu > Preprocessor > Modeling > Create > Lines > Lines > Straight Line 命令，弹出关键点拾取框，在图形窗口中依次拾取 4 号和 1 号关键点，7 号和 8 号关键点，8 号和 9 号关键点，最后单击 OK 按钮，结果如图 6-110 所示。

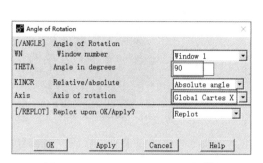

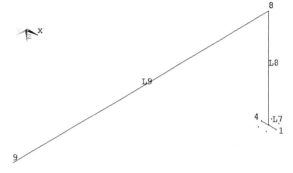

图 6-109　Angle of Rotation 对话框　　　图 6-110　创建扫掠路径的线的结果（仅部分显示）

（11）创建线 L8 和 L9 之间的倒圆角圆弧线。选择 Main Menu > Preprocessor > Modeling > Create > Lines > Line Fillet 命令，弹出线拾取框，在图形窗口中依次拾取线 L8 和 L9，单击 OK 按钮，弹出如图 6-111 所示的 Line Fillet（线倒圆角）对话框，在 Fillet radius 文本框中输入 BENDRAD（表示输入圆角的半径），单击 OK 按钮，在线 L8 和 L9 之间创建一个倒圆角的圆弧线 L10，结果如图 6-112 所示。

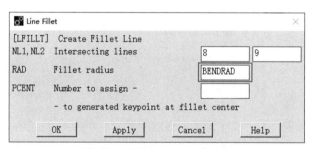

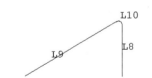

图 6-111　Line Fillet 对话框　　　图 6-112　创建倒圆角圆弧线的结果（局部图）

（12）隐藏关键点编号的显示。选择 Utility Menu > PlotCtrls > Numbering 命令，弹出 Plot Numbering Controls 对话框，将 Keypoint numbers 设为 Off，其他参数保持默认，单击 OK 按钮。

（13）通过线切分面。选择 Utility Menu > Plot > Areas 命令，在图形窗口中显示面。然后选择 Main Menu > Preprocessor > Modeling > Operate > Booleans > Divide > With Options > Area by Line 命令，弹出面拾取框，在图形窗口中拾取唯一的正六边形面，单击 OK 按钮；弹出线拾取框，拾取图 6-110 所示的线 L7，单击 OK 按钮，弹出如图 6-113 所示的 Divide Area by Line with Options（带选项的通过线切分面）对话框，将 Subtracted lines will be 设为 Kept（表示保留切分面所使用的线），单击 OK 按钮，结果如图 6-114 所示。

（14）创建面的组件。为了进行后续的操作，本步骤中将创建包含 A2 和 A3 2 个面的一个组件。选择 Utility Menu > Select > Comp/Assembly > Create Component 命令，弹出图 6-115 所示的 Create

Component（创建组件）对话框，在 Component name 文本框中输入 A_BOTTOM[表示组件的名称为 A_BOTTOM，最前面的字母 A 用于标识该组件由面（Area）组成]，将 Component is made of 设为 Areas（表示该组件由面组成），单击 OK 按钮。

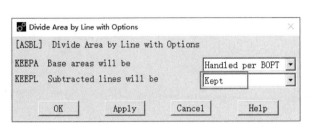

图 6-113 Divide Area by Line with Options 对话框

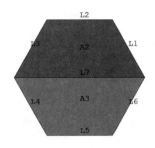

图 6-114 切分面的结果（显示面编号）

（15）查看组件的组成。为了验证组件 A_BOTTOM 由面 A2 和 A3 所组成，可以查看该组件。Utility Menu > Select > Comp/Assembly > List Comp/Assembly 命令，弹出如图 6-116 所示的 List Component or Assembly（列表显示组件或组装）对话框，将 List component/assembly 设为 By Component Name（表示通过组件名称进行列表显示），单击 OK 按钮。弹出如图 6-117 所示的 List Component or Assembly 对话框，程序自动在 Component/assembly to be listed 列表框中选择唯一的 A_BOTTOM 选项，将 Expand?设为 Yes（表示扩展显示组件的组成），单击 OK 按钮。弹出如图 6-118 所示的 CMLIST Command 窗口，可见组件 A_BOTTOM 由 2 号面和 3 号面组成。

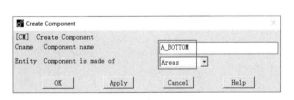

图 6-115 Create Component 对话框

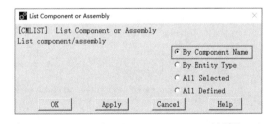

图 6-116 List Component or Assembly 对话框（1）

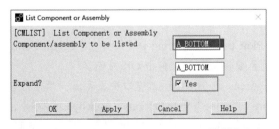

图 6-117 List Component or Assembly 对话框（2）

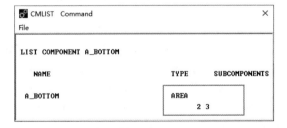

图 6-118 CMLIST Command 窗口

（16）设置线的网格尺寸。选择 Main Menu > Preprocessor > Meshing > Size Cntrls > ManualSize > Lines > Picked Lines 命令，弹出线拾取框，在图形窗口中拾取图 6-114 所示的线 L1、L2 和 L6，单击 OK 按钮，弹出如图 6-119 所示的 Element Sizes on Picked Lines（所选线的网格尺寸）对话框，在 No. of element divisions 文本框中输入 NO_D_HEX，取消选中 SIZE, NDIV can be changed 复选框（表

示不可以修改此对话框中的网格尺寸设置），单击 OK 按钮。

（17）设置单元属性。选择 Main Menu > Preprocessor > Modeling > Create > Elements > Elem Attributes 命令，弹出如图 6-120 所示的 Element Attributes 对话框，将 Element type number 设为 2 PLANE182，单击 OK 按钮。

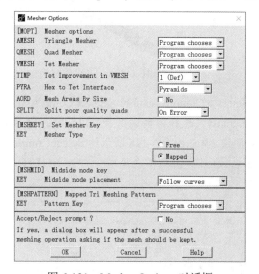

图 6-119　Element Sizes on Picked Lines 对话框　　　　图 6-120　Element Attributes 对话框

（18）设置网格划分选项。选择 Main Menu > Preprocessor > Meshing > Mesher Opts 命令，弹出如图 6-121 所示的 Mesher Options（网格划分器选项）对话框，将 Mesher Type 设为 Mapped（表示网格划分方法为映射），单击 OK 按钮。弹出如图 6-122 所示的 Set Element Shape（设置单元形状）对话框，将 2D Shape key 设为 Quad（表示二维面网格的形状为四边形），单击 OK 按钮。

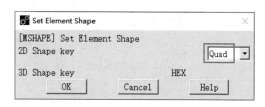

图 6-121　Mesher Options 对话框　　　　图 6-122　Set Element Shape 对话框

（19）生成面网格。选择 Main Menu > Preprocessor > Meshing > Mesh > Areas > Mapped > 3 or 4 sided 命令，弹出面拾取框，单击 Pick All 按钮，生成的面网格如图 6-123 所示。

（20）设置单元属性。选择 Main Menu > Preprocessor > Modeling > Create > Elements > Elem Attributes 命令，弹出如图 6-124 所示的 Element Attributes 对话框，将 Element type number 设为 1 SOLID185，单击 OK 按钮。

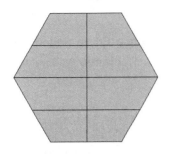

图 6-123 生成的面网格　　　　　图 6-124 Element Attributes 对话框

（21）设置单元尺寸。选择 Main Menu > Preprocessor > Meshing > Size Cntrls > ManualSize > Global > Size 命令，弹出如图 6-125 所示的 Global Element Sizes 对话框，在 Element edge length 文本框中输入 L_ELEM，单击 OK 按钮。

（22）生成体网格。选择 Main Menu > Preprocessor > Modeling > Operate > Extrude > Areas > Along Lines 命令，弹出面拾取框，单击 Pick All 按钮，弹出线拾取框，在图形窗口中依次拾取图 6-112 所示的线 L8、L10 和 L9，单击 OK 按钮，图形窗口中将显示 3D 模型。选择 Utility Menu > Plot > Elements 命令，结果如图 6-126 所示。

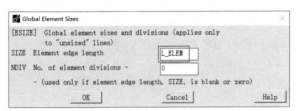

图 6-125 Global Element Sizes 对话框　　　　图 6-126 生成体网格

（23）选择组件 A_BOTTOM。选择 Utility Menu > Select > Comp/Assembly > Select Comp/Assembly 命令，弹出如图 6-127 所示的 Select Component or Assembly（选择组件或组装）对话框，将 Select component/assembly 设为 by component name，单击 OK 按钮。弹出如图 6-128 所示的 Select Component or Assembly 对话框，程序自动在 Comp/Assemb to be selected 列表框中选择唯一的 A_BOTTOM 选项，其他参数保持默认，单击 OK 按钮。

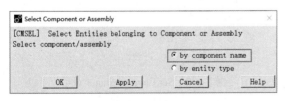
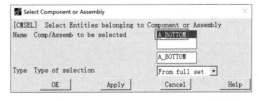

图 6-127 Select Component or Assembly 对话框（1）　　图 6-128 Select Component or Assembly 对话框（2）

（24）清除面网格。选择 Main Menu > Preprocessor > Meshing > Clear > Areas 命令，弹出面拾取框，单击 Pick All 按钮，清除组件 A_BOTTOM 上所生成的面网格。

（25）选择所有实体。选择 Utility Menu > Select > Everything 命令，选择所有的实体，然后选择 Utility Menu > Plot > Elements 命令，重新显示体网格。

6.5.2 施加载荷并提交求解

（1）施加自由度约束。选择 Utility Menu > Select > Comp/Assembly > Select Comp/Assembly 命令，弹出 Select Component or Assembly 对话框，连续单击两次 OK 按钮，选择组件 A_BOTTOM。选择 Utility Menu > Select > Entities 命令，弹出如图 6-129 所示的 Select Entities 对话框，在第 1 个下拉列表中选择 Lines 选项，在下面的下拉列表中选择 Exterior 选项，单击 Apply 按钮，选择组件 A_BOTTOM 外边界的所有线，即正六边形的外边线。然后在 Select Entities 对话框的第 1 个下拉列表中选择 Nodes 选项，在下面的下拉列表中选择 Attached to 选项，选中 Lines, all 单选按钮，单击 Apply 按钮，选择组件 A_BOTTOM 外边界线上的所有节点。选择 Main Menu > Solution > Define Loads > Apply > Structural > Displacement > On Nodes 命令，弹出节点拾取框，单击 Pick All 按钮，弹出如图 6-130 所示的 Apply U,ROT on Nodes 对话框，在 DOFs to be constrained 列表框中选择 All DOF，其他参数保持默认，单击 OK 按钮。返回 Select Entities 对话框，在第 1 个下拉列表中选择 Lines 选项，然后单击 Sele All 按钮，最后单击 Cancel 按钮关闭该对话框。

图 6-129 Select Entities 对话框

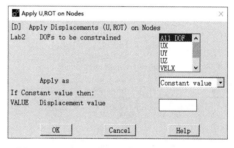

图 6-130 Apply U,ROT on Nodes 对话框

（2）设置边界条件和表面载荷的显示符号。选择 Utility Menu > PlotCtrls > Symbols 命令，弹出如图 6-131 所示的 Symbols（符号）对话框，将 Boundary condition symbol 设为 All Applied BCs（表示显示所有施加的边界条件），将 Surface Load Symbols 设为 Pressures（表示将表面载荷的符号设为压力），将 Show pres and convect as 设为 Arrows（表示将压力显示为箭头），单击 OK 按钮。

（3）选择施加压力载荷的节点（此压力载荷用于等效扭曲力）。选择 Utility Menu > Select > Entities 命令，弹出 Select Entities 对话框，在第 1 个下拉列表中选择 Areas 选项，在第 2 个下拉列表中选择 By Location 选项，选中 Y coordinates 单选按钮，在 Min, Max 文本框中输入 BENDRAD,L_HANDLE，然后单击 Apply 按钮。在 Select Entities 对话框中选中 X coordinates 单选按钮和 Reselect 单选按钮，然后在 Min, Max 文本框中输入 W_FLAT/2,W_FLAT，然后单击 Apply 按钮。在 Select Entities 对话框的第 1 个下拉列表中选择 Nodes 选项，在第 2 个下拉列表中选择 Attached to 选项，选中 Areas, all 单选按钮和 From Full 单选按钮，然后单击 Apply 按钮。在 Select Entities 对话框中的第 2 个下拉列表中选择 By Location 选项，选中 Y coordinates 单选按钮和 Reselect 单选按钮，在 Min, Max 文本框中输入 "L_HANDLE+TOL,L_HANDLE-(3*L_ELEM)-TOL"，最后单击 OK 按钮。

> **提示：**
> 由于需要在手柄末端施加压力载荷以用于等效扭曲力，所以首先选择组成手柄的所有面，接着再选择施加扭曲力的 2 个面，然后再选择这 2 个面上的所有节点，最后在这些节点中再选择位于手柄末端 Y 方向 3 个单元长度中的所有节点。

（4）获取所选节点集 Y 轴坐标的最小值和最大值。选择 Utility Menu > Parameters > Get Scalar Data 命令，弹出如图 6-132 所示的 Get Scalar Data 对话框，在 Type of data to be retrieved 的左侧列表框中选择 Model data 选项（表示模型数据），在右侧列表框中选择 For selected set 选项（表示选择集），单击 OK 按钮。弹出如图 6-133 所示的 Get Data for Selected Entity Set（从所选实体集中获取数据）对话框，在 Name of parameter to be defined 文本框中输入 MINYVAL，在 Data to be retrieved 的左侧列表框中选择 Current node set 选项（表示当前节点集），在右侧列表框中选择 Min Y coordinate（表示 Y 轴坐标的最小值）选项，单击 Apply 按钮。再次弹出 Get Scalar Data 对话框，保持默认的参数设置，单击 OK 按钮；再次弹出 Get Data for Selected Entity Set 对话框，在 Name of parameter to be defined 文本框中输入 MAXYVAL，在 Data to be retrieved 的左侧列表框中选择 Current node set 选项，在右侧列表框中选择 Max Y coordinate（表示 Y 轴坐标的最大值），单击 OK 按钮。

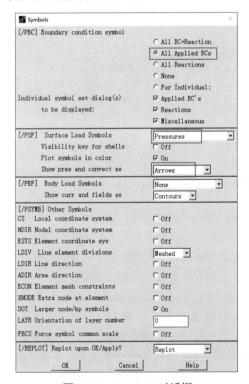

图 6-131　Symbols 对话框

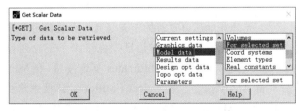

图 6-132　Get Scalar Data 对话框

（5）计算需要施加压力的数值（此压力用于等效扭曲力）。选择 Utility Menu > Parameters > Scalar Parameters 命令，弹出如图 6-134 所示的 Scalar Parameters 对话框，在 Selection 文本框中输入 "PTORQ=100/(W_HEX*(MAXYVAL-MINYVAL))"，单击 Accept 按钮，最后单击 Close 按钮。

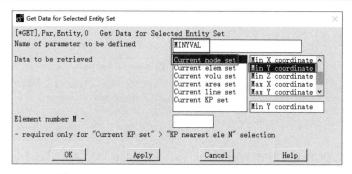

图 6-133 Get Data for Selected Entity Set 对话框

📢 提示：

> W_HEX 为扳手横截面的高度（扭曲力受力面积的高度），MAXYVAL-MINYVAL 为所选节点集 Y 轴坐标最大值与最小值之差（扭曲力受力面积的总宽度），两者乘积即为扭曲力的受力面积。扭曲力为 100 N，其除以受力面积即为需要施加的压力载荷。

（6）在节点上施加压力载荷（即施加等效的扭曲力载荷）。选择 Main Menu > Solution > Define Loads > Apply > Structural > Pressure > On Nodes 命令，弹出节点拾取框，单击 Pick All 按钮，弹出如图 6-135 所示的 Apply PRES on nodes（在节点上施加压力）对话框，在 Load PRES value 文本框中输入 PTORQ，单击 OK 按钮。

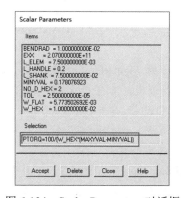

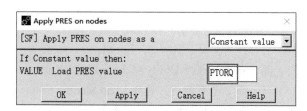

图 6-134　Scalar Parameters 对话框　　图 6-135　Apply PRES on nodes 对话框

（7）选择所有实体。选择 Utility Menu > Select > Everything 命令，选择所有实体。
（8）显示节点。选择 Utility Menu > Plot > Nodes 命令，显示所有节点，结果如图 6-136 所示。
（9）保存文件。单击工具栏中的 SAVE_DB 按钮，保存文件。
（10）写入第 1 个载荷步。选择 Main Menu > Solution > Load Step Opts > Write LS File 命令，弹出如图 6-137 所示的 Write Load Step File（写入载荷步文件）对话框，在 Load step file number n 文本框中输入 1（表示写入第 1 个载荷步），单击 OK 按钮。
（11）计算需要施加压力的数值（此压力用于等效向下的力）。选择 Utility Menu > Parameters > Scalar Parameters 命令，弹出 Scalar Parameters 对话框，在 Selection 文本框中输入"PDOWN=20/(W_FLAT*(MAXYVAL-MINYVAL))"，单击 Accept 按钮，最后单击 Close 按钮。

图 6-136 显示节点的结果（图中以箭头符号显示压力载荷）

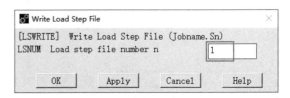

图 6-137 Write Load Step File 对话框

> **提示：**
> W_FLAT 为扳手横截面的边长，MAXYVAL-MINYVAL 为 Y 轴坐标最大值与最小值之差，两者乘积即为向下的力的总受力面积。向下的力为 20N，其除以受力面积即为需要施加的压力载荷。

（12）选择施加压力载荷的节点（此压力载荷用于等效向下的力）。选择 Utility Menu > Select > Entities 命令，弹出 Select Entities 对话框，在第 1 个下拉列表中选择 Areas 选项，在第 2 个下拉列表中选择 By Location 选项，选中 Z coordinates 单选按钮和 From Full 单选按钮，在 Min, Max 文本框中输入"-(L_SHANK+(W_HEX/2))"，然后单击 Apply 按钮。在 Select Entities 对话框的第 1 个下拉列表中选择 Nodes 选项，在第 2 个下拉列表中选择 Attached to 选项，选中 Areas, all 单选按钮，然后单击 Apply 按钮。在 Select Entities 对话框的第 2 个下拉列表中选择 By Location 选项，选中 Y coordinates 单选按钮和 Reselect 单选按钮，在 Min, Max 文本框中输入"L_HANDLE+TOL, L_HANDLE-(3*L_ELEM)-TOL"，最后单击 OK 按钮。

（13）在节点上施加压力载荷（即施加等效的向下的力载荷）。选择 Main Menu > Solution > Define Loads > Apply > Structural > Pressure > On Nodes 命令，弹出节点拾取框，单击 Pick All 按钮，弹出 Apply PRES on nodes 对话框，在 Load PRES value 文本框中输入 PDOWN，单击 OK 按钮。

（14）选择所有实体。选择 Utility Menu > Select > Everything 命令，选择所有实体。

（15）显示节点。选择 Utility Menu > Plot > Nodes 命令，显示所有节点。

（16）写入第 2 个载荷步。选择 Main Menu > Solution > Load Step Opts > Write LS File 命令，弹出 Write Load Step File 对话框，在 Load step file number n 文本框中输入 2（表示写入第 2 个载荷步），单击 OK 按钮。

（17）保存文件。单击工具栏中的 SAVE_DB 按钮，保存文件。

（18）通过载荷步文件提交求解。选择 Main Menu > Solution > Solve > From LS Files 命令，弹出如图 6-138 所示的 Solve Load Step Files（求解载荷步文件）对话框，在 Starting LS file number 文本框中输入 1（表示从第 1 个载荷步开始求解），在 Ending LS file number 文本框中输入 2（表示求解第 2 个载荷步后终止），单击 OK 按钮，提交求解。

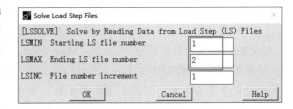

图 6-138 Solve Load Step Files 对话框

求解完成时，弹出显示 Solution is done!信息的 Note 对话框，单击 Close 按钮将其关闭。

6.5.3 查看结果数据

1. 读入第 1 个载荷步的结果数据并进行查看

（1）将结果数据读入数据库。选择 Main Menu > General Postproc > Read Results > First Set 命令，可将第 1 个载荷步的结果数据读入数据库。

（2）列表显示支反力的结果。选择 Main Menu > General Postproc > List Results > Reaction Solu 命令，弹出如图 6-139 所示的 List Reaction Solution（列表显示支反力解）对话框，保持默认参数设置，即选择所有结果项，单击 OK 按钮，弹出如图 6-140 所示的 PRRSOL Command 窗口，可见 X 方向的支反力为 100.00，即 X 方向的支反力为 100N，这与所施加的 100N 的扭曲力相等。

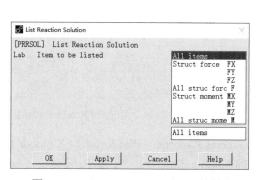

图 6-139 List Reaction Solution 对话框

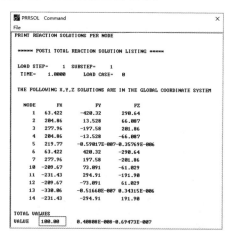

图 6-140 列表显示支反力的结果

（3）隐藏边界条件的符号显示。选择 Utility Menu > PlotCtrls > Symbols 命令，弹出 Symbols 对话框，将 Boundary condition symbol 设为 None（不显示边界条件的符号），将 Surface Load Symbols 设为 None（不显示表面载荷符号），单击 OK 按钮。

（4）控制模型边线的显示。选择 Utility Menu > PlotCtrls> Style > Edge Options 命令，弹出如图 6-141 所示的 Edge Options（边线选项）对话框，在 Element outlines for non-contour/contour plots 下拉列表中选择 Edge Only/All 选项 [表示在显示单元时仅显示非共面的单元面之间的公共边线（隐藏所有相邻共面的单元面之间的公共边线），在云图显示时显示所有单元面之间的公共边线]，单击 OK 按钮。

（5）显示变形后的形状。选择 Main Menu > General Postproc > Plot Results > Deformed Shape 命令，弹出 Plot Deformed Shape 对话框，将 Items to be plotted 设为 Def + undeformed，单击 OK 按钮，结果如图 6-142 所示。通过左上角的 DMX=.004904 文字可知，模型最大的总变形为 0.004904 m。

（6）保存绘图控制文件。选择 Utility Menu > PlotCtrls > Save Plot Ctrls 命令，弹出如图 6-143 所示的 Save Plot Controls（保存绘图控制）对话框，在 Save plot ctrls on file 文本框中输入 pldisp.gsav，单击 OK 按钮。

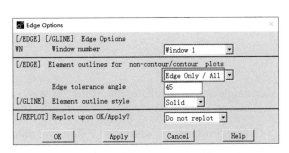

图 6-141 Edge Options 对话框

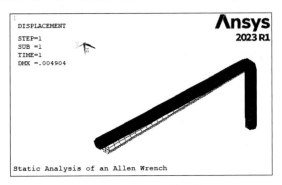

图 6-142 变形后的形状

(7) 旋转视图的方向。选择 Utility Menu > PlotCtrls > View Settings > Angle of Rotation 命令，弹出如图 6-144 所示的 Angle of Rotation 对话框，在 Angle in degrees 文本框中输入 120，将 Relative/absolute 设为 Relative angle（表示连续旋转，本次旋转是相对于前一次旋转而进行的），将 Axis of rotation 设为 Global Cartes Y，单击 OK 按钮。

图 6-143 Save Plot Controls 对话框

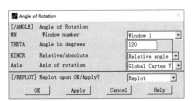

图 6-144 Angle of Rotation 对话框

(8) 显示应力强度的云图。选择 Main Menu > General Postproc > Plot Results > Contour Plot > Nodal Solu 命令，弹出如图 6-145 所示的 Contour Nodal Solution Data 对话框，在 Items to be contoured 列表框中选择 Nodal Solution > Stress > Stress intensity 选项（Stress intensity 表示应力强度），单击 OK 按钮，结果如图 6-146 所示。由图 6-146 可见，MX 标识显示在柄脚与手柄的连接处，该位置的应力强度最大；通过左上角的 SMX=.268E+09 可知，该位置的应力强度为 0.268×10^9 Pa。

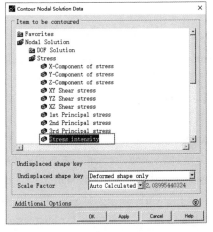

图 6-145 Contour Nodal Solution Data 对话框

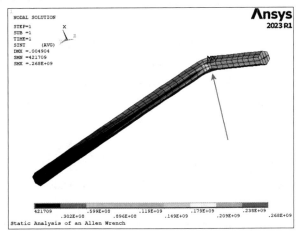

图 6-146 应力强度的云图

（9）保存绘图控制文件。选择 Utility Menu > PlotCtrls > Save Plot Ctrls 命令，弹出 Save Plot Controls 对话框，在 Save plot ctrls on file 文本框中输入 plnsol.gsav，单击 OK 按钮。

2. 读入第 2 个载荷步的结果数据并进行查看

（1）将结果数据读入数据库。选择 Main Menu > General Postproc > Read Results > Last Set 命令，将结果数据读入数据库。

（2）列表显示支反力的结果。选择 Main Menu > General Postproc > List Results > Reaction Solu 命令，弹出 List Reaction Solution 对话框，保持默认参数设置，即选择所有结果项，单击 OK 按钮，弹出如图 6-147 所示的 PRRSOL Command 窗口，可见 LOAD STEP=2，表示所列出的结果数据是第 2 个载荷步的结果数据；除了 X 方向的支反力为 100.00 之外，Z 方向的支反力为-20.000，即 Z 方向的支反力为-20N，这与所施加的 20N 向下的力大小相等，负号表示支反力的方向为 Z 轴的负方向。

（3）恢复绘图控制文件。选择 Utility Menu > PlotCtrls > Restore Plot Ctrls 命令，弹出如图 6-148 所示的 Restore Plot Controls（恢复绘图控制）对话框，在 Restore plot ctrls from 文本框中直接输入 pldisp.gsav 或单击 Browse 按钮后选择 pldisp.gsav 文件，最后单击 OK 按钮。

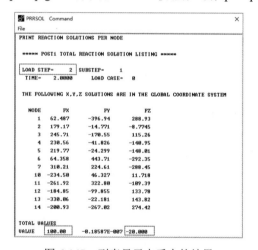

图 6-147 列表显示支反力的结果

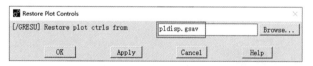

图 6-148 Restore Plot Controls 对话框

（4）显示变形后的形状。选择 Main Menu > General Postproc > Plot Results > Deformed Shape 命令，弹出 Plot Deformed Shape 对话框，将 Items to be plotted 设为 Def + undeformed，单击 OK 按钮，结果如图 6-149 所示。通过左上角的 DMX=.004974 文字可知，模型最大的总变形为 0.004974 m。

（5）恢复绘图控制文件。选择 Utility Menu > PlotCtrls > Restore Plot Ctrls 命令，弹出 Restore Plot Controls 对话框，在 Restore plot ctrls from 文本框中输入 plnsol.gsav，单击 OK 按钮。

（6）显示应力强度的云图。选择 Main Menu > General Postproc > Plot Results > Contour Plot > Nodal Solu 命令，弹出 Contour Nodal Solution Data 对话框，在 Items to be contoured 列表框中选择 Nodal Solution > Stress > Stress intensity 选项，单击 OK 按钮，结果如图 6-150 所示。由图 6-150 可见，MX 标识显示在柄脚与手柄的连接处，该位置的应力强度最大；通过左上角的 SMX=.286E+09 可知，该位置的应力强度为 0.286×10^9 Pa。为了更清楚地查看最大应力强度位置处内六角扳手横截面的应力分布，需要进行后续的操作。

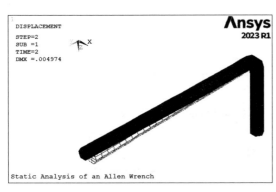
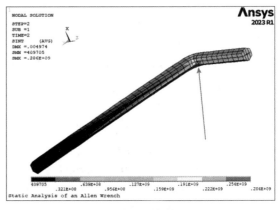

图 6-149 变形后的形状　　　　　　　　　图 6-150 应力强度的云图

（7）偏移工作平面。选择 Utility Menu > WorkPlane > Offset WP by Increments 命令，弹出如图 6-151 所示的 Offset WP 对话框，在 X,Y,Z Offsets 文本框中输入"0,0,-0.067"（表示工作平面向 Z 轴负方向移动 0.067 个单位），单击 OK 按钮。

（8）通过工作平面对模型进行切割。选择 Utility Menu > PlotCtrls > Style > Hidden Line Options 命令，弹出如图 6-152 所示的 Hidden-Line Options（隐藏线选项）对话框，将 Type of Plot 设为 Capped hidden（表示显示切割平面，且隐藏切割平面中的单元面显示，同时移除切割平面前面的模型），将 Cutting plane is 设为 Working plane（表示切割平面为工作平面），单击 OK 按钮。

（9）调整视图方向并放大视图。选择 Utility Menu > PlotCtrls > Pan Zoom Rotate 命令，弹出如图 6-153 所示的 Pan-Zoom-Rotate 对话框，单击 WP 按钮（表示将视图方向调整为垂直于当前的工作平面），将 Rate 滑块拖动到 10 的位置（表示调整平移、缩放、旋转的速度），然后多次单击放大按钮，直到能够清晰地显示切割平面位置，结果如图 6-154 所示。通过该切割平面能够更清楚地看到内六角扳手横截面的应力分布情况。

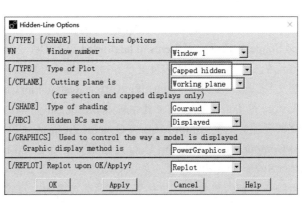
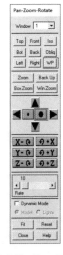

图 6-151 Offset WP 对话框　　　图 6-152 Hidden-Line Options 对话框　　　图 6-153 Pan-Zoom-Rotate 对话框

（10）保存文件。单击工具栏中的 SAVE_DB 按钮，保存文件。

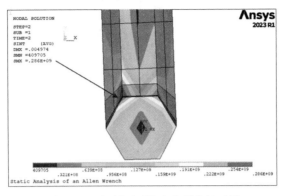

图 6-154　切割平面的应力强度的云图

6.5.4　命令流文件

在工作目录中找到 AllenWrench0.log 文件，并对其进行修改，修改后的命令流文件（AllenWrench.txt）中的内容如下。

```
!%%%%内六角扳手的线性静力分析%%%%%
/CLEAR,START                    !清除数据
/FILNAME,AllenWrench,1          !更改文件名称
/TITLE,Static Analysis of an Allen Wrench
*afun,deg                       !设置参数化函数中的角度单位
!定义参数
EXX=2.07E11                     !定义弹性模型
W_HEX=.01                       !扳手横截面高度
W_FLAT=W_HEX*TAN(30)            !内六角扳手横截面的边长
L_SHANK=.075                    !柄脚长度
L_HANDLE=.2                     !手柄长度
BENDRAD=.01                     !弯曲半径
L_ELEM=.0075                    !单元的长度
NO_D_HEX=2                      !扳手横截面外边界边所划分的单元数
TOL=25E-6                       !选择节点时的容差
/PREP7                          !进入前处理器
ET,1,SOLID185,,3                !定义1号单元及其单元选项
ET,2,PLANE182,3                 !定义2号单元及其单元选项
MP,EX,1,EXX                     !定义1号材料的弹性模量
MP,PRXY,1,0.3                   !定义1号材料的泊松比
RPOLY,6,W_FLAT                  !创建正六边形的横截面
K,7                             !创建位于横截面中心的7号关键点
K,8,,,-L_SHANK                  !创建位于柄脚和手柄连接处的8号关键点
K,9,,L_HANDLE,-L_SHANK          !创建手柄末端的9号关键点
/TRIAD,LTOP                     !将坐标系位置调整到图形窗口的左上角
/VIEW,,1,1,1                    !等轴测视图方向显示模型
/ANGLE,1,90,XM,0                !模型绕X轴旋转90°
/PNUM,KP,1                      !打开关键点的编号显示
```

```
/PNUM,LINE,1                          !打开线的编号显示
/REPLOT                               !重新绘制图形
L,4,1                                 !创建横穿正六边形横截面的线 L7
L,7,8                                 !创建沿柄脚的线 L8
L,8,9                                 !创建沿手柄的线 L9
LFILLT,8,9,BENDRAD                    !创建倒圆角的圆弧线
/PNUM,KP,0                            !隐藏关键点编号的显示
ASBL,1,7,,,KEEP                       !通过线 L7 切分正六边形面
CM,A_BOTTOM,AREA                      !创建面的组件 A_BOTTOM
CMLIST,A_BOTTOM,1                     !查看组件 A_BOTTOM 的组成
LESIZE,1,,,NO_D_HEX                   !设置线的网格尺寸
LESIZE,2,,,NO_D_HEX
LESIZE,6,,,NO_D_HEX
TYPE,2                                !将单元属性设为 2 号 PLANE182 单元
MSHAPE,0,2D                           !单元形状为四边形
MSHKEY,1                              !网格划分方法为映射
AMESH,ALL                             !对面进行网格划分
EPLOT                                 !显示单元
TYPE,1                                !将单元属性设为 1 号 SOLID185 单元
ESIZE,L_ELEM                          !设置单元尺寸
VDRAG,2,3,,,,,8,10,9                  !生成体网格
EPLOT                                 !显示单元
CMSEL,,A_BOTTOM                       !选择组件
ACLEAR,ALL                            !清除面网格
ALLSEL,ALL                            !选择所有实体
FINISH                                !退出前处理器
/SOLU                                 !进入求解器
C***,施加固定端的约束
CMSEL,,A_BOTTOM                       !选择组件 A_BOTTOM
LSEL,,EXT                             !组件扳手横截面外边界的所有线
NSLL,,1                               !选择线上的所有节点
D,ALL,ALL                             !对节点施加自由度约束
LSEL,ALL                              !选择所有线
/PBC,U,,1                             !显示自由度约束的边界条件符号
/PSF,PRES,NORM,2,0,1                  !将表面压力载荷显示为箭头符号
C***,施加扭曲力载荷
ASEL,,LOC,Y,BENDRAD,L_HANDLE          !选择组成手柄的面
ASEL,R,LOC,X,W_FLAT/2,W_FLAT          !选择手柄施加压力载荷的 2 个面
NSLA,,1                               !选择面上的所有节点
!选择位于手柄末端 Y 方向 3 个单元长度中的所有节点
NSEL,R,LOC,Y,L_HANDLE+TOL,L_HANDLE-(3*L_ELEM)-TOL
*GET,MINYVAL,NODE,,MNLOC,Y            !获取所选节点集 Y 轴坐标的最小值
*GET,MAXYVAL,NODE,,MXLOC,Y            !获取所选节点集 Y 轴坐标的最大值
PTORQ=100/(W_HEX*(MAXYVAL-MINYVAL))   !计算将 100N 的扭曲力等效为压力载荷的数值
SF,ALL,PRES,PTORQ                     !在节点上施加压力载荷
ALLSEL                                !选择所有实体
NPLOT                                 !显示节点
SAVE                                  !保存文件
LSWRITE,1                             !写入第 1 个载荷步
C***,施加向下的力载荷
```

```
PDOWN=20/(W_FLAT*(MAXYVAL-MINYVAL))      !计算将 20N 的向下的力等效为压力载荷的数值
ASEL,,LOC,Z,-(L_SHANK+(W_HEX/2))         !选择手柄上表面
NSLA,,1                                  !选择面上的所有节点
!选择位于手柄末端 Y 方向 3 个单元长度中的所有节点
NSEL,R,LOC,Y,L_HANDLE+TOL,L_HANDLE-(3.0*L_ELEM)-TOL
SF,ALL,PRES,PDOWN                        !在节点上施加压力载荷
ALLSEL                                   !选择所有实体
NPLOT                                    !显示节点
LSWRITE,2                                !写入第 2 个载荷步
SAVE                                     !保存文件
LSSOLVE,1,2                              !通过载荷步文件提交求解
FINISH                                   !退出求解器
/POST1                                   !进入通用后处理器
SET,FIRST                                !读入第 1 个载荷步的结果
PRRSOL                                   !列表显示支反力
/PBC,DEFA                                !隐藏边界条件符号的显示
/PSF,DEFA                                !隐藏表面载荷符号的显示
/EDGE,,1                                 !仅显示模型轮廓线,隐藏内部单元轮廓线
PLDISP,1                                 !显示变形后的形状和未变形前的模型轮廓线
/GSAVE,pldisp,gsav                       !将当前绘图控制保存为文件 pldisp.gsav
/ANGLE,,120,YM,1                         !旋转视图方向
PLNSOL,S,INT                             !显示应力强度的云图
/GSAVE,plnsol,gsav                       !将当前绘图控制保存为文件 plnsol.gsav
SET,2                                    !读入第 2 个载荷步的结果
PRRSOL                                   !列表显示支反力
/GRESUME,pldisp,gsav                     !恢复绘图控制文件 pldisp.gsav
PLDISP,1                                 !显示变形后的形状和未变形前的模型轮廓线
/GRESUME,plnsol,gsav                     !恢复绘图控制文件 plnsol.gsav
PLNSOL,S,INT                             !显示应力强度的云图
WPOFFS,,,-0.067                          !偏移工作平面
/TYPE,1,5                                !隐藏切割平面的内部单元轮廓
/CPLANE,1                                !将工作平面作为切割平面
/VIEW, 1,WP                              !视图方向垂直工作平面
/DIST,1,.01                              !缩放视图
PLNSOL,S,INT                             !显示应力强度的云图
SAVE                                     !保存文件
FINISH                                   !退出通用后处理器
/EXIT,NOSAVE                             !退出 Ansys
```

第 7 章 模 态 分 析

模态分析通常用于计算结构的振动特性。本章首先对模态分析的用途进行简要介绍，接着介绍模态分析的基本步骤，最后通过具体的实例讲解模态分析中创建有限元模型、施加载荷、提交求解和查看结果数据的操作步骤。

➢ 模态分析的用途
➢ 模态分析的基本步骤
➢ Ansys 提供的模态提取方法
➢ 模态分析的结果后处理

7.1 模态分析概述

模态分析不仅可以用于计算结构的振动特性，而且可以作为诸如瞬态动力学分析、谐响应（谐波）分析和谱分析等其他动力学分析问题的起点。下面简要介绍有关模态分析的基础知识。

1．模态分析的用途

模态分析能够计算出结构的固有频率和振型。这两个参数都是动态载荷条件下结构设计的重要参数，并且是需要在进行谱分析、模态叠加法谐响应分析或瞬态动力学分析之前计算出来的。可以对有预应力的结构（如旋转的涡轮叶片）进行模态分析。对于循环对称结构，可以充分利用其循环对称特性，在模态分析中只选取结构的一个特征扇形区域进行建模并查看其振型。

Ansys 软件中的模态分析是一种线性分析。任何非线性特性，如塑性和接触（间隙）单元，即使已定义，也会被忽略。Ansys 提供了以下几种模态提取方法：分块兰索斯（Block Lanczos）法、超节点（Supernode）法、子空间（Subspace）法、预条件共轭梯度兰索斯（PCG Lanczos）法、非对称（Unsymmetric）法、阻尼（Damped）法和 QR 阻尼（QR Damped）法。阻尼法和 QR 阻尼法允许在结构中存在阻尼。QR 阻尼法也适用于非对称阻尼和刚度矩阵。

2．模态分析的基本步骤

模态分析一般包括以下 3 个主要基本步骤。

（1）创建有限元模型。为进行模态分析而创建有限元模型时，需要注意以下 3 个要点。

1）在模态分析中只有线性行为是有效的。如果定义了非线性单元，Ansys 会将其视为线性单元。例如，如果分析中包括接触单元，则根据其初始状态计算刚度，并且永远不会改变此刚度值。对于包含预应力的模态分析，Ansys 假设接触单元的初始状态为静态预应力分析完成时的状态。

2）材料属性可以是线性的、各向同性的或正交各向异性的，恒定温度的或与温度相关的。模态分析中必须定义弹性模量 EX（或某种形式的刚度）和密度 DENS（或某种形式的质量）。

3）如果使用单元阻尼，则需要为某些特定的单元类型（COMBIN14、COMBIN37等）定义所需的实常数。

（2）施加载荷并提交求解。在这一步中需要定义分析类型和分析选项，施加载荷，指定载荷步选项，并进行固有频率的有限元求解。

1）进入求解器。选择 Main Menu > Solution 命令或输入"/SOLU"命令。

2）定义分析类型和分析选项。①指定分析类型为模态分析（使用 ANTYPE 命令或相应的 GUI 菜单）。②选择模态提取方法和提取的模态数（使用 MODOPT 命令或相应的 GUI 菜单），具体的模态提取方法见表7-1。对于大多数场合，使用分块兰索斯法、预条件共轭梯度兰索斯法、子空间法或超节点法；非对称法、阻尼法和 QR 阻尼法仅适用于特殊场合。当指定模态提取方法时，程序会自动选择适合的求解器。③指定需要扩展的模态数和如何计算单元结果项（使用 MXPAND 命令或相应的 GUI 菜单）。④进行结果输出控制（使用 OUTRES 命令或相应的 GUI 菜单）。⑤指定质量矩阵的形式（使用 LUMPM 命令或相应的 GUI 菜单）。⑥预应力效应的计算（使用 PSTRES 命令或相应的 GUI 菜单）。⑦残差向量（残差响应）的计算（使用 RESVEC 命令）。⑧其他模态分析选项，如指定感兴趣的模态频率范围、输出的缩减模态数等。

表 7-1 Ansys 中提供的模态提取方法

模态提取方法	说 明
分块兰索斯法	适用于大型对称特征值问题。此方法使用稀疏矩阵直接求解器（将覆盖通过 EQSLV 所指定的任何求解器）
预条件共轭梯度兰索斯法	适用于非常大的对称特征值问题（500 000 及以上自由度），并且对于获得最低模态的解以了解模型将如何响应时特别有用。该方法使用预条件共轭梯度求解器，因此具有相同的使用限制（即不支持超单元、接触单元上的拉格朗日乘子选项、混合 U-P 公式单元等）
超节点法	该方法可在一次求解中求解多个模态（最多 10 000 个）。通常，求解多个模态是为了进行后续的模态叠加法分析或功率谱密度（Power Spectral Density，PSD）分析，以求解较高频率范围内的响应。如果求解的模态数量超过 200 个，则此方法的求解速度通常快于分块兰索斯法。该方法求解的准确性可通过 SNOPTION 命令进行控制
子空间法	适用于大型对称特征值问题。此方法使用稀疏矩阵直接求解器。与分块兰索斯法相比，子空间法的优点是刚度矩阵$[K]$和柔度系数矩阵$[S]$/质量矩阵$[M]$可以同时为不定矩阵
非对称法	适用于具有非对称矩阵的问题，如流固耦合（Fluid-Structure Interaction，FSI）问题。仅支持结构阻尼
阻尼法	适用于不能忽略黏性（或黏性和结构的混合）阻尼的问题，例如具有阻尼器的结构或包含材料相关阻尼的结构。系统矩阵可以是不对称的
QR 阻尼法	适用于不能忽略黏性阻尼的问题，如转子动力学问题。系统矩阵可以是不对称的。它使用简化的模态阻尼矩阵来计算模态坐标中的复阻尼频率。求解速度快于阻尼法

3）施加载荷。在模态分析中，通常唯一有效的载荷是零位移约束。如果在某个自由度上指定了一个非零的位移约束，则程序会以零位移约束替代在该自由度上的设置。对于未指定约束的方向，程序将计算刚体运动（零频）和高频（非零频）自由体模态。其他类型的载荷（如施加的节点力和单元分布载荷）不会直接影响模态分析的结果。然而，对于包含预应力的模态分析而言，与某些载荷相关的载荷刚度矩阵可能会影响到分析结果。因此，此类载荷的任何变化都可能导致不同的求解结果。如果要在完成模态分析后继续进行谐响应分析或模式叠加法的瞬态动力学分析，也可以施加其他类型的载荷。

4）指定载荷步选项。模态分析中唯一可用的载荷步选项是阻尼选项。其中，阻尼法和 QR 阻尼法支持所有类型的阻尼，非对称法仅支持结构阻尼，其他模态提取方法将忽略阻尼。如果模态分析存在阻尼并使用阻尼法，则计算的特征值和特征向量是复数解；如果模态分析存在阻尼并使用 QR 阻尼法，则特征值是复数解，但特征向量可以是实数解或复数解。

5）提交求解。为了防止在求解过程中发生错误，建议在提交求解之前保存一个数据库的副本，然后选择 Main Menu > Solution > Solve > Current LS 命令或输入 SOLVE 命令提交求解。

6）参与系数表输出。参与系数表列出了所提取的每个模态的参与系数、模态系数和质量分布百分比。参与系数和模态系数是基于在全局笛卡儿坐标系的 3 个轴向平动和转动方向上均假设施加单位位移谱激励而计算的。同时，列表还显示质量分布。

在精准质量概要（PRECISE MASS SUMMARY）中列出的总质量（TOTAL MASS）是用于计算有效质量与总质量之比的总质量。只有在精确质量概要（适用于 3D 模型）中，才能准确计算出总的刚体质量，从而计算出各方向的质量分量。

7）模态质量和动能输出。当通过 MXPAND 命令扩展模态时，模态质量、动能和平动有效质量在参与系数表之后的概要中进行输出。模态质量和动能总是通过对模态进行归一化后再计算出来的（独立于 MODOPT 命令中的 Nrmkey 变量）。在模态分析中，如果使用了超单元，则计算模态质量和动能时只考虑主自由度。因此，主自由度受到的约束越多，则所计算出的模态质量和动能就越不准确。动能是通过模态质量计算出来的，因此不需要计算单元结果（独立于 MXPAND 命令中的 Elcalc 变量）。

8）退出求解器。通过 FINISH 命令或 GUI 中的 Main Menu > Finish 菜单命令退出求解器。

（3）查看结果数据。模态分析的结果（即模态扩展处理的结果）被写入结构分析结果文件 **Jobname.rst** 中。分析结果包括固有频率、已扩展的振型、相对应力和力分布（如要求输出）。

可以在通用后处理器中查看模态分析的结果。模态分析的一些典型的后处理操作简要介绍如下。

1）读入合适子步的结果数据。每阶模态在结果文件中被存为一个单独的子步。例如，如果扩展了六阶模态，结果文件中将有一个由 6 个子步组成的载荷步。可以通过 SET 命令或相应的 GUI 菜单命令读入结果数据。如果结果数据是复数解，可以通过 SET 命令中的 KIMG 变量来设置和查看复数解的实部、虚部、振幅或相位。

2）列表显示所有频率。用于列出所有已扩展模态对应的频率。下面是 SET,LIST 命令输出结果的示例。

```
 ***** INDEX OF DATA SETS ON RESULTS FILE *****
   SET   TIME/FREQ    LOAD STEP   SUBSTEP   CUMULATIVE
    1     22.973          1          1          1
    2     40.476          1          2          2
    3     78.082          1          3          3
    4     188.34          1          4          4
```

3）显示变形的形状。通过 PLDISP 命令或相应的 GUI 菜单命令可以查看变形的形状。

4）线单元的结果（可选）。对线单元，如梁、杆和管，可以通过 ETABLE 命令获得导出数据（如应力、应变等）。结果数据通过一个标识字和一个 ETABLE 命令中的序列号或组件名组合起来加以区分。

5）云图显示结果项。通过 PLNSOL 或 PLESOL 命令可以绘制所有结果项的云图，如应力、应变和位移。另外，通过 PLETAB 命令可以绘制单元表数据的云图，通过 PLLS 命令可以绘制线单元数据的云图。

6)列表显示结果项。通过 PRNSOL 命令可以列表显示单元结果,通过 PRESOL 命令可以列表显示一个单元接一个单元的结果,通过 PRRSOL 命令可以显示支反力结果。另外,在列表显示结果数据之前,可以通过 NSORT 和 ESORT 命令对数据进行排序。

7)其他功能。许多其他的后处理功能,如将结果映射到一个路径上、载荷工况(load case)组合等,在通用后处理器中均可使用。

📢 **提示:**

> 如果需要在通用后处理器中查看结果,则数据库中必须包含与求解时相同的模型且结果文件 Jobname.rst 必须存在。

接下来,通过具体的实例介绍在 Ansys 软件中进行模态分析的操作步骤。

7.2 实例——简化汽车悬挂系统的模态分析

图 7-1 所示为简化汽车悬挂系统简图(简化为一个平面系统),该系统由车身(梁)、承重(重量为 W,回转半径为 r)、前后支撑(刚度系数分别为 k_1 和 k_2)组成。汽车悬挂振动系统可以简化地看作由以下两个主要运动组成:运动体系在垂直方向的线性运动以及车身质量块的俯仰角运动(旋转运动)。对该系统进行模态分析,计算一阶模态和二阶模态对应的固有频率 f_1 和 f_2。

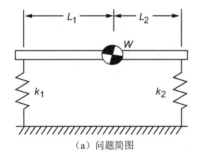
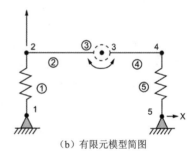

(a)问题简图　　　　　　　　　　　　(b)有限元模型简图

图 7-1　简化汽车悬挂系统问题简图

该问题的材料属性、几何尺寸以及载荷见表 7-2。

表 7-2　材料属性、几何尺寸以及载荷

材　料　属　性	几　何　尺　寸	载　　荷
梁的弹性模量:$E=1.915\times10^{11}$Pa 梁的泊松比:$v=0.3$ 车身质量:$W=1460$kg 前悬架支撑弹簧的刚度系数:$k_1=35\ 000$N/m 后悬架支撑弹簧的刚度系数:$k_2=38\ 000$N/m	质心与前悬架的距离:$L_1=1.37$m 质心与后悬架的距离:$L_2=1.68$m 质量分布的回转半径:$r=1.22$m 梁的宽度:$B=0.3$m 梁的高度:$H=0.3$m	无

根据模态分析的基本步骤,接下来对简化汽车悬挂系统的模态分析步骤进行具体介绍。

7.2.1 创建有限元模型

（1）定义工作文件名。选择 Utility Menu > File > Change Jobname 命令，弹出 Change Jobname 对话框，在 Enter new jobname 文本框中输入 Suspension 并勾选 New log and error files?复选框，单击 OK 按钮。

（2）定义工作标题。选择 Utility Menu > File > Change Title 命令，弹出 Change Title 对话框，在 Enter new title 文本框中输入 Automobile Suspension System Vibrations，单击 OK 按钮。

（3）定义单元类型。选择 Main Menu > Preprocessor > Element Type > Add/Edit/Delete 命令，弹出 Element Types 对话框，单击 Add 按钮，弹出如图 7-2 所示的 Library of Element Types 对话框。在左侧的列表框中选择 Beam 选项，在右侧的列表框中选择 2 node 188 选项，即 BEAM188 单元，单击 Apply 按钮；在左侧的列表框中选择 Combination 选项，在右侧的列表框中选择 Spring-damper 14 选项，即 COMBIN14 单元，单击 Apply 按钮；在左侧的列表框中选择 Structural Mass 选项，在右侧的列表框中选择 3D mass 21 选项，即 MASS21 单元，单击 OK 按钮。

在关闭 Library of Element Types 对话框的同时，返回如图 7-3 所示的 Element Types 对话框，在 Defined Element Types 列表框中选择 Type 1 BEAM188 选项，单击 Options 按钮，弹出如图 7-4 所示的 BEAM188 element type options 对话框，将 K3 设为 Cubic Form.（表示单元长度方向的形函数为三次多项式），单击 OK 按钮。返回 Element Types 对话框，在 Defined Element Types 列表框中选择 Type 2 COMBIN14 选项，单击 Options 按钮，弹出如图 7-5 所示的 COMBIN14 element type options 对话框，将 K3 设为 2-D longitudinal [表示 2D 和 3D 自由度控制设置为 2D 轴向弹簧阻尼（必须位于 XY 平面内）]，单击 OK 按钮。返回 Element Types 对话框，在 Defined Element Types 列表框中选择 Type 3 MASS21 选项，单击 Options 按钮，弹出如图 7-6 所示的 MASS21 element type options 对话框，将 K3 设为 2-D w rot inert（表示考虑转动惯量的 2D 质量，即单元的自由度为 UX、UY 和 ROTZ），单击 OK 按钮，返回 Element Types 对话框并将其关闭。

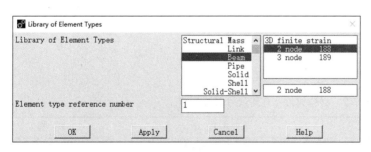

图 7-2 Library of Element Types 对话框

图 7-3 Element Types 对话框

🔊 提示：

> 本分析中采用 2D 计算模型，使用梁单元 BEAM188 来等效车身，使用弹簧阻尼单元 COMBIN14 来等效车体的前后悬架支撑弹簧，使用结构质量单元 MASS21 来等效车身质量。

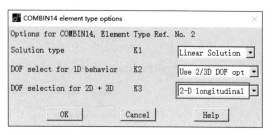

图 7-4　BEAM188 element type options 对话框　　　图 7-5　COMBIN14 element type options 对话框

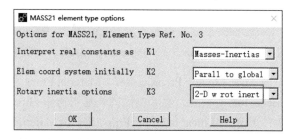

图 7-6　MASS21 element type options 对话框

（4）定义实常数。选择 Main Menu > Preprocessor > Real Constants > Add/Edit/Delete 命令，弹出 Real Constants 对话框，单击 Add 按钮，弹出如图 7-7 所示的 Element Type for Real Constants（为实常数选择单元类型）对话框，在 Choose element type 列表框中选择 Type 2 COMBIN14 选项，单击 OK 按钮，弹出如图 7-8 所示的 Real Constant Set Number 1, for COMBIN14 对话框，在 "Real Constant Set No." 文本框中输入 1（表示实常数编号设为 1），将 K 设为 35000（表示弹簧的刚度系数，即前悬架支撑弹簧的刚度系数为 35000），单击 OK 按钮。返回 Real Constants 对话框，单击 Add 按钮，再次弹出 Element Type for Real Constants 对话框，在 Choose element type 列表框中选择 Type 3 MASS21 选项，单击 OK 按钮，弹出如图 7-9 所示的 Real Constant Set Number 2, for MASS21 对话框，在 "Real Constant Set No." 文本框中输入 2，将 MASS 设为 1460（表示单元的质量，即车身质量为 1460），将 IZZ 设为 2173（车身质量绕 Z 轴的转动惯量可以通过 $IZZ=mr^2=1460×1.22^2≈2173$ kg·m^2 计算得到，故此处输入的转动惯量为 2173），单击 OK 按钮。返回 Real Constants 对话框，单击 Add 按钮，再次弹出 Element Type for Real Constants 对话框，在 Choose element type 列表框中选择 Type 2 COMBIN14 选项，单击 OK 按钮，弹出 Real Constant Set Number 3, for COMBIN14 对话框，在 "Real Constant Set No." 文本框中输入 3，将 K 设为 38000（表示输入后悬架支撑弹簧的刚度系数为 38000），单击 OK 按钮。返回 Real Constants 对话框，单击 Close 按钮将其关闭。

（5）定义梁单元的截面。选择 Main Menu > Preprocessor > Sections > Beam > Common Sections 命令，弹出 Beam Tool 对话框，将 ID 设为 1，将 B 和 H 均设为 0.3，如图 7-10 所示，然后单击 OK 按钮。

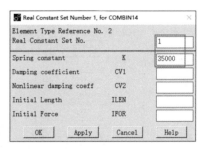

图 7-7　Element Type for Real Constants 对话框　　图 7-8　Real Constant Set Number 1, for COMBIN14 对话框

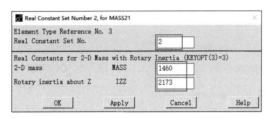

图 7-9　Real Constant Set Number 2, for MASS21 对话框

（6）定义材料属性。选择 Main Menu > Preprocessor > Material Props > Material Models 命令，弹出 Define Material Model Behavior 对话框，在右侧的列表框中选择 Structural > Linear > Elastic > Isotropic 选项，弹出如图 7-11 所示的 Linear Isotropic Properties for Material Number 1 对话框，将 EX 设为 1.915E11，将 PRXY 设为 0.3，单击 OK 按钮，返回 Define Material Model Behavior 对话框并将其关闭。

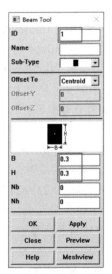
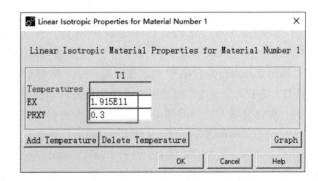

图 7-10　Beam Tool 对话框　　图 7-11　Linear Isotropic Properties for Material Number 1 对话框

（7）创建节点。选择 Main Menu > Preprocessor > Modeling > Create > Nodes > In Active CS 命令，弹出如图 7-12 所示的 Create Nodes in Active Coordinate System 对话框，将 Node number 设为 1，将 Location in active CS 设为 0,0,0，单击 Apply 按钮，创建一个坐标位置为（0,0,0）的 1 号节点。通过

此方法创建坐标位置为（0,0.5,0）、（1.37,0.5,0）、（3.05,0.5,0）、（3.05,0,0）的2、3、4、5号节点，结果如图7-13所示。

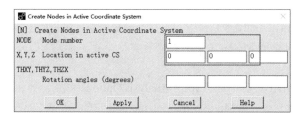

图7-12　Create Nodes in Active Coordinate System 对话框　　　　图7-13　创建节点的结果

（8）创建弹簧阻尼单元 COMBIN14。选择 Main Menu > Preprocessor > Modeling > Create > Elements > Elem Attributes 命令，弹出如图7-14所示的 Element Attributes 对话框，将 Element type number 设为 2 COMBIN14，将 Real constant set number 设为 1，将 Section number 设为 No Section，单击 OK 按钮。选择 Main Menu > Preprocessor > Modeling > Create > Elements > Auto Numbered > Thru Nodes 命令，依次拾取1、2号节点，创建代表前悬架支撑弹簧的 COMBIN14 单元。

选择 Main Menu > Preprocessor > Modeling > Create > Elements > Elem Attributes 命令，弹出 Element Attributes 对话框，将 Element type number 设为 2 COMBIN14，将 Real constant set number 设为 3，将 Section number 设为 No Section，单击 OK 按钮。选择 Main Menu > Preprocessor > Modeling > Create > Elements > Auto Numbered > Thru Nodes 命令，依次拾取4、5号节点，单击 OK 按钮，创建代表后悬架支撑弹簧的 COMBIN14 单元。

（9）创建梁单元 BEAM188。选择 Main Menu > Preprocessor > Modeling > Create > Elements > Elem Attributes 命令，弹出 Element Attributes 对话框，将 Element type number 设为 1 BEAM188，将 Section number 设为 1，单击 OK 按钮。选择 Main Menu > Preprocessor > Modeling > Create > Elements > Auto Numbered > Thru Nodes 命令，依次拾取2、3号节点，单击 Apply 按钮；再依次拾取3、4号节点，单击 OK 按钮，创建起连接作用的2个 BEAM188 单元。

（10）创建质量单元 MASS21。选择 Main Menu > Preprocessor > Modeling > Create > Elements > Elem Attributes 命令，弹出 Element Attributes 对话框，将 Element type number 设为 3 MASS21，将 Real constant set number 设为 2，将 Section number 设为 No Section，单击 OK 按钮。选择 Main Menu > Preprocessor > Modeling > Create > Elements > Auto Numbered > Thru Nodes 命令，拾取3号节点，创建代表车身质量的 MASS21 单元。创建单元的结果如图7-15所示。

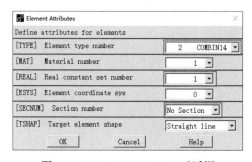

图7-14　Element Attributes 对话框　　　　图7-15　创建单元的结果

7.2.2 施加载荷并提交求解

（1）设置分析类型。选择 Main Menu > Solution > Analysis Type > New Analysis 命令，弹出如图 7-16 所示的 New Analysis 对话框，将 Type of analysis 设为 Modal（表示将分析类型设置为模态），单击 OK 按钮。

（2）设置分析选项。选择 Main Menu > Solution > Analysis Type > Analysis Options 命令，弹出如图 7-17 所示的 Modal Analysis（模态分析设置）对话框，将 Mode extraction method 设为 Block Lanczos（表示模态提取方法将使用分块兰索斯法），在 No. of modes to extract 文本框中输入 2（提取的模态数，由于模态提取方法为分块兰索斯法，提取的模态数可以等于应用所有边界条件后模型的自由度，因此输入 2），将 No. of modes to expand 设为 2（表示要扩展和写入结果文件的模态数），单击 OK 按钮。弹出 Block Lanczos Method 对话框，本例中不再对分块兰索斯模态提取方法作进一步的自定义设置，故单击 Cancel 按钮关闭该对话框。

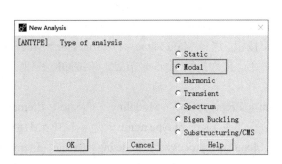

图 7-16　New Analysis 对话框

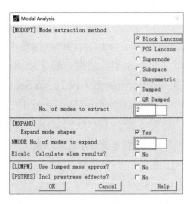

图 7-17　Modal Analysis 对话框

（3）施加自由度约束。选择 Main Menu > Solution > Define Loads > Apply > Structural > Displacement > On Nodes 命令，拾取 1 号节点和 5 号节点，单击 OK 按钮，弹出如图 7-18 所示的 Apply U,ROT on Nodes 对话框，在 DOFs to be constrained 列表框中选择 UX 和 UY 选项，其他参数保持默认，单击 OK 按钮，对 1、5 号节点施加 UX、UY 的自由度约束。通过此方法，对 3 号节点施加 UX 的自由度约束，对 2、3、4 号节点施加 UZ、ROTX、ROTY 的自由度约束，结果如图 7-19 所示。

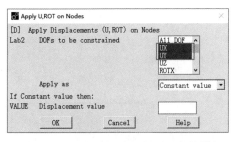

图 7-18　Apply U,ROT on Nodes 对话框

图 7-19　施加自由度约束的结果

（4）保存文件。单击工具栏中的 SAVE_DB 按钮，保存文件。

（5）求解。选择 Main Menu > Solution > Solve > Current LS 命令，弹出/STATUS Command 窗口和 Solve Current Load Step 对话框。阅读/STATUS Command 窗口中的内容，确认无误后将其关闭。单击 Solve Current Load Step 对话框中的 OK 按钮，提交求解。

求解完成时，弹出显示 Solution is done!信息的 Note 对话框，单击 Close 按钮将其关闭。

7.2.3 查看结果数据

（1）列表显示所提取模态对应的频率。选择 Main Menu>General Postproc>Results Summary 命令，弹出如图 7-20 所示的 SET,LIST Command 窗口，可以查看简化汽车悬挂系统一阶模态和二阶模态对应的固有频率 f_1=1.0970、f_2=1.4415。

（2）获取一阶模态和二阶模态固有频率的结果。选择 Utility Menu > Parameters > Get Scalar Data 命令，弹出如图 7-21 所示的 Get Scalar Data 对话框，在左侧的列表框中选择 Results data（表示结果数据），在右侧的列表框中选择 Modal results（表示模态结果），单击 OK 按钮。弹出如图 7-22 所示的 Get Modal Results（获取模态结果）对话框，在 Name of parameter to be defined 文本框中输入 FREQ1（将所获取的结果赋值给参数 FREQ1）；在 Mode number N 文本框中输入 1（第一阶模态）；在 Modal data to be retrieved 列表框中选择 Frequency FREQ（表示频率解），单击 Apply 按钮。再次弹出 Get Scalar Data 对话框，保持默认设置，单击 OK 按钮；再次弹出 Get Modal Results 对话框，在 Name of parameter to be defined 文本框中输入 FREQ2，在 Mode number N 文本框中输入 2，其他参数保持默认设置，单击 OK 按钮。

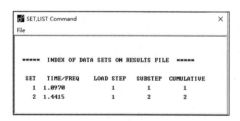

图 7-20　SET,LIST Command 窗口

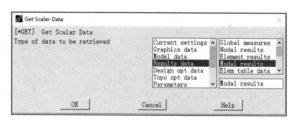

图 7-21　Get Scalar Data 对话框

（3）查看一阶模态和二阶模态对应的固有频率结果。选择 Utility Menu > Parameters > Scalar Parameters 命令，弹出如图 7-23 所示的 Scalar Parameters 对话框，可以查看标量参数 FREQ1 和 FREQ2 的数值，读者可以根据需要对该数值进行调整。

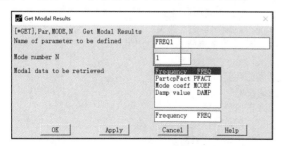

图 7-22　Get Modal Results 对话框

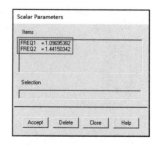

图 7-23　Scalar Parameters 对话框

(4)保存文件。单击工具栏中的 SAVE_DB 按钮,保存文件。

7.2.4 命令流文件

在工作目录中找到 Suspension0.log 文件,并对其进行修改,修改后的命令流文件(Suspension.txt)中的内容如下。

```
!%%%%%简化汽车悬挂系统的模态分析%%%%%
/CLEAR,START                        !清除数据
/FILNAME,Suspension,1               !更改文件名称
/TITLE,Automobile Suspension System Vibrations
/PREP7                              !进入前处理器
ET,1,BEAM188,,,3                    !定义梁单元
ET,2,COMBIN14,,,2                   !定义弹簧单元
ET,3,MASS21,,,3                     !定义质量单元
R,1,35000                           !定义1号实常数以表示前悬架支撑弹簧的刚度系数
R,2,1460,2173                       !定义2号实常数以表示车身质量和转动惯量
R,3,38000                           !定义3号实常数以表示后悬架支撑弹簧的刚度系数
SECT,1,BEAM,RECT                    !定义梁单元的截面
SECD,0.3,0.3
MP,EX,1,1.915E11                    !定义材料的弹性模量
MP,PRXY,1,0.3                       !定义材料的泊松比
N,1 $ N,2,,0.5                      !定义1、2号节点
N,3,1.37,0.5 $ N,4,3.05,0.5         !定义3、4号节点
N,5,3.05                            !定义5号节点
TYPE,2 $ REAL,1                     !设置单元属性
E,1,2                               !生成代表前悬架支撑弹簧的弹簧单元
TYPE,2 $ REAL,3                     !设置单元属性
E,4,5                               !生成代表后悬架支撑弹簧的弹簧单元
TYPE,1 $ MAT,1 $ SECN,1             !设置单元属性
E,2,3 $ E,3,4                       !生成用于连接前后悬架的梁单元
TYPE,3 $ REAL,2                     !设置单元属性
E,3                                 !生成代表车身质量的质量单元
FINISH                              !退出前处理器
/SOLU                               !进入求解器
ANTYPE,MODAL                        !设置为模态分析
MODOPT,LANB,2                       !设置模态提取方法和提取的模态数
MXPAND,2                            !扩展的模态数为2
D,1,UX,,,5,4,UY                     !对1、5号节点施加自由度约束
D,3,UX                              !对3号节点施加自由度约束
D,2,UZ,,,4,1,ROTX,ROTY              !对2、3、4号节点施加自由度约束
SAVE                                !保存文件
SOLVE                               !求解当前载荷步
FINISH                              !退出求解器
/POST1                              !进入通用后处理器
SET,LIST                            !列表显示所提取模态对应的频率
*GET,FREQ1,MODE,1,FREQ              !获取一阶模态固有频率
```

```
*GET,FREQ2,MODE,2,FREQ         !获取二阶模态固有频率
SAVE                           !保存文件
FINISH                         !退出通用后处理器
/EXIT,NOSAVE                   !退出 Ansys
```

7.3　实例——边缘固定圆板的模态分析

扫一扫，看视频

图 7-24 所示为边缘固定的圆形平板（边缘固定圆板）问题简图。对该圆板进行模态分析，计算前三阶模态对应的固有频率，并查看模态对应的振型图。

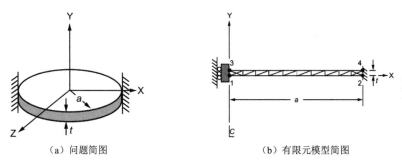

（a）问题简图　　　　　　　　　　（b）有限元模型简图

图 7-24　边缘固定圆板问题简图

该问题的材料属性、几何尺寸以及载荷见表 7-3。

表 7-3　材料属性、几何尺寸以及载荷

材　料　属　性	几　何　尺　寸	载　荷
$E=2.07\times10^5$MPa $v=0.3$ $\rho=7.8\times10^{-9}$Tone/mm^3	$t=12$mm $a=420$mm	无

根据圆板结构的轴对称性特点，本实例采用 PLANE183 单元对圆板进行建模。

7.3.1　创建有限元模型

（1）定义工作文件名。选择 Utility Menu > File > Change Jobname 命令，弹出 Change Jobname 对话框，在 Enter new jobname 文本框中输入 FlatPlate 并勾选 New log and error files?复选框，单击 OK 按钮。

（2）定义单元类型。选择 Main Menu > Preprocessor > Element Type > Add/Edit/Delete 命令，弹出 Element Types 对话框，单击 Add 按钮，弹出 Library of Element Types 对话框；在左侧的列表框中选择 Solid 选项，在右侧的列表框中选择 8 node 183 选项，即 PLANE183 单元，单击 OK 按钮。返回 Element Types 对话框，单击 Options 按钮，弹出如图 7-25 所示的 PLANE183 element type options 对话框，将 K3 设为 Axisymmetric（表示单元行为是轴对称），单击 OK 按钮，返回 Element Types 对话框并将其关闭。

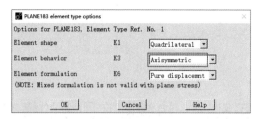

图 7-25 PLANE183 element type options 对话框

（3）定义材料属性。选择 Main Menu > Preprocessor > Material Props > Material Models 命令，弹出 Define Material Model Behavior 对话框，在右侧的列表框中选择 Structural > Linear > Elastic > Isotropic 选项后，弹出如图 7-26 所示的 Linear Isotropic Properties for Material Number 1 对话框，将 EX 设为 2.07E5，将 PRXY 设为 0.3，单击 OK 按钮；在右侧的列表框中选择 Structural > Density 选项后，弹出如图 7-27 所示的 Density for Material Number 1 对话框，将 DENS 设为 7.8E-9，单击 OK 按钮，返回 Define Material Model Behavior 对话框并将其关闭。

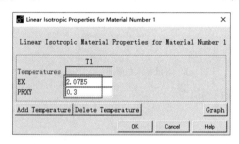
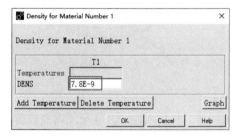

图 7-26 Linear Isotropic Properties for Material Number 1 对话框

图 7-27 Density for Material Number 1 对话框

（4）创建关键点。选择 Main Menu > Preprocessor > Modeling > Create > Keypoints > In Active CS 命令，创建坐标位置分别为（0,0,0）和（420,0,0）的 1 号和 2 号关键点。

（5）复制关键点。选择 Main Menu > Preprocessor > Modeling > Copy > Keypoints 命令，弹出关键点拾取框，单击 Pick All 按钮，弹出如图 7-28 所示的 Copy Keypoints 对话框，将 Y-offset in active CS 设为 12，单击 OK 按钮，复制出 Y 坐标偏移 12 个单位的 3 号和 4 号 2 个关键点。

（6）创建面。选择 Main Menu > Preprocessor > Modeling > Create > Areas > Arbitrary > Through KPs 命令，依次拾取 1、2、4、3 号关键点，生成一个面，结果如图 7-29 所示。

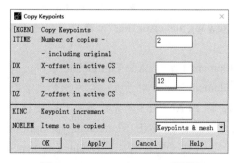
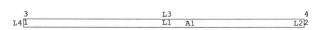

图 7-28 Copy Keypoints 对话框

图 7-29 创建面的结果（显示面、线、关键点编号）

（7）设置线的网格尺寸。选择 Main Menu > Preprocessor > Meshing > MeshTool 命令，弹出如图 7-30 所示的 MeshTool 对话框，单击 Size Controls 下面 Lines 后面的 Set 按钮，弹出线拾取框，拾取线 L1 和 L3，单击 OK 按钮；弹出如图 7-31 所示的 Element Sizes on Picked Lines 对话框，将 No. of element divisions 设为 10，单击 OK 按钮。在 MeshTool 对话框中单击 Global 后面的 Set 按钮，弹出如图 7-32 所示的 Global Element Sizes 对话框，将 No. of element divisions 设为 1，单击 OK 按钮。

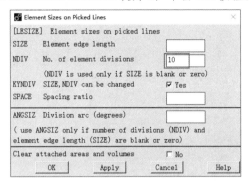

图 7-31　Element Sizes on Picked Lines 对话框

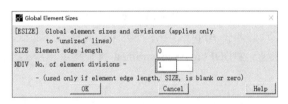

图 7-30　MeshTool 对话框　　　　图 7-32　Global Element Sizes 对话框

（8）对面进行网格划分。在 MeshTool 对话框中将 Mesh 设为 Areas，选中 Tri 和 Free 单选按钮，单击 Mesh 按钮，弹出面拾取框，单击 Pick All 按钮，对面进行网格划分，结果如图 7-33 所示。

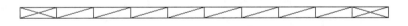

图 7-33　对面进行网格划分的结果

7.3.2　施加载荷并提交求解

（1）设置分析类型。选择 Main Menu > Solution > Analysis Type > New Analysis 命令，弹出 New Analysis 对话框，将 Type of analysis 设为 Modal，单击 OK 按钮。

（2）设置分析选项。选择 Main Menu > Solution > Analysis Type > Analysis Options 命令，弹出如图 7-34 所示的 Modal Analysis 对话框，将 Mode extraction method 设为 PCG Lanczos（表示模态提取方法将使用预条件共轭梯度兰索斯法），在 No. of modes to extract 文本框中输入 9，单击 OK 按钮。弹出 PCG Lanczos Modal Analysis 对话框，本例中不再对预条件共轭梯度兰索斯模态提取方法作进一步的自定义设置，故单击 Cancel 按钮关闭该对话框。

（3）对线施加自由度约束。选择 Main Menu > Solution > Define Loads > Apply > Structural >

Displacement > On Lines 命令，拾取线 L4，弹出如图 7-35 所示的 Apply U,ROT on Lines（在线上施加自由度约束）对话框，在 DOFs to be constrained 列表框中选择 UX 选项（线 L4 用于代表轴对称结构的旋转轴线，因此需要约束 X 方向的自由度），其他参数保持默认，单击 OK 按钮。

图 7-34 Modal Analysis 对话框

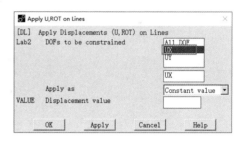

图 7-35 Apply U,ROT on Lines 对话框

（4）施加关键点的自由度约束。选择 Main Menu > Solution > Define Loads > Apply > Structural > Displacement > On Keypoints 命令，弹出关键点拾取框，拾取 2 号关键点，弹出如图 7-36 所示的 Apply U,ROT on KPs 对话框，在 DOFs to be constrained 列表框中选择 All DOF 选项，将 Expand disp to nodes?设为 Yes，单击 Apply 按钮；再次弹出关键点拾取框，拾取 4 号关键点，再次弹出 Apply U,ROT on KPs 对话框，在 DOFs to be constrained 列表框中选择 UX 选项，其他参数保持默认设置，单击 OK 按钮。

> **提示：**
>
> 由于本实例中使用了带中间节点的 PLANE183 单元，在对 2 号和 4 号关键点施加自由度约束时，均将 Expand disp to nodes? 设为 Yes，此时可将在 2 个关键点上所施加的自由度约束扩展到 2 个关键点连线上的所有节点。

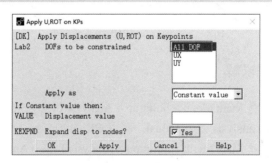

图 7-36 Apply U,ROT on KPs 对话框

（5）保存文件。单击工具栏中的 SAVE_DB 按钮，保存文件。

（6）求解。选择 Main Menu > Solution > Solve > Current LS 命令，弹出/STATUS Command 窗口和 Solve Current Load Step 对话框。阅读/STATUS Command 窗口中的内容，确认无误后将其关闭。

单击 Solve Current Load Step 对话框中的 OK 按钮，提交求解。

求解完成时，弹出显示 Solution is done!信息的 Note 对话框，单击 Close 按钮将其关闭。

7.3.3 查看结果数据

（1）列表显示所提取模态对应的频率。选择 Main Menu>General Postproc>Results Summary 命令，弹出如图 7-37 所示的 SET,LIST Command 窗口，可以查看圆板结构前三阶模态对应的固有频率 f_1=172.68、f_2=676.72、f_3=1531.2。

（2）查看第一阶模态的振型图。选择 Main Menu > General Postproc > Read Results > First Set 命令，读取第一阶模态的结果数据。选择 Main Menu > General Postproc > Plot Results > Deformed Shape 命令，弹出如图 7-38 所示的 Plot Deformed Shape 对话框，在 Items to be plotted 栏中选中 Def shape only 单选按钮，单击 OK 按钮，结果如图 7-39 所示。

图 7-37 列表显示所有频率

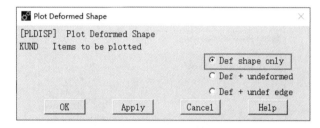

图 7-38 Plot Deformed Shape 对话框

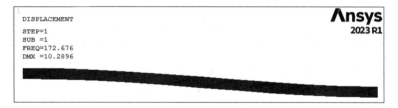

图 7-39 第一阶模态振型图

（3）查看第二阶、第三阶模态的振型图。选择 Main Menu > General Postproc > Read Results > Next Set 命令，读取下一阶模态（即第二阶模态）的结果数据。通过 Main Menu > General Postproc > Plot Results > Deformed Shape 命令，显示第二阶模态的振型图，如图 7-40 所示。通过此方法显示第三阶模态的振型图，如图 7-41 所示。

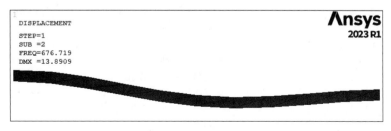

图 7-40 第二阶模态振型图

图 7-41　第三阶模态振型图

（4）对轴对称结构进行扩展。在查看振型图时（以第三阶模态振型为例），选择 Utility Menu > PlotCtrls > Style > Symmetry Expansion > 2D Axi-Symmetric 命令，弹出如图 7-42 所示的 2D Axi-Symmetric Expansion 对话框，在 Select expansion amount 栏中选中 1/2 expansion（1/2 扩展，即 180°扩展，读者也可以选择其他扩展选项）单选按钮，单击 OK 按钮，结果如图 7-43 所示。

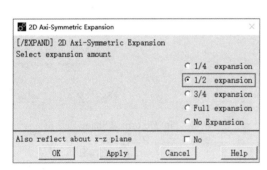

图 7-42　2D Axi-Symmetric Expansion 对话框

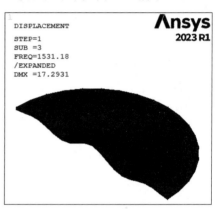

图 7-43　1/2 扩展后的第三阶模态振型图

（5）保存文件。单击工具栏中的 SAVE_DB 按钮，保存文件。

7.3.4　命令流文件

在工作目录中找到 FlatPlate0.log 文件，并对其进行修改，修改后的命令流文件（FlatPlate.txt）中的内容如下。

```
!%%%%边缘固定圆板的模态分析%%%%
/CLEAR,START                              !清除数据
/FILNAME,FlatPlate,1                      !更改文件名称
/TITLE,NATURAL FREQUENCY OF A FLAT CIRCULAR PLATE WITH A CLAMPED EDGE
/PREP7                                    !进入前处理器
ET,1,PLANE183,,,1                         !定义单元类型
MP,EX,1,2.07E5                            !定义材料的弹性模量
MP,PRXY,1,0.3                             !定义材料的泊松比
MP,DENS,1,7.8E-9                          !定义材料的密度
K,1 $ K,2,420                             !创建1、2号关键点
KGEN,2,1,2,1,,12                          !复制出3、4号关键点
A,1,2,4,3                                 !通过关键点创建面
```

```
LESIZE,1,,,10              !线 L1 划分为 10 个单元
LESIZE,3,,,10              !线 L3 划分为 10 个单元
ESIZE,,1                   !其他线划分为 1 个单元
MSHAPE,1,2D                !单元形状为三角形
MSHKEY,0                   !自由网格划分方法
AMESH,1                    !对面进行网格划分
FINISH                     !退出前处理器
/SOLU                      !进入求解器
ANTYPE,MODAL               !设置为模态分析
MODOPT,LANP,9              !设置模态提取方法和提取的模态数
DL,4,,UX,                  !对线 L4 施加自由度约束
DK,2,ALL,,,1               !对 2 号关键点施加自由度约束
DK,4,UX,,,1                !对 4 号关键点施加自由度约束
SAVE                       !保存文件
SOLVE                      !求解当前载荷步
FINISH                     !退出求解器
/POST1                     !进入通用后处理器
SET,LIST                   !列表显示所提取模态对应的频率
SET,FIRST                  !读取第一阶模态的结果
PLDISP,0                   !显示第一阶模态的振型图
SET,NEXT                   !读取下一阶模态的结果
PLDISP,0                   !显示第二阶模态的振型图
SET,NEXT                   !读取下一阶模态的结果
PLDISP,0                   !显示第三阶模态的振型图
/EXPAND,18,AXIS,,,10       !扩展结果显示
/VIEW,1,1,1,1              !调整视图方向
SAVE                       !保存文件
FINISH                     !退出通用后处理器
/EXIT,NOSAVE               !退出 Ansys
```

7.4 实例——机翼的模态分析

扫一扫，看视频

本实例将对一个飞机模型的机翼进行模态分析，该机翼的一端固定在机身上，另一端自由悬垂。机翼沿长度方向的轮廓是一致的，横截面由直线和样条曲线定义，如图 7-44 所示（单位：mm）。计算机翼模型的前五阶模态对应的固有频率，并查看模态对应的振型图。

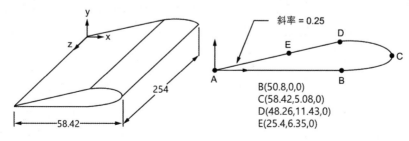

图 7-44 飞机模型的机翼示意图

机翼由低密度聚乙烯制成，其材料属性为 $E=262$MPa、$v=0.3$、$\rho=8.87\times10^{-10}$Tone/mm^3。

根据模态分析的基本步骤，接下来介绍对机翼进行模态分析的具体步骤。

7.4.1 创建有限元模型

（1）定义工作文件名。选择 Utility Menu > File > Change Jobname 命令，弹出 Change Jobname 对话框，在 Enter new jobname 文本框中输入 Wing 并勾选 New log and error files?复选框，单击 OK 按钮。

（2）定义单元类型。选择 Main Menu > Preprocessor > Element Type > Add/Edit/Delete 命令，弹出 Element Types 对话框，单击 Add 按钮，弹出 Library of Element Types 对话框。在左侧的列表框中选择 Solid 选项，在右侧的列表框中选择 Quad 4 node 182 选项，即 PLANE182 单元，单击 Apply 按钮；在右侧的列表框中再选择 Brick 8 node 185 选项，即 SOLID185 单元，单击 OK 按钮。返回 Element Types 对话框，在 Defined Element Types 列表框中选择 Type 2 SOLID185 选项，单击 Options 按钮，弹出如图 7-45 所示的 SOLID185 element type options 对话框，将 K2 设为 Simple Enhanced Strn（表示使用简化增强应变算法），单击 OK 按钮，返回 Element Types 对话框并将其关闭。

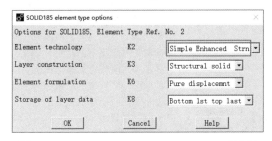

图 7-45 SOLID185 element type options 对话框

（3）定义材料属性。选择 Main Menu > Preprocessor > Material Props > Material Models 命令，弹出 Define Material Model Behavior 对话框，在右侧的列表框中选择 Structural > Linear > Elastic > Isotropic 选项，弹出如图 7-46 所示的 Linear Isotropic Properties for Material Number 1 对话框，将 EX 设为 262，将 PRXY 设为 0.3，单击 OK 按钮；在右侧的列表框中选择 Structural > Density 选项，弹出如图 7-47 所示的 Density for Material Number 1 对话框，将 DENS 设为 8.87E-10，单击 OK 按钮，返回 Define Material Model Behavior 对话框并将其关闭。

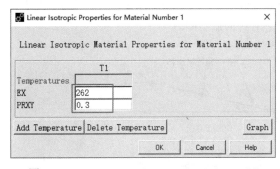

图 7-46 Linear Isotropic Properties for Material Number 1 对话框

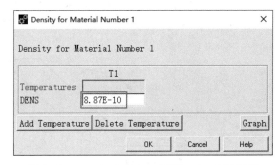

图 7-47 Density for Material Number 1 对话框

（4）创建关键点。选择 Main Menu > Preprocessor > Modeling > Create > Keypoints > In Active CS 命令，创建坐标位置分别为（0,0,0）、（50.8,0,0）、（58.42,5.08,0）、（48.26,11.43,0）、（25.4,6.35,0）的 1、2、3、4、5 号关键点。

（5）创建直线。选择 Main Menu > Preprocessor > Modeling > Create > Lines > Lines > Straight Line 命令，弹出关键点拾取框，依次拾取 1、2 号关键点，单击 Apply 按钮；再依次拾取 5、1 号关键点，单击 OK 按钮，创建 2 条直线。

（6）创建样条曲线。选择 Main Menu > Preprocessor > Modeling > Create > Lines > Splines > With Options > Spline thru KPs 命令，依次拾取 2、3、4、5 号关键点，弹出 B-Spline（B 样条曲线）对话框，按图 7-48 所示设置参数（XV1、YV1、ZV1 用于定义样条曲线在起始点处的切向量分量，XV6、YV6、ZV6 用于定义样条曲线在终止点处的切向量分量），单击 OK 按钮，结果如图 7-49 所示。

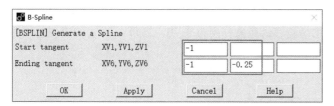

图 7-48 B-Spline 对话框

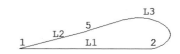

图 7-49 创建样条曲线的结果（显示线及关键点编号）

（7）创建面。选择 Main Menu > Preprocessor > Modeling > Create > Areas > Arbitrary > By Lines 命令，依次拾取线 L1、L3、L2，创建一个面。

（8）设置面网格的尺寸。选择 Main Menu > Preprocessor > Meshing > Size Cntrls > ManualSize > Global > Size 命令，弹出如图 7-50 所示的 Global Element Sizes 对话框，将 Element edge length 设为 3.2，单击 OK 按钮。

（9）对面进行网格划分。选择 Main Menu > Preprocessor > Meshing > Mesh > Areas > Free 命令，弹出面拾取框，单击 Pick All 按钮，对面进行网格划分，结果如图 7-51 所示。

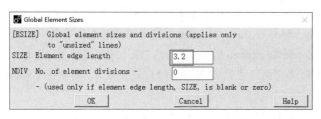

图 7-50 Global Element Sizes 对话框

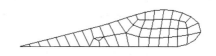

图 7-51 对面进行网格划分的结果

（10）设置体网格的尺寸。选择 Main Menu > Preprocessor > Meshing > Size Cntrls > ManualSize > Global > Size 命令，弹出如图 7-52 所示的 Global Element Sizes 对话框，将 No. of element divisions 设为 20，单击 OK 按钮。

（11）设置单元属性。选择 Main Menu > Preprocessor > Modeling > Create > Elements > Elem Attributes 命令，弹出如图 7-53 所示的 Element Attributes 对话框，将 Element type number 设为 2 SOLID185，单击 OK 按钮。

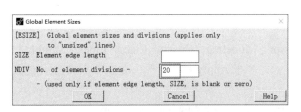

图 7-52 Global Element Sizes 对话框   图 7-53 Element Attributes 对话框

（12）生成体网格。选择 Main Menu > Preprocessor > Modeling > Operate > Extrude > Areas > By XYZ Offset 命令，弹出面拾取框，单击 Pick All 按钮，拾取唯一的一个面，弹出如图 7-54 所示的 Extrude Areas by XYZ Offset（通过偏移 XYZ 坐标值拉伸面）对话框，将 Offsets for extrusion 设为 0、0、254（表示将所选面向 X、Y、Z 方向所偏移的距离分别为 0、0、254），单击 OK 按钮。调整视图方向后的结果如图 7-55 所示。

图 7-54 Extrude Areas by XYZ Offset 对话框   图 7-55 生成体网格的结果

7.4.2 施加载荷并提交求解

（1）设置分析类型。选择 Main Menu > Solution > Analysis Type > New Analysis 命令，弹出 New Analysis 对话框，将 Type of analysis 设为 Modal，单击 OK 按钮。

（2）设置分析选项。选择 Main Menu > Solution > Analysis Type > Analysis Options 命令，弹出如图 7-56 所示的 Modal Analysis 对话框，将 Mode extraction method 设为 Block Lanczos，在 No. of modes to extract 文本框中输入 5，将 No. of modes to expand 设为 5，单击 OK 按钮。弹出 Block Lanczos Method 对话框，本实例中不再对分块兰索斯模态提取方法作进一步的自定义设置，故单击 Cancel 按钮关闭该对话框。

（3）选择机翼固定端的节点。选择 Utility Menu > Select > Entities 命令，弹出 Select Entities 对话框，按图 7-57 所示设置参数（表示不选择第 1 种单元类型的单元，即不选择 PLANE182 单元，仅选择 SOLID185 单元参与求解计算），单击 Apply 按钮；然后再按图 7-58 所示设置参数（表示选择 Z 坐标为 0 的所有节点），单击 Apply 按钮。

（4）施加自由度约束。选择 Main Menu > Solution > Define Loads > Apply > Structural > Displacement > On Nodes 命令，弹出节点拾取框，单击 Pick All 按钮，弹出如图 7-59 所示的 Apply U,ROT on Nodes 对话框，在 DOFs to be constrained 列表框中选择 All DOF 选项，单击 OK 按钮，对机翼固定端的所有节点施加自由度约束。

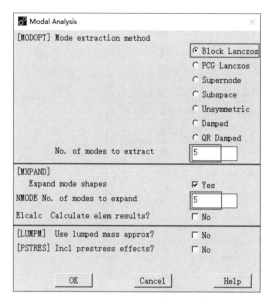
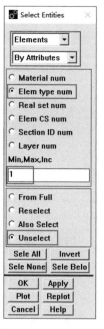
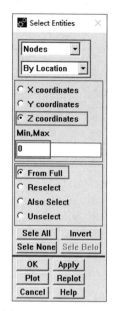

图 7-56 Modal Analysis 对话框　　图 7-57 Select Entities 对话框（1）　　图 7-58 Select Entities 对话框（2）

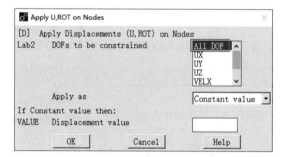

图 7-59 Apply U,ROT on Nodes 对话框

（5）选择所有节点。返回 Select Entities 对话框，保持默认设置，单击 Sele All 按钮以选择所有节点，再单击 Cancel 按钮关闭该对话框。

（6）保存文件。单击工具栏中的 SAVE_DB 按钮，保存文件。

（7）求解。选择 Main Menu > Solution > Solve > Current LS 命令，弹出 /STATUS Command 窗口和 Solve Current Load Step 对话框。阅读 /STATUS Command 窗口中的内容，确认无误后将其关闭。单击 Solve Current Load Step 对话框中的 OK 按钮，提交求解。当弹出 Verify 确认对话框时，单击 Yes 按钮。

求解完成时，弹出显示 Solution is done! 信息的 Note 对话框，单击 Close 按钮将其关闭。

（8）查看精准质量概要（PRECISE MASS SUMMARY）。在求解完成后，可以通过输出窗口查看求解的各种信息，如精确质量概要，如图 7-60 所示。其中列出了 TOTAL RIGID BODY MASS MATRIX ABOUT ORIGIN（关于坐标原点的总刚体质量矩阵）、TOTAL MASS [总质量，注意本例中的质量单位为 Tone（吨）]、CENTER OF MASS (X,Y,Z)（质心的 X、Y、Z 坐标）、TOTAL INERTIA ABOUT CENTER OF MASS（关于质心的总转动惯性）、PRINCIPAL INERTIAS（主转动惯量）。

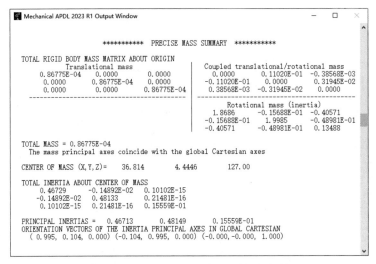

图 7-60　Ansys 2023 R1 输出窗口（精准质量概要）

（9）查看参与系数计算表。在输出窗口中还列出了参与系数计算表，该表中列出了 MODE（所提取模态的阶数）、FREQUENCY（频率）、PERIOD（周期）、PARTIC. FACTOR（振型参与系数）、RATIO（比率）、EFFECTIVE MASS（有效质量，也称等效质量）、CUMULATIVE MASS FRACTION（累计质量分数，也称有效质量系数）和 RATIO EFF. MASS TO TOTAL MASS（有效质量与总质量之比），如图 7-61 所示。

```
***** PARTICIPATION FACTOR CALCULATION *****  X  DIRECTION
                                                CUMULATIVE      RATIO EFF.MASS
MODE  FREQUENCY    PERIOD      PARTIC.FACTOR   RATIO    EFFECTIVE MASS  MASS FRACTION    TO TOTAL MASS
  1    12.6452    0.79082E-01  -0.75929E-03   0.104793  0.576525E-06    0.108143E-01     0.664393E-02
  2    60.9507    0.16407E-01   0.72456E-02   1.000000  0.524991E-04    0.995577         0.605005
  3    78.4073    0.12754E-01   0.41278E-03   0.056969  0.170385E-06    0.998774         0.196353E-02
  4   126.243     0.79212E-02   0.46092E-04   0.006361  0.212445E-08    0.998813         0.244823E-04
  5   216.581     0.46172E-02  -0.25152E-03   0.034713  0.632606E-07    1.00000          0.729021E-03
-----------------------------------------------------------------------------------
sum                                                     0.533114E-04                    0.614366
```

（a）X 方向参与系数计算表

```
***** PARTICIPATION FACTOR CALCULATION *****  Y  DIRECTION
                                                CUMULATIVE      RATIO EFF.MASS
MODE  FREQUENCY    PERIOD      PARTIC.FACTOR   RATIO    EFFECTIVE MASS  MASS FRACTION    TO TOTAL MASS
  1    12.6452    0.79082E-01   0.72382E-02   1.000000  0.523912E-04    0.700512         0.603761
  2    60.9507    0.16407E-01   0.75725E-03   0.104619  0.573433E-06    0.708179         0.660830E-02
  3    78.4073    0.12754E-01  -0.40209E-02   0.555517  0.161679E-04    0.924357         0.186320
  4   126.243     0.79212E-02  -0.23589E-03   0.032589  0.556432E-07    0.925101         0.641237E-03
  5   216.581     0.46172E-02   0.23668E-02   0.326988  0.560171E-05    1.00000          0.645546E-01
-----------------------------------------------------------------------------------
sum                                                     0.747898E-04                    0.861885
```

（b）Y 方向参与系数计算表

图 7-61　Ansys 2023 R1 输出窗口（参与系数计算表）

```
***** PARTICIPATION FACTOR CALCULATION *****  Z  DIRECTION
                                                    CUMULATIVE       RATIO EFF.MASS
MODE  FREQUENCY    PERIOD       PARTIC.FACTOR  RATIO     EFFECTIVE MASS   MASS FRACTION   TO TOTAL MASS
  1   12.6452     0.79082E-01   0.0000          0.000000  0.00000          0.00000         0.00000
  2   60.9507     0.16407E-01  -0.93674E-06     0.500306  0.877477E-12     0.194330        0.101121E-07
  3   78.4073     0.12754E-01   0.32625E-06     0.174248  0.106438E-12     0.217903        0.122661E-08
  4   126.243     0.79212E-02   0.16080E-06     0.085884  0.258578E-13     0.223629        0.297988E-09
  5   216.581     0.46172E-02  -0.18723E-05     1.000000  0.350561E-11     1.00000         0.403990E-07
-----------------------------------------------------------------------------------------------------
sum                                                       0.451539E-11                     0.520357E-07
```

(c) Z 方向参与系数计算表

```
***** PARTICIPATION FACTOR CALCULATION *****ROTX DIRECTION
                                                    CUMULATIVE       RATIO EFF.MASS
MODE  FREQUENCY    PERIOD       PARTIC.FACTOR  RATIO     EFFECTIVE MASS   MASS FRACTION   TO TOTAL MASS
  1   12.6452     0.79082E-01  -1.3380          1.000000  1.79025          0.960747        0.958074
  2   60.9507     0.16407E-01  -0.14091         0.105313  0.198555E-01     0.971402        0.106259E-01
  3   78.4073     0.12754E-01   0.21657         0.161860  0.469020E-01     0.996573        0.251001E-01
  4   126.243     0.79212E-02   0.17264E-01     0.012903  0.298058E-03     0.996732        0.159509E-03
  5   216.581     0.46172E-02  -0.78030E-01     0.058318  0.608872E-02     1.00000         0.325845E-02
-----------------------------------------------------------------------------------------------------
sum                                                       1.86340                          0.997218
```

(d) X 旋转方向参与系数计算表

```
***** PARTICIPATION FACTOR CALCULATION *****ROTY DIRECTION
                                                    CUMULATIVE       RATIO EFF.MASS
MODE  FREQUENCY    PERIOD       PARTIC.FACTOR  RATIO     EFFECTIVE MASS   MASS FRACTION   TO TOTAL MASS
  1   12.6452     0.79082E-01  -0.14035         0.104399  0.196989E-01     0.107777E-01    0.985671E-02
  2   60.9507     0.16407E-01   1.3444          1.000000  1.80739          0.999641        0.904361
  3   78.4073     0.12754E-01   0.20889E-01     0.015538  0.436342E-03     0.999880        0.218332E-03
  4   126.243     0.79212E-02   0.12215E-01     0.009086  0.149195E-03     0.999961        0.746524E-04
  5   216.581     0.46172E-02  -0.84176E-02     0.006261  0.708559E-04     1.00000         0.354541E-04
-----------------------------------------------------------------------------------------------------
sum                                                       1.82774                          0.914546
```

(e) Y 旋转方向参与系数计算表

```
***** PARTICIPATION FACTOR CALCULATION *****ROTZ DIRECTION
                                                    CUMULATIVE       RATIO EFF.MASS
MODE  FREQUENCY    PERIOD       PARTIC.FACTOR  RATIO     EFFECTIVE MASS   MASS FRACTION   TO TOTAL MASS
  1   12.6452     0.79082E-01   0.26952         1.000000  0.726398E-01     0.635847        0.538564
  2   60.9507     0.16407E-01  -0.32972E-02     0.012234  0.108717E-04     0.635942        0.806044E-04
  3   78.4073     0.12754E-01  -0.14104         0.523290  0.198911E-01     0.810058        0.147476
  4   126.243     0.79212E-02  -0.11942         0.443081  0.142607E-01     0.934888        0.105731
  5   216.581     0.46172E-02   0.86246E-01     0.320003  0.743846E-02     1.00000         0.551500E-01
-----------------------------------------------------------------------------------------------------
sum                                                       0.114241                         0.847001
```

(f) Z 旋转方向参与系数计算表

图 7-61 (续)

(10) 查看模态质量、动能和平动有效质量概要。在输出窗口的参与系数计算表之后，还列出了 MODAL MASSES, KINETIC ENERGIES, AND TRANSLATIONAL EFFECTIVE MASSES SUMMARY (模态质量、动能和平动有效质量概要)，如图 7-62 所示。

```
***** MODAL MASSES, KINETIC ENERGIES, AND TRANSLATIONAL EFFECTIVE MASSES SUMMARY *****
                                                  EFFECTIVE MASS
MODE  FREQUENCY  MODAL MASS    KENE      X-DIR       RATIO%   Y-DIR        RATIO%   Z-DIR        RATIO%
  1   12.65      0.2149E-04    0.6783E-01  0.5765E-06  0.66   0.5239E-04   60.38    0.000        0.00
  2   60.95      0.2237E-04    1.640       0.5250E-04  60.50  0.5734E-06    0.66    0.8775E-12   0.00
  3   78.41      0.1982E-04    2.406       0.1704E-06  0.20   0.1617E-04   18.63    0.1064E-12   0.00
  4   126.2      0.4955E-05    1.559       0.2124E-08  0.00   0.5566E-07    0.06    0.2586E-13   0.00
  5   216.6      0.1664E-04    15.40       0.6326E-07  0.07   0.5602E-05    6.46    0.3506E-11   0.00
-----------------------------------------------------------------------------------------------------
sum                                        0.5331E-04  61.44  0.7479E-04   86.19    0.4515E-11   0.00
```

图 7-62 Ansys 2023 R1 输出窗口（模态质量、动能和平动有效质量概要）

在查看完模态计算的求解信息之后，就可以对模态分析的结果数据进行查看。

7.4.3 查看结果数据

（1）列表显示所提取模态对应的频率。选择 Main Menu>General Postproc>Results Summary 命令，弹出如图 7-63 所示的 SET,LIST Command 窗口，可以查看机翼前五阶模态对应的固有频率 f_1=12.645、f_2=60.951、f_3=78.407、f_4=126.24、f_5=216.58。

SET,LIST Command
File
***** INDEX OF DATA SETS ON RESULTS FILE *****

SET	TIME/FREQ	LOAD STEP	SUBSTEP	CUMULATIVE
1	12.645	1	1	1
2	60.951	1	2	2
3	78.407	1	3	3
4	126.24	1	4	4
5	216.58	1	5	5

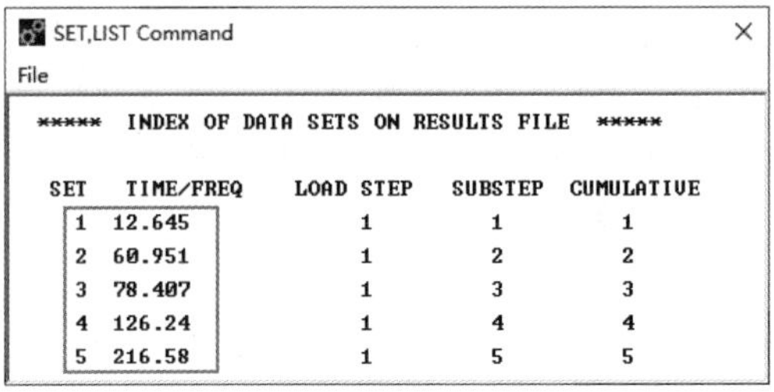

图 7-63　列表显示所有频率

（2）查看第一阶模态的振型图。选择 Main Menu > General Postproc > Read Results > First Set 命令，读取第一阶模态的结果数据。选择 Main Menu > General Postproc > Plot Results > Contour Plot > Nodal Solu 命令，弹出如图 7-64 所示的 Contour Nodal Solution Data 对话框，在 Item to be contoured 列表框中选择 Nodal Solution > DOF Solution > Displacement vector sum 选项，将 Undisplaced shape key 设为 Deformed shape with undeformed edge，单击 OK 按钮，结果如图 7-65 所示。

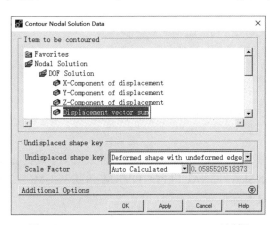

图 7-64　Contour Nodal Solution Data 对话框

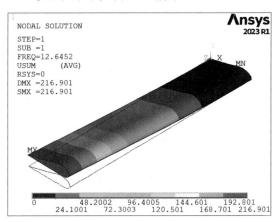

图 7-65　第一阶模态的振型图

（3）查看其他各阶模态的振型图。首先选择 Main Menu > General Postproc > Read Results > Next Set 命令，读取下一阶模态的结果数据；然后选择 Main Menu > General Postproc > Plot Results > Contour Plot > Nodal Solu 命令，查看第二阶模态的振型图，如图 7-66 所示。按照此方法，查看第三阶、第四阶、第五阶模态的振型图，如图 7-67～图 7-69 所示。

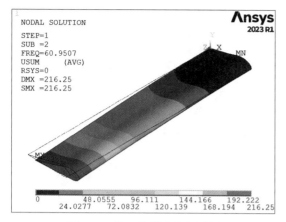

图 7-66　第二阶模态的振型图

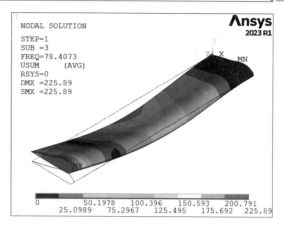

图 7-67　第三阶模态的振型图

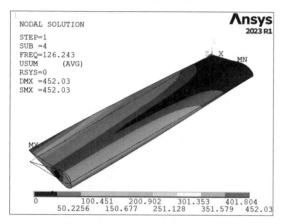

图 7-68　第四阶模态的振型图

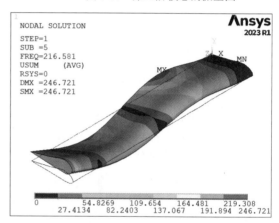

图 7-69　第五阶模态的振型图

（4）保存文件。单击工具栏中的 SAVE_DB 按钮，保存文件。

7.4.4　命令流文件

在工作目录中找到 Wing0.log 文件，并对其进行修改，修改后的命令流文件（Wing.txt）中的内容如下。

```
!%%%%%机翼的模态分析%%%%%
/CLEAR,START                    !清除数据
/FILNAME,Wing,1                 !更改文件名称
/TITLE,MODAL ANALYSIS OF A WING OF A MODEL PLANE
/PREP7                          !进入前处理器
ET,1,PLANE182                   !定义 PLANE182 作为单元类型 1
ET,2,SOLID185,,3                !定义 SOLID185 作为单元类型 2
MP,EX,1,262                     !定义材料的弹性模量
MP,PRXY,1,0.3                   !定义材料的泊松比
MP,DENS,1,8.87E-10              !定义材料的密度
K,1                             !定义 1 号关键点（即图 7-44 中的点 A）
```

```
K,2,50.8                    !定义2号关键点（即图7-44中的点B）
K,3,58.42,5.08              !定义3号关键点（即图7-44中的点C）
K,4,48.26,11.43             !定义4号关键点（即图7-44中的点D）
K,5,25.4,6.35               !定义5号关键点（即图7-44中的点E）
LSTR,1,2                    !在1、2号关键点之间创建直线
LSTR,5,1                    !在5、1号关键点之间创建直线
BSPLIN,2,3,4,5,,,-1,,,-1,-0.25    !创建一个B样条曲线
AL,1,3,2                    !通过线L1、L3、L2创建面
ESIZE,3.2                   !设置面网格尺寸
AMESH,1                     !对面进行网格划分
ESIZE,,20                   !设置体网格尺寸
TYPE,2                      !设置单元类型为2
VEXT,ALL,,,,,254            !拉伸面生成体单元
/VIEW,,1,1,1                !调整视图方向
/ANG,1
/REP
EPLOT                       !显示单元
FINISH                      !退出前处理器
/SOLU                       !进入求解器
ANTYPE,MODAL                !选择模态分析类型
MODOPT,LANB,5               !选择模态提取方法，提取五阶模态
MXPAND,5                    !扩展的模态数为5
ESEL,U,TYPE,,1              !取消选择单元类型1
NSEL,S,LOC,Z,0              !选择机翼固定端的所有节点
D,ALL,ALL                   !对所选节点施加自由度约束
NSEL,ALL                    !选择所有节点
SAVE                        !保存文件
SOLVE                       !求解当前载荷步
FINISH                      !退出求解器
/POST1                      !进入通用后处理器
SET,LIST                    !列表显示所提取模态对应的频率
SET,FIRST                   !读取第一阶模态的结果
PLNSOL,U,SUM,2,1.0          !显示第一阶模态的振型图
SET,NEXT                    !读取下一阶模态的结果
PLNSOL,U,SUM,2,1.0          !显示第二阶模态的振型图
SET,NEXT                    !读取下一阶模态的结果
PLNSOL,U,SUM,2,1.0          !显示第三阶模态的振型图
SET,NEXT                    !读取下一阶模态的结果
PLNSOL,U,SUM,2,1.0          !显示第四阶模态的振型图
SET,NEXT                    !读取下一阶模态的结果
PLNSOL,U,SUM,2,1.0          !显示第五阶模态的振型图
SAVE                        !保存文件
FINISH                      !退出通用后处理器
/EXIT,NOSAVE                !退出Ansys
```

第 8 章 谐响应分析

本章首先对谐响应分析的用途进行简要介绍，接着介绍谐响应分析的求解方法，然后介绍使用不同求解方法进行谐响应分析的基本步骤，最后通过具体的实例讲解用三种不同求解方法进行谐响应分析的具体操作步骤。

- ➢ 谐响应分析的用途
- ➢ 谐响应分析的求解方法
- ➢ 谐响应分析的基本步骤
- ➢ 谐响应分析的结果后处理

8.1 谐响应分析概述

在线性结构系统中，任何持续的周期载荷都会产生持续的周期响应，这种周期响应称为谐响应。通过谐响应分析，可以使设计人员预测结构的稳态动力学特性，从而使设计人员能够验证其设计能否成功地克服共振及受迫振动引起的其他有害后果。下面简要介绍有关谐响应分析的基础知识。

8.1.1 谐响应分析的用途

谐响应分析是用于确定线性结构在承受随时间正弦或余弦（简谐）变化的载荷作用下稳态响应的一种技术。谐响应分析的目的是计算出结构在几种频率下的响应，并求得一些响应量（通常是位移）与频率的关系曲线，然后在这些曲线上可以找到"峰值"响应，并进一步观察峰值频率所对应的应力。

谐响应分析技术只计算结构的稳态受迫振动，发生在激励开始时的瞬态振动不在谐响应分析技术的考虑内，谐响应系统的示例如图 8-1 所示。

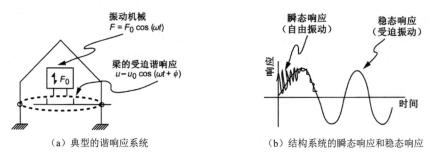

（a）典型的谐响应系统　　　　　　（b）结构系统的瞬态响应和稳态响应

图 8-1　谐响应系统的示例

图 8-1（a）所示为一个典型的谐响应系统，F_0 和 ω 为已知量，u_0 和 ϕ 为未知量；图 8-1（b）所示为结构系统的瞬态响应和稳态响应的区别。

谐响应分析在大多数情况下是一种线性分析。材料非线性（如塑性）以及几何非线性，即使被定义，通常也将被忽略。谐响应分析支持以下特性：①频率相关的材料属性，如弹性材料或阻尼材料的属性（可通过 TB 命令定义）；②非对称系统矩阵，如流固耦合问题中遇到的矩阵。

在假定简谐应力远小于预应力的情况下，也可以对有预应力的结构进行线性谐响应分析，如小提琴弦的模拟分析。

8.1.2 谐响应分析的求解方法

有 4 种谐响应分析方法可供选择：完全法（Full Harmonic Analysis Method，FULL 法）、基于变分技术的扫频法（Frequency-Sweep Harmonic Analysis via the Variational Technology Method，VT 法）、基于 Krylov 方法的扫频法（Frequency-Sweep Harmonic Analysis via the Krylov Method，KRYLOV 法）和模态叠加法（Mode-Superposition Harmonic Analysis Method，MSUP 法）。

将简谐载荷定义为时间历程的载荷函数并进行相应的瞬态动力学分析也可称为第 5 种方法，但在时域中求解的计算量比在频域中求解的计算量更大。

1．完全法

完全法（HROPT,FULL）是进行谐响应分析的最简单方法。该方法使用完整的系统矩阵计算谐响应（无矩阵缩减）。矩阵可以是对称的，也可以是非对称的。该方法的优点如下：①容易使用，因为无须选择振型；②使用完整矩阵，因此不涉及质量矩阵的近似；③允许有非对称矩阵，这种矩阵在声学或轴承问题中很典型；④用单一处理过程计算出所有的位移和应力；⑤可定义所有类型的载荷，如节点力、外加的（非零）位移和单元载荷（压力和温度）；⑥支持频率相关材料（TB）和频率相关单元特性（如 COMBIN14 单元的实常数）。

该方法的缺点是计算量大，尤其是在使用稀疏矩阵直接求解器时。但是，当使用雅可比共轭梯度求解器或不完全乔列斯基共轭梯度求解器时，在某些体积庞大且状态良好的 3D 模型的情况下，完全法的效率很高。

2．基于变分技术的扫频法

基于变分技术的扫频法（HROPT,VT）使用基本的变分技术方法，为结构分析中的受迫振动频率模拟提供了高性能求解方案。基于变分技术的扫频法类似于完全法，因为它使用完整的系统矩阵来计算谐响应。然而，基于变分技术的扫频法不使用完整的系统矩阵来计算最后请求频率的结果，而是在请求频率范围的中间计算谐波解，然后在整个频率范围内对系统矩阵和加载进行插值，以近似整个频率范围内的结果。

基于变分技术的扫频法的优点如下：①无须选择振型；②使用完整矩阵，因此不涉及质量矩阵的近似；③允许有非对称矩阵，这种矩阵在声学或轴承问题中很典型；④用单一处理过程计算出所有的位移和应力；⑤允许施加所有类型的载荷：节点力、外加的（非零）位移和单元载荷（压力和温度）。

与完全法相比，基于变分技术的扫频法有如下优点：①支持具有频率相关材料属性的结构分析；

②求解性能可提升 2～5 倍，具体取决于所涉及的模型和硬件；③通过参数设置，可能带来 2～10 倍的求解性能提升；④在基于变分技术的扫频法进行谐响应分析重新求解之前，用户可以进行的操作有修改、添加或删除载荷（可修改约束数值，不能修改约束类型），更改材料和材料特性，更改截面数据和实常数，更改几何结构但网格连续性（即网格变形）必须保持不变等。

基于变分技术的扫频法的缺点如下：①仅支持稀疏矩阵直接求解器，对于较大规模的问题，稀疏矩阵直接求解器的计算需求量可能很高；②当仅求解几个频率点时，它的求解效率通常低于完全法。

> 提示：
> 默认情况下（HROPT,AUTO），程序会自动选择完全法或基于变分技术的扫频法中求解效率最高的一种。

3．基于 Krylov 方法的扫频法

基于 Krylov 方法的扫频法（HROPT,KRYLOV）为声学分析中的受迫振动频率模拟提供了高性能求解方案。与完全方法相比，该方法可以提供快速的估计结果。由于该方法主要用于声学分析，因此本书不作具体介绍，感兴趣的读者可以参考 Ansys 帮助文档。

4．模态叠加法

模态叠加法（HROPT,MSUP）通过对模态分析中求得的振型（特征向量）乘上因子并求和以计算结构的响应。

模态叠加法的优点如下：①对于许多问题，它比完全法和扫频法更快，计算量更小；②在模态分析中施加的单元载荷可以通过 LVSCALE 命令用于谐响应分析中；③可以使解按照结构的固有频率进行聚集，这样便可以产生更平滑、更精确的响应曲线图；④可以包括预应力效应；⑤允许考虑模态阻尼（阻尼比为频率的函数）。

以上所有的谐响应分析方法都有共同的限制：①所有载荷必须随时间按正弦或余弦规律变化；②所有载荷必须有相同的频率；③不考虑非线性特性；④不考虑瞬态效应。

可以通过瞬态动力学分析来克服上述限制，此时应将简谐载荷表示为时间历程的载荷函数。

8.1.3 谐响应分析的基本步骤

不同的谐响应分析方法，其分析的基本步骤也有所不同。本小节将介绍结构分析中使用完全法、基于变分技术的扫频法和模态叠加法进行谐响应分析的基本步骤。

1．使用完全法进行谐响应分析的基本步骤

使用完全法进行谐响应分析的过程由 3 个基本步骤组成：建模、加载求解和观察结果。

（1）建模。在创建有限元模型时，必须定义材料的线性本构模型和质量。材料属性可以是线性的、各向同性的或各向异性的，并且是恒定的或依赖于场的，非线性材料属性被忽略。在谐响应分析中，只有线性行为是有效的。如果有非线性单元，它们将按线性单元处理。例如，如果分析中包括接触单元，它们的刚度是基于它们的初始状态计算的，并且在计算过程中刚度永远不会改变（对于考虑预应力的完全谐响应分析，程序假设接触单元的初始状态为静力预应力分析完成时的状态）。

对于完全法谐响应分析，频率相关的弹性和阻尼行为支持使用弹性或结构阻尼材料数据表（TB

和 TBFIELD)、黏弹性材料、用户自定义的材料、弹簧/阻尼单元（COMBIN14）。

（2）加载求解。此步骤包括定义分析类型和分析选项、施加载荷、指定载荷步选项，然后提交求解。

1）定义分析类型和选项。通过 ANTYPE,HARMIC 或 ANTYPE,3 命令定义谐响应分析。

通过 HROPT,FULL 命令设置求解方法为完全法。

通过 HROUT 命令设置如何在打印输出（Jobname.out）中列出谐响应的位移解，用户可以在实部和虚部（默认）、振幅和相位角之间进行选择。

通过 LUMPM 命令指定是采用默认的质量矩阵（单元相关）还是集中质量近似矩阵。对于大多数情况，建议使用默认的质量矩阵。然而，对于一些包含"薄膜"结构的问题，如细长梁或非常薄的壳，集中质量近似矩阵通常能产生更好的结果。此外，集中质量近似矩阵可以减少求解时间和内存需求。在设置完 Harmonic Analysis Options 对话框中的 Mass Matrix Formulation 选项后，单击 OK 按钮，则弹出 Harmonic Analysis 对话框，用于选择求解器。

通过 EQSLV 命令可选择求解器，可选求解器有稀疏矩阵直接求解器、雅可比共轭梯度求解器及不完全乔列斯基共轭梯度求解器。

2）在模型上施加载荷。根据定义，谐响应分析假设任何所施加的载荷随时间呈简谐（正弦）规律变化。指定一个完整的简谐载荷通常需要3条信息：幅值（振幅）、相位角和强制频率范围（图 8-2）。

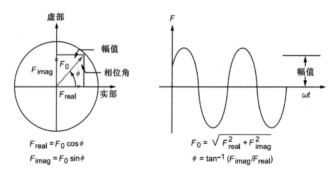

图 8-2　实部/虚部分量和幅值/相位角之间的关系

幅值 F_0 是指载荷的最大值，用加载命令进行施加。

相位角 ϕ 指载荷滞后（或领先）于参考时间的量度。在复平面上，相位角是以实轴为起始点所测得的角度。只有当所定义的多个简谐载荷彼此之间存在相位差时，才需要相位角。例如，图 8-3 所示的非平衡旋转天线在其 4 个支撑点处产生垂直的异步载荷。相位角不能直接指定，而是使用适当的位移和力命令的 VALUE 和 VALUE2 来指定有相位角载荷的实部 F_{real} 和虚部 F_{imag}。

压力和其他面载荷及体载荷只能指定零相位角（即不能定义载荷的虚部），但有以下例外情况：如果模态提取方法是分块兰索斯、预条件共轭梯度兰索斯、超节点或子空间，则可以在使用完全法、扫频法或模态叠加法的谐响应分析中通过 SURF153、SURF154、SURF156 和 SURF159 单元来施加非零虚部分量的压力载荷。

强制频率范围是简谐载荷的频率范围（以周期/时间为单位）。在后面介绍载荷步选项 HARFRQ 命令时将使用到它。

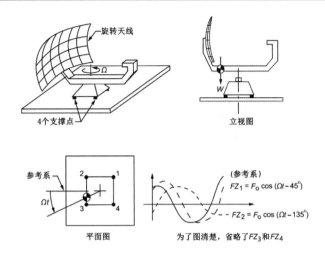

图 8-3　非平衡旋转天线在其 4 个支撑点处产生垂直的异步载荷

🔊 **提示：**

> 谐响应分析无法计算频率不同的多个强制载荷同时作用时的响应（例如，两个具有不同转速的机器同时运转）。但是，在通用后处理器中可以对多种载荷状况进行叠加以获得总体响应。

3）指定载荷步选项。通过 NSUBST 命令可以设置谐响应解的数量。通过 KBC 命令可以选择斜坡施加载荷或阶跃施加载荷。

在谐响应分析中必须通过 HARFRQ 命令来指定强制频率范围（以周期/时间为单位），然后指定在此频率范围内要计算出的解的数量（NSUBST）。

在谐响应分析中必须指定某种形式的阻尼，否则在共振频率处的响应将无穷大。命令 ALPHAD 和 BETAD 指定的是与频率相关的阻尼系数，而 DMPSTR 指定的是对所有频率为恒定值的结构阻尼系数。如果在使用完全法或扫频法的谐响应分析中没有指定阻尼，程序默认使用零阻尼。

（3）观察结果。谐响应分析的结果数据与基本结构分析的结果数据相同，但增加了以下内容：①如果在结构中定义了阻尼，响应将与载荷存在相位差。所有的结果本质上都是复数解，并以实部和虚部的形式进行存储。②如果施加异步载荷，也会产生复数解的结果。

可以使用时间历程后处理器或通用后处理器观察结果。后处理的通常顺序是，首先用时间历程后处理器找到临界强制频率——模型中所关注的点处产生最大位移（或应力）时的频率，然后用通用后处理器在这些临界强制频率处对整个模型进行后处理。也就是说，通用后处理器用于观察整个模型在指定频率点的结果，时间历程后处理器用于观察模型中特定点在整个频率范围内的结果。

1）使用时间历程后处理器。时间历程后处理器要用到结果项与频率对应关系表，即变量。每个变量都有一个参考号，1 号变量被内定为频率。命令 NSOL、ESOL 和 RFORCE 分别用于定义基本数据（节点位移）、导出数据（单元解数据，如应力）和反作用力数据等变量。使用 FORCE 命令可指定总作用力、总作用力的静态分量、阻尼分量或惯性分量。通过 PLVAR 命令可以绘制变量与频率或任何变量的关系曲线，通过 PLCPLX 命令指定选用幅值、相位角、实部或虚部任一方式表达解的形式。通过 PRVAR 命令可对变量值进行列表显示。如果仅要求列出极值，可使用 EXTREM 命令。

2)使用通用后处理器。使用 SET 命令读入所需谐响应解的结果,该命令可以读入实部、虚部、幅值或相位,然后使用通用后处理器中的相关命令显示结构的变形、应力、应变等的云图或者矢量图等。

2. 使用基于变分技术的扫频法进行谐响应分析的基本步骤

基于变分技术的扫频法与完全法谐响应分析的过程相类似,也是由 3 个基本步骤组成:建模、加载求解(需要通过 HROPT,VT 命令将求解方法设置为基于变分技术的扫频法)、观察结果。

在使用基于变分技术的扫频法进行谐响应分析时需要注意,在通过数据表格(Data Table)定义频率相关的载荷、材料属性或实常数时,如果数据表中存在的数据点太少,则多项式插值的效果将很差。在给定频率 f_2 突然变化的情况下,建议将频率范围$[f_1\ f_3]$分成两个频率范围(如$[f_1\ f_2]$、$[f_2\ f_3]$),并对每个频率范围执行单独的谐响应分析。

使用基于变分技术的扫频法进行谐响应分析支持频率相关的材料弹性属性,并能够有效计算整个频率范围内的频率响应。与频率相关的材料属性可与以下单元一起使用:PLANE182、PLANE183、SOLID185、SOLID186、SOLID187、SOLID272、SOLID273、SOLID285。

3. 使用模态叠加法进行谐响应分析的基本步骤

模态叠加法谐响应分析由 5 个基本步骤组成:建模、获取模态分析解、获取模态叠加法谐响应分析解、扩展模态叠加解、观察结果。在这些步骤中,第 1 步与完全法相同,下面介绍其余各步骤。

(1) 获取模态分析解。模态分析中已经介绍了如何得到模态分析解,对于模态叠加法,还应注意下面几点。

1)模式提取方法应采用分块兰索斯法、预条件共轭梯度兰索斯法、超节点法、子空间法、QR 阻尼法或非对称法(其他方法不能在模态叠加法中采用)。

2)确保提取出所有对谐响应有贡献的模态。

3)如果使用 QR 阻尼模态提取方法,需要指定阻尼,可以指定的阻尼有 ALPHAD、BETAD、DMPSTR,在模态分析阶段中可以指定材料阻尼(通过 MP 或 TB 命令)和单元相关阻尼(COMBIN14、MATRIX27、MATRIX50),在模态叠加法谐响应分析阶段中可以指定的阻尼有 DMPRAT、MDAMP。

4)如果需要施加简谐变化的单元载荷(如压力、温度或加速度),必须在模态分析中施加。这些载荷在模态分析中虽被忽略,但程序将计算一个载荷向量并将其写入振型文件(Jobname.mode),还将单元载荷信息写入 Jobname.mlv 文件。可以生成多个载荷向量(MODCONT 命令),然后对所创建的载荷向量进行缩放,并在谐响应分析求解中使用。

5)要在后续的谐响应分析中包括高频模态的贡献,可以在模态分析中计算残差向量或残差响应。

6)如果简谐激励来自支撑,则可以为后续的谐响应分析生成所需的伪静态模态。

7)为了在后续的获取谐响应解中节省计算时间,需要在模态分析中扩展模态并计算单元结果(MXPAND,ALL,,,YES,,YES)。如果需要应用热载荷,则不要使用此选项。如果要对总反作用力进行后处理,则需要输出单元节点载荷(OUTRES,NLOAD,ALL)。

8)不要在模态分析和谐响应分析过程之间更改模型数据(如节点旋转)。

9)可以仅选择感兴趣的模态进行扩展。由于仅在所选模态上执行扩展,因此可以节省后续模态叠加法谐响应分析的计算时间。

10）如果存在重复的频率组，需要确保提取了每组频率中的所有解。

（2）获取模态叠加法谐响应分析解。在该步骤中将使用由模态解所提取的振型来计算谐响应。

1）进入求解器。

2）指定分析类型及分析选项。操作过程与完全法描述的基本相同，差别如下：选择模态叠加法（HROPT,MSUP）；指定要用于求解的模态（HROPT），此数将决定谐响应分析解的精度（通常指定的模态数应覆盖简谐载荷频率范围的 50%以上）；为了包括更高频率模态的贡献，可添加模态分析中计算的残差向量（RESVEC,ON）；可以选择将解按结构的固有频率进行聚集（HROUT），以得到更平滑、更精确的响应曲线；可以选择在每个频率处输出一个包含各阶模态对总响应贡献的表格（HROUT）。

3）在模型上施加载荷。除以下限制外，加载过程与完全法描述的基本相同：仅可以施加节点力（F、FK）载荷和通过 ACEL 命令施加加速度载荷；单元载荷（如压力、温度、加速度等）不能直接在谐响应分析过程中施加，但在前面的模态分析中施加的载荷可以通过载荷向量和 LVSCALE 命令转移到谐响应分析中（在 LVSCALE 命令中使用零比例因子来抑制特定载荷步的载荷向量。其中需要注意，模态分析中包括力和加速度的所有载荷都是按比例计算的，为了避免重复施加载荷，应删除模态分析中施加的任何载荷）；如果简谐激励来自支撑的运动，并且在模态分析中请求了伪静态模态（MODCONT），则可以使用 DVAL 命令指定强制位移和加速度（施加的非零位移将被忽略）。

4）指定载荷步选项。可以请求计算任意数量的谐响应解（NSUBST），解（或子步）将在指定的频率范围内均匀分布（HARFRQ）；如果将 Cluster（聚集）选项设为 ON（HROUT），就可以使用 NSUBST 命令指定固有频率每一侧解的数量（默认数量为 4）；可以使用 HARFRQ 命令中的 FREQARR 和 Toler 变量直接定义强制频率；必须指定某种形式的阻尼，否则在共振频率处的响应将无穷大。

5）默认情况下，如果使用分块兰索斯法、预条件共轭梯度兰索斯法、超节点法、子空间法或非对称法进行模态分析，模态坐标（每个模态乘以的因子）被写入 Jobname.rfrq 文件，并且不应用输出控制。但是，如果明确要求不将单元结果写入 Jobname.mode 文件（MXPAND,,,,,,NO），则实际节点位移将写入.rfrq 文件。在这种情况下，可以使用节点组件配合 OUTRES,NSOL 命令来限制写入简化位移文件 Jobname.rfrq 中的位移数据。扩展过程将只处理写入.rfrq 文件的节点和单元所有节点上的结果。为了使用该选项，首先通过执行 OUTRES,NSOL,NONE 命令来禁止写入所有项，然后通过执行 OUTRES,NSOL,ALL,Component 命令来指定写入感兴趣的项。重复执行 OUTRES 命令以处理其他希望写入.rfrq 文件的节点组件。

6）保存数据库的备份。

7）提交求解。

8）如有任何其他载荷和频率范围（即其他载荷步），重复步骤 3）~步骤 7）。如果希望进行时间历程后处理，则任何两个载荷步之间的频率范围不能发生重叠。

9）退出求解器。

（3）扩展模态叠加解。扩展过程从 Jobname.rfrq 文件中的谐响应解开始，并计算位移、应力和力的解。这些计算仅按指定的频率和相位角进行。因此，在开始扩展过程之前，应该先使用时间历程后处理器观察谐响应解的结果，并确定临界频率和相位角。扩展过程并不是必需的。例如，如果主要对结构上特定点的位移感兴趣,那么位移解可以满足要求;但是,如果需要确定应力或力的解,那么就必须执行扩展过程。

扩展模态叠加解的过程如下。

1)重新进入求解器。

2)激活扩展过程及其选项。通过 EXPASS 命令激活扩展过程。

通过 NUMEXP 命令设置要扩展的解的数目。解的数目是指在一个频率范围内均匀分布的要扩展出的解的数目。例如,NUMEXP,4,1000,2000 命令指定在频率范围 1000~2000 内扩展出 4 个解(即扩展在频率为 1250、1500、1750 和 2000 处的解)。

如果不需要扩展一个频率范围内的多个解,可以使用 EXPSOL 命令来确定要扩展的单个解。可以通过载荷步、子步的编号或频率值来指定需要扩展的解,还可以指定是否计算应力和力(默认为两者都计算)。

如果在一个频率范围内要扩展多个解(NUMEXP),建议对实部和虚部都进行扩展(HREXP,ALL)。这样可以在时间历程后处理器中合并实部和虚部,以便查看位移、应力和其他结果的峰值。如果扩展的是单个解(EXPSOL),则可以使用 HREXP,ANGLE 命令指定峰值位移出现时的相位角。

通过 NUMEXP 或 EXPSOL 命令可以打开、关闭应力计算。

通过 HROUT 命令可以确定谐响应位移解的输出方式(Jobname.out),可选实部和虚部方式(默认)或振幅和相位角方式。

如果在模态分析过程中计算了残差响应,可以通过 RESVEC,,,,,ON 命令将它们添加到扩展解中。

3)指定载荷步选项。仅可以通过 OUTPR、OUTRES、ERESX 命令进行输出控制。

4)提交扩展过程计算(SOLVE)。

5)重复步骤 2)~步骤 4)以扩展其他解。每一次扩展过程在结果文件中被保存为一个单独的载荷步。

6)退出求解器。

(4)观察结果。在每个频率点所扩展的结果包括位移、应力和反作用力。可在时间历程后处理器或通用后处理器中观察这些结果,观察结果的步骤与完全法基本相同,与完全法之间唯一的差异是,如果指定了在特定相位角(HREXP,ANGLE)处扩展解,则在每个频率处只生成一个解,可用 SET 命令从结果文件中读取。

接下来通过具体的实例介绍在 Ansys 软件中通过不同的谐响应求解方法进行谐响应分析的操作步骤。

扫一扫,看视频

8.2 实例——工作台-电动机系统的谐响应分析

在一个工作台的台面中央位置安装有一台电动机,工作台-电动机系统问题简图如图 8-4 所示。电动机转子偏心在旋转时的偏心载荷为一个简谐激励,计算工作台-电动机系统在该激励下的响应。

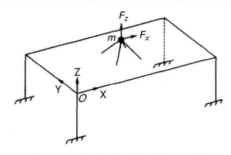

图 8-4 工作台-电动机系统问题简图

该问题的材料属性、几何尺寸以及载荷见表 8-1。

表 8-1 材料属性、几何尺寸以及载荷

材料属性	几何尺寸	载荷
电动机质量：m=100kg 工作台和支撑柱： E=2×10^{11}Pa v=0.3 ρ=7800kg/m³	电动机质心和工作台面的距离：HM=0.1m 工作台厚度：t=0.02m 工作台长度：L=2m 工作台宽度：W=1m 工作台和地面的距离：HT=0.8m 支撑柱的截面（矩形）：B=0.01m、H=0.02m	F_X=100N F_Z=100N（与 F_X 相比，F_Z 在时间上落后 90°相位角） 频率范围：0~10Hz

本实例将采用完全法进行谐响应分析，具体操作步骤如下。

8.2.1 建模

（1）定义工作文件名。选择 Utility Menu > File > Change Jobname 命令，弹出 Change Jobname 对话框，在 Enter new jobname 文本框中输入 Motor 并勾选 New log and error files?复选框，单击 OK 按钮。

（2）定义参数。选择 Utility Menu > Parameters > Scalar Parameters 命令，弹出 Scalar Parameters 对话框，在 Selection 文本框中输入 HM=0.1，单击 Accept 按钮；然后依次在 Selection 文本框中输入 L=2、W=1、HT=-0.8，并单击 Accept 按钮确认，最后单击 Close 按钮。

（3）定义单元类型。选择 Main Menu > Preprocessor > Element Type > Add/Edit/Delete 命令，弹出 Element Types 对话框，单击 Add 按钮，弹出 Library of Element Types 对话框。在左侧的列表框中选择 Shell 选项，在右侧的列表框中选择 3D 4node 181 选项，即 SHELL181 单元，单击 Apply 按钮；在左侧的列表框中选择 Beam 选项，在右侧的列表框中选择 2 node 188 选项，即 BEAM188 单元，单击 Apply 按钮；在左侧的列表框中选择 Structural Mass 选项，在右侧的列表框中选择 3D mass 21 选项，即 MASS21 单元，单击 OK 按钮。

> 📢 提示：
>
> 本实例中采用 3D 计算模型，通过梁单元 BEAM188 来模拟工作台的支撑柱，通过壳单元 SHELL181 来模拟工作台，通过结构质量单元 MASS21 来模拟电动机。

（4）定义实常数。选择 Main Menu > Preprocessor > Real Constants > Add/Edit/Delete 命令，弹出

Real Constants 对话框，单击 Add 按钮，弹出 Element Type for Real Constants 对话框，在 Choose element type 列表框中选择 Type 3 MASS21 选项，单击 OK 按钮，弹出如图 8-5 所示的 Real Constant Set Number 1, for MASS21 对话框，将 MASSX 设为 100（MASSX、MASSY、MASSZ 为单元坐标系中的质量分量，IXX、IYY、IZZ 为绕单元坐标轴的转动惯量），单击 OK 按钮。

（5）定义材料属性。选择 Main Menu > Preprocessor > Material Props > Material Models 命令，弹出 Define Material Model Behavior 对话框，在右侧的列表框中选择 Structural > Linear > Elastic > Isotropic 选项，弹出如图 8-6 所示的 Linear Isotropic Properties for Material Number 1 对话框，将 EX 设为 2E11，将 PRXY 设为 0.3，单击 OK 按钮。在右侧的列表框中选择 Structural > Density 选项，弹出如图 8-7 所示的 Density for Material Number 1 对话框，将 DENS 设为 7800，单击 OK 按钮。

（6）定义壳单元的截面。选择 Main Menu > Preprocessor > Sections > Shell > Lay-up > Add/Edit 命令，弹出如图 8-8 所示的 Create and Modify Shell Sections 对话框，将 Thickness 设为 0.02，单击 OK 按钮。

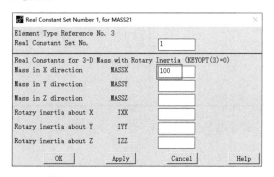

图 8-5　Real Constant Set Number 1,
for MASS21 对话框

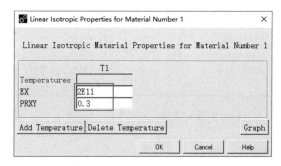

图 8-6　Linear Isotropic Properties for
Material Number 1 对话框

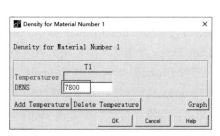

图 8-7　Density for Material Number 1
对话框

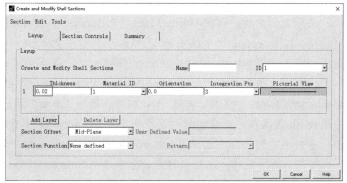

图 8-8　Create and Modify Shell Sections 对话框

（7）定义梁单元的截面。选择 Main Menu > Preprocessor > Sections > Beam > Common Sections 命令，弹出如图 8-9 所示的 Beam Tool 对话框，将 ID 设为 2，将 B 设为 0.01，将 H 设为 0.02，单击 OK 按钮。

（8）创建矩形面。选择 Main Menu > Preprocessor > Modeling > Create > Areas > Rectangle > By Dimensions 命令，弹出如图 8-10 所示的 Create Rectangle by Dimensions（通过尺寸创建矩形）对话框，将 X1,X2 设为 0、L，将 Y1,Y2 设为 0、W [即通过坐标为（0,0,0）和（L,W,0）的 2 个位置作为角点创建矩形]，单击 OK 按钮。

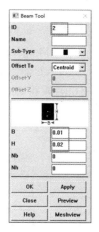
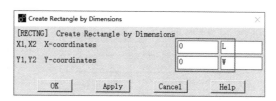

图 8-9　Beam Tool 对话框　　　　图 8-10　Create Rectangle by Dimensions 对话框

（9）创建关键点。选择 Main Menu > Preprocessor > Modeling > Create > Keypoints > In Active CS 命令，创建坐标位置分别为（0,0,HT）、（L,0,HT）、（L,W,HT）、（0,W,HT）的 5、6、7、8 号节点。

（10）创建线。选择 Main Menu > Preprocessor > Modeling > Create > Lines > Lines > In Active Coord 命令，弹出关键点拾取框，分别拾取 1 号和 5 号关键点、2 号和 6 号关键点、3 号和 7 号关键点、4 号和 8 号关键点，创建 4 条线，结果如图 8-11 所示。

（11）设置面的网格尺寸。选择 Main Menu > Preprocessor > Meshing > Size Cntrls > ManualSize > Areas > All Areas 命令，弹出如图 8-12 所示的 Element Sizes on All Selected Areas（设置所有已选面的单元尺寸）对话框，将 Element edge length 设为 0.1，单击 OK 按钮。

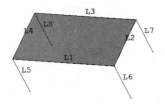

图 8-11　创建面和线的结果　　　　图 8-12　Element Sizes on All Selected Areas 对话框

（12）对工作台面进行网格划分。选择 Main Menu > Preprocessor > Meshing > Mesh > Areas > Free 命令，在弹出的面拾取框中单击 Pick All 按钮，对工作台面进行网格划分。

（13）设置单元属性。选择 Main Menu > Preprocessor > Meshing > Mesh Attributes > Default Attribs 命令，弹出如图 8-13 所示的 Meshing Attributes（网格属性）对话框，将 Type 设为 2 BEAM188，将 SECNUM 设为 2，单击 OK 按钮。

（14）对工作台支撑柱进行网格划分。选择 Main Menu > Preprocessor > Meshing > Mesh > Lines 命令，拾取线 L5、L6、L7、L8，对支撑柱进行网格划分。

（15）创建节点。选择 Main Menu > Preprocessor > Modeling > Create > Nodes > In Active CS 命令，创建坐标位置为（L/2,W/2,HM）的 500 号节点。

（16）创建代表电动机的质量单元。选择 Main Menu > Preprocessor > Modeling > Create > Elements > Elem Attributes 命令，弹出如图 8-14 所示的 Element Attributes 对话框，将 TYPE 设为 3 MASS21，将 SECNUM 设为 No Section，单击 OK 按钮。选择 Main Menu > Preprocessor > Modeling > Create > Elements > User Numbered > Thru Nodes 命令，弹出如图 8-15 所示的 Create Elems User-Num（创建单元用户自定义编号）对话框，在 Number to assign to element 文本框中输入 500，单击 OK 按钮，弹出节点拾取框，拾取 500 号节点，单击 OK 按钮，创建代表电动机的 MASS21 单元。

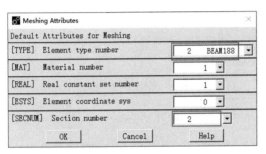

图 8-13 Meshing Attributes 对话框

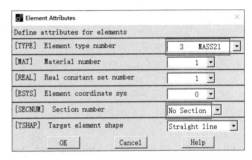

图 8-14 Element Attributers 对话框

（17）定义刚性区域。为了将代表电动机的质量单元与代表工作台的壳单元相连接，需要定义刚性区域。选择 Main Menu > Preprocessor > Coupling / Ceqn > Rigid Region 命令，弹出节点拾取框，首先拾取 500 号节点 [该节点是此刚性区域保留（或独立）的节点]，单击 Apply 按钮；再次弹出节点拾取框，拾取 136 号节点 [该节点是此刚性区域移除（或从属）的节点]，单击 Apply 按钮，弹出如图 8-16 所示的 Constraint Equation for Rigid Region（刚性区域的约束方程）对话框，保持 Ldof 参数为 All applicable（表示对所有的自由度应用约束方程），单击 Apply 按钮，完成 500 号节点与 136 号节点之间刚性区域的定义。通过此方法，分别定义 500 号节点与 138 号节点、500 号节点与 154 号节点、500 号节点与 156 号节点之间的刚性区域。

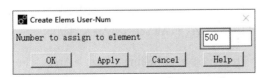

图 8-15 Create Elems User-Num 对话框

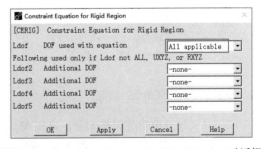

图 8-16 Constraint Equation for Rigid Region 对话框

📢 提示：

在创建刚性区域时，应根据电动机的尺寸来选择壳单元上的节点。本实例中假设电动机底座的尺寸为

0.2×0.2，电动机质心的坐标位置为（1,0.5,0.1），电动机安装在工作台面的中央位置。根据对称性，所选的 4 个节点坐标分别为（1-0.2/2,0.5-0.2/2,0）、（1-0.2/2,0.5+0.2/2,0）、（1+0.2/2,0.5+0.2/2,0）和（1+0.2/2,0.5-0.2/2,0）。选择 Utility Menu > List > Nodes 命令，弹出 Sort NODE Listing 对话框，保持默认参数设置，单击 OK 按钮，列出各节点的详细坐标位置，通过 NLIST Command 窗口可以找到需要选择节点的编号，如图 8-17 所示。

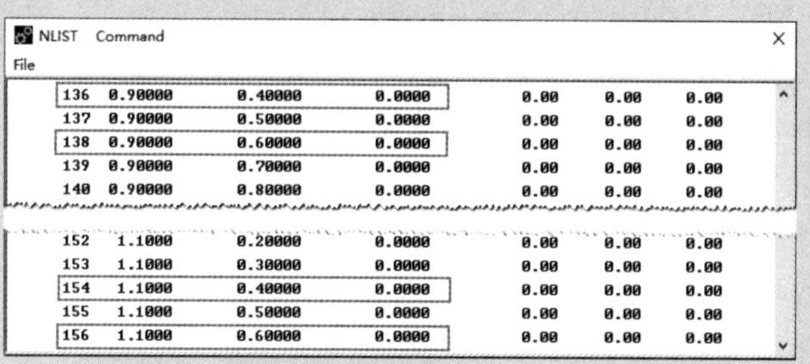

图 8-17　NLIST Command 窗口（节选）

8.2.2　加载求解

1．模态分析

在通过完全法进行谐响应分析之前，首先需要进行模态分析。

（1）设置分析类型。选择 Main Menu > Solution > Analysis Type > New Analysis 命令，弹出如图 8-18 所示的 New Analysis 对话框，将 ANTYPE 设为 Modal，单击 OK 按钮。

（2）设置分析选项。选择 Main Menu > Solution > Analysis Type > Analysis Options 命令，弹出如图 8-19 所示的 Modal Analysis 对话框，将 MODOPT 设为 Block Lanczos，在 No. of modes to extract 文本框中输入 10，将 NMODE 设为 10，将 Elcalc 设为 Yes（表示计算单元结果、反作用力、能量和节点自由度解），单击 OK 按钮。弹出 Block Lanczos Method 对话框，本实例中不再对分块兰索斯模态提取方法作进一步的自定义设置，故单击 Cancel 按钮关闭该对话框。

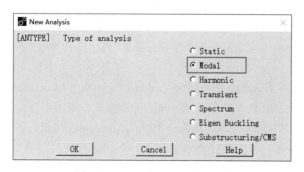

图 8-18　New Analysis 对话框

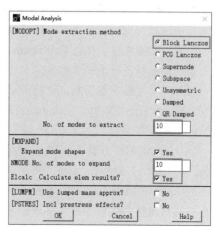

图 8-19　Modal Analysis 对话框

（3）施加自由度约束。选择 Main Menu > Solution > Define Loads > Apply > Structural > Displacement > On Nodes 命令，拾取支撑柱底部的 4 个节点（本实例中节点编号分别为 232、235、238、241），单击 OK 按钮，弹出 Apply U,ROT on Nodes 对话框，在 DOFs to be constrained 列表框中选择 All DOF 选项，单击 OK 按钮，结果如图 8-20 所示。

（4）保存文件。单击工具栏中的 SAVE_DB 按钮，保存文件。

（5）求解。选择 Main Menu > Solution > Solve > Current LS 命令，弹出/STATUS Command 窗口和 Solve Current Load Step 对话框。阅读/STATUS Command 窗口中的内容，确认无误后将其关闭。单击 Solve Current Load Step 对话框中的 OK 按钮，提交求解。

求解完成时，弹出显示 Solution is done!信息的 Note 对话框，单击 Close 按钮将其关闭。

（6）列表显示所提取模态对应的频率。选择 Main Menu>General Postproc>Results Summary 命令，弹出如图 8-21 所示的 SET,LIST Command 窗口，可以查看取出的十阶模态的固有频率。

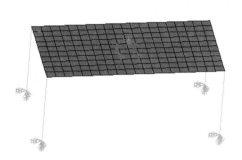

图 8-20　施加自由度约束后的结果

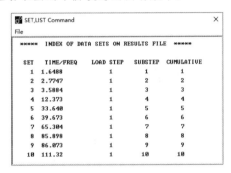

图 8-21　列表显示固有频率

2．谐响应分析

（1）设置分析类型。选择 Main Menu > Solution > Analysis Type > New Analysis 命令，弹出 New Analysis 对话框，将 ANTYPE 设为 Harmonic，单击 OK 按钮。

（2）设置分析选项。选择 Main Menu > Solution > Analysis Type > Analysis Options 命令，弹出如图 8-22 所示的 Harmonic Analysis（谐响应分析）对话框，保持默认设置，即 HROPT 为 Full（表示采用完全法进行谐响应分析），HROUT 为 Real + imaginary（表示自由度解的输出格式为实部和虚部），单击 OK 按钮。弹出 Full Harmonic Analysis（完全谐响应分析）对话框，本实例我们不对完全法谐响应分析进行进一步的自定义设置，因此单击 Cancel 按钮关闭该对话框。

（3）定义质量阻尼系数。选择 Main Menu > Solution > Load Step Opts > Time/Frequenc > Damping 命令，弹出如图 8-23 所示的 Damping Specifications（阻尼规范）对话框，将 ALPHAD 设为 5（表示阻尼的质量矩阵乘数），单击 OK 按钮。

（4）施加简谐力载荷。选择 Main Menu > Solution > Define Loads > Apply > Structural > Force/Moment > On Nodes 命令，弹出节点拾取框，拾取 500 号节点，单击 OK 按钮，弹出如图 8-24 所示的 Apply F/M on Nodes 对话框，将 Lab 设为 FX，将 VALUE 设为 100，单击 Apply 按钮。再次弹出节点拾取框，拾取 500 号节点，单击 OK 按钮，再次弹出 Apply F/M on Nodes 对话框，将 Lab 设为 FZ，将 VALUE 设为 0（表示力的实部为 0），将 VALUE2 设为 100（力的虚部为 100，表示落后 X 方向施加的力 90°相位角），单击 OK 按钮。

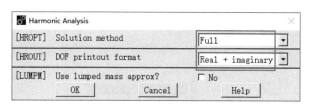

图 8-22 Harmonic Analysis 对话框

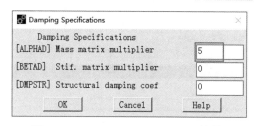

图 8-23 Damping Specifications 对话框

（5）定义频率范围和子步选项。选择 Main Menu > Solution > Load Step Opts > Time/Frequenc > Freq and Substeps 命令，弹出如图 8-25 所示的 Harmonic Frequency and Substep Options（谐响应频率和子步选项设置）对话框，将 HARFRQ 设为 0、10（表示将简谐载荷的频率范围设为 0～10Hz），将 NSUBST 设为 50（表示载荷步的子步数量为 50），将 KBC 设为 Stepped（表示阶跃施加载荷），单击 OK 按钮。

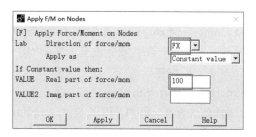

图 8-24 Apply F/M on Nodes 对话框

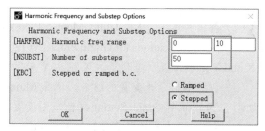

图 8-25 Harmonic Frequency and Substep Options 对话框

（6）求解。选择 Main Menu > Solution > Solve > Current LS 命令，弹出/STATUS Command 窗口和 Solve Current Load Step 对话框。阅读/STATUS Command 窗口中的内容，确认无误后将其关闭。单击 Solve Current Load Step 对话框中的 OK 按钮，提交求解。

求解完成时，弹出显示 Solution is done!信息的 Note 对话框，单击 Close 按钮将其关闭。

8.2.3 观察结果

1. 使用时间历程后处理器观察结果

（1）定义变量。选择 Main Menu > TimeHist Postpro 命令（或选择 Main Menu > TimeHist Postpro > Variable Viewer 命令），弹出如图 8-26 所示的时间历程变量查看器。单击工具栏中的 Add Data（增加数据）按钮，弹出如图 8-27 所示的 Add Time-History Variable（增加时间历程变量）对话框，在 Result Item 列表框中选择 Nodal Solution > DOF Solution > X-Component of displacement 选项（选择 X 方向的位移分量），在 Variable Name 文本框中输入 UX_2（表示变量名称为 UX_2），单击 Apply 按钮，弹出节点拾取框，拾取 500 号节点（代表电动机位置的节点），单击 OK 按钮；再次弹出 Add Time-History Variable 对话框，在 Result Item 列表框中选择 Nodal Solution > DOF Solution > Z-Component of displacement 选项（选择 Z 方向的位移分量），在 Variable Name 文本框中输入 UX_3（表示变量名称为 UZ_3），单击 OK 按钮，弹出节点拾取框，拾取 500 号节点，单击 OK 按钮，返回时间历程变量查看器（不要关闭时间历程变量查看器）。

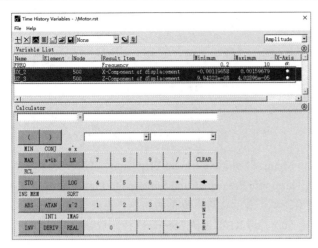

图 8-26 时间历程变量查看器

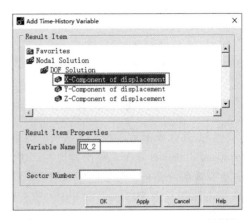

图 8-27 Add Time-History Variable 对话框

（2）显示网格线。选择 Utility Menu > PlotCtrls > Style > Graphs > Modify Grid 命令，弹出如图 8-28 所示的 Grid Modifications for Graph Plots（修改曲线图的网格）对话框，保持默认设置，即 /GRID 设为 X and Y lines（表示同时显示 X 轴和 Y 轴的网格线），单击 OK 按钮。

（3）以振幅显示复变量的结果。选择 Main Menu > TimeHist Postpro > Settings > Graph 命令，弹出如图 8-29 所示的 Graph Settings（曲线图设置）对话框，保持默认设置，即 PLCPLX 设为 Amplitude（表示以幅值的形式显示复变量），单击 OK 按钮（由于步骤（2）和步骤（3）都采用了默认设置，所以也可以省略这两个步骤），单击 OK 按钮。

（4）绘制位移响应-频率曲线图。返回时间历程变量查看器，在变量列表中同时选择变量 UX_2 和 UZ_3，然后单击工具栏中的 Graph Data（绘制图表）按钮，绘制变量 UX_2 和 UZ_3 的曲线图，结果如图 8-30 所示。通过该曲线图可以看出，变量 UX_2（即电动机 X 方向的位移响应）的"峰值"出现在频率 2.8 左右（即工作台-电动机系统二阶模态的固有频率 2.7747 附近），接下来通过列表查看变量以验证峰值的频率值。

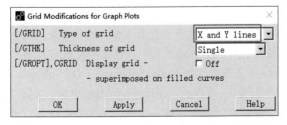

图 8-28 Grid Modifications for Graph Plots 对话框

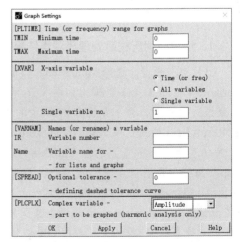

图 8-29 Graph Settings 对话框

（5）列表显示位移响应。在时间历程变量查看器的变量列表中选择变量 UX_2，然后单击工具栏中的 List Data（列出数据）按钮，列表显示 UX_2 的结果如图 8-31 所示，可以看到位移响应的峰值频率为 2.8Hz。

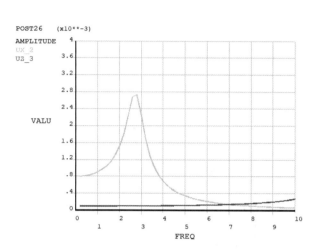

图 8-30 绘制的位移响应-频率曲线图

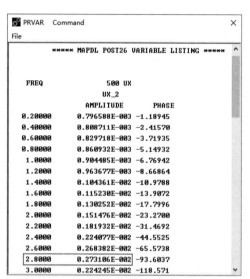

图 8-31 列表显示位移响应结果

现在已经通过时间历程后处理器找到了临界强制频率（本实例为模型中所关注节点产生最大位移时的频率），接下来通过通用历程后处理器在这些临界强制频率处对整个模型进行后处理。

2．使用通用后处理器观察结果

（1）扫描结果文件并列出每个载荷步的摘要。选择 Main Menu > General Postproc > Results Summary 命令，将列表显示每个载荷步的摘要，结果如图 8-32 所示。可以看到 2.8Hz 频率点对应的载荷步编号为 1，子步编号为 14，接下来将观察整个模型在该频率点的结果。

（2）通过载荷步和子步编号读入频率为 2.8Hz 时的实部结果。选择 Main Menu > General Postproc > Read Results > By Load Step 命令，弹出如图 8-33 所示的 Read Results by Load Step Number（通过载荷步编号读入结果）对话框，将 LSTEP 设为 1（表示载荷步编号为 1），将 SBSTEP 设为 14（表示子步编号为 14），将 KIMG 设为 Real part（表示选择复数解的实部），单击 OK 按钮。

（3）以实部形式显示变形结果。选择 Main Menu > General Postproc > Plot Results > Deformed Shape 命令，弹出如图 8-34 所示的 Plot Deformed Shape 对话框，将 KUND 设为 Def + undeformed，单击 OK 按钮。结果如图 8-35 所示。

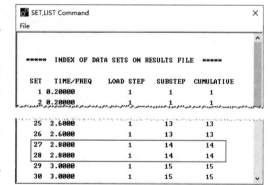

图 8-32 列表显示每个载荷步的摘要（节选）

（4）通过载荷步和子步编号读入频率为 2.8Hz 时的虚部结果。选择 Main Menu > General Postproc >

Read Results > By Load Step 命令，弹出 Read Results by Load Step Number 对话框，将 LSTEP 设为 1，将 SBSTEP 设为 14，将 KIMG 设为 Imaginary part（表示选择复数解的虚部），单击 OK 按钮。

（5）以虚部形式显示变形结果。选择 Main Menu > General Postproc > Plot Results > Deformed Shape 命令，弹出 Plot Deformed Shape 对话框，将 KUND 设为 Def + undeformed，单击 OK 按钮，结果如图 8-36 所示。

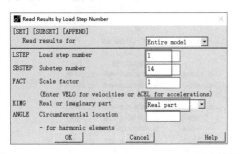

图 8-33　Read Results by Load Step Number 对话框

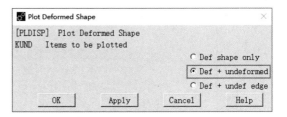

图 8-34　Plot Deformed Shape 对话框

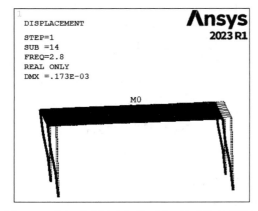

图 8-35　实部形式显示变形云图（显示单元形状）

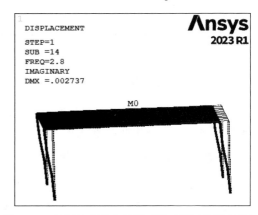

图 8-36　虚部形式显示变形云图（显示单元形状）

（6）通过结果文件创建载荷工况。选择 Main Menu > General Postproc > Load Case > Create Load Case 命令，弹出如图 8-37 所示的 Create Load Case（创建载荷工况）对话框，将 Create load case from 设为 Results file（表示通过结果文件创建载荷工况），单击 OK 按钮。弹出如图 8-38 所示的 Create Load Case from Results File（从结果文件创建载荷工况）对话框，将 LCNO 设为 1（表示载荷工况的参考编号为 1），将 LSTEP 设为 1（表示载荷步编号为 1），将 SBSTEP 设为 14（表示子步编号为 14），将 KIMG 设为 Real part（表示选择复数解的实部），单击 Apply 按钮，即可定义频率为 2.8Hz 时的实部结果为 1 号载荷工况。再次弹出 Create Load Case 对话框，保持默认设置，单击 OK 按钮，弹出 Create Load Case from Results File 对话框，将 LCNO 设为 2，将 KIMG 设为 Imaginary part（表示选择复数解的虚部），单击 OK 按钮，即可定义频率为 2.8Hz 时的虚部结果为 2 号载荷工况。

（7）将数据库的结果数据清零。选择 Main Menu > General Postproc > Load Case > Zero Load Case 命令，弹出如图 8-39 所示的 Zero Load Case（清零载荷工况）对话框，单击 OK 按钮。

（8）读入 1 号载荷工况。选择 Main Menu > General Postproc > Load Case > Read Load Case 命令，弹出如图 8-40 所示的 Read Load Case（读入载荷工况）对话框，将 LCNO 设为 1，单击 OK 按钮。

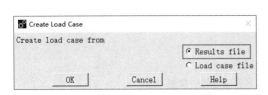

图 8-37 Create Load Case 对话框

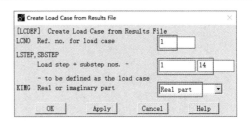

图 8-38 Create Load Case from Results File 对话框

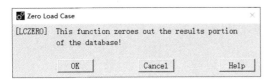

图 8-39 Zero Load Case 对话框

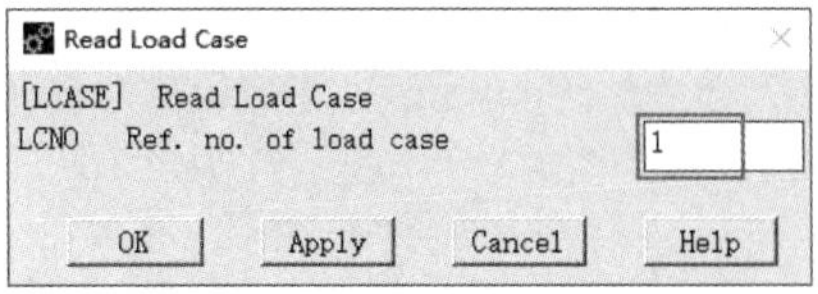

图 8-40 Read Load Case 对话框

（9）计算 1 号载荷工况与 2 号载荷工况结果的平方和然后再开方。选择 Main Menu > General Postproc > Load Case > SRSS 命令，弹出如图 8-41 所示的 Square-Root-Sum-of-Squares of Load Cases（载荷工况结果的平方求和再开方）对话框，将 LCASE1 设为 2，单击 OK 按钮。

（10）以振幅形式显示结构的变形结果。选择 Main Menu > General Postproc > Plot Results > Deformed Shape 命令，弹出 Plot Deformed Shape 对话框，将 KUND 设为 Def+undeformed，单击 OK 按钮，结果如图 8-42 所示。

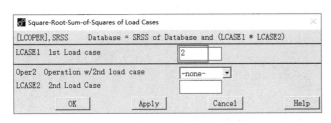

图 8-41 Square-Root-Sum-of-Squares
of Load Cases 对话框

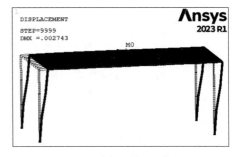

图 8-42 以振幅形式显示变形云图
（显示单元形状）

（11）保存文件。单击工具栏中的 SAVE_DB 按钮，保存文件。

8.2.4 命令流文件

在工作目录中找到 Motor0.log 文件，并对其进行修改，修改后的命令流文件（Motor.txt）中的内容如下。

```
!%%%%工作台-电动机系统的谐响应分析%%%%
/CLEAR,START                !清除数据
/FILNAME,Motor,1            !更改文件名称
HM=0.1                      !HM 为电动机质心和工作台面的距离
L=2                         !L 为工作台长度
```

```
W=1                              !W 为工作台宽度
HT=-0.8                          !HT 为工作台和地面的距离
/PREP7                           !进入前处理器
ET,1,SHELL181                    !定义壳单元
ET,2,BEAM188                     !定义梁单元
ET,3,MASS21                      !定义质量单元
R,1,100                          !定义 1 号实常数以表示电动机的质量
MP,EX,1,2E11                     !定义材料的弹性模量
MP,PRXY,1,0.3                    !定义材料的泊松比
MP,DENS,1,7800                   !定义材料的密度
SECT,1,SHELL,,                   !定义壳单元的截面
SECDATA,0.02,1,0.0,3
SECTYPE,2,BEAM, RECT,,0          !定义梁单元的截面
SECOFFSET,CENT
SECDATA,0.01,0.02,
RECTNG,0,L,0,W,                  !创建一个矩形面
K,5,,,HT $ K,6,L,,HT             !创建 5、6 号关键点
K,7,L,W,HT $ K,8,0,W,HT          !创建 7、8 号关键点
L,1,5 $ L,2,6 $ L,3,7 $ L,4,8    !创建 4 条代表梁的线
AESIZE,ALL,0.1,                  !设置面的网格尺寸
AMESH,ALL                        !对工作台面进行网格划分
TYPE,2 $ SECNUM,2                !设置单元属性（梁单元）
LMESH,5,8,1                      !对工作台支撑柱进行网格划分
N,500,L/2,W/2,HM                 !创建编号为 500 的节点
TYPE,3 $ REAL,1                  !设置单元属性（质量单元）
EN,500,500                       !创建代表电动机的质量单元
CERIG,500,136,ALL                !定义刚性区域
CERIG,500,138,ALL
CERIG,500,154,ALL
CERIG,500,156,ALL
FINISH                           !退出前处理器
/SOLU                            !进入求解器
ANTYPE,MODAL                     !设置为模态分析
MODOPT,LANB,10                   !设置模态提取方法和提取的模态数
MXPAND,10, , ,YES                !扩展的模态数为 10 且计算单元解
NSEL,S,LOC,Z,HT                  !选择地面上的节点
D,ALL,ALL                        !施加自由度约束
NSEL,ALL                         !选择所有节点
SAVE                             !保存文件
SOLVE                            !求解当前载荷步
FINISH                           !退出求解器
/POST1                           !进入通用后处理器
SET,LIST                         !列表显示所提取模态对应的频率
FINISH                           !退出通用后处理器
/SOLU                            !再次进入求解器
ANTYPE,HARMIC                    !设置为谐响应分析
HROPT,FULL                       !采用完全法进行谐响应分析
ALPHAD,5                         !定义质量阻尼系数
F,500,FX,100,                    !电动机质心施加 X 方向大小为 100N 的简谐力
```

```
F,500,FZ,0,100              !在电动机质心施加Z方向大小为100N的简谐力,其与FX落后90°相位角
HARFRQ,0,10                 !定义强制频率范围为0~10Hz
NSUBST,50                   !以载荷步的形式设置谐响应解的数量为50
KBC,1                       !阶跃施加载荷
SOLVE                       !求解当前载荷步
FINISH                      !退出求解器
/POST26                     !进入时间历程后处理器
NSOL,2,500,U,X,UX_2         !定义变量2为节点500的X方向位移
NSOL,3,500,U,Z,UZ_3         !定义变量3为节点500的Z方向位移
/GRID,1                     !设置网格线
PLCPLX,0                    !以振幅显示结果
PLVAR,2,3                   !绘制位移响应-频率曲线
PRCPLX,1                    !以振幅和相位角的形式列表显示结果
PRVAR,2                     !列表显示位移响应(峰值对应的频率为2.8Hz)
FINISH                      !退出时间历程后处理器
/POST1                      !进入通用后处理器
SET,LIST                    !列出所有谐响应解的结果
/ESHAPE,1.0                 !显示单元形状
SET,1,14                    !读入频率为2.8Hz时的实部结果
PLDISP,1                    !以实部形式显示变形结果
SET,1,14,,1                 !读入频率为2.8Hz时的虚部结果
PLDISP,1                    !以虚部形式显示变形结果
LCDEF,1,1,14,0              !定义频率为2.8Hz时的实部结果为载荷工况1
LCDEF,2,1,14,1              !定义频率为2.8Hz时的虚部结果为载荷工况2
LCZERO                      !数据库清零
LCASE,1                     !读入1号载荷工况
LCOPER,SRSS,2               !计算1号载荷工况与2号载荷工况结果的平方和然后再开方
PLDISP,1                    !以振幅形式显示结构的变形结果
SAVE                        !保存文件
FINISH                      !退出通用后处理器
/EXIT,NOSAVE                !退出Ansys
```

8.3 实例——悬臂梁的谐响应分析

图 8-43 所示为悬臂梁问题简图。该悬臂梁的左端固定,在上表面承受表面压力的简谐载荷,在右端承受力的简谐载荷。计算悬臂梁在简谐载荷激励下的响应。

该问题的材料属性、几何尺寸以及载荷见表 8-2(采用英制单位)。

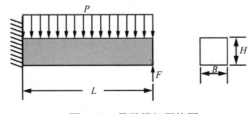

图 8-43 悬臂梁问题简图

表 8-2　材料属性、几何尺寸以及载荷

材 料 属 性	几 何 尺 寸	载 荷
梁的材料具有频率相关的材料属性，具体如下。 $\rho=0.1\text{lb}\cdot\text{sec}^2/\text{in}^4$ 当频率为 1Hz 时：$E=2\times10^7\text{psi}$（E 为弹性模量）；$\nu=0.3$（ν 为泊松比）；$\zeta=0.02$（ζ 为阻尼系数） 当频率为 500Hz 时：$E=3\times10^7\text{psi}$；$\nu=0.3$；$\zeta=0.01$	梁的长度：$L=10\text{in}$ 梁的宽度：$B=2\text{in}$ 梁的高度：$H=2\text{in}$	$P=1000\text{psi}$ $F=2000\text{lbf}$ 频率范围：10～500Hz

本实例将采用基于变分技术的扫频法进行谐响应分析，具体操作步骤如下。

8.3.1　建模

（1）定义工作文件名。选择 Utility Menu > File > Change Jobname 命令，弹出 Change Jobname 对话框，在 Enter new jobname 文本框中输入 CantileverBeam 并勾选 New log and error files?复选框，单击 OK 按钮。

（2）定义单元类型。选择 Main Menu > Preprocessor > Element Type > Add/Edit/Delete 命令，弹出 Element Types 对话框，单击 Add 按钮，弹出如图 8-44 所示的 Library of Element Types 对话框；在左侧的列表框中选择 Solid 选项，在右侧的列表框中选择 20node 186 选项，即 SOLID186 单元，单击 OK 按钮。

（3）定义材料属性。由于频率相关的材料属性无法直接通过 GUI 的菜单命令来定义，所以本实例采用命令流方式输入梁材料的材料属性，其命令流及说明如下。

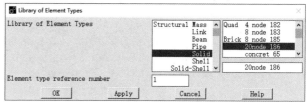

图 8-44　Library of Element Types 对话框

```
TB,ELASTIC,1,,2          !表示使用 2 个材料属性来定义材料的线弹性数据
TBFIELD,FREQ,1           !指定频率值为 1Hz
TBDATA,1,2E7,0.3         !定义 1Hz 的弹性模量和泊松比
TBFIELD,FREQ,500         !指定频率为 500Hz
TBDATA,1,3E7,0.3         !定义 500Hz 的弹性模量和泊松比
TB,SDAMP,1,,1            !表示使用 1 个材料属性来定义材料的阻尼数据（默认为结构阻尼系数）
TBFIELD,FREQ,1           !指定频率值为 1Hz
TBDATA,1,0.02            !定义 1Hz 的阻尼
TBFIELD,FREQ,500         !指定频率值为 500Hz
TBDATA,1,0.01            !定义 500Hz 的阻尼
MP,DENS,1,0.1            !定义材料的密度
```

（4）创建长方体。选择 Main Menu > Preprocessor > Modeling > Create > Volumes > Block > By Dimensions 命令，弹出如图 8-45 所示的 Create Block by Dimensions（通过尺寸创建立方体）对话框，将 X1、X2、Y1、Y2、Z1、Z2 分别设为 0、10、0、2、0、2，即通过坐标位置分别为（0,0,0）和（10,2,2）的两个对角点创建一个长方体，结果如图 8-46 所示。

（5）设置线的网格尺寸。选择 Main Menu > Preprocessor > Meshing > MeshTool 命令，弹出如图 8-47 所示的 MeshTool 对话框，单击 Size Controls 下面 Lines 后面的 Set 按钮，拾取图 8-46 所示的线 L1、L8、L9、L12、L3、L6、L10 和 L11，弹出如图 8-48 所示的 Element Sizes on Picked Lines 对话框，

将 NDIV 设为 2，单击 Appy 按钮；再拾取线 L2、L4、L5 和 L7，再次弹出 Element Sizes on Picked Lines 对话框，将 NDIV 设为 5，单击 OK 按钮。

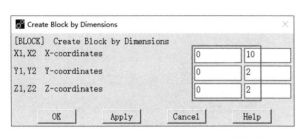

图 8-45　Create Block by Dimensions 对话框

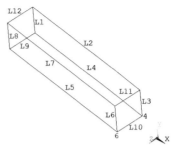

图 8-46　创建的长方体（显示线及 4 号、6 号关键点编号）

（6）对体进行网格划分。在 MeshTool 对话框中将 Mesh 设为 Volumes，选中 Hex 和 Mapped 单选按钮，单击 Mesh 按钮，弹出体拾取框，单击 Pick All 按钮，对体进行网格划分，结果如图 8-49 所示。

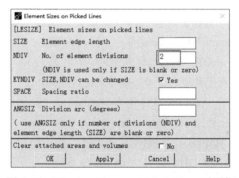

图 8-48　Element Sizes on Picked Lines 对话框

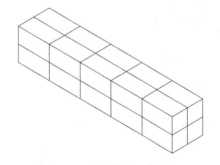

图 8-47　MeshTool 对话框　　　　　图 8-49　对体进行网格划分

8.3.2　加载求解

（1）对线施加自由度约束。选择 Main Menu > Solution > Define Loads > Apply > Structural >

Displacement > On Lines 命令，拾取图 8-46 所示的线 L1、L8、L9、L12，弹出如图 8-50 所示的 Apply U,ROT on Lines 对话框，将 Lab2 设为 All DOF，单击 OK 按钮。

（2）对关键点施加力载荷。选择 Main Menu > Solution > Define Loads > Apply > Structural > Force/Moment > On Keypoints 命令，弹出关键点拾取框，拾取图 8-46 所示的 4 号和 6 号关键点，弹出如图 8-51 所示的 Apply F/M on KPs（在关键点上施加力或力矩）对话框，将 Lab 设为 FY，将 VALUE 设为 1000，单击 OK 按钮。

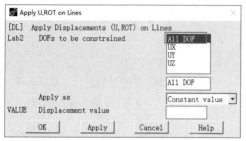

图 8-50　Apply U,ROT on Lines 对话框

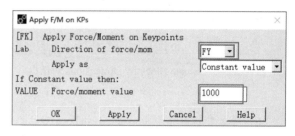

图 8-51　Apply F/M on KPs 对话框

（3）对梁的上表面施加表面压力载荷。选择 Main Menu > Solution > Define Loads > Apply > Structural > Pressure > On Areas 命令，弹出如图 8-52 所示的 Apply PRES on areas 对话框，将 VALUE 设为 1000，单击 OK 按钮。

（4）设置分析类型。选择 Main Menu > Solution > Analysis Type > New Analysis 命令，弹出 New Analysis 对话框，将 ANTYPE 设为 Harmonic，单击 OK 按钮。

（5）设置分析选项。选择 Main Menu > Solution > Analysis Type > Analysis Options 命令，弹出如图 8-53 所示的 Harmonic Analysis 对话框，将 HROPT 设为 VT Full（谐响应分析采用基于变分技术的扫频法），将 HROUT 设为 Amplitud + phase（表示以振幅和相位角的形式输出位移的复数解），单击 OK 按钮。

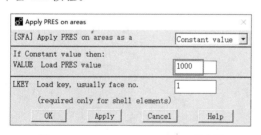

图 8-52　Apply PRES on areas 对话框

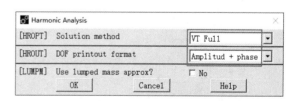

图 8-53　Harmonic Analysis 对话框

（6）定义频率范围和子步选项。选择 Main Menu > Solution > Load Step Opts > Time/Frequenc > Freq and Substeps 命令，弹出如图 8-54 所示的 Harmonic Frequency and Substep Options 对话框，将 HARFRQ 设为 10、500（表示将简谐载荷的频率范围设为 10～500Hz），将 NSUBST 设为 50（表示载荷步的子步数量为 50，即谐响应解的数量为 50），将 KBC 设为 Stepped（表示阶跃施加载荷），单击 OK 按钮。

（7）保存文件。单击工具栏中的 SAVE_DB 按钮，保存文件。

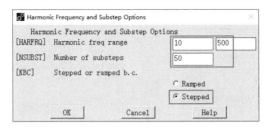

图 8-54　Harmonic Frequency and Substep Options 对话框

（8）求解。选择 Main Menu > Solution > Solve > Current LS 命令，弹出/STATUS Command 窗口和 Solve Current Load Step 对话框。阅读/STATUS Command 窗口中的内容，确认无误后将其关闭。单击 Solve Current Load Step 对话框中的 OK 按钮，提交求解。

求解完成时，弹出显示 Solution is done!信息的 Note 对话框，单击 Close 按钮将其关闭。

8.3.3　观察结果

1．使用时间历程后处理器观察结果

（1）定义变量。选择 Main Menu > TimeHist Postpro 命令，弹出如图 8-55 所示的时间历程变量查看器。单击工具栏中的 Add Data（增加数据）按钮，弹出如图 8-56 所示的 Add Time-History Variable 对话框，在 Result Item 列表框中选择 Nodal Solution > DOF Solution > Y-Component of displacement 选项（选择 Y 方向的位移分量），在 Variable Name 文本框中输入 D1（表示变量名称为 D1），单击 OK 按钮，弹出节点拾取框，拾取 57 号节点（位于悬臂梁自由端顶部的一个节点），单击 OK 按钮，返回时间历程变量查看器（不要关闭时间历程变量查看器）。

图 8-55　时间历程变量查看器　　　　图 8-56　Add Time-History Variable 对话框

（2）设置坐标轴。选择 Utility Menu > PlotCtrls > Style > Graphs > Modify Axes 命令，弹出如图 8-57 所示的 Axes Modification for Graph Plots（修改曲线图的坐标轴）对话框，在 X-axis label 文本框中输入 Frequency（表示 X 轴的标签为 Frequency），在 Y-axis label 文本框中输入 Y-Displacement（表示 Y 轴的标签为 Y-Displacement），将 Y-axis scale 设为 Logarithmic（表示以科学记数法显示 Y 轴的刻度），单击 OK 按钮。

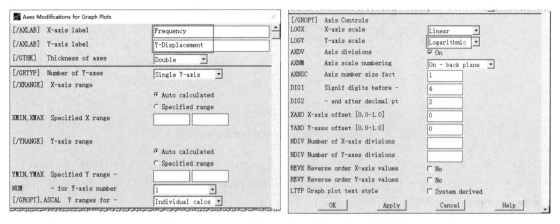

图 8-57　Axes Modification for Graph Plots 对话框

（3）绘制位移响应-频率曲线图。返回时间历程变量查看器，在变量列表中选择变量 D1，然后单击工具栏中的 Graph Data（绘制图表）按钮 ，绘制变量 D1 的曲线图，结果如图 8-58 所示。通过该曲线图可以看出，变量 D1（即悬臂梁自由端的位移响应）的"峰值"出现在频率为 50Hz 左右的位置，下一步通过列表查看变量以验证峰值的频率值。

（4）列表显示位移响应。在时间历程变量查看器的变量列表中选择变量 D1，然后单击工具栏中的 List Data（列出数据）按钮 ，列表显示 D1，如图 8-59 所示，可以看到位移响应的峰值频率为 49.2Hz。

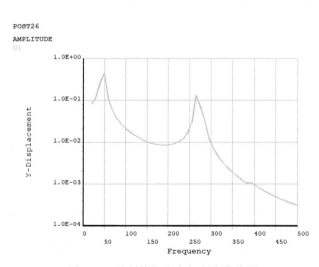

图 8-58　绘制的位移响应-频率曲线图

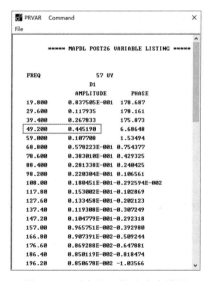

图 8-59　列表显示位移响应结果

现在已经通过时间历程后处理器找到了临界强制频率（本实例中为模型中所关注节点产生最大位移时的频率），接下来通过通用后处理器在这些临界强制频率处对整个模型进行后处理。

2. 使用通用后处理器观察结果

（1）扫描结果文件并列出每个载荷步的摘要。选择 Main Menu > General Postproc > Results

Summary 命令，将列表显示每个载荷步的摘要，结果如图 8-60 所示。可以看到 49.2Hz 频率点对应的载荷步编号为 1，子步编号为 4，接下来观察整个模型在该频率点的结果。

（2）通过时间或频率读入频率为 49.2Hz 时的实部结果。选择 Main Menu > General Postproc > Read Results > By Time/Freq 命令，弹出如图 8-61 所示的 Read Results by Time or Frequency（通过时间或频率读入结果）对话框，将 TIME 设为 49.2（表示载荷步编号为 1），将 KIMG 设为 Real part（表示选择复数解的实部），单击 OK 按钮。

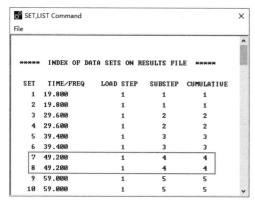

图 8-60 列表显示每个载荷步的摘要

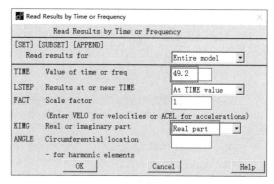

图 8-61 Read Results by Time or Frequency 对话框

（3）以实部形式显示变形结果。选择 Main Menu > General Postproc > Plot Results > Deformed Shape 命令，弹出如图 8-62 所示的 Plot Deformed Shape 对话框，将 KUND 设为 Def + undeformed，单击 OK 按钮，结果如图 8-63 所示。除了以实部形式显示变形结果之外，通过 8.2 节中所使用的方法，还可以以虚部形式和振幅的形式来显示变形结果，此处不再赘述，感兴趣的读者可以自行操作。

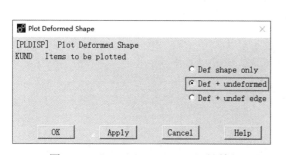

图 8-62 Plot Deformed Shape 对话框

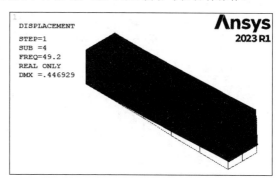

图 8-63 以实部形式显示变形云图

（4）保存文件。单击工具栏中的 SAVE_DB 按钮，保存文件。

8.3.4 命令流文件

在工作目录中找到 CantileverBeam0.log 文件，并对其进行修改，修改后的命令流文件（CantileverBeam.txt）中的内容如下。

```
!%%%%%悬臂梁的谐响应分析%%%%%
/CLEAR,START                              !清除数据
/FILNAME,CantileverBeam,1                 !更改文件名称
/TITLE, Frequency-Sweep Harmonic Analysis of a Cantilever Beam
/PREP7                                    !进入前处理器
ET,1,SOLID186                             !定义单元类型
!定义频率相关的材料属性
TB,ELASTIC,1,,2                           !使用2个材料属性来定义材料的线弹性数据
TBFIELD, FREQ,1                           !指定频率值为1Hz
TBDATA,1,2E7,0.3                          !定义1Hz的弹性模量和泊松比
TBFIELD,FREQ,500                          !指定频率为500Hz
TBDATA,1,3E7,0.3                          !定义500Hz的弹性模量和泊松比
TB,SDAMP,1,,1                             !使用1个材料属性来定义材料的阻尼数据
TBFIELD,FREQ,1                            !指定频率值为1Hz
TBDATA,1,0.02                             !定义1Hz的阻尼
TBFIELD,FREQ,500                          !指定频率值为500Hz
TBDATA,1,0.01                             !定义500Hz的阻尼
MP,DENS,1,0.1                             !定义材料的密度
BLOCK,0,10,0,2,0,2                        !创建一个长方体以表示梁
LSEL,S,LOC,X,-.5,0.5                      !选择梁固定端的4条线
LSEL,A,LOC,X,9.5,10.5                     !增加选择梁自由端的4条线
LESIZE,ALL,,,2                            !设置所选线的网格尺寸
LSEL,S,LOC,X,2,8                          !选择梁长度方向的4条线
LESIZE,ALL,,,5                            !设置所选线的网格尺寸
VMESH,ALL                                 !对体进行网格划分
FINISH                                    !退出前处理器
/SOLU                                     !进入求解器
LSEL,S,LOC,X,-.5,0.5                      !选择梁固定端的4条线
DL,ALL,,ALL                               !对所选线施加固定约束
KSEL,S,LOC,X,8,12                         !选择梁自由端的4个关键点
KSEL,R,LOC,Y,-0.5,0.5                     !在4个关键点中再选择出底部的2个关键点
FK,ALL,FY,1000                            !对所选关键点施加力载荷
ASEL,S,LOC,Y,1.8,2.2                      !选择梁的上表面
SFA,ALL,,PRES,1000,                       !对梁上表面施加表面压力载荷
ALLSEL                                    !选择所有实体
ANTYPE,HARMIC                             !设置为谐响应分析
HROPT,VT                                  !采用基于变分技术的扫频法
HROUT,OFF                                 !以振幅和相位角的形式输出结果
HARFRQ,10,500                             !定义强制频率范围为10~500Hz
NSUBST,50                                 !以子步的形式设置谐响应解的数量为50
KBC,1                                     !阶跃施加载荷
SAVE                                      !保存文件
SOLVE                                     !求解当前载荷步
FINISH                                    !退出求解器
/POST26                                   !进入时间历程后处理器
NSOL,2,57,U,Y,D1                          !定义变量2为节点57的Y方向位移
/AXLAB,X,Frequency                        !设置曲线图X坐标轴的标签
/AXLAB,Y,Y-Displacement                   !设置曲线图Y坐标轴的标签
```

```
/GROPT,LOGY,ON              !以科学记数法显示 Y 轴的刻度
PLCPLX,0                    !以振幅显示结果
PLVAR,2                     !绘制位移响应-频率曲线
PRCPLX,1                    !以振幅和相位角的形式列表显示结果
PRVAR,2                     !列表显示位移响应（峰值对应的频率为 49.2Hz）
/POST1                      !进入通用后处理器
SET,LIST                    !列出所有谐响应解的结果
SET,,,1,0,49.2              !读入频率为 49.2Hz 时的实部结果
PLDISP,1                    !以实部形式显示变形结果
SET,,,1,1,49.2              !读入频率为 49.2Hz 时的虚部结果
PLDISP,1                    !以虚部形式显示变形结果
LCDEF,1,1,4,0               !定义频率为 49.2Hz 时的实部结果为载荷工况 1
LCDEF,2,1,4,1               !定义频率为 49.2Hz 时的虚部结果为载荷工况 2
LCZERO                      !数据库清零
LCASE,1                     !读入 1 号载荷工况
LCOPER,SRSS,2               !计算 1 号载荷工况与 2 号载荷工况结果的平方和然后再开方
PLDISP,1                    !以振幅形式显示结构的变形结果
SAVE                        !保存文件
FINISH                      !退出通用后处理器
/EXIT,NOSAVE                !退出 Ansys
```

8.4　实例——弹簧质量系统的谐响应分析

扫一扫，看视频

图 8-64 所示为弹簧质量系统简图，在其中一个质量块上所施加的力载荷为一个简谐激励，计算弹簧质量系统在该激励下的响应。

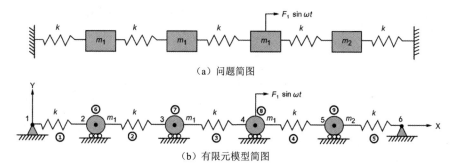

（a）问题简图

（b）有限元模型简图

图 8-64　弹簧质量系统简图

该问题的材料属性、几何尺寸以及载荷见表 8-3。

表 8-3　材料属性、几何尺寸以及载荷

材 料 属 性	几 何 尺 寸	载 荷
弹簧的刚度系数：k=10000N/m 质量：m_1=1kg 质量：m_2=0.5kg 系统的阻尼比：ζ=2%	总长度：L=5m	F_1=1N 频率范围：3～70Hz

本实例将采用模态叠加法进行谐响应分析，具体操作步骤如下。

8.4.1 建模

（1）定义工作文件名。选择 Utility Menu > File > Change Jobname 命令，弹出 Change Jobname 对话框，在 Enter new jobname 文本框中输入 SpringMass 并勾选 New log and error files?复选框，单击 OK 按钮。

（2）定义单元类型。选择 Main Menu > Preprocessor > Element Type > Add/Edit/Delete 命令，弹出 Element Types 对话框，单击 Add 按钮，弹出 Library of Element Types 对话框。在左侧的列表框中选择 Combination 选项，在右侧的列表框中选择 Spring-damper 14 选项，即 COMBIN14 单元，单击 Apply 按钮；在左侧的列表框中选择 Structural Mass 选项，在右侧的列表框中选择 3D mass 21 选项，即 MASS21 单元，单击 Apply 按钮；然后保持当前设置再单击 OK 按钮。返回如图 8-65 所示的 Element Types 对话框，在 Defined Element Types 列表框中选择 Type 1 COMBIN14 选项，单击 Options 按钮，弹出如图 8-66 所示的 COMBIN14 element type options 对话框，将 K3 设为 2-D longitudinal（表示 2D 轴向弹簧阻尼，此时必须在 XY 平面内对单元进行建模，包含 UX 和 UY 共 2 个自由度），单击 OK 按钮。返回 Element Types 对话框，再选择 Type 2 MASS21 选项，单击 Options 按钮，弹出如图 8-67 所示的 MASS21 element type options 对话框，将 K3 设为 2-D w/o rot iner（表示不考虑转动惯量的 2D 质量，包含 UX 和 UY 共 2 个自由度），单击 OK 按钮。返回 Element Types 对话框，按照设置 Type 2 MASS21 选项的方法对 Type 3 MASS21 选项进行设置，最后关闭 Element Types 对话框。

图 8-65　Element Types 对话框

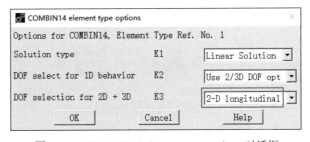

图 8-66　COMBIN14 element type options 对话框

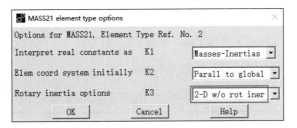

图 8-67　MASS21 element type options 对话框

（3）定义实常数。选择 Main Menu > Preprocessor > Real Constants > Add/Edit/Delete 命令，弹出 Real Constants 对话框，单击 Add 按钮；弹出如图 8-68 所示的 Element Tyep for Real Constants（实常

数的单元类型）对话框，在 Choose element type 列表框中选择 Type 1 COMBIN14 选项，单击 OK 按钮；弹出如图 8-69 所示的 Real Constant Set Number 1, for COMBIN14 对话框，将 K 设为 10000（表示弹簧的刚度系数），单击 OK 按钮。

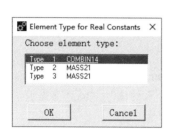

图 8-68　Element Type for Real Constants 对话框

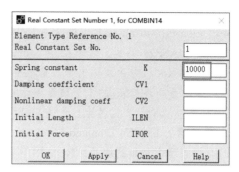

图 8-69　Real Constant Set Number 1, for COMBIN14 对话框

返回 Real Constants 对话框，单击 Add 按钮，弹出 Element Type for Real Constants 对话框，选择 Type 2 MASS21 选项，单击 OK 按钮；弹出如图 8-70 所示的 Real Constant Set Number 2, for MASS21 对话框，将 MASS 设为 1（表示质量单元的质量），单击 OK 按钮。

返回 Real Constants 对话框，单击 Add 按钮，弹出 Element Type for Real Constants 对话框，选择 Type 3 MASS21 选项，单击 OK 按钮；弹出 Real Constant Set Number 3, for MASS21 对话框，将 MASS 设为 0.5，单击 OK 按钮，返回 Real Constants 对话框并将其关闭。

（4）创建节点。选择 Main Menu > Preprocessor > Modeling > Create > Nodes > In Active CS 命令，创建坐标位置分别为（0,0,0）、（1,0,0）、（2,0,0）、（3,0,0）、（4,0,0）、（5,0,0）的 1、2、3、4、5、6 号节点，结果如图 8-71 所示。

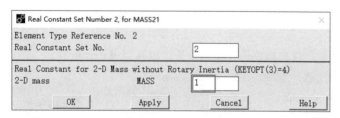

图 8-70　Real Constant Set Number 2, for MASS21 对话框

图 8-71　创建节点的结果

（5）创建 COMBIN14 单元。选择 Main Menu > Preprocessor > Modeling > Create > Elements > Auto Numbered > Thru Nodes 命令，弹出节点拾取框，依次拾取 1、2 号节点，单击 Apply 按钮，创建 1 号单元。使用此方法，通过 2、3 号节点，3、4 号节点，4、5 号节点，5、6 号节点分别创建 2、3、4、5 号单元，创建最后一个单元时单击 OK 按钮关闭节点拾取框。

（6）设置单元属性。选择 Main Menu > Preprocessor > Meshing > Mesh Attributes > Default Attribs 命令，弹出如图 8-72 所示的 Element Attributes 对话框，将 TYPE 设为 2 MASS21，将 REAL 设为 2，单击 OK 按钮。

（7）创建 MASS21 单元。选择 Main Menu > Preprocessor > Modeling > Create > Elements > Auto

Numbered > Thru Nodes 命令，弹出节点拾取框，拾取 2 号节点，单击 Apply 按钮，创建 6 号单元。使用此方法，通过 3、4 号节点创建 7、8 号单元，创建最后一个单元时单击 OK 按钮关闭节点拾取框（此步骤中所创建的是质量为 m_1 的 3 个质量单元）。

（8）设置单元属性。选择 Main Menu > Preprocessor > Meshing > Mesh Attributes > Default Attribs 命令，弹出 Element Attributes 对话框，将 TYPE 设为 3 MASS21，将 REAL 设为 3，单击 OK 按钮。

（9）创建 MASS21 单元。选择 Main Menu > Preprocessor > Modeling > Create > Elements > Auto Numbered > Thru Nodes 命令，弹出节点拾取框，拾取 5 号节点，单击 OK 按钮，创建 9 号单元（此步骤中所创建的是质量为 m_2 的 1 个质量单元）。

（10）列表查看单元及其属性。选择 Utility Menu > List > Elements > Nodes + Attributes 命令，弹出如图 8-73 所示的 ELIST Command 窗口，其中 ELEM 列表示单元的编号，TYP 列表示单元类型的编号，REL 列表示实常数的编号，NODES 列表示单元的节点编号。

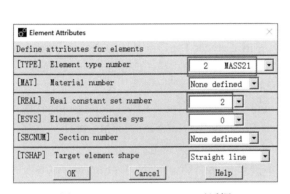

图 8-72　Element Attributes 对话框

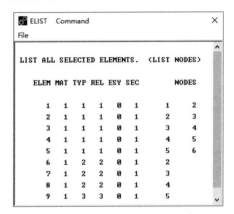

图 8-73　单元及其属性的列表窗口

8.4.2　获取模态分析解

在通过模态叠加法进行谐响应分析之前，首先需要进行模态分析，以获得模态分析解。

（1）对 1 号和 6 号节点施加自由度约束。选择 Main Menu > Solution > Define Loads > Apply > Structural > Displacement > On Nodes 命令，拾取 1、6 号节点，弹出如图 8-74 所示的 Apply U,ROT on Nodes 对话框，将 Lab2 设为 All DOF，单击 OK 按钮，对 1 号节点和 6 号节点的所有自由度施加固定约束。

（2）对 2～5 号节点施加自由度约束。选择 Main Menu > Solution > Define Loads > Apply > Structural > Displacement > On Nodes 命令，拾取 2、3、4、5 号节点，弹出 Apply U,ROT on Nodes 对话框，将 Lab2 设为 UY，单击 OK 按钮。

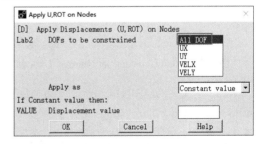

图 8-74　Apply U,ROT on Nodes 对话框

（3）设置分析类型。选择 Main Menu > Solution > Analysis Type > New Analysis 命令，弹出 New Analysis 对话框，将 ANTYPE 设为 Modal，单击 OK 按钮。

（4）设置分析选项。选择 Main Menu > Solution > Analysis Type > Analysis Options 命令，弹出如图 8-75 所示的 Modal Analysis 对话框，将 MODOPT 设为 Block Lanczos，在 No. of modes to extract 文本框中输入 4，将 NMODE 设为 ALL（表示扩展并写入在指定频率范围内的所有模态），将 Elcalc 设为 Yes（表示计算单元解），单击 OK 按钮。弹出 Block Lanczos Method 对话框，本实例中不再对分块兰索斯模态提取方法作进一步的自定义设置，故单击 Cancel 按钮关闭该对话框。

（5）对节点 4 施加力载荷。选择 Main Menu > Solution > Define Loads > Apply > Structural > Force/Moment > On Nodes 命令，拾取 4 号节点，弹出如图 8-76 所示的 Apply F/M on Nodes 对话框，将 Lab 设为 FX，将 VALUE 设为 1，单击 OK 按钮。完成载荷施加后的模型如图 8-77 所示。

📢 **提示：**

> 步骤（5）中所施加的力载荷在模态分析中虽被忽略，但 Ansys 将计算一个载荷向量并将其写入振型文件，以在后续的谐响应分析中使用。

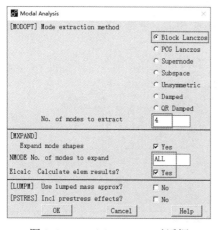

图 8-75 Modal Analysis 对话框

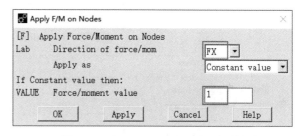

图 8-76 Apply F/M on Nodes 对话框

图 8-77 施加载荷后的有限元模型

（6）求解。选择 Main Menu > Solution > Solve > Current LS 命令，弹出/STATUS Command 窗口和 Solve Current Load Step 对话框。阅读/STATUS Command 窗口中的内容，确认无误后将其关闭。单击 Solve Current Load Step 对话框中的 OK 按钮，提交求解。

求解完成时，弹出显示 Solution is done!信息的 Note 对话框，单击 Close 按钮将其关闭。

（7）列表显示所提取模态对应的频率。选择 Main Menu>General Postproc>Results Summary 命令，弹出如图 8-78 所示的 SET, LIST Command 窗口，可以看出弹

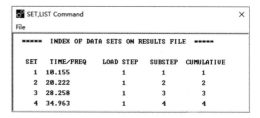

图 8-78 列表显示所有频率

簧质量系统前四阶模态对应的固有频率。

8.4.3 获取模态叠加法谐响应分析解

（1）设置分析类型。选择 Main Menu > Solution > Analysis Type > New Analysis 命令，弹出 New Analysis 对话框，将 ANTYPE 设为 Harmonic，单击 OK 按钮。

（2）设置分析选项。选择 Main Menu > Solution > Analysis Type > Analysis Options 命令，弹出如图 8-79 所示的 Harmonic Analysis 对话框，将 HROPT 设为 Mode Superpos'n（表示采用模态叠加法进行谐响应分析），单击 OK 按钮。

弹出如图 8-80 所示的 Mode Sup Harmonic Analysis（模态叠加法谐响应分析）对话框，在 HROPT 文本框中输入 4（表示用于计算谐响应的最大模态数），单击 OK 按钮。

（3）删除节点上的力载荷。选择 Main Menu > Solution > Define Loads > Delete > Structural > Force/Moment > On Nodes 命令，弹出节点拾取框，单击 Pick All 按钮，弹出如图 8-81 所示的 Delete F/M on Nodes（删除节点上的力或力矩）对话框，将 Lab 设为 ALL，单击 OK 按钮。

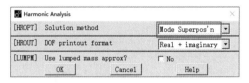

图 8-79　Harmonic Analysis 对话框

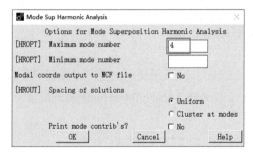

图 8-80　Mode Sup Harmonic Analysis 对话框

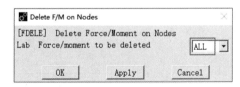

图 8-81　Delete F/M on Nodes 对话框

（4）缩放载荷向量。选择 Main Menu > Solution > Define Loads > Apply > Load Vector > For Mode Super 命令，弹出如图 8-82 所示的 Apply Load Vector for Mode Superposition Analysis（为模态叠加法谐响应分析应用载荷向量）对话框，将 FACT 由默认的 0 修改为 1，单击 OK 按钮。

此时弹出如图 8-83 所示的 Warning（警告）对话框，单击 Close 按钮将其关闭。

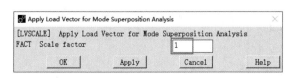

图 8-82　Apply Load Vector for Mode Superposition Analysis 对话框

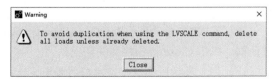

图 8-83　Warning 对话框

提示：

在步骤（4）中，通过将 FACT 由默认的 0 修改为 1，可以将在前面模态分析中所施加在节点的载荷通过载荷向量转移到谐响应分析中。为了防止用户重复施加载荷，Ansys 弹出了 Warning 对话框，提示在缩放载荷向量之前需要删除施加的所有载荷。由于在步骤（3）中已经删除了在模型上所施加的力载荷，故可以关闭 Warning 对话框而无须再进行其他操作。

（5）定义频率范围和子步选项。选择 Main Menu > Solution > Load Step Opts > Time/Frequenc > Freq and Substeps 命令，弹出如图 8-84 所示的 Harmonic Frequency and Substep Options 对话框，将 HARFRQ 设为 3、70，将 NSUBST 设为 500，将 KBC 设为 Stepped，单击 OK 按钮。

（6）设置模型的阻尼比。选择 Main Menu > Solution > Load Step Opts > Time/Frequenc > Damping 命令，弹出如图 8-85 所示的 Damping Specifications（阻尼特性）对话框，将 DMPRAT 设为 0.02（表示使用常数的阻尼比），其他参数保持默认，单击 OK 按钮。

（7）保存文件。单击工具栏中的 SAVE_DB 按钮，保存文件。

（8）求解。选择 Main Menu > Solution > Solve > Current LS 命令，弹出/STATUS Command 窗口和 Solve Current Load Step 对话框。单击 Solve Current Load Step 对话框中的 OK 按钮，提交求解。

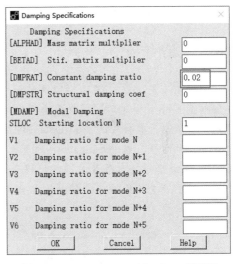

图 8-84　Harmonic Frequency and Substep Options 对话框　　图 8-85　Damping Specifications 对话框

求解完成时，弹出显示 Solution is done!信息的 Note 对话框，单击 Close 按钮将其关闭。

（9）退出求解器。选择 Main Menu > Finish 命令，退出求解器。

8.4.4　扩展模态叠加解

（1）重新进入求解器且激活扩展过程。选择 Main Menu > Solution > Analysis Type > ExpansionPass 命令，弹出如图 8-86 所示的 Expansion Pass（扩展过程）对话框，将 EXPASS 设为 On，单击 OK 按钮。

（2）设置要扩展的解的数目。选择 Main Menu > Solution > Load Step Opts > ExpansionPass > Single

Expand > Range of Solu's 命令，弹出如图 8-87 所示的 Expand A Range of Solutions（扩展解的范围）对话框，将 NUM 设为 ALL（表示扩展所有子步，即扩展所有的谐响应解），单击 OK 按钮。

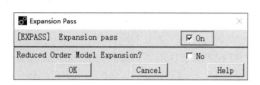

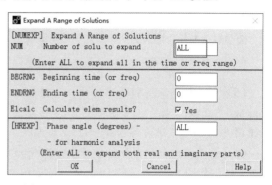

图 8-86 Expansion Pass 对话框　　　　　图 8-87 Expand A Range of Solutions 对话框

（3）提交扩展过程计算。选择 Main Menu > Solution > Solve > Current LS 命令，弹出 /STATUS Command 窗口和 Solve Current Load Step 对话框。单击 Solve Current Load Step 对话框中的 OK 按钮，提交求解。

求解完成时，弹出显示 Solution is done!信息的 Note 对话框，单击 Close 按钮将其关闭。

8.4.5　观察结果

（1）定义复变量 UX4 以存储 4 号节点的位移结果。选择 Main Menu > TimeHist Postpro 命令，弹出如图 8-88 所示的时间历程变量查看器（此时变量列表框中包含一个名为 FREQ 的变量用于存储频率）。单击工具栏中的 Add Data（增加数据）按钮，弹出如图 8-89 所示的 Add Time-History Variable 对话框，在 Result Item 列表框中选择 Nodal Solution > DOF Solution > X-Component of displacement 选项（选择 X 方向的位移分量），在 Variable Name 文本框中输入 UX4（表示变量名称为 UX4），单击 OK 按钮，弹出节点拾取框，拾取 4 号节点，单击 OK 按钮，返回时间历程变量查看器并将其关闭。

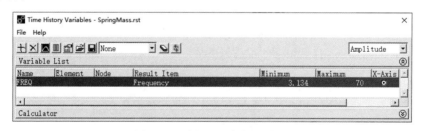

图 8-88　时间历程变量查看器

（2）计算 4 号节点位移复变量的实部。选择 Main Menu > TimeHist Postpro > Math Operations > Real Part 命令，弹出如图 8-90 所示的 Real Part of Time-History Variable（时间历程变量的实部）对话框，将 IR 设为 3（所计算出的结果变量的编号为 3），将 IA 设为 2（表示 2 号变量为输入的自变量），将 Name 设为 UXR（所计算出的结果变量的名称为 UXR），单击 OK 按钮。

（3）计算4号节点位移复变量的虚部。选择 Main Menu > TimeHist Postpro > Math Operations > Imaginary Part 命令，弹出如图 8-91 所示的 Imaginary Part of Time-History Variable（时间历程变量的虚部）对话框，将 IR 设为 4，将 IA 设为 2，将 Name 设为 UXI，单击 OK 按钮。

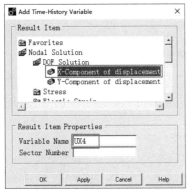

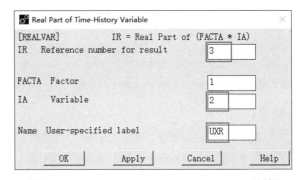

图 8-89　Add Time-History Variable 对话框　　　图 8-90　Real Part of Time-History Variable 对话框

（4）变量相乘计算。选择 Main Menu > TimeHist Postpro > Math Operations > Multiply 命令，弹出如图 8-92 所示的 Multiply Time-History Variables（时间历程变量相乘）对话框，将 IR 设为 5，将 IA 设为 3，将 IB 设为 3，将 Name 设为 UXR_2，单击 Apply 按钮。将 IR 设为 6，将 IA 设为 4，将 IB 设为 4，将 Name 设为 UXI_2，单击 OK 按钮。

（5）变量相加计算。选择 Main Menu > TimeHist Postpro > Math Operations > Add 命令，弹出如图 8-93 所示的 Add Time-History Variables（时间历程变量相加）对话框，将 IR 设为 7，将 IA 设为 5，将 IB 设为 6，将 Name 设为 UXS，单击 OK 按钮。

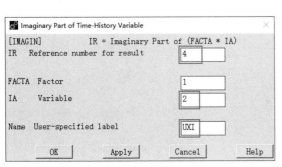

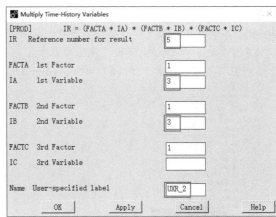

图 8-91　Imaginary Part of Time-History Variable 对话框　　　图 8-92　Multiply Time-History Variables 对话框

（6）计算7号变量的平方根。选择 Main Menu > TimeHist Postpro > Math Operations > Square Root 命令，弹出如图 8-94 所示的 Square Root of Time-History Variable（时间历程变量平方根）对话框，将 IR 设为 8，将 IA 设为 7，将 Name 设为 Amp_Disp，单击 OK 按钮。

	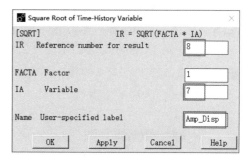
图 8-93 Add Time-History Variables 对话框	图 8-94 Square Root of Time-History Variable 对话框

🔊 **提示：**

在步骤（1）中，定义了存储 4 号节点位移结果的复变量 UX4；在步骤（2）中提取出复变量 UX4 的实部并存储为变量 UXR，在步骤（3）中提取出复变量 UX4 的虚部并存储为变量 UXI；在步骤（4）中通过相乘来计算变量 UXR 的平方并存储为变量 UXR_2，计算变量 UXI 的平方并存储为变量 UXI_2；在步骤（5）中通过相加计算变量 UXR_2 和 UXI_2 的和并存储为变量 UXS；在步骤（6）中求变量 UXS 的平方根并存储为变量 Amp_Disp。这样就计算出了 4 号节点位移结果复变量的幅值。上述步骤可以写成以下计算公式。

$$Amp\_Disp=\sqrt{UXS}=\sqrt{UXR\_2+UXI\_2}=\sqrt{UXR^2+UXI^2}=\sqrt{[Re(UX4)]^2+[Im(UX4)]^2}$$

（7）定义复变量 FORC4 以存储 4 号单元的弹簧力结果。选择 Main Menu > TimeHist Postpro > Variable Viewer 命令，打开时间历程变量查看器，单击工具栏中的 Add Data（增加数据）按钮，弹出如图 8-95 所示的 Add Time-History Variable 对话框，在 Result Item 列表框中选择 Element Solution > Miscellaneous Items > Summable data(SMISC,1)选项（选择单元解），将弹出如图 8-96 所示的 Miscellaneous Sequence Number（杂项序号）对话框，保持默认设置，单击 OK 按钮；返回 Add Time-History Variable 对话框，在 Variable Name 文本框中输入 FORC4，单击 OK 按钮；弹出单元拾取框，拾取 4 号单元，单击 OK 按钮；弹出节点拾取框，拾取 4 号节点，单击 OK 按钮，返回时间历程查看器并将其关闭 [根据步骤（6）可知，Amp_Disp 为 8 号变量，则新定义的 FORC4 为 9 号变量]。

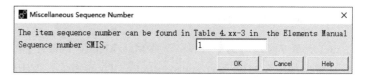

图 8-95 Add Time-History Variable 对话框	图 8-96 Miscellaneous Sequence Number 对话框

提示：

本实例中，在对 Add Time-History Variable 和 Miscellaneous Sequence Number 对话框进行设置时，需要查阅 Ansys 帮助中单元参考部分有关 COMBIN14 单元的详细说明。由图 8-97 所示的 COMBIN14 单元输出定义表可知，FORC 表示弹簧力；由图 8-98 所示的 COMBIN14 结果项和序列号表可知，FORC 对应的选择项应为 SMISC，序列号为 1。

Table 14.2: COMBIN14 Element Output Definitions

Name	Definition	O	R
EL	Element Number	Y	Y
NODES	Nodes - I, J	Y	Y
XC, YC, ZC	Location where results are reported	Y	1
FORC or TORQ	Spring force or moment (for imaginary result set, this is the force contribution from c_{v1} and KIMAG)	Y	Y

图 8-97　COMBIN14 单元输出定义表（节选）

Table 14.3: COMBIN14 Item and Sequence Numbers

Output Quantity Name	ETABLE and ESOL Command Input	
	Item	E
FORC	SMISC	1

图 8-98　COMBIN14 结果项和序列号表（节选）

（8）计算 4 号单元弹簧力复变量的幅值。通过前面步骤（2）～（6）的方法，可以计算出 4 号单元弹簧力复变量的幅值，操作时的具体参数设置如图 8-99～图 8-104 所示。

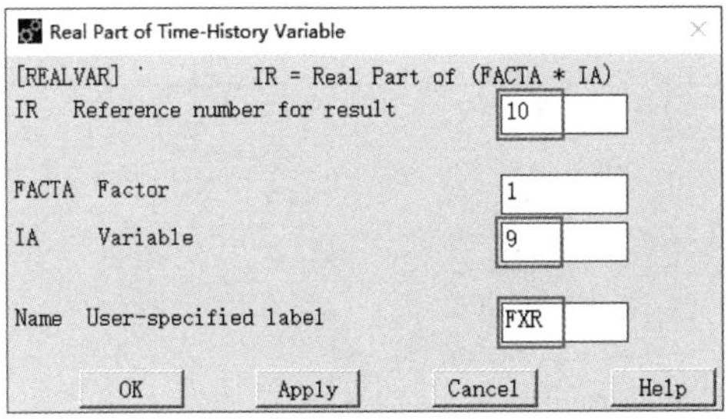

图 8-99　Real Part of Time-History Variable 对话框

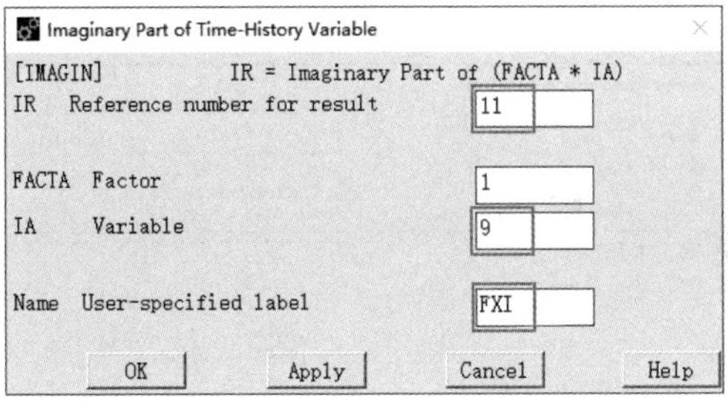

图 8-100　Imaginary Part of Time-History Variable 对话框

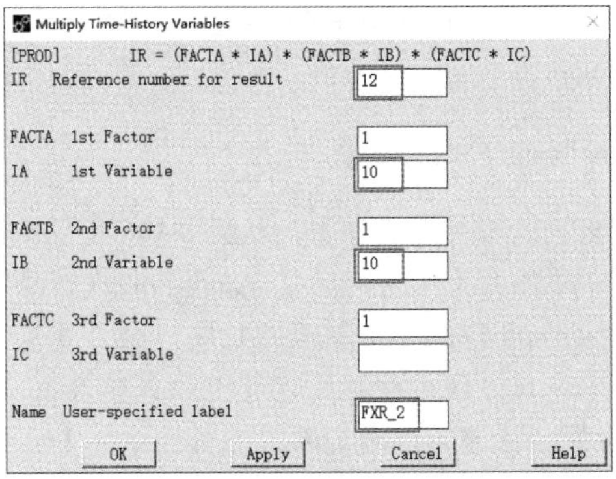

图 8-101　Multiply Time-History Variables 对话框（1）

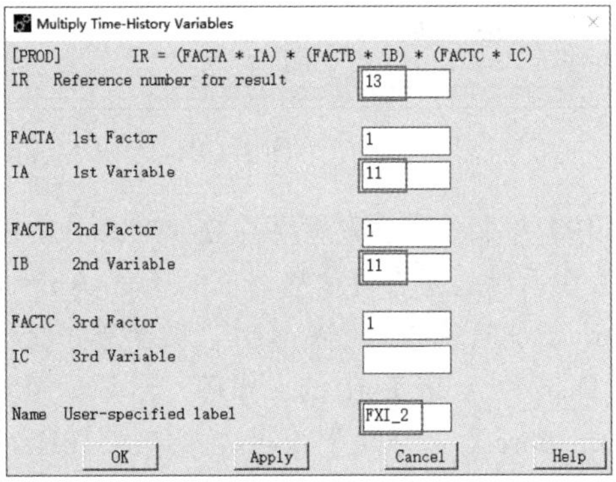

图 8-102　Multiply Time-Histroy Variables 对话框（2）

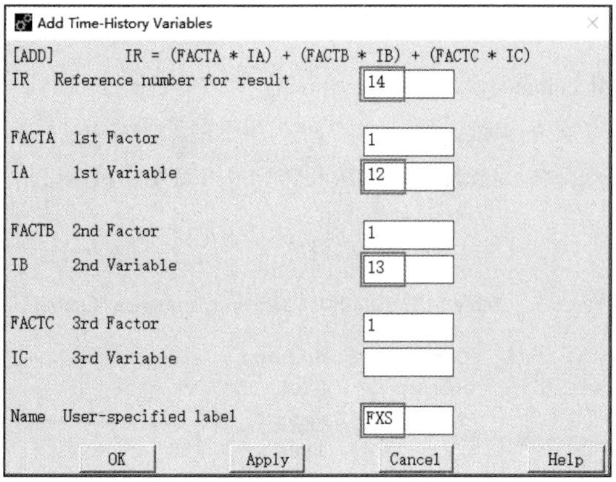

图 8-103　Add Time-History Variables 对话框

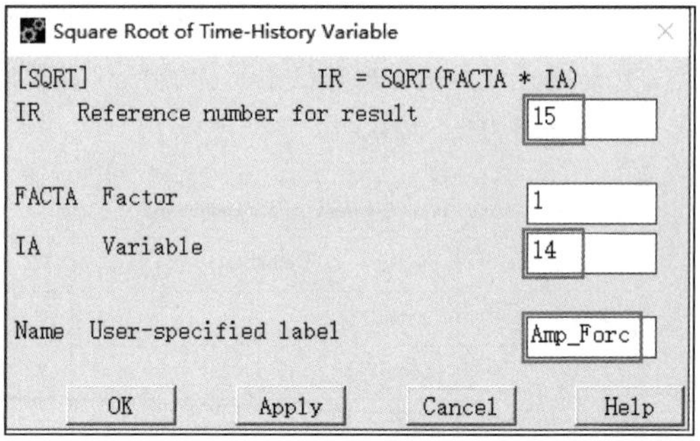

图 8-104　Square Root of Time-History Variable 对话框

（9）设置坐标轴。选择 Utility Menu > PlotCtrls > Style > Graphs > Modify Axes 命令，弹出如图 8-105 所示的 Axes Modifications for Graph Plots 对话框，在 X-axis label 文本框中输入 Frequency，在 Y-axis label 文本框中输入 Amplitude_Disp_Force，将 X-axis range 设为 Specified range（表示指定 X 坐标轴的刻度范围），在 Specified X range 文本框中依次输入 3 和 70（表示 X 坐标值的刻度范围为 3~70），将 Y-axis scale 设为 Logarithmic，单击 OK 按钮。

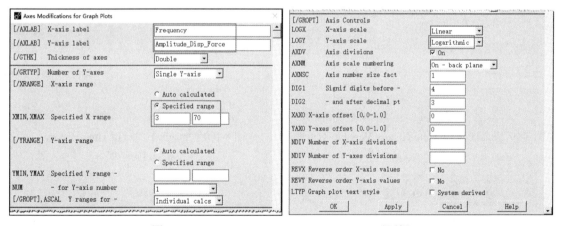

图 8-105　Axes Modifications for Graph Plots 对话框

（10）绘制位移和弹簧力响应-频率曲线。再次打开时间历程变量查看器，如图 8-106 所示，在变量列表中同时选择存储位移幅值的变量 Amp_Disp 和存储弹簧力幅值的变量 Amp_Forc（选择时按住 Ctrl 键即可选择多个变量），然后单击工具栏中的 Graph Data（绘制图表）按钮，绘制变量 Amp_Disp 和 Amp_Forc 的曲线图，结果如图 8-107 所示。通过该曲线图可以看出，变量 Amp_Disp 和 Amp_Forc 的"峰值"出现在频率为 10Hz 左右的位置（读者可以通过单击工具栏中的 List Data（列出数据）按钮来列表查看变量 FREQ、Amp_Disp 和 Amp_Forc 的具体数据，此处不再赘述）。

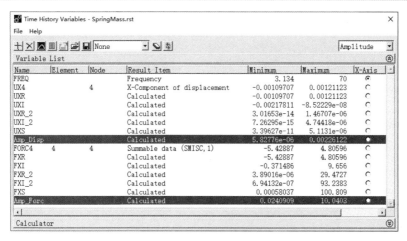

图 8-106　时间历程变量查看器

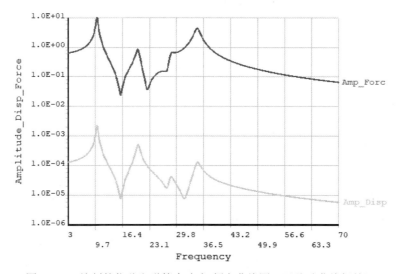

图 8-107　绘制的位移和弹簧力响应-频率曲线图（已移动曲线标签）

（11）获取位移、弹簧力峰值及对应频率的数据。选择 Utility Menu > Parameters > Get Scalar Data 命令，弹出如图 8-108 所示的 Get Scalar Data 对话框，在左侧的列表框中选择 Results data（表示结果数据），在右侧的列表框中选择 Time-hist var's（表示时间历程变量），单击 OK 按钮。弹出如图 8-109 所示的 Get Data for Time-history Variables（获取时间历程变量数据）对话框，在 Name of parameter to be defined 文本框中输入 UX_MAX_ALL（将所获取的数据赋值给参数 UX_MAX_ALL），在 Variable number N 文本框中输入 8（输入变量编号，8 号变量用于存储位移幅值的数据），在 Data to be retrieved 列表框中选择 Maximum val VMAX（表示变量的最大值），单击 Apply 按钮。

再次弹出 Get Scalar Data 对话框，保持默认设置，单击 OK 按钮；再次弹出 Get Data for Time-history Variables 对话框，在 Name of parameter to be defined 文本框中输入 FORCE_MAX_ALL，在 Variable number N 文本框中输入 15（15 号变量用于存储弹簧力幅值的数据），在 Data to be retrieved 列表框中选择 Maximum val VMAX，单击 Apply 按钮。

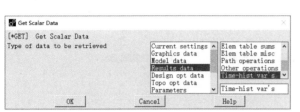
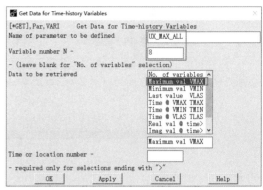

图 8-108　Get Scalar Data 对话框　　　　图 8-109　Get Data for Time-history Variables 对话框

再次弹出 Get Scalar Data 对话框，保持默认设置，单击 OK 按钮；再次弹出 Get Data for Time-history Variables 对话框，在 Name of parameter to be defined 文本框中输入 FREQ_UX_ALL，在 Variable number N 文本框中输入 8，在 Data to be retrieved 列表框中选择 Time @ VMAX TMAX［表示变量最大值所对应的频率或时间（在谐响应分析中为频率）］，单击 Apply 按钮。

再次弹出 Get Scalar Data 对话框，保持默认设置，单击 OK 按钮；再次弹出 Get Data for Time-history Variables 对话框，在 Name of parameter to be defined 文本框中输入 FREQ_FORCE_ALL，在 Variable number N 文本框中输入 15，在 Data to be retrieved 列表框中选择 Time @ VMAX TMAX，单击 OK 按钮。

（12）查看位移、弹簧力峰值及对应频率的数据。选择 Utility Menu > Parameters > Scalar Parameters 命令，弹出如图 8-110 所示的 Scalar Parameters 对话框，可以看到标量参数 FORCE_MAX_ALL=10.0403491（表示弹簧力的峰值），FREQ_FORCE_ALL=10.102（表示弹簧力峰值对应的频率），FREQ_UX_ALL=10.102（表示位移峰值对应的频率），UX_MAX_ALL= 2.261216248E-03（表示位移的峰值），读者可以根据计算精度的需要对数据进行调整。

（13）设置频率范围。前面已经计算出了位移、弹簧力第 1 个峰值及对应频率的结果，接下来计算图 8-107 所示弹簧力第 2 个峰值的结果，由于第 1 个峰值出现在频率为 10.102Hz 的位置，因此首先需要将频率范围设置为 11～70Hz，以去除第 1 个峰值的数据。选择 Main Menu > TimeHist Postpro > Settings > Data 命令，弹出如图 8-111 所示的 Data Settings（数据设置）对话框，将 TMIN 设为 11，将 TMAX 设为 70，单击 OK 按钮。此时，将弹出如图 8-112 所示的 Warning 对话框，表示该操作将删除所有的计算变量的数据，单击 Close 按钮将其关闭。

图 8-110　Scalar Parameters 对话框　　　　图 8-111　Data Settings 对话框

（14）存储一个新的数据集。选择 Main Menu > TimeHist Postpro > Store Data 命令，弹出如图 8-113 所示的 Store Data from the Results File（通过结果文件存储数据）对话框，将 Lab 设为 Replace existing [表示通过当前的结果文件存储一个新的数据集，以替换任何以前存储的数据集，并删除以前存储的计算变量（图 8-106 所示的 Result Item 列为 Calculated 的变量，即通过计算后得到的变量）]。

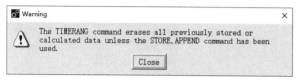

图 8-112　Warning 对话框

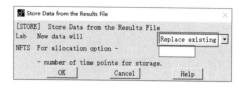

图 8-113　Store Data from the Results File 对话框

（15）查看变量。再次打开时间历程变量查看器，如图 8-114 所示，可见已经删除了所有的计算变量，并且变量 FREQ、UX4 和 FORC4 的数据均已经被替换，将时间历程变量查看器关闭。

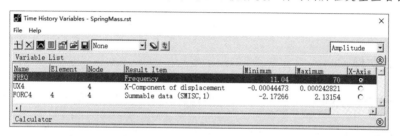

图 8-114　时间历程变量查看器

（16）再次计算 4 号单元弹簧力复变量的幅值。通过步骤（8）的方法，可以再次计算出 4 号单元弹簧力复变量的幅值。

（17）设置坐标轴。选择 Utility Menu > PlotCtrls > Style > Graphs > Modify Axes 命令，弹出 Axes Modifications for Graph Plots 对话框，在 Y-axis label 文本框中输入 Amplitude_Force，将 X-axis range 设为 Specified range，在 Specified X range 文本框中依次输入 10 和 70，其他参数保持不变，单击 OK 按钮。

（18）绘制弹簧力响应-频率曲线。再次打开时间历程变量查看器，在变量列表中选择存储弹簧力幅值的变量 Amp_Forc，然后单击工具栏中的 Graph Data（绘制图表）按钮，绘制 Amp_Forc 的曲线图，结果如图 8-115 所示。

（19）获取弹簧力第 2 个峰值的数据。选择 Utility Menu > Parameters > Get Scalar Data 命令，弹出 Get Scalar Data 对话框，在左侧的列表框中选择 Results data，在右侧的列表框中选择 Time-hist var's，单击 OK 按钮。弹出 Get Data for Time-history Variables 对话框，在 Name of parameter to be defined 文本框中输入 FORCE_MAX_ALL2，在 Variable number N 文本框中输入 15，在 Data to be retrieved 列表框中选择 Maximum val VMAX，单击 OK 按钮。

（20）查看弹簧力第 2 个峰值的数据。选择 Utility Menu > Parameters > Scalar Parameters 命令，弹出如图 8-116 所示的 Scalar Parameters 对话框，可以看到标量参数 FORCE_MAX_ALL2= 4.28867223（表示弹簧力的第 2 个峰值）。

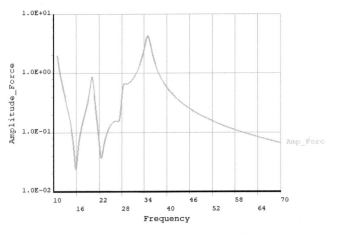

图 8-115　绘制的弹簧力响应-频率曲线图（已移动曲线标签）

图 8-116　Scalar Parameters 对话框

（21）保存文件。单击工具栏中的 SAVE_DB 按钮，保存文件。

8.4.6　命令流文件

在工作目录中找到 SpringMass0.log 文件，并对其进行修改，修改后的命令流文件（SpringMass.txt）中的内容如下。

```
!%%%%%弹簧质量系统的谐响应分析%%%%%
/CLEAR,START                          !清除数据
/FILNAME,SpringMass,1                 !更改文件名称
/TITLE,HARMONIC RESPONSE OF A MASS-SPRING SYSTEM
/PREP7                                !进入前处理器
ET,1,COMBIN14,,,2                     !定义 2D 弹簧阻尼单元
ET,2,MASS21,,,4                       !定义 2D 不考虑转动惯量的质量单元
ET,3,MASS21,,,4                       !定义 2D 不考虑转动惯量的质量单元
R,1,10000                             !定义弹簧单元的刚度系数
R,2,1 $ R,3,0.5                       !定义质量单元的质量
N,1 $ N,2,1 $ N,3,2                   !创建 1、2、3 号节点
N,4,3 $ N,5,4 $ N,6,5                 !创建 4、5、6 号节点
E,1,2 $ E,2,3 $ E,3,4                 !创建 1、2、3 号弹簧单元
E,4,5 $ E,5,6                         !创建 4、5 号弹簧单元
TYPE,2 $ REAL,2                       !设置单元属性
E,2 $ E,3 $ E,4                       !创建 6、7、8 号质量单元
TYPE,3 $ REAL,3                       !设置单元属性
E,5                                   !创建 9 号质量单元
FINISH                                !退出前处理器
/SOLU                                 !进入求解器
D,1,ALL $ D,6,ALL                     !对 1、6 号节点施加固定约束
NSEL,S,,,2,5                          !选择 2、3、4、5 号节点
D,ALL,UY                              !对所选节点施加 Y 方向的固定约束
NSEL,ALL                              !选择全部节点
ANTYPE,MODAL                          !选择模态分析类型
```

```
MODOPT,LANB,4                      !选择模态提取方法，提取四阶模态
MXPAND,ALL,,,YES                   !扩展全部模态且计算单元解
F,4,FX,1                           !施加力载荷
SOLVE                              !提交模态求解
FINISH                             !退出求解器
/POST1                             !进入通用后处理器
SET,LIST                           !列表显示所提取模态对应的频率
FINISH                             !退出通用后处理器
/SOLU                              !再次进入求解器
ANTYPE,HARMIC                      !选择谐响应分析类型
HROPT,MSUP,4,,                     !采用模态叠加法进行谐响应分析
FDELE,ALL                          !删除节点上的力载荷
LVSCALE,1                          !缩放载荷向量
HARFRQ,3,70                        !设置强制频率范围为3～70Hz
NSUBST,500                         !以子步的形式设置谐响应解的数量为500
KBC,1                              !阶跃施加载荷
DMPRAT,0.02                        !设置阻尼比
SAVE                               !保存文件
SOLVE                              !提交谐响应求解
FINISH                             !退出求解器
/SOLU                              !再次进入求解器
EXPASS,ON                          !激活扩展过程
NUMEXP,ALL,0,0,YES                 !设置扩展所有的解
SOLVE                              !提交扩展过程计算
FINISH                             !退出求解器
/POST26                            !进入时间历程后处理器
FILE,SpringMass,rst                !指定结果文件
NUMVAR,20                          !指定时间历程变量的数目
NSOL,2,4,U,X,UX4                   !定义复变量UX4以存储4号节点的位移结果
REALVAR,3,2,,,UXR                  !计算变量UX4的实部并存储为变量UXR
IMAGIN,4,2,,,UXI                   !计算变量UX4的虚部并存储为变量UXI
PROD,5,3,3,,UXR_2                  !计算变量UXR的平方并存储为变量UXR_2
PROD,6,4,4,,UXI_2                  !计算变量UXI的平方并存储为变量UXI_2
ADD,7,5,6,,UXS                     !计算变量UXR_2和UXI_2的和并存储为变量UXS
SQRT,8,7,,,Amp_Disp,,,1            !计算变量UXS的平方根并存储为变量Amp_Disp
ESOL,9,4,4,SMISC,1,FORC4           !定义复变量FORC4以存储4号单元的弹簧力
REALVAR,10,9,,,FXR                 !计算变量FORC4的实部并存储为变量FXR
IMAGIN,11,9,,,FXI                  !计算变量FORC4的虚部并存储为变量FXI
PROD,12,10,10,,FXR_2               !计算变量FXR的平方并存储为变量FXR_2
PROD,13,11,11,,FXI_2               !计算变量FXI的平方并存储为变量FXI_2
ADD,14,12,13,,FXS                  !计算变量FXR_2和FXI_2的和并存储为变量FXS
SQRT,15,14,,,Amp_Forc,,,1          !计算变量FXS的平方根并存储为变量Amp_Forc
/AXLAB,X,Frequency                 !设置曲线图X坐标轴的标签
/AXLAB,y,Amplitude_Disp_Force      !设置曲线图Y坐标轴的标签
/XRANGE,3,70                       !设置曲线图X坐标轴刻度范围为3～70
/GROPT,LOGY,ON                     !以科学记数法显示Y轴的刻度
PLVAR,8,15                         !绘制位移和弹簧力响应-频率曲线
```

```
*GET,UX_MAX_ALL,VARI,8,EXTREM,VMAX            !获取位移峰值数据
*GET,FORCE_MAX_ALL,VARI,15,EXTREM,VMAX        !获取弹簧力峰值数据
*GET,FREQ_UX_ALL,VARI,8,EXTREM,TMAX           !获取位移峰值对应频率的数据
*GET,FREQ_FORCE_ALL,VARI,15,EXTREM,TMAX       !获取弹簧力峰值对应频率的数据
TIMERANGE,11,70                               !设置频率范围为11～70Hz
STORE,NEW                                     !存储一个新的数据集
REALVAR,10,9,,,FXR                            !计算变量FORC4的实部并存储为变量FXR
IMAGIN,11,9,,,FXI                             !计算变量FORC4的虚部并存储为变量FXI
PROD,12,10,10,,FXR_2                          !计算变量FXR的平方并存储为变量FXR_2
PROD,13,11,11,,FXI_2                          !计算变量FXI的平方并存储为变量FXI_2
ADD,14,12,13,,FXS                             !计算变量FXR_2和FXI_2的和并存储为变量FXS
SQRT,15,14,,,Amp_Forc,,,1                     !计算变量FXS的平方根并存储为变量Amp_Forc
/GROPT,LOGY,1                                 !以科学记数法显示Y轴的刻度
/XRANGE,10,70                                 !设置曲线图X坐标轴刻度范围为10～70
/AXLAB,y,Amplitude_Force                      !设置曲线图X坐标轴刻度范围为10～70
PLVAR,15                                      !绘制弹簧力响应-频率曲线
*GET,FORCE_MAX_ALL2,VARI,15,EXTREM,VMAX       !获取弹簧力峰值数据
SAVE                                          !保存文件
FINISH                                        !退出通用后处理器
/EXIT,NOSAVE                                  !退出Ansys
```

第 9 章 瞬态动力学分析

瞬态动力学分析通常用于计算结构在随时间变化的载荷作用下的动态响应。本章首先对进行瞬态动力学分析前的准备工作进行简要介绍,接着介绍瞬态动力学分析的两种求解方法,然后分别介绍这两种求解方法的基本步骤,最后通过具体的实例讲解采用两种不同求解方法进行瞬态动力学分析的操作步骤。

- 瞬态动力学分析前的准备
- 瞬态动力学分析的求解方法
- 完全法瞬态动力学分析
- 模态叠加法瞬态动力学分析

9.1 瞬态动力学分析概述

瞬态动力学分析(又称时间历程分析)是一种用于计算结构在承受任意随着时间变化的载荷作用下的动力学响应的技术。结构在承受静态、瞬态和简谐载荷的任意组合时,可以通过瞬态动力学分析来计算结构中随时间变化的位移、应变、应力和力。载荷和时间的相关性使惯性力和阻尼作用比较显著。如果惯性力和阻尼作用不重要,就可以用静力分析代替瞬态分析。

瞬态动力学的基本运动方程如下:

$$\{F(t)\} = [M]\{\ddot{u}\} + [C]\{\dot{u}\} + [K]\{u\}$$

式中:$[M]$ 为质量矩阵;$[C]$ 为阻尼矩阵;$[K]$ 为刚度矩阵;$\{\ddot{u}\}$ 为节点加速度向量;$\{\dot{u}\}$ 为节点速度向量;$\{u\}$ 为节点位移向量;$\{F(t)\}$ 为载荷向量。

在任意给定的时间 t,这些方程可看作一系列考虑了惯性力 $[M]\{\ddot{u}\}$ 和阻尼力 $[C]\{\dot{u}\}$ 的静力学平衡方程。Ansys 使用 Newmark 时间积分算法或改进的 HHT(Hilber-Hughes-Taylor)时间积分算法在离散的时间点上求解这些方程。两个连续时间点的时间增量称为积分时间步长。

下面简要介绍有关瞬态动力学分析的基础知识。

9.1.1 进行瞬态动力学分析前的准备工作

瞬态动力学分析比静力分析更复杂,因为按"工程"时间计算,瞬态动力学分析通常要占用更多的计算机资源和人力。可以先做一些准备工作以理解所分析问题的物理意义,从而节省大量资源,例如,可以做以下准备工作。

(1)首先分析一个比较简单的模型,由梁、质量块、弹簧组成的模型可以以最小的代价对问题提供有效、深入的理解。这个比较简单的模型可能已经足够用于分析结构的动力学响应。

（2）如果分析中包含非线性，可以首先通过进行静力分析来尝试了解非线性特性如何影响结构的响应。在某些情况下，动力学分析中没必要包括非线性。

（3）了解问题的动力学特性。通过进行模态分析来计算结构的固有频率和振型，便可了解当这些模态被激活时结构如何响应。固有频率同样也对计算出正确的积分时间步长有用。

（4）对于非线性问题，应考虑将模型的线性部分子结构化以降低分析成本。

9.1.2　瞬态动力学分析的求解方法

进行瞬态动力学分析可以采用两种方法，即完全法（Full Method）和模态叠加法（Mode Superposition Method）。下面比较两种方法的优缺点。

1．完全法

完全法采用完整的系统矩阵计算瞬态响应（没有矩阵减缩）。它是一种更为通用的方法，因为该方法允许包含各类非线性特性（塑性、大变形、大应变等）。完全法的优点如下：①容易使用，因为不必关心如何选取振型；②允许包含各类非线性特性；③使用完整矩阵，因此不涉及质量矩阵的近似；④在一次处理过程中计算出所有的位移和应力；⑤允许施加各种类型的载荷，如节点力、外加的（非零）位移、单元载荷（压力和温度），并且可以通过 TABLE 类型的数组参数施加表格边界条件；⑥允许采用几何模型上所施加的载荷。

完全法的主要缺点是比模态叠加法计算量大。

2．模态叠加法

模态叠加法通过对模态分析得到的振型（特征值）乘以因子并求和来计算出结构的响应。该方法的优点如下：①对于许多问题，该方法比完全法计算更快且消耗小；②在模态分析中施加的载荷可以通过 LVSCALE 命令用于瞬态动力学分析中；③允许指定模型的阻尼（阻尼比为振型数的函数）。

模态叠加法的缺点如下：①整个瞬态分析过程中时间步长必须保持恒定，因此不允许采用自动时间步长；②不允许包含非线性特性；③不接受外加的（非零）位移。

9.1.3　完全法瞬态动力学分析的基本步骤

完全法瞬态动力学分析过程由 3 个基本步骤组成：建模、加载求解、观察结果。

1．建模

为完全法瞬态动力学分析创建有限元模型时需要注意以下事项。

（1）可以使用线性单元和非线性单元。

（2）必须指定弹性模量 EX（或某种形式的刚度）和密度 DENS（或某种形式的质量）。材料特性可以是线性的、各向同性的或各向异性的，可以是恒定的或是与温度相关的。

（3）可以通过单元阻尼、材料阻尼或阻尼比来定义阻尼。

另外，在对几何模型划分网格时需要记住以下几点。

（1）网格应该足够精细，以求解所关心的高阶振型。

（2）感兴趣的应力、应变区域的网格密度要比只关心位移的区域相对密一些。

（3）如果包含非线性特性，那么网格应该细化到能够捕捉非线性的影响。例如，对于塑性分析来说，它要求在较大塑性变形梯度的平面内有一定的积分点密度，所以需要比较精细的网格。

（4）如果关心弹性波的传播（如一根棒的末端准确落地），网格至少要有足够的密度求解波，通常的准则是沿波的传播方向的每个波长范围内至少要有 20 个网格。

2．加载求解

（1）建立初始条件。在进行瞬态动力学分析之前，必须了解如何建立初始条件以及使用载荷步。从定义上来说，瞬态动力学包含随着时间变化的载荷。为了指定这种载荷，需要将载荷-时间曲线分解成相应的载荷步，载荷-时间曲线上的每一个拐角都可以作为一个载荷步，如图 9-1 所示。

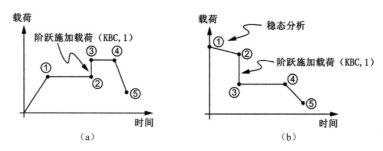

图 9-1　载荷-时间曲线的示例

第 1 个载荷步通常被用来建立初始条件，然后为第 2 个和后续的瞬态载荷步施加载荷并设置载荷步选项。对于每个载荷步，都要指定载荷值、时间值以及其他的载荷步选项，如使用阶跃加载还是斜坡加载方式，是否采用自动时间步长等，然后将每个载荷步写入文件并一次性求解所有的载荷步。

施加瞬态载荷的第 1 步是建立初始条件（即时间等于 0 时的条件）。瞬态动力学分析要求三种初始条件：初始位移（u_0）、初始速度（$\dot{u}_0$）和初始加速度（$\ddot{u}_0$）。如果没有进行特意设置，u_0、$\dot{u}_0$ 和 $\ddot{u}_0$ 都被假定为 0。当然，用户可以通过 IC 和 ICROTATE 命令建立非零位移、速度和加速度的初始条件。

（2）设置求解控制。该步骤与静力结构分析基本相同，需要特别指出的是，如果要建立初始条件，必须是在第 1 个载荷步上建立，然后反复利用 Solution Controls 对话框为后续载荷步设置载荷步选项。

（3）施加载荷。除了可以施加惯性载荷、速度载荷和加速度载荷之外，还可以在几何模型（关键点、线和面）或有限元模型（节点和元素）上施加载荷。

（4）保存当前载荷步的载荷设置。通过 LSWRITE 命令将载荷设置保存到载荷步文件中。

（5）为每个载荷步重复步骤（2）～（4）。对于每个载荷步，重复进行设置求解控制、施加载荷并将载荷设置写入载荷步文件。

（6）保存数据库的副本。为了防止在求解过程中发生错误，建议在提交求解之前保存一个当前数据库的副本。

（7）提交瞬态求解。通过 LSSOLVE 命令可以一次性求解多个载荷步。当然，也可以使用多重求解法和数组参数法来提交求解。

(8) 退出求解器。

3. 观察结果

可以通过时间历程后处理器和通用后处理器来观察结果。时间历程后处理器用于观察模型中指定点的结果随时间的变化情况；通用后处理器用于观察整个模型在指定时间点的结果。

9.1.4 模态叠加法瞬态动力学分析的基本步骤

模态叠加法通过对模态分析中求得的振型乘上缩放因子并求和以计算结构的动力学响应。使用该方法的过程由 5 个主要步骤组成：建模、获取模态解、获取模态叠加法瞬态分析解、扩展模态叠加解、观察结果。

1. 建模

模态叠加法创建有限元模型时的注意事项与完全法相同，此处不再赘述。

2. 获取模态解

在通过模态分析获取模态解时，需要注意的问题与模态叠加法谐响应分析相同，此处不再赘述。

3. 获取模态叠加法瞬态分析解

在此步骤中，Ansys 将使用模态解所提取的振型来计算瞬态响应。具体操作步骤如下。

(1) 进入求解器。

(2) 定义分析类型和分析选项。该步骤与完全法中的设置求解控制步骤基本相同，但有以下差别：①不能使用 Solution Controls 对话框来定义模态叠加法瞬态分析类型和分析设置，而应当利用标准的求解命令集和对应菜单进行设置；②允许重新启动（ANTYPE）；③选择模态叠加求解方法；④当指定模态叠加法进行瞬态分析时，将出现适合指定分析类型的求解菜单；⑤指定准备用于求解的模态数（TRNOPT），这个数目决定了瞬态分析解的精度，至少应当包含预计将对动力学响应有影响的所有模态（默认情形下采用在模态分析中计算出的所有模态）；⑥为了包含高阶模态的贡献，需要加入模态分析中所计算出的残差向量（RESVEC,ON）；⑦如果不需要使用刚体（零频率）模态，使用 TRNOPT 命令的 MINMODE 变量来强制跳过它们；⑧如果要对速度、加速度和导出结果数据进行后处理，需要在 TRNOPT 命令中使用 VAout 变量进行设置；⑨不可以用非线性选项（NLGEOM、NROPT）。

(3) 对模型施加载荷。在模态叠加法瞬态动力学分析中有以下加载限制：①只有力载荷和平移加速度载荷可以直接施加；②单元载荷（压力、温度、加速度等）不可以直接施加，但是在前面的模态分析中施加的此类载荷可以通过载荷向量和 LVSCALE 命令转移到瞬态分析中；③如果瞬态激励来自支撑的运动，并且在模态分析中请求生成伪静态模态（MODCONT 命令），则可以使用 DVAL 命令指定强制位移和加速度，但外加的非零位移将被忽略。

(4) 建立初始条件。在模态叠加法瞬态分析中，第 1 次提交求解是在时间点为 0 处，这可以为整个瞬态分析建立初始条件。

(5) 指定瞬态载荷部分的载荷和载荷步选项。在定义好每个载荷步后即可提交求解。

(6) 默认情况下，如果使用分块兰索斯法、预条件共轭梯度兰索斯法、超节点法或子空间法进行模态分析，模态坐标（每个模态乘以的因子）被写入 Jobname.rdsp 文件，并且不应用任何输出控制。但是，如果明确要求不将单元结果写入 Jobname.mode 文件（MXPAND,,,,,,NO），实际的节点位移将被写入 Jobname.rdsp 文件。在这种情况下，通过命令 OUTRES,NSOL 可以用节点分量来限制写入缩减位移文件 Jobname.rdsp 的位移数据。这样，扩展过程将仅仅生成写入 Jobname.rdsp 文件的单元和它们所有节点的结果。为了使用此选项，首先执行 OUTRES,NSOL, NONE 命令禁止写入所有结果项，然后执行 OUTRES,NSOL,FREQ,component 命令来指定输出感兴趣的结果项。重复执行 OUTRES 命令，指定需要写入 Jobname.rdsp 文件的任何其他节点分量。只允许输出一个频率（Ansys 使用 OUTRES 命令指定的最后一个频率）。

（7）保存数据库到备份文件。
（8）退出求解器。

4．扩展模态叠加解

扩展过程基于 Jobname.rdsp 文件中的瞬态解进行计算，并且仅在指定的时间点进行。因此，在开始扩展过程之前，应该使用时间历程后处理器查看瞬态解的结果并确定关键的时间点。

📢 提示：

> 在模态叠加法瞬态动力学分析中，并不总是需要进行扩展过程。例如，如果感兴趣的是结构上指定点的位移、速度或加速度，那么 Jobname.rdsp 文件中的瞬态解就可以满足需要。然而，如果感兴趣的是应力或力，那么就必须执行一个扩展过程。

扩展模态叠加解的具体操作步骤与模态叠加法谐响应分析相同，此处不再赘述。

5．观察结果

用时间历程后处理器或通用后处理器观察结果与完全法相同。

接下来通过两个具体实例介绍 Ansys 软件中通过上述两种不同的求解方法进行瞬态动力学分析的具体操作步骤。

9.2 实例——工作台的瞬态动力学分析

图 9-2 所示为工作台问题简图，在工作台面上施加图 9-2（b）所示的压力载荷，计算工作台的瞬态动力学响应。

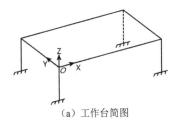
（a）工作台简图

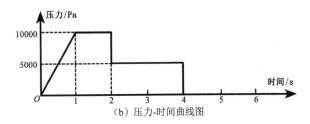
（b）压力-时间曲线图

图 9-2　工作台问题简图

该问题的材料属性、几何尺寸以及载荷见表 9-1。

表 9-1 材料属性、几何尺寸以及载荷

材 料 属 性	几 何 尺 寸	载 荷
$E=2\times10^{11}$ Pa $v=0.3$ $\rho=7800$ kg/m^3	工作台厚度：$t=0.02$ m 工作台长度：$L=2$ m 工作台宽度：$W=1$ m 工作台和地面的距离：$HT=0.8$ m 支撑柱的截面（矩形）：$B=0.01$ m，$H=0.02$ m	见图 9-2（b）

本实例将采用完全法进行瞬态动力学分析，具体操作步骤如下。

9.2.1 建模

（1）定义工作文件名。选择 Utility Menu > File > Change Jobname 命令，弹出 Change Jobname 对话框，在 Enter new jobname 文本框中输入 Workstand 并勾选 New log and error files?复选框，单击 OK 按钮。

（2）定义参数。选择 Utility Menu > Parameters > Scalar Parameters 命令，弹出 Scalar Parameters 对话框，在 Selection 文本框中输入 L=2，单击 Accept 按钮。然后依次在 Selection 文本框中输入 W=1、HT=-0.8，并单击 Accept 按钮确认，单击 Close 按钮关闭该对话框。

（3）创建有限元模型。根据 8.2.1 小节中的步骤（3）～（14），创建工作台的有限元模型。读者也可以将电子资源包中提供的 WorkstandModel.txt 复制到工作目录下，然后选择 Utility Menu > File > Read Input from 命令，弹出如图 9-3 所示的 Read File 对话框，将 Read input from 设为 WorkstandModel.txt，勾选 Copy input to database log 复选框（表示在执行命令时将其记录在日志文件中），单击 OK 按钮，所创建的有限元模型如图 9-4 所示。

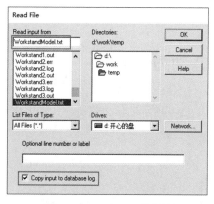

图 9-3 Read File 对话框

图 9-4 工作台有限元模型（显示单元形状）

9.2.2 加载求解

（1）设置分析类型和求解方法。选择 Main Menu > Solution > Analysis Type > New Analysis 命

令，弹出如图 9-5 所示的 New Analysis 对话框，将 ANTYPE 设为 Transient，单击 OK 按钮。弹出如图 9-6 所示的 Transient Analysis（瞬态分析）对话框，将 TRNOPT 设为 Full，单击 OK 按钮。

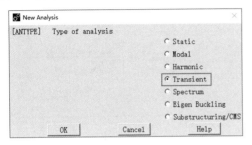

图 9-5 New Analysis 对话框

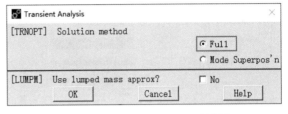

图 9-6 Transient Analysis 对话框

（2）施加自由度约束。选择 Main Menu > Solution > Define Loads > Apply > Structural > Displacement > On Keypoints 命令，拾取支撑柱底部的 4 个关键点（本实例中关键点编号分别为 5、6、7、8），单击 OK 按钮，弹出如图 9-7 所示的 Apply U,ROT on KPs 对话框，将 Lab2 设为 All DOF，单击 OK 按钮。

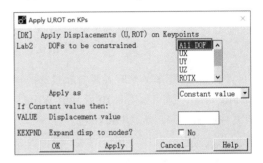

图 9-7 Apply U,ROT on KPs 对话框

📢 提示：

> 在本实例中假定初始位移、初始速度和初始加速度均为 0，所以无须进行初始条件的设置。如果需要设置初始条件，用户可以通过选择 Main Menu > Solution > Define Loads > Apply > Initial Condit'n > Define 命令来建立非零位移、速度和加速度的初始条件。

（3）设置求解控制。选择 Main Menu > Solution > Analysis Type > Sol'n Controls 命令，弹出如图 9-8 所示的 Solution Controls 对话框，默认为 Basic（基本）选项卡 [图 9-8（a）]，在 Time at end of loadstep 文本框中输入 1（表示载荷步结束时的时间点为 1s），将 Automatic time stepping 设为 On（表示打开自动积分时间步长控制），选中 Time increment 单选按钮（表示使用时间来控制积分时间步长），在 Time step size 文本框中输入 0.2（表示初始积分时间步长为 0.2s），在 Minimum time step 文本框中输入 0.05（表示最小积分时间步长为 0.05s），在 Maximum time step 中输入 0.5（表示最大积分时间步长为 0.5s），将 Frequency 设为 Write every substep（表示每个子步向结果文件中写入一次求解结果），对 Basic 选项卡设置完成后切换到 Transient（瞬态）选项卡 [图 9-8（b）]。

首先将 Algorithm 设为 HHT algorithm（表示时间积分采用改进的 HHT 算法），选中 Ramped loading 单选按钮（表示采用斜坡加载方式），在 Mass matrix multiplier(ALPHA) 文本框中输入 5（表示输入质量阻尼系数），设置完成后单击 OK 按钮。

（4）施加载荷。选择 Main Menu > Solution > Define Loads > Apply > Structural > Pressure > On Areas 命令，拾取代表工作台的面 A1，弹出如图 9-9 所示的 Apply PRES on areas 对话框，将 VALUE 设为 10000（由于时间为 1 s 时的压力为 10000，故此处输入 10000），单击 OK 按钮。

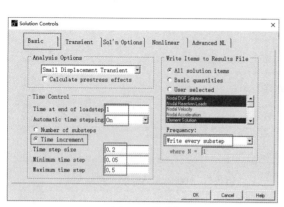
(a) Basic 选项卡

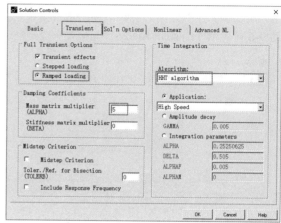
(b) Transient 选项卡

图 9-8　Solution Controls 对话框

（5）向载荷步文件写入载荷和载荷步选项。选择 Main Menu > Solution > Load Step Opts > Write LS File 命令，弹出如图 9-10 所示的 Write Load Step File 对话框，将 LSNUM 设为 1（表示输入载荷步文件的编号），单击 OK 按钮。

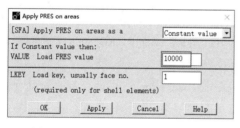

图 9-9　Apply PRES on areas 对话框

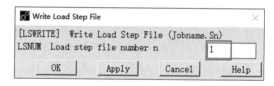

图 9-10　Write Load Step File 对话框

（6）设置求解控制。选择 Main Menu > Solution > Analysis Type > Sol'n Controls 命令，弹出 Solution Controls 对话框，默认为 Basic 选项卡，在 Time at end of loadstep 文本框中输入 2（表示载荷步结束时的时间点为 2 秒），其他参数保持默认设置，单击 OK 按钮。

（7）施加载荷。选择 Main Menu > Solution > Define Loads > Apply > Structural > Pressure > On Areas 命令，拾取代表工作台的面 A1，弹出 Apply PRES on areas 对话框，保持 VALUE 设为 10000 不变（由于 1～2s 时间段内的压力保持 10000 未发生变化，故此步骤可以省略），单击 OK 按钮。

（8）向载荷步文件写入载荷和载荷步选项。选择 Main Menu > Solution > Load Step Opts > Write LS File 命令，弹出 Write Load Step File 对话框，将 LSNUM 设为 2，单击 OK 按钮。

（9）设置求解控制。选择 Main Menu > Solution > Analysis Type > Sol'n Controls 命令，弹出 Solution Controls 对话框，默认为 Basic 选项卡，在 Time at end of loadstep 文本框中输入 4（表示载荷步结束时的时间点为 4s），切换到 Transient 选项卡，选中 Stepped loading 单选按钮（表示采用阶跃加载方式），其他参数保持默认设置，单击 OK 按钮。

（10）施加载荷。选择 Main Menu > Solution > Define Loads > Apply > Structural > Pressure > On Areas 命令，拾取代表工作台的面 A1，弹出 Apply PRES on areas 对话框，将 VALUE 设为 5000（由

于 4s 时的压力为 5000，故此处输入 5000），单击 OK 按钮。

（11）向载荷步文件写入载荷和载荷步选项。选择 Main Menu > Solution > Load Step Opts > Write LS File 命令，弹出 Write Load Step File 对话框，将 LSNUM 设为 3，单击 OK 按钮。

（12）设置求解控制。选择 Main Menu > Solution > Analysis Type > Sol'n Controls 命令，弹出 Solution Controls 对话框，切换到 Basic 选项卡，在 Time at end of loadstep 文本框中输入 6（表示载荷步结束时的时间点为 6s），其他参数保持默认设置，单击 OK 按钮。

（13）施加载荷。选择 Main Menu > Solution > Define Loads > Apply > Structural > Pressure > On Areas 命令，拾取代表工作台的面 A1，弹出 Apply PRES on areas 对话框，将 VALUE 设为 0（由于 6s 时的压力为 0，故此处输入 0），单击 OK 按钮。

（14）向载荷步文件写入载荷和载荷步选项。选择 Main Menu > Solution > Load Step Opts > Write LS File 命令，弹出 Write Load Step File 对话框，将 LSNUM 设为 4，单击 OK 按钮。

（15）保存文件。单击工具栏中的 SAVE_DB 按钮，保存文件。

（16）求解载荷步文件。选择 Main Menu > Solution > Solve > From LS Files 命令，弹出如图 9-11 所示的 Solve Load Step Files 对话框，将 LSMIN 设为 1（表示从 1 号载荷步文件开始求解），将 LSMAX 设为 4（表示求解到 4 号载荷步文件为止），保持 LSINC 默认为 1（表示求解时载荷步文件编号每次递增 1），单击 OK 按钮，提交求解。

求解完成时，弹出显示 Solution is done!信息的 Note 对话框，单击 Close 按钮将其关闭。

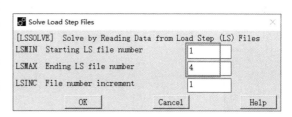

图 9-11　Solve Load Step Files 对话框

9.2.3　观察结果

1. 使用时间历程后处理器观察结果

（1）定义变量。选择 Main Menu > TimeHist Postpro 命令，弹出如图 9-12 所示的时间历程变量查看器，可以看到变量列表中已经存在一个存储时间的变量 TIME（此为 1 号变量）。单击工具栏中的 Add Data（增加数据）按钮，弹出如图 9-13 所示的 Add Time-History Variable 对话框，在 Result Item 列表框中选择 Nodal Solution > DOF Solution > Z-Component of displacement 选项（选择 Z 方向的位移分量），在 Variable Name 文本框中输入 UZCEN，单击 Apply 按钮，弹出节点拾取框，拾取位于工作台中心的节点（即 146 号节点），单击 OK 按钮，返回时间历程变量查看器（不要关闭时间历程变量查看器）。

（2）绘制位移响应-时间曲线图。在时间历程变量查看器的变量列表中选择新定义的变量 UZC，单击工具栏中的 Graph Data（绘制图表）按钮，绘制变量 UZCEN 的曲线图，结果如图 9-14 所示。最后关闭时间历程变量查看器。

（3）计算速度响应和加速度响应。选择 Main Menu > TimeHist Postpro > Math Operations > Derivative 命令，弹出如图 9-15 所示的 Derivative of Time-History Variables（时间历程变量微分）对话框，将 IR 设为 3（所计算出的结果变量的编号为 3），将 IY 设为 2（表示对 2 号变量进行求导），

将 IX 设为 1（表示自变量为 1 号变量），将 Name 设为 VZCEN（所计算出的结果变量的名称为 UXR），单击 Apply 按钮；再将 IR 设为 4，将 IY 设为 3，将 IX 设为 1，将 Name 设为 AZCEN，单击 OK 按钮。

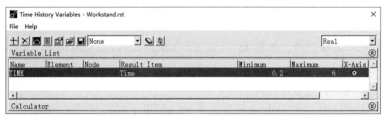

图 9-12　时间历程变量查看器（1）　　　　图 9-13　Add Time-History Variable 对话框

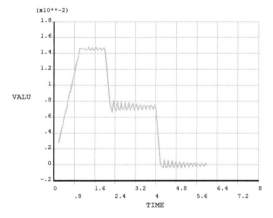

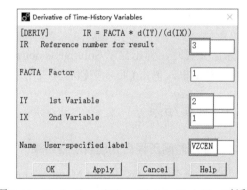

图 9-14　绘制的位移响应-时间曲线图　　　图 9-15　Derivative of Time-History Variables 对话框

提示：

> 在步骤（3）中，位移变量 UZCEN 是以变量 TIME 为自变量的函数，$d(\text{UZCEN})/d(\text{TIME})$ 用于计算 UZCEN 对自变量 TIME 的导数，即得到速度变量 VZCEN。速度变量 VZCEN 同样也是以变量 TIME 为自变量的函数，$d(\text{VZCEN})/d(\text{TIME})$ 用于计算 VZCEN 对自变量 TIME 的导数，即得到加速度变量 AZCEN。

（4）绘制速度响应-时间曲线图和加速度响应-时间曲线图。再次打开时间历程变量查看器，如图 9-16 所示，在变量列表中选择速度变量 VZCEN，单击工具栏中的 Graph Data（绘制图表）按钮，结果如图 9-17 所示。在时间历程变量查看器的变量列表中选择加速度变量 AZCEN，单击工具栏中的 Graph Data（绘制图表）按钮，结果如图 9-18 所示。

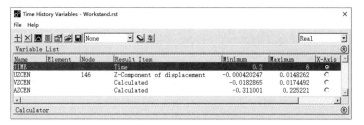

图 9-16 时间历程变量查看器（2）

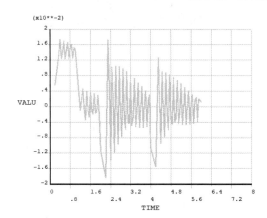

图 9-17 绘制的速度响应-时间曲线图

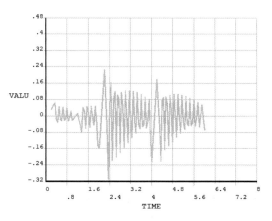

图 9-18 绘制的加速度响应-时间曲线图

2．使用通用后处理器观察结果

（1）扫描结果文件并列出每个载荷步的摘要。选择 Main Menu > General Postproc > Results Summary 命令，将列表显示每个载荷步的摘要，结果如图 9-19 所示。下面以查看 0.5s 时的结果为例，介绍如何观察整个模型在某个指定时间点的结果。通过图 9-19 可见，0.5s 时的载荷步为 1，子步为 6。

（2）通过载荷步和子步编号读入 0.5s 时的结果。选择 Main Menu > General Postproc > Read Results > By Load Step 命令，弹出如图 9-20 所示的 Read Results by Load Step Number 对话框，将 LSTEP 设为 1（表示载荷步编号为 1），将 SBSTEP 设为 6（表示子步编号为 6），单击 OK 按钮。

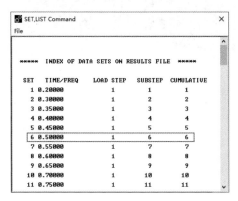

图 9-19 列表显示每个载荷步的摘要

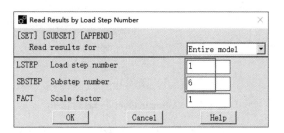

图 9-20 Read Results by Load Step Number 对话框

（3）显示 0.5s 时的变形结果。选择 Main Menu > General Postproc > Plot Results > Deformed Shape 命令，弹出如图 9-21 所示的 Plot Deformed Shape 对话框，将 KUND 设为 Def + undeformed，单击 OK 按钮，结果如图 9-22 所示。

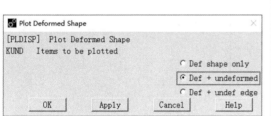

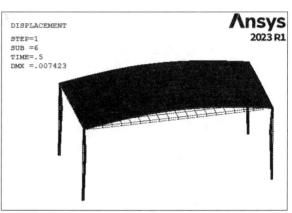

图 9-21　Plot Deformed Shape 对话框　　　　图 9-22　0.5s 时的变形云图（显示单元形状）

（4）生成关于时间的变形动画。选择 Utility Menu > PlotCtrls > Animate > Over Time 命令，弹出如图 9-23 所示的 Animate Over Time（关于时间的动画）对话框，在 Number of animination frames 文本框中输入 30（表示生成的动画包含 30 帧）；选中 Time Range 单选按钮（表示以时间范围来限定生成动画的结果数据），在 Range Minimum, Maximum 文本框中依次输入 0、6（表示时间范围设为 0~6s）；将 Auto contour scaling 设为 Off（表示不自动缩放云图）；在 Animation time delay(sec) 文本框中输入 0.2（表示动画的时间延迟为 0.2s）；在 Contour data for animation 的左侧列表框中选择 DOF solution（表示自由度解），在右侧列表框中选择 Deformed Shape（表示变形），单击 OK 按钮。此时，将会在当前工作目录下生成文件名为 Workstand.avi 的视频文件，同时在图形窗口中播放关于时间的变形动画，如图 9-24 所示，单击 Animation Contro... 对话框中的 Stop 按钮可以停止动画播放。

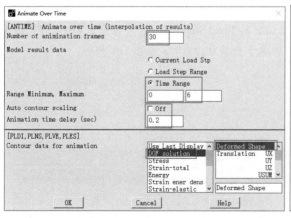

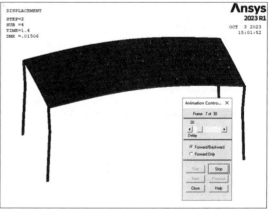

图 9-23　Animate Over Time 对话框　　　　图 9-24　播放动画的图形窗口

（5）保存文件。单击工具栏中的 SAVE_DB 按钮，保存文件。

9.2.4 命令流文件

在工作目录中找到 Workstand0.log 文件，并对其进行修改，修改后的命令流文件（Workstand.txt）中的内容如下。

```
!%%%%%工作台的瞬态动力学分析%%%%%
/CLEAR,START                          !清除数据
/FILNAME,Workstand,1                  !更改文件名称
/TITLE, The Transient Analysis of A Workstand
L=2                                   !L 为工作台长度
W=1                                   !W 为工作台宽度
HT=-0.8                               !HT 为工作台和地面的距离
/PREP7                                !进入前处理器
ET,1,SHELL181                         !定义壳单元
ET,2,BEAM188                          !定义梁单元
ET,3,MASS21                           !定义质量单元
R,1,100                               !定义 1 号实常数以表示电动机的质量
MP,EX,1,2E11                          !定义材料的弹性模量
MP,PRXY,1,0.3                         !定义材料的泊松比
MP,DENS,1,7800                        !定义材料的密度
SECT,1,SHELL,,                        !定义壳单元的截面
SECDATA,0.02,1,0.0,3
SECTYPE,2,BEAM, RECT,,0               !定义梁单元的截面
SECOFFSET,CENT
SECDATA,0.01,0.02,
RECTNG,0,L,0,W,                       !创建一个矩形面
K,5,,,HT $ K,6,L,,HT                  !创建 5、6 号关键点
K,7,L,W,HT $ K,8,0,W,HT               !创建 7、8 号关键点
L,1,5 $ L,2,6 $ L,3,7 $ L,4,8         !创建 4 条代表梁的线
AESIZE,ALL,0.1,                       !设置面的网格尺寸
AMESH,ALL                             !对工作台面进行网格划分
TYPE,2 $ SECNUM,2                     !设置单元属性（梁单元）
LMESH,5,8,1                           !对工作台支撑柱进行网格划分
FINISH                                !退出前处理器
/SOLU                                 !进入求解器
ANTYPE,TRANS                          !设置为瞬态动力学分析
TRNOPT,FULL                           !求解方法为完全法
KSEL,S,LOC,Z,HT                       !选择底面上的 4 个关键点
DK,ALL,ALL                            !对所选关键点施加自由度约束
ALLSEL                                !选择所有实体
OUTRES,ALL,ALL                        !每个子步向结果文件中写入一次求解结果
TIME,1                                !载荷步结束时的时间点为 1s
AUTOTS,ON                             !打开自动积分时间步长控制
DELTIM,0.2,0.05,0.5                   !设置积分时间步长
TRNOPT,,,,,HHT                        !采用改进的 HHT 算法
KBC,0                                 !采用斜坡加载方式
```

```
ALPHAD,5                    !定义质量阻尼系数
SFA,1,,PRES,10000           !施加压力载荷为10000
LSWRITE,1                   !写入载荷步文件
TIME,2                      !载荷步结束时的时间点为2s
SFA,1,,PRES,10000           !施加压力载荷为10000（此步可省略）
LSWRITE,2                   !写入载荷步文件
TIME,4                      !载荷步结束时的时间点为4s
KBC,1                       !采用阶跃加载方式
SFA,1,,PRES,5000            !施加压力载荷为5000
LSWRITE,3                   !写入载荷步文件
TIME,6                      !载荷步结束时的时间点为6s
KBC,1                       !采用阶跃加载方式
SFA,1,,PRES,0               !施加压力载荷为0
LSWRITE,4                   !写入载荷步文件
SAVE                        !保存文件
LSSOLVE,1,4                 !求解载荷步文件
FINISH                      !退出求解器
/POST26                     !进入时间历程后处理器
NSOL,2,146,U,Z,UZCEN        !定义2号位移变量
PLVAR,2                     !绘制2号位移变量的时间历程曲线
DERIV,3,2,1,,VZCEN          !对变量2求导，计算速度变量3
DERIV,4,3,1,,AZCEN          !对变量3求导，计算加速度变量4
PLVAR,3                     !绘制3号速度变量的时间历程曲线
PLVAR,4                     !绘制4号速度变量的时间历程曲线
FINISH                      !退出通用后处理器
/POST1                      !进入通用后处理器
SET,LIST                    !列出每个载荷步的摘要
SET,1,6,1,                  !通过载荷步1和子步6读入0.5s时的结果
PLDISP,1                    !绘制0.5s的变形结果
PLDISP,,
ANTIME,30,0.2,,0,2,0,6      !生成关于时间的变形动画
FINISH                      !退出通用后处理器
SAVE                        !保存文件
FINISH                      !退出通用后处理器
/EXIT,NOSAVE                !退出Ansys
```

扫一扫，看视频

9.3 实例——梁的瞬态动力学分析

如图9-25（a）所示，一根长度为 L 的钢梁在中间位置支撑着集中质量 m 并承受一个动态力载荷 $F(t)$。在集中质量上所施加的动态力载荷如图9-25（b）所示。假设梁的质量可以忽略，计算产生最大位移响应时的时间 t_{max} 及响应 y_{max}，同时计算梁中的最大弯曲应力 σ_{bend}。

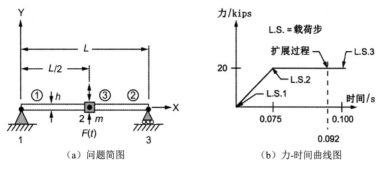

图 9-25 梁问题简图

该问题的材料属性、几何尺寸以及载荷见表 9-2（采用英制单位）。

表 9-2 材料属性、几何尺寸以及载荷

材 料 属 性	几 何 尺 寸	载 荷
$E=3\times10^4$ksi $v=0.3$ $m=0.0259067$kips·s^2/in	$L=240$in 梁的矩形截面尺寸： $B=18$in, $H=1.647$in	见图 9-25（b）

本实例加载结束时间为 0.1s，以使质量体达到其最大弯曲程度。第 1 个载荷步用于静力学求解，取总加载时间的 1/25（即 0.004s）作为积分时间步长，以便能够捕捉到质量体加速度的突变。在模型中将使用对称，并选择最大响应时间（0.092s）进行扩展过程计算。

本实例将采用模态叠加法进行瞬态动力学分析，具体操作步骤如下。

9.3.1 建模

（1）定义工作文件名。选择 Utility Menu > File > Change Jobname 命令，弹出 Change Jobname 对话框，在 Enter new jobname 文本框中输入 Beam 并勾选 New log and error files?复选框，单击 OK 按钮。

（2）定义单元类型。选择 Main Menu > Preprocessor > Element Type > Add/Edit/Delete 命令，弹出 Element Types 对话框，单击 Add 按钮，弹出 Library of Element Types 对话框；在左侧的列表框中选择 Beam 选项，在右侧的列表框中选择 2 node 188 选项，即 BEAM188 单元，单击 Apply 按钮；再次弹出 Library of Element Types 对话框，在左侧的列表框中选择 Structural Mass 选项，在右侧的列表框中选择 3D mass 21 选项，即 MASS21 单元，单击 OK 按钮。

返回如图 9-26 所示的 Element Types 对话框，在 Defined Element Types 列表框中选择 Type 1 BEAM188 选项，单击 Options 按钮，弹出如图 9-27 所示的 BEAM188 element type options 对话框，将 K3 设为 Cubic Form.（表示单元长度方向的形函数为三次多项式），单击 OK 按钮。返回 Element Types 对话框，选择 Type 2 MASS21 选项，单击 Options 按钮，弹出如图 9-28 所示的 MASS21 element type options 对话框，将 K3 设为 2-D w/o rot iner（表示不考虑转动惯量的 2D 质量，包含 UX、UY 共 2 个自由度），单击 OK 按钮，返回 Element Types 对话框并将其关闭。

（3）定义材料属性。选择 Main Menu > Preprocessor > Material Props > Material Models 命令，弹出 Define Material Model Behavior 对话框，在右侧的列表框中选择 Structural > Linear > Elastic >

Isotropic 选项，弹出如图 9-29 所示的 Linear Isotropic Properties for Material Number 1 对话框，将 EX 设为 3E4，将 PRXY 设为 0.3，单击 OK 按钮，返回 Define Material Model Behavior 对话框并将其关闭。

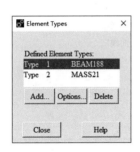

图 9-26 Element Types 对话框

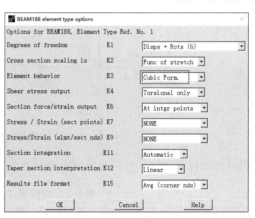

图 9-27 BEAM188 element type options 对话框

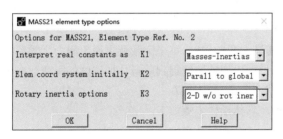

图 9-28 MASS21 element type options 对话框

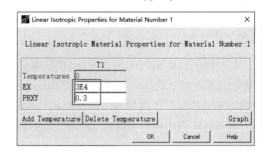

图 9-29 Linear Isotropic Properties for Material Number 1 对话框

（4）定义梁单元的截面。选择 Main Menu > Preprocessor > Sections > Beam > Common Sections 命令，弹出如图 9-30 所示的 Beam Tool 对话框，将 ID 设为 1，将 B 设为 18，将 H 设为 1.647，单击 OK 按钮。

（5）定义质量单元的实常数。选择 Main Menu > Preprocessor > Real Constants > Add/Edit/Delete 命令，弹出 Real Constants 对话框，单击 Add 按钮，弹出 Element Type for Real Constants 对话框，在 Choose element type 列表框中选择 Type 2 MASS21 选项，单击 OK 按钮，弹出如图 9-31 所示的 Real Constant Set Number 1, for MASS21 对话框，在 Real Constant Set No. 文本框中输入 2，将 MASS 设为 0.0259067，单击 OK 按钮。

（6）创建节点。选择 Main Menu > Preprocessor > Modeling > Create > Nodes > In Active CS 命令，分别创建坐标位置为（0,0,0）、（240,0,0）的 1、3 号 2 个节点。

（7）填充节点。选择 Main Menu > Preprocessor > Modeling > Create > Nodes > Fill between Nds 命令，依次拾取 1、3 号节点，弹出 Create Nodes Between 2 Nodes 对话框，保持默认参数设置，单击 OK 按钮，结果如图 9-32 所示。

（8）创建梁单元。选择 Main Menu > Preprocessor > Modeling > Create > Elements > Auto Numbered >

Thru Nodes 命令，弹出节点拾取框，依次拾取 1、2 号节点，单击 Apply 按钮（1 号单元）；再依次拾取 2、3 号节点，单击 OK 按钮（2 号单元）。

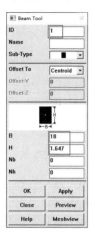

图 9-30　Beam Tool 对话框

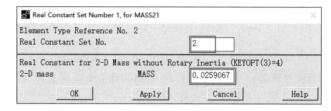

图 9-31　Real Constant Set Number 1, for MASS21 话框

（9）设置单元属性。选择 Main Menu > Preprocessor > Modeling > Create > Elements > Elem Attributes 命令，弹出如图 9-33 所示的 Element Attributes 对话框，将 TYPE 设为 2 MASS21，将 REAL 设为 2，将 SECNUM 设为 No Section，单击 OK 按钮。

图 9-32　填充节点的结果

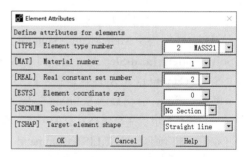

图 9-33　Element Attributes 对话框

（10）创建质量单元。选择 Main Menu > Preprocessor > Modeling > Create > Elements > Auto Numbered > Thru Nodes 命令，弹出节点拾取框，拾取 2 号节点，单击 OK 按钮（3 号单元）。

9.3.2　获取模态解

（1）对节点施加自由度约束。选择 Main Menu > Solution > Define Loads > Apply > Structural > Displacement > On Nodes 命令，拾取 1 号节点，弹出如图 9-34 所示的 Apply U,ROT on Nodes 对话框，将 Lab2 设为 UX 和 UY，单击 OK 按钮。再次选择 Main Menu > Solution > Define Loads > Apply > Structural > Displacement > On Nodes 命令，拾取 3 号节点，弹出 Apply U,ROT on Nodes 对话框，将 Lab2 仅设为 UY，单击 OK 按钮。

（2）施加对称边界条件。选择 Main Menu > Solution > Define Loads > Apply > Structural >

Displacement > Symmetry B.C. > On Nodes 命令，弹出如图 9-35 所示的 Apply SYMM on Nodes（在节点上应用对称）对话框，将 Norml 设为 Z-axis（对称面垂直于 Z 坐标轴，由于在该对话框中保持 KCN 参数为默认，所以此处是以默认的全局笛卡儿坐标系的 XY 平面为对称面），单击 OK 按钮。

图 9-34　Apply U,ROT on Nodes 对话框

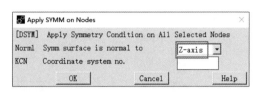

图 9-35　Apply SYMM on Nodes 对话框

（3）设置分析类型。选择 Main Menu > Solution > Analysis Type > New Analysis 命令，弹出 New Analysis 对话框，将 ANTYPE 设为 Modal（选择模态分析类型），单击 OK 按钮。

（4）设置分析选项。选择 Main Menu > Solution > Analysis Type > Analysis Options 命令，弹出如图 9-36 所示的 Modal Analysis 对话框，将 MODOPT 设为 PCG Lanczos（采用预条件共轭梯度兰索斯法），在 No. of modes to extract 文本框中输入 2（由于在施加约束后，模型仅可在 UX 和 UY 两个自由度方向上发生变形，所以仅需提取二阶模态，此处也可以输入大于 2 的数，但求解后仅包含二阶模态），在 NMODE 文本框中输入 2，单击 OK 按钮。弹出 PCG Lanczos Modal Analysis（PCG Lanczos 模态分析）对话框，本实例我们不对 PCG Lanczos 模态分析方法进行进一步的自定义设置，单击 Cancel 按钮关闭该对话框。

（5）求解。选择 Main Menu > Solution > Solve > Current LS 命令，弹出 /STATUS Command 窗口和 Solve Current Load Step 对话框。阅读 /STATUS Command 窗口中的内容，确认无误后将其关闭。单击 Solve Current Load Step 对话框中的 OK 按钮，提交求解。

求解完成时，弹出显示 Solution is done! 信息的 Note 对话框，单击 Close 按钮将其关闭。

（6）列表显示所提取模态对应的频率。选择 Main Menu > General Postproc > Results Summary 命令，弹出如图 9-37 所示的 SET,LIST Command 窗口，可以查看前二阶模态对应的固有频率。

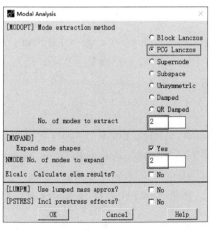

图 9-36　Modal Analysis 对话框

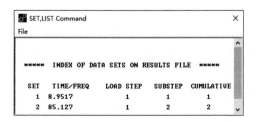

图 9-37　列表显示所有频率

9.3.3 获取模态叠加法瞬态分析解

（1）设置分析类型和求解方法。选择 Main Menu > Solution > Analysis Type > New Analysis 命令，弹出 New Analysis 对话框，将 ANTYPE 设为 Transient，单击 OK 按钮。弹出如图 9-38 所示的 Transient Analysis 对话框，将 TRNOPT 设为 Mode Superpos'n（采用模态叠加法进行瞬态分析），单击 OK 按钮。

（2）设置分析选项。选择 Main Menu > Solution > Analysis Type > Analysis Options 命令，弹出如图 9-39 所示的 Mode Sup Transient Analysis（模态叠加瞬态分析）对话框，在 TRNOPT（用于计算瞬态响应的最大模态数）中输入 2，单击 OK 按钮。

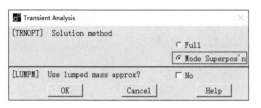

图 9-38　Transient Analysis 对话框

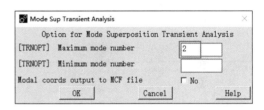

图 9-39　Mode Sup Transient Analysis 对话框

（3）求解结果的输出控制。选择 Main Menu > Solution > Load Step Opts > Output Ctrls > Solu Printout 命令，弹出如图 9-40 所示的 Solution Printout Controls（解的输出控制）对话框，将 Item 设为 Basic quantities［表示仅输出基本的结果项（如节点自由度解、节点反力解和单元解）］，将 FREQ 设为 Every substep（表示每个子步输出一次求解结果），单击 OK 按钮。

（4）控制写入数据库的求解结果数据。选择 Main Menu > Solution > Load Step Opts > Output Ctrls > DB/Results File 命令，弹出如图 9-41 所示的 Controls for Database and Results File Writing（写入数据库和结果文件控制）对话框，将 Item 设为 All items（表示对除积分点位置、状态变量和节点平均结果项之外的所有结果项进行控制），将 FREQ 设为 Every Nth substp（表示每 N 个子步写入一次求解结果），在 Value of N 文本框中输入 1（即每个子步写入一次求解结果），单击 OK 按钮。

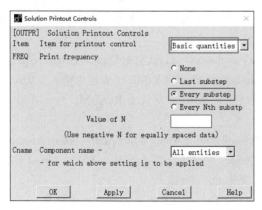

图 9-40　Solution Printout Controls 对话框

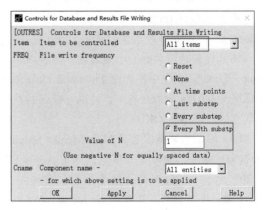

图 9-41　Controls for Database and Results File Writing 对话框

（5）设置时间和时间步长选项。选择 Main Menu > Solution > Load Step Opts > Time/Frequenc > Time - Time Step 命令，弹出如图 9-42 所示的 Time and Time Step Options（时间和时间步长选项）对话框，在 TIME 文本框中输入 0（表示将定义 0s 时的载荷），在 DELTIM 文本框中输入 0.004（表示将积分时间步长设为 0.004s），将 AUTOTS 设为 ON（表示打开自动积分时间步长控制），其他参数保持默认设置，单击 OK 按钮。

（6）施加力载荷。选择 Main Menu > Solution > Define Loads > Apply > Structural > Force/Moment > On Nodes 命令，拾取 2 号节点，弹出如图 9-43 所示的 Apply F/M on Nodes 对话框，将 Lab 设为 FY，将 VALUE 设为 0（由于 0s 时的力幅值为 0，故输入 0），单击 OK 按钮。

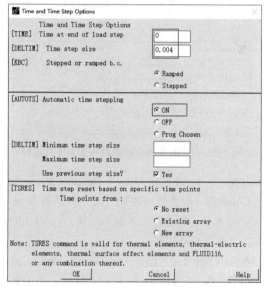

图 9-42 Time and Time Step Options 对话框

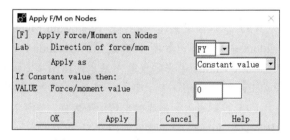

图 9-43 Apply F/M on Nodes 对话框

（7）提交求解。选择 Main Menu > Solution > Solve > Current LS 命令，弹出/STATUS Command 窗口和 Solve Current Load Step 对话框。阅读/STATUS Command 窗口中的内容，确认无误后将其关闭。单击 Solve Current Load Step 对话框中的 OK 按钮，提交求解。求解完成时，弹出显示 Solution is done!信息的 Note 对话框，单击 Close 按钮将其关闭。

（8）设置时间和时间步长选项。选择 Main Menu > Solution > Load Step Opts > Time/Frequenc > Time - Time Step 命令，弹出 Time and Time Step Options 对话框，在 TIME 文本框中输入 0.075（表示将定义 0.075s 时的载荷），其他参数保持默认设置（由于 KBC 默认设为 Ramped，表示采用斜坡加载方式），单击 OK 按钮。

（9）施加力载荷。选择 Main Menu > Solution > Define Loads > Apply > Structural > Force/Moment > On Nodes 命令，拾取 2 号节点，弹出 Apply F/M on Nodes 对话框，将 Lab 设为 FY，将 VALUE 设为 20（由于 0.075s 时的力幅值为 20，故输入 20），单击 OK 按钮。

（10）提交求解。选择 Main Menu > Solution > Solve > Current LS 命令，提交求解计算。

（11）设置时间和时间步长选项。选择 Main Menu > Solution > Load Step Opts > Time/Frequenc > Time - Time Step 命令，弹出 Time and Time Step Options 对话框，在 TIME 文本框中输入 0.1（表示

将定义 0.1s 时的载荷），其他参数保持默认设置，单击 OK 按钮。

（12）施加力载荷。选择 Main Menu > Solution > Define Loads > Apply > Structural > Force/Moment > On Nodes 命令，拾取 2 号节点，弹出 Apply F/M on Nodes 对话框，将 Lab 设为 FY，将 VALUE 设为 20（由于 0.1 时的力幅值仍为 20，此步骤可以省略），单击 OK 按钮。

（13）提交求解。选择 Main Menu > Solution > Solve > Current LS 命令，提交求解计算。

（14）保存文件。单击工具栏中的 SAVE_DB 按钮，保存文件。

（15）打开结果文件。完成瞬态分析之后，在开始后续的扩展过程之前，应该使用时间历程后处理器查看瞬态解的结果并确定关键的时间点。选择 Main Menu > TimeHist Postpro 命令，弹出如图 9-44 所示的时间历程变量查看器。在变量列表中可以见到变量 TIME，其最大值（Maximum）为 85.127，最小值（Minimum）为 8.95166，并不是我们所计算的时间范围 0～0.1s，这是因为在 Beam.rst 文件中存储的是模态分析的结果，这与图 9-37 中所列出的频率结果相同。瞬态分析所计算出的实际节点位移保存在 Beam.rdsp 文件中，下面首先读入该文件。在时间历程变量查看器的菜单栏中选择 File > Open Results 命令，弹出如图 9-45 所示的 Select Results File（选择结果文件）对话框，选择文件 Beam.rdsp，然后单击"打开"按钮；弹出如图 9-46 所示的 Select Database File（选择数据库文件）对话框，选择 Beam.db 文件，单击"打开"按钮。此时的时间历程变量查看器如图 9-47 所示，可见变量 TIME 的最大值变为 0.1，最小值变为 0。

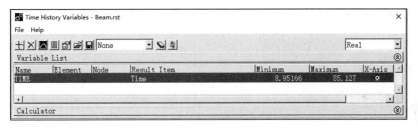

图 9-44　时间历程变量查看器（1）

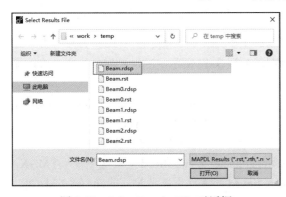

图 9-45　Select Results File 对话框

图 9-46　Select Database File 对话框

（16）定义变量。在时间历程查看器中单击工具栏中的 Add Data（增加数据）按钮，弹出如图 9-48 所示的 Add Time-History Variable 对话框，在 Result Item 列表框中选择 Nodal Solution > DOF Solution > Y-Component of displacement 选项，在 Variable Name 文本框中输入 UY2，单击 OK 按钮，弹出节点拾取框，拾取 2 号节点（即表示集中质量的节点），单击 OK 按钮，返回时间历程变量查看器。

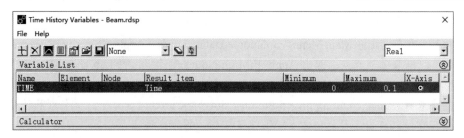

图 9-47　时间历程变量查看器（2）

（17）绘制位移响应-时间曲线图。在时间历程变量查看器的变量列表中选择变量 UY2，然后单击工具栏中的 Graph Data（绘制图表）按钮，绘制变量 UY2 的曲线图，结果如图 9-49 所示。通过该曲线图可以看出，变量 UY2（即集中质量的位移响应）的峰值出现在 0.09~0.1s，下一步通过列表查看变量以确定峰值的具体时间值。

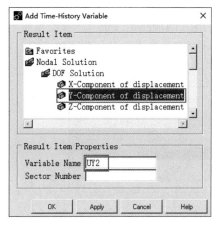

图 9-48　Add Time-History Variable 对话框

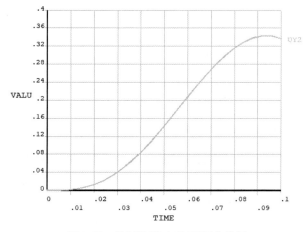

图 9-49　绘制位移响应-时间曲线图

（18）列表显示位移响应。在时间历程变量查看器的变量列表中选择变量 UY2，然后单击工具栏中的 List Data（列出数据）按钮，列表显示 UY2，如图 9-50 所示，可以看到位移响应的峰值的时间为 0.092s。

（19）获取位移峰值及对应时间的数据。选择 Utility Menu > Parameters > Get Scalar Data 命令，弹出如图 9-51 所示的 Get Scalar Data 对话框，在左侧的列表框中选择 Results data（表示结果数据），在右侧的列表框中选择 Time-hist var's（表示时间历程变量），单击 OK 按钮。弹出如图 9-52 所示的 Get Data for Time-history Variables 对话框，在 Name of parameter to be defined 文本框中输入 YMAX，在 Variable number N 文本框中输入 2，在 Data to be retrieved 列表框中选择 Maximum val VMAX，单击 Apply 按钮。

再次弹出 Get Scalar Data 对话框，保持默认设置，单击 OK 按钮；再次弹出 Get Data for Time-history Variables 对话框，在 Name of parameter to be defined 文本框中输入 TMAX，在 Variable number N 文本框中输入 2，在 Data to be retrieved 列表框中选择 Time @ VMAX TMAX，单击 OK 按钮。

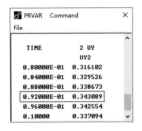

图 9-50 列表显示位移响应结果（节选）

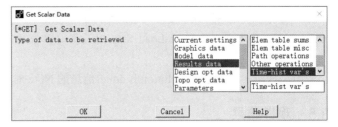

图 9-51 Get Scalar Data 对话框

（20）查看位移峰值及对应时间的数据。选择 Utility Menu > Parameters > Scalar Parameters 命令，弹出如图 9-53 所示的 Scalar Parameters 对话框，可以看到标量参数 TMAX=9.200000000E-02（表示位移峰值对应的时间），YMAX=0.343089394（表示位移的峰值），即集中质量产生最大位移响应时的时间 t_{max}=0.092s，最大位移响应 y_{max}=0.343089394in≈0.343in。

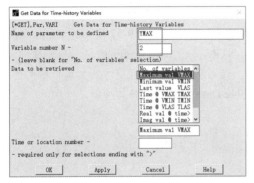

图 9-52 Get Data for Time-history Variables 对话框

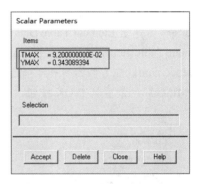

图 9-53 Scalar Parameters 对话框

9.3.4 扩展模态叠加解

接下来将在集中质量产生最大位移响应时的时间（0.092s）处进行扩展过程计算。

（1）重新进入求解器且激活扩展过程。选择 Main Menu > Solution > Analysis Type > ExpansionPass 命令，弹出如图 9-54 所示的 Expansion Pass 对话框，将 EXPASS 设为 On，单击 OK 按钮。

（2）设置要扩展的时间点。选择 Main Menu > Solution > Load Step Opts > ExpansionPass > Single Expand > By Time/Freq 命令，弹出如图 9-55 所示的 Expand Single Solution by Time/Frequency（通过单个时间点或频率点扩展解）对话框，将 TIMFRQ 设为 0.092（表示在 0.092s 处扩展瞬态解），单击 OK 按钮。

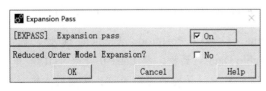

图 9-54 Expansion Pass 对话框

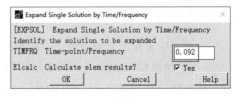

图 9-55 Expand Single Solution by Time/Frequency 对话框

（3）提交扩展过程计算。选择 Main Menu > Solution > Solve > Current LS 命令，弹出/STATUS Command 窗口和 Solve Current Load Step 对话框。单击 Solve Current Load Step 对话框中的 OK 按钮，提交求解。

求解完成时，弹出显示 Solution is done!信息的 Note 对话框，单击 Close 按钮将其关闭。

9.3.5 观察结果

（1）将结果数据读入数据库。选择 Main Menu > General Postproc > Read Results > Last Set 命令，将结果数据读入数据库。

（2）选择梁单元。选择 Utility Menu > Select > Entities 命令，弹出如图 9-56 所示的 Select Entities 对话框，在第 1 个下拉列表中选择 Elements 选项，在下面的下拉列表中选择 By Attributes 选项，选中 Elem type num 单选按钮，在 Min,Max,Inc 文本框中输入 1，单击 OK 按钮，选择梁单元。

（3）通过单元表存储梁的弯曲应力。选择 Main Menu > General Postproc > Element Table > Define Table 命令，弹出 Element Table Data 对话框，单击 Add 按钮。弹出如图 9-57 所示的 Define Additional Element Table Items 对话框，在 Lab 文本框中输入 STRS；在 Item,Comp 的左侧列表框中选择 By sequence num，在右侧的列表框中选择"SMISC,"，然后将右侧列表框下方的文本框中的内容设置为 SMISC,33；最后单击 OK 按钮，返回 Element Table Data 对话框并将其关闭。

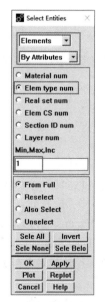

图 9-56　Select Entities 对话框

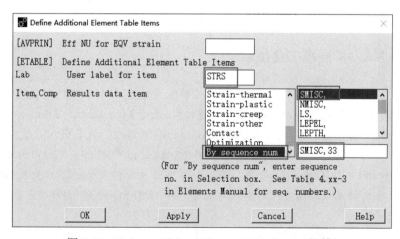

图 9-57　Define Additional Element Table Items 对话框

（4）列表查看梁的弯曲应力。选择 Main Menu > General Postproc > Element Table > List Elem Table 命令，弹出如图 9-58 所示的 List Element Table Data 对话框，将 Lab1-9 设为 STRS，单击 OK 按钮。弹出如图 9-59 所示的 PRETAB Command 窗口，通过该窗口可以看到，弯曲应力绝对值最大的位置出现在 2 号单元中，其数值为-18.969（负值表示压应力），即最大弯曲应力 σ_{Bend}=-18.969ksi。

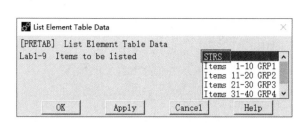

图 9-58　List Element Table Data 对话框

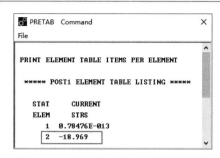

图 9-59　列表显示单元表数据的结果

（5）保存文件。单击工具栏中的 SAVE_DB 按钮，保存文件。

9.3.6　命令流文件

在工作目录中找到 Beam0.log 文件，并对其进行修改，修改后的命令流文件（Beam.txt）中的内容如下。

```
!%%%%%梁的瞬态动力学分析%%%%%
/CLEAR,START                            !清除数据
/FILNAME,Beam,1                         !更改文件名称
/TITLE,TRANSIENT RESPONSE TO A CONSTANT FORCE WITH A FINITE RISE TIME
/PREP7                                  !进入前处理器
ET,1,BEAM188,,,3                        !定义梁单元及选项
ET,2,MASS21,,,4                         !定义质量单元及选项
MP,EX,1,3E4                             !定义材料的弹性模量
MP,PRXY,1,0.3                           !定义材料的泊松比
SECTYPE,1,BEAM,RECT                     !定义梁单元的截面
SECDATA,18,1.647
R,2,0.0259067                           !通过实常数定义质量
N,1 $ N,3,240                           !创建1、3号节点
FILL                                    !填充节点
E,1,2 $ E,2,3                           !创建梁单元
TYPE,2 $ REAL,2                         !设置单元类型
E,2                                     !创建质量单元
FINISH                                  !退出前处理器
/SOLU                                   !进入求解器
D,1,UX,,,,,UY                           !对1号节点施加自由度约束
D,3,UY                                  !对3号节点施加自由度约束
DSYM,SYMM,Z                             !施加对称边界条件
ANTYPE,MODAL                            !设置为模态分析类型
MODOPT,LANPCG,2                         !设置模态提取方法和提取的模态数为2
MXPAND,2                                !扩展的模态数为2
SOLVE                                   !求解当前载荷步
FINISH                                  !退出求解器
/POST1                                  !进入通用后处理器
SET,LIST                                !列表显示所提取模态对应的频率
FINISH                                  !退出通用后处理器
```

```
/SOLU                              !再次进入求解器
ANTYPE,TRANSIENT                   !设置为瞬态动力学分析
TRNOPT,MSUP,2                      !采用模态叠加法进行瞬态分析,且最大模态数为2
OUTPR,BASIC,1                      !控制求解结果的输出
OUTRES,ALL,1                       !控制写入数据库的求解结果数据
AUTOTS,ON                          !表示打开自动积分时间步长控制(可省略)
TIME,0                             !时间设为0s
DELTIM,0.004                       !设置积分时间步长
F,2,FY,0                           !0s时的力幅值为0
SOLVE                              !求解当前载荷步(为整个瞬态分析建立初始条件)
TIME,0.075                         !时间设为0.075s
KBC,0                              !斜坡加载方式(可省略)
F,2,FY,20                          !0s时的力幅值为20
SOLVE                              !求解当前载荷步
TIME,0.1                           !时间设为0.1s
F,2,FY,20                          !0.1s时的力幅值仍为20(可省略)
SOLVE                              !求解当前载荷步
SAVE                               !保存文件
FINISH                             !退出求解器
/POST26                            !进入时间历程后处理器
FILE,Beam,rdsp                     !指定结果文件
NSOL,2,2,U,Y,UY2                   !定义变量
STORE,MERGE                        !合并数据
PLVAR,2                            !绘制位移响应-时间曲线
PRVAR,2                            !列表查看位移响应
*GET,YMAX,VARI,2,EXTREM,VMAX       !获取位移峰值的数据
*GET,TMAX,VARI,2,EXTREM,TMAX       !获取位移峰值对应时间的数据
FINISH                             !退出时间历程后处理器
/SOLU                              !再次进入求解器
EXPASS,ON                          !激活扩展过程
EXPSOL,,,0.092,1                   !在0.092s处扩展瞬态解
SOLVE                              !求解当前载荷步
FINISH                             !退出求解器
/POST1                             !进入通用后处理器
SET,LAST                           !将结果数据读入数据库
ESEL,S,TYPE,,1                     !选择梁单元
ETABLE,STRS,SMISC,33               !通过单元表存储梁的弯曲应力
PRETAB,STRS                        !列表显示梁的弯曲应力
*GET,STRSS,ELEM,2,ETAB,STRS        !获取2号梁单元的弯曲应力数据
ALLSEL,ALL                         !选择所有实体
SAVE                               !保存文件
FINISH                             !退出通用后处理器
/EXIT,NOSAVE                       !退出Ansys
```

第 10 章 谱 分 析

谱分析通常用于分析结构在随机载荷或随时间变化载荷作用下的动态响应。本章首先对谱分析的类型进行简要介绍，接着介绍进行不同类型谱分析的基本步骤，最后通过分析实例对不同类型谱分析的操作步骤进行具体演示。

- 单点响应谱分析
- 多点响应谱分析
- 动力设计分析方法谱分析
- 功率谱密度分析

10.1 谱分析概述

谱分析是通过模态分析的结果与已知谱结合来计算模型中的位移和应力的一种技术。它主要用于代替瞬态动力学分析，以计算结构在随机载荷或随时间变化载荷（如地震、风载、海浪载荷、喷气发动机推力、火箭发动机振动等）作用下的动力学响应。

所谓"谱"，是指谱值与频率的关系曲线，它反映了时间历程载荷的强度和频率信息。Ansys 的谱分析包括：①响应谱（Response Spectrum）分析，其中包含单点响应谱（Single-Point Response Spectrum，SPRS）分析和多点响应谱（Multi-Point Response Spectrum，MPRS）分析；②动力设计分析方法（Dynamic Design Analysis Method，DDAM）谱分析；③功率谱密度（Power Spectral Density，PSD）分析。

下面分别予以简单介绍。

1. 响应谱分析

响应谱代表单自由度系统对一个时间历程载荷的最大响应，它是响应与频率的关系曲线，这里的响应可以是位移、速度、加速度或力。

响应谱分析的输出是每个模态在输入谱的作用下的最大响应。虽然每个模态的最大响应是已知的，但是每个模态的相对相位是未知的。为此，将使用到各种模态合并方法（而不是将这些最大模态响应简单相加）。

响应谱分析包含两种类型：单点响应谱分析和多点响应谱分析。

（1）单点响应谱分析。在单点响应谱分析中，只可以在模型中的一个点集上指定一条谱曲线（或一系列谱曲线），如在所有支撑点上指定一条谱曲线，如图 10-1（a）所示。

（2）多点响应谱分析。在多点响应谱分析中，可在不同的点集上指定不同的谱曲线，如图 10-1（b）所示。

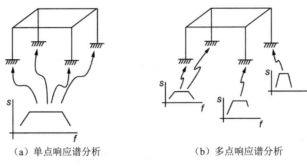

图 10-1　单点和多点响应谱分析（s—谱值；f—频率）

2．动力设计分析方法谱分析

动力设计分析方法是一种用于分析舰船设备抗冲击性能的技术。该技术本质上来说也是一种响应谱分析，其中用到的谱曲线是根据一系列经验公式和美国海军研究实验室报告（NRL-1396）所提供的冲击设计表中获得的。

3．功率谱密度分析

功率谱密度是一种概率统计方法，是针对随机变量均方值的度量。它用于功率谱密度分析（又称随机振动分析），连续瞬态响应的幅值只能通过概率分布函数进行描述，即出现某个水平响应所对应的概率。在随机振动分析中，假设输入的动态载荷具有零平均值，并且载荷的幅值范围采用高斯或正态概率分布的形式。

功率谱密度谱是一条功率谱密度值-频率值的关系曲线，其中功率谱密度可以是位移功率谱密度、速度功率谱密度、加速度功率谱密度、力功率谱密度等形式，包含振动的功率或强度及其频率的信息。在数学上，功率谱密度值-频率值的关系曲线围成的面积等于振动输入的方差（标准偏差的平方值）。同样，功率谱密度分析的输出值是响应的功率谱密度，响应功率谱密度值-频率值的关系曲线围成的面积是响应的方差。

与响应谱分析相似，随机振动分析也可分为单点分析或多点分析。在单点随机振动分析时，要求在结构的一个点集上指定一个功率谱密度谱；在多点随机振动分析时，则要求在模型的不同点集上指定不同的功率谱密度谱。

📢 提示：

> 响应谱和动力设计分析方法都是定量分析技术，因为分析的输入/输出数据都是实际的最大值。但是，随机振动分析是一种定性分析技术，分析的输入/输出数据都只代表它们在确定概率下的可能性发生水平。

10.1.1　响应谱分析的基本步骤

1．单点响应谱分析的基本步骤

进行单点响应谱分析的一般过程包括 4 个主要步骤：建模、获取模态解、获取谱解、观察结果。

（1）建模。与其他分析类型的建模过程相似，但需注意以下事项：①在谱分析中仅考虑线性行为，任何非线性单元均作为线性单元处理；②必须定义材料的弹性模量（或某种形式的刚度）和密度（或某种形式的质量），材料的任何非线性将被忽略，允许材料特性是线性、各向同性或各向异性及随温度变化或不随温度变化；③可以通过阻尼比、材料阻尼或比例阻尼来定义阻尼。

（2）获取模态解。获取模态解是因为在计算谱解时需要用到结构的振型和频率，模态分析在第 7 章已经介绍，但用于谱分析时还需注意以下几点：①仅可以使用分块兰索斯法、预条件共轭兰索斯法、超节点法、子空间法或非对称法来提取模态，其他方法对后续谱分析无效；②所提取的模态阶数应足以描述所感兴趣频率范围内的结构响应；③如果存在重复的频率组，需要确保提取了每组频率中的所有解；④要在后续的谱分析中包括更高阶模态的贡献，可以在模态分析中计算残差向量并将其应用于谱分析，也可以在谱分析中直接包含缺失质量的影响（通过 MMASS 命令）；⑤如果需要在最终的后处理中计算力和力矩的总和，则需要扩展所有的模态（MXPAND,ALL）；⑥如果结果文件 Jobname.rst 的大小有问题，还可以在获取谱解之后再扩展模态；⑦如果谱分析中包括与材料相关的阻尼，必须在模态分析时指定；⑧必须在施加激励谱的位置施加自由度约束；⑨求解结束后明确退出求解器。

（3）获取谱解。在该步骤中，程序将使用由模态解所提取的振型来计算单点响应谱分析的解。①进入求解器；②定义分析类型和分析选项；③选择一种模态合并方法；④指定载荷步选项；⑤开始求解计算；⑥重复步骤④和⑤，获得更多的响应谱解，注意此时的求解结果不要写入原来的结果文件 Jobname.rst 中；⑦退出求解器。

（4）观察结果。在通用后处理器中可以使用以下任一方法查看单点响应谱分析的结果：①使用模态合并文件（Jobname.mcom）。单点响应谱分析的结果是以通用后处理器载荷工况合并命令的形式写入模态合并文件（Jobname.mcom）中的，这些命令依据模态合并方法指定的某种方式合并最大模态响应，以计算结构的总响应。总响应包括总的位移（或总速度或总加速度）以及在模态扩展过程中得到的结果 [总应力（或总应力速度、总应力加速度）、总应变（或总应变速度、总应变加速度）、总反作用力（或总反作用力速度、总反作用力加速度）]。由于使用了载荷工况合并命令，所以通用后处理器中的任何现有的载荷工况都将被重新定义。②直接后处理。如果在谱分析的 SPOPT 命令中将 Elcalc 变量设为 YES（即计算单元解），则谱分析结果将写入 Jobname.rst 文件，此时可以直接对结果进行后处理。

2．多点响应谱分析的基本步骤

多点响应谱分析的过程包括 5 个主要步骤：建模、获取模态解、获取谱解、合并模态、观察结果。MPRS 分析的前 2 个步骤与单点响应谱分析相同，其余 3 个步骤简要介绍如下。

（1）获取谱解。在该步骤中，程序将使用由模态解所提取的振型来计算多点响应谱分析的解。①进入求解器；②定义分析类型和分析选项；③指定阻尼（动力学选项）；④指定载荷步选项；⑤施加激励；⑥开始计算上述多点响应谱激励的参与系数（PFACT）。

（2）合并模态。此步骤与单点响应谱分析中的步骤（3）基本相同，仅在选择模态合并方法时稍有不同（比单点响应谱分析多一种模态合并方法）。

（3）观察结果。此步骤与单点响应谱分析中的步骤（4）相同。

10.1.2 动力设计分析方法谱分析的基本步骤

进行动力设计分析方法谱分析的一般过程包括 4 个主要步骤：建模、获取模态解、获取谱解、观察结果。

动力设计分析方法谱分析的前 2 个步骤与单点响应谱分析相同，其余 2 个步骤简要介绍如下。

1．获取谱解

在该步骤中，程序将使用由模态解所提取的振型来计算动力设计分析方法谱分析的解。

（1）进入求解器。

（2）定义分析类型和分析选项。

（3）指定载荷步选项。

（4）合并模态。最多可以合并 10000 个模态。

（5）开始求解计算。

（6）如有必要，重复步骤（3），沿不同方向激励结构。注意，此时的求解结果不要写入原来的结果文件 Jobname.rst。

（7）退出求解器。

2．观察结果

通过通用后处理器可以观察结果。此步骤与单点响应谱分析中的步骤（4）相同。

10.1.3　功率谱密度分析的基本步骤

功率谱密度分析过程包括 5 个主要步骤：建模、获取模态解、获取谱解、合并模态、观察结果。功率谱密度分析的前 2 个步骤与单点响应谱相同，其余 3 个步骤简要介绍如下。

1．获取谱解

（1）进入求解器。

（2）定义分析类型和分析选项。

（3）定义载荷步选项。

（4）施加功率谱密度激励。

（5）开始计算上述功率谱密度激励的参与系数（PFACT）。

（6）如果同一模型上有多个功率谱密度激励，就按每一个功率谱密度表重复上面的步骤（3）～（5）的过程。

（7）设置输出控制。

（8）开始求解计算。

（9）退出求解器。

2．合并模态

合并模态可以作为独立的求解步骤，最多可以合并 10000 个模态，其基本过程如下。

（1）进入求解器。

（2）定义分析类型。

（3）选择模态合并方法。在随机振动分析中，仅可以选择功率谱密度模态合并方法。

（4）开始求解计算。

（5）退出求解器。

3．观察结果

功率谱密度分析的结果都写入结果文件 Jobname.rst，其中包括：①模态分析结果中的扩展振型；②基础激励静力解（PFACT,,BASE）；③如果进行模态合并（PSDCOM）且利用 PSDRES 命令设置输出，则可得到 1σ（1σ 是响应的标准偏差）位移解（位移、应力、应变和力）、1σ 速度解（速度、应力速度、应变速度和力速度）、1σ 加速度解（加速度、应力加速度、应变加速度和力加速度）。先在通用后处理器中观察上述信息，然后在时间历程后处理器中计算响应功率谱密度。

（1）在通用后处理器中观察结果。用 SET 命令将想要观察的结果数据读入数据库，然后对结果进行查看。在随机振动分析中，结果项的值并不是实际的值而是其标准偏差，所以由 PLNSOL 命令显示的节点平均应力可能是不合理的。

（2）在时间历程后处理中计算响应功率谱密度。如果 Jobname.rst 和 Jobname.psd 文件可用，则可以计算和显示结果文件中任何可用结果项（位移、速度和/或加速度）的响应功率谱密度。计算响应功率谱密度的步骤如下：①进入时间历程后处理器；②存储频率向量；③定义结果变量；④用 RPSD 命令计算响应功率谱密度并将其保存到一个指定变量中；⑤对响应功率谱密度进行积分以获得方差，并取其平方根以获得其 1σ 值。

（3）在时间历程后处理器中计算协方差。可以计算结果文件中任意两个量（位移、速度或加速度）之间的协方差，步骤如下：①进入时间历程后处理器；②定义结果变量；③用 CVAR 命令计算每一个响应分量（相对响应或绝对响应）的大小，并保存到指定的对应变量中，然后使用 PLVAR 命令绘制伴（相对的）模态分布图，同时包含准静态和对总体协方差响应混合部分的分布；④获取协方差（*GET,Par,VARI,n,EXTREM,CVAR）。

接下来通过具体实例介绍 Ansys 软件中进行不同类型谱分析的操作步骤。

10.2　实例——简支梁的单点响应谱分析

扫一扫，看视频

如图 10-2（a）所示的一个长度为 L 的简支梁，在两个支撑点处承受垂直方向的运动激励，激励的谱曲线为图 10-2（b）所示的地震位移响应谱。计算简支梁的节点位移及反作用力。

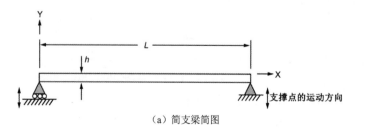

图 10-2　简支梁问题简图

该问题的材料属性、几何尺寸以及载荷见表 10-1（采用英制单位）。

表 10-1 材料属性、几何尺寸以及载荷

材料属性	几何尺寸	载荷
$E=3\times10^7$psi $v=0.3$ $\rho=7.3\times10^4$lb/in^3	梁的长度：L=240in 梁的截面为矩形：B=71.6in，H=3.82in	见图 10-2（b）

根据单点响应谱分析的基本步骤，本实例的具体操作步骤如下。

10.2.1 建模

（1）定义工作文件名。选择 Utility Menu > File > Change Jobname 命令，弹出 Change Jobname 对话框，在 Enter new jobname 文本框中输入 SimplyBeam 并勾选 New log and error files? 复选框，单击 OK 按钮。

（2）定义单元类型。选择 Main Menu > Preprocessor > Element Type > Add/Edit/Delete 命令，弹出 Element Types 对话框，单击 Add 按钮，弹出 Library of Element Types 对话框；在左侧的列表框中选择 Beam 选项，在右侧的列表框中选择 2 node 188 选项，即 BEAM188 单元，单击 OK 按钮。返回 Element Types 对话框，在 Defined Element Types 列表框中选择 Type 1 BEAM188 选项，单击 Options 按钮，弹出 BEAM188 element type options 对话框，将 K3 设为 Cubic Form.（表示单元长度方向的形函数为三次多项式），单击 OK 按钮。

（3）定义梁单元的截面。选择 Main Menu > Preprocessor > Sections > Beam > Common Sections 命令，弹出如图 10-3 所示的 Beam Tool 对话框，将 ID 设为 1，将 B 设为 71.6，将 H 设为 3.82，单击 OK 按钮。

（4）定义材料属性。选择 Main Menu > Preprocessor > Material Props > Material Models 命令，弹出 Define Material Model Behavior 对话框，在右侧的列表框中选择 Structural > Linear > Elastic > Isotropic 选项，弹出如图 10-4 所示的 Linear Isotropic Properties for Material Number 1 对话框，将 EX 设为 3E7，将 PRXY 设为 0.3，单击 OK 按钮；在右侧的列表框中选择 Structural > Density 选项，弹出如图 10-5 所示的 Density for Material Number 1 对话框，将 DENS 设为 7.3E-4，单击 OK 按钮。返回 Define Material Model Behavior 对话框并将其关闭。

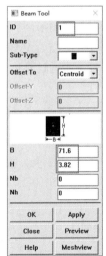

图 10-3 Beam Tool 对话框

（5）创建关键点。选择 Main Menu > Preprocessor > Modeling > Create > Keypoints > In Active CS 命令，创建坐标位置分别为（0,0,0）、（240,0,0）和（240,1,0）的 1、2、3 号关键点。

（6）创建直线。选择 Main Menu > Preprocessor > Modeling > Create > Lines > Lines > In Active Coord 命令，弹出关键点拾取框，依次拾取 1、2 号关键点，单击 OK 按钮。

（7）设置网格尺寸。选择 Main Menu > Preprocessor > Meshing > Size Cntrls > ManualSize > Global > Size 命令，弹出如图 10-6 所示的 Global Element Sizes 对话框，将 NDIV 设为 8，单击 OK 按钮。

（8）设置线的单元属性。选择 Main Menu > Preprocessor > Meshing > Mesh Attributes > All Lines 命令，弹出如图 10-7 所示的 Line Attributes 对话框，将 Pick Orientation Keypoint(s) 设为 Yes（拾取方

向关键点），单击 OK 按钮。弹出关键点拾取框，拾取 3 号关键点，单击 OK 按钮。

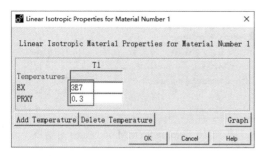

图 10-4　Linear Isotropic Properties for Material Number 1 对话框

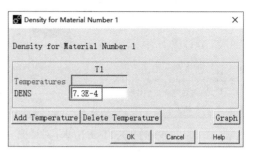

图 10-5　Density for Material Number 1 对话框

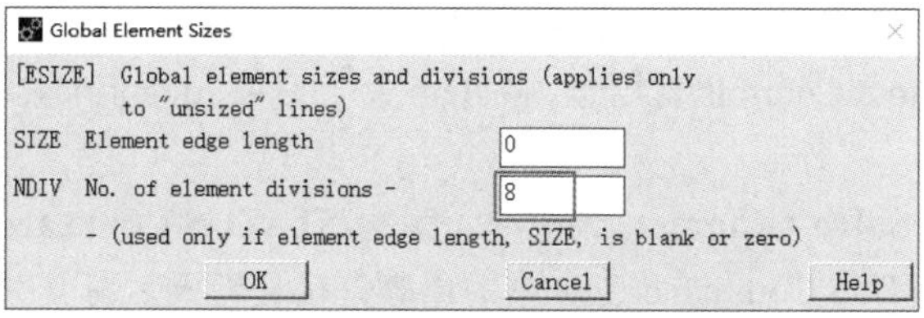

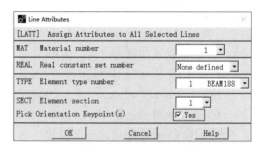

图 10-6　Global Element Sizes 对话框

图 10-7　Line Attributes 对话框

（9）对线进行网格划分。选择 Main Menu > Preprocessor > Meshing > Mesh > Lines 命令，弹出线拾取框，单击 Pick All 按钮，对线进行网格划分，结果如图 10-8 所示。

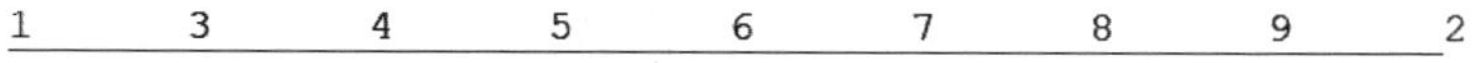

图 10-8　划分网格后的结果（显示节点编号）

10.2.2　获取模态解

（1）对节点施加自由度约束。选择 Main Menu > Solution > Define Loads > Apply > Structural > Displacement > On Nodes 命令，拾取 1 号节点，弹出如图 10-9 所示的 Apply U,ROT on Nodes 对话框，将 Lab2 设为 UY，单击 OK 按钮。再次选择 Main Menu > Solution > Define Loads > Apply > Structural > Displacement > On Nodes 命令，拾取 2 号节点，弹出 Apply U,ROT on Nodes 对话框，将 Lab2 设为 UX 和 UY，单击 OK 按钮。

（2）施加对称边界条件。选择 Main Menu > Solution > Define Loads > Apply > Structural > Displacement > Symmetry B.C. > On Nodes 命令，弹出如图 10-10 所示的 Apply SYMM on Nodes 对话框，将 Norml 设为 Z-axis，单击 OK 按钮。

（3）设置分析类型。选择 Main Menu > Solution > Analysis Type > New Analysis 命令，弹出如图 10-11 所示的 New Analysis 对话框，将 ANTYPE 设为 Modal，单击 OK 按钮。

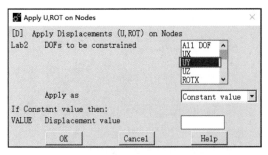
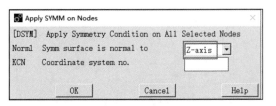

图 10-9　Apply U,ROT on Nodes 对话框　　　　图 10-10　Apply SYMM on Nodes 对话框

（4）设置分析选项。选择 Main Menu > Solution > Analysis Type > Analysis Options 命令，弹出如图 10-12 所示的 Modal Analysis 对话框，将 MODOPT 设为 Block Lanczos（采用分块兰索斯法），在 No. of modes to extract 文本框中输入 3，在 NMODE 文本框中输入 3，将 Elcalc 设为 Yes，单击 OK 按钮。弹出 Block Lanczos Method 对话框，保持默认设置，单击 OK 按钮。

（5）求解结果的输出控制。选择 Main Menu > Solution > Load Step Opts > Output Ctrls > Solu Printout 命令，弹出如图 10-13 所示的 Solution Printout Controls 对话框，将 Item 设为 Basic quantities，将 FREQ 设为 Every substep，单击 OK 按钮。

（6）提交求解。选择 Main Menu > Solution > Solve > Current LS 命令，弹出/STATUS Command 窗口和 Solve Current Load Step 对话框。阅读/STATUS Command 窗口中的内容，确认无误后将其关闭。单击 Solve Current Load Step 对话框中的 OK 按钮，提交求解。

求解完成时，弹出显示 Solution is done!信息的 Note 对话框，单击 Close 按钮将其关闭。

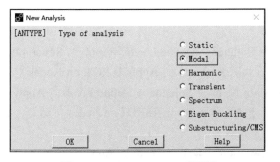
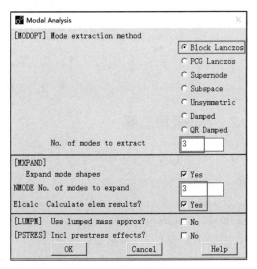

图 10-11　New Analysis 对话框　　　　图 10-12　Modal Analysis 对话框

（7）列表显示所提取模态对应的频率。选择 Main Menu>General Postproc>Results Summary 命令，弹出如图 10-14 所示的 SET,LIST Command 窗口，可以查看前三阶模态对应的固有频率。

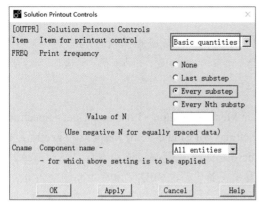

图 10-13 Solution Printout Controls 对话框

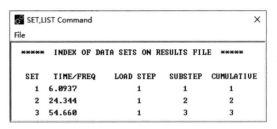

图 10-14 列表显示所有频率

10.2.3 获取谱解

（1）设置分析类型。选择 Main Menu > Solution > Analysis Type > New Analysis 命令，弹出 New Analysis 对话框，将 ANTYPE 设为 Spectrum，单击 OK 按钮。

（2）设置分析选项。选择 Main Menu > Solution > Analysis Type > Analysis Options 命令，弹出如图 10-15 所示的 Spectrum Analysis（谱分析）对话框，将 Sptype 设为 Single-pt resp（表示设为单点响应谱分析），将 NMODE 设为 2（表示模态的数目，由于激励谱的频率范围为 0.1～10，而计算出的二阶模态的频率为 24.344，所以选择一阶、二阶共 2 个模态足够计算出结构的响应），将 Elcalc 设为 Yes（表示计算单元解），单击 OK 按钮。

（3）选择模态合并方法。选择 Main Menu> Solution> Load Step Opts> Spectrum> Single Point> Mode Combine> SRSS Method 命令，弹出如图 10-16 所示的 SRSS Mode Combination［均方根（SRSS）模态合并］对话框，保持默认设置，即 SIGNIF 默认为 0.001（该参数为显著性水平阈值，此处表示仅合并那些显著性水平超过 0.001 的模态，对于单点响应谱分析、多点响应谱分析或动力设计分析方法谱分析，某阶模态的显著性水平为该阶模态系数除以所有模态的最大模态系数），LABEL 默认为 Displacement（表示模态合并的求解输出结果为位移解，即位移、应力、力等结果），FORCETYPE 默认为 Modal static（表示合并模态静态力），单击 OK 按钮。

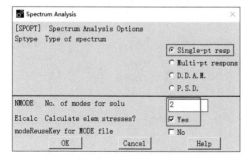

图 10-15 Spectrum Analysis 对话框

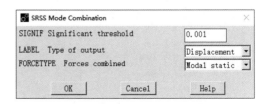

图 10-16 SRSS Mode Combination 对话框

> **提示：**
> SRSS 是 Square Root of Sum of Squares 的缩写，表示通过各阶模态响应的平方和的均方根（SRSS）来计算结构总体最大响应，这个方法对于结构固有频率分布比较均匀的问题，即不考虑各阶模态计算结果的相互关联，计算精度是可靠的。

（4）设置单点响应谱的类型和激励方向。选择 Main Menu > Solution > Load Step Opts > Spectrum > Single Point > Settings 命令，弹出如图 10-17 所示的 Settings for Single-Point Response Spectrum（单点响应谱分析设置）对话框，将 SVTVP 设为 Seismic displac［设置响应谱的类型，此处选择的是 Seismic displac（地震位移），表示输入载荷为地震位移响应谱］，在 SED 文本框中分别输入 0、1、0［表示通过全局笛卡儿坐标系的原点和坐标位置为（0,1,0）的点之间的连线来定义激励方向，即全局笛卡儿坐标系的 Y 轴为激励方向］，单击 OK 按钮。

（5）定义频率表和谱值。选择 Main Menu> Solution> Load Step Opts> Spectrum> Single Point> Freq Table 命令，弹出如图 10-18 所示的 Frequency Table（频率表）对话框，将 FREQ1 设为 0.1，将 FREQ2 设为 10，单击 OK 按钮。再选择 Main Menu> Solution> Load Step Opts> Spectrum> Single Point> Spectr Values 命令，弹出如图 10-19 所示的 Spectrum Values-Damping Ratio（谱值-阻尼比）对话框，保持默认设置，单击 OK 按钮；弹出如图 10-20 所示的 Spectrum Values（谱值）对话框，将 SV1 设为 0.44（频率为 0.1 时的谱值为 0.44），将 SV2 设为 0.44（频率为 10 时的谱值为 0.44），单击 OK 按钮。

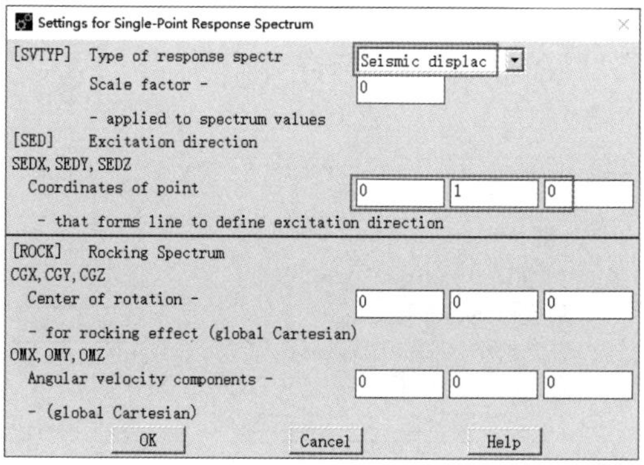

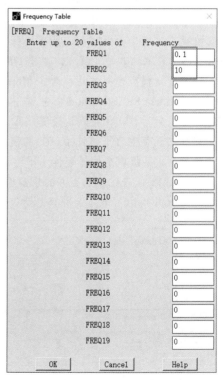

图 10-17　Settings for Single-Point Response Spectrum 对话框

图 10-18　Frequency Table 对话框

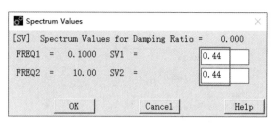

图 10-19　Spectrum Values-Damping Ratio 对话框　　图 10-20　Spectrum Values 对话框

（6）提交求解。选择 Main Menu > Solution > Solve > Current LS 命令，弹出/STATUS Command 窗口和 Solve Current Load Step 对话框。阅读/STATUS Command 窗口中的内容，确认无误后将其关闭。单击 Solve Current Load Step 对话框中的 OK 按钮，提交求解。

求解完成时，弹出显示 Solution is done!信息的 Note 对话框，单击 Close 按钮将其关闭。

10.2.4　观察结果

本实例在谱分析时要求计算单元解（图 10-15），则谱分析的结果已经写入结果文件 SimplyBeam.rst，此时可以直接对结果进行后处理。

（1）列表显示载荷步概要。选择 Utility Menu > List> Results> Load Step Summary 命令（或选择 Main Menu > General Postproc > Results Summary 命令），弹出如图 10-21 所示的 SET,LIST Command 窗口，与图 10-14 相比，该窗口中多出一个载荷步（即载荷步 4），在该载荷步中存储了谱分析的结果。

（2）读入谱分析的结果。选择 Main Menu> General Postproc> Read Results> Last Set 命令，读入最后一个载荷步，即谱分析的结果。

（3）列表显示 Y 方向的位移结果。选择 Main Menu> General Postproc> List Results> Nodal Solution 命令，弹出如图 10-22 所示的 List Nodal Solution 对话框，在 Item to be listed 列表框中选择 Nodal Solution> DOF Solution> Y-Component of displacement 选项，单击 OK 按钮，弹出图 10-23 所示的 PRNSQL Command 窗口，可见 6 号节点产生 Y 方向的最大位移响应，即简支梁 Y 方向的最大位移响应为 0.56011in。

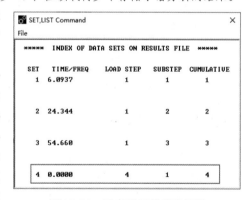

图 10-21　列表显示载荷步概要

（4）列表显示 Y 方向的反作用力结果。选择 Main Menu> General Postproc> List Results> Reaction Solu 命令，弹出如图 10-24 所示的 List Reaction Solution（列表显示反作用力解）对话框，将 Lab 设为 FY（表示 Y 方向的反作用力），单击 OK 按钮。弹出如图 10-25 所示的 PRRSOL Command 窗口，可见 2 个支撑点处（即节点 1 和节点 2）的 Y 方向反作用力均为 12493lbf。

（5）保存文件。单击工具栏中的 SAVE_DB 按钮，保存文件。

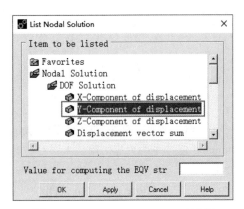

图 10-22　List Nodal Solution 对话框

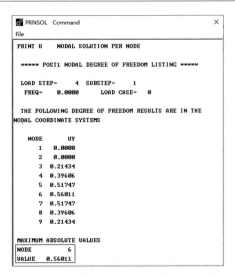

图 10-23　列表显示 Y 方向的位移结果

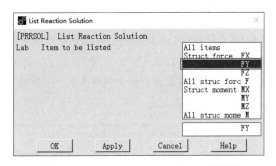

图 10-24　List Reaction Solution 对话框

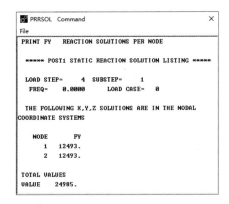

图 10-25　列表显示 Y 方向的反作用力结果

10.2.5　命令流文件

在工作目录中找到 SimplyBeam0.log 文件，并对其进行修改，修改后的命令流文件（SimplyBeam.txt）中的内容如下。

```
!%%%%%简支梁的单点响应谱分析%%%%%
/CLEAR,START                  !清除数据
/FILNAME,SimplyBeam,1         !更改文件名称
/TITLE,Seismic Response of a Simply Supported Beam
/PREP7                        !进入前处理器
ET,1,BEAM188,,,3              !定义梁单元及其选项
SECTYPE,1,BEAM,RECT           !定义梁单元的截面
SECDATA,71.6,3.82
MP,EX,1,3E7                   !定义材料的弹性模量
MP,PRXY,1,0.3                 !定义材料的泊松比
MP,DENS,1,7.3E-4              !定义材料的密度
```

```
K,1 $ K,2,240           !创建 1、2 号关键点
K,3,240,1,0             !创建 3 号关键点作为方向关键点
L,1,2                   !创建线
ESIZE,,8                !设置网格尺寸
LATT,1,,1,,3,,1         !设置线的单元属性
LMESH,1                 !对线进行网格划分
FINISH                  !退出前处理器
/SOLU                   !进入求解器
D,1,UY                  !对 1 号节点施加自由度约束
D,2,UX,,,,,UY           !对 1 号节点施加自由度约束
DSYM,SYMM,Z             !施加对称边界条件
ANTYPE,MODAL            !设置为模态分析
MODOPT,LANB,3           !设置模态提取方法且提取前三阶模态
MXPAND,3,,,YES          !扩展三阶模态且计算单元解
OUTPR,BASIC,ALL         !控制求解结果的输出
SOLVE                   !提交求解
FINISH                  !退出求解器
/POST1                  !进入通用后处理器
SET,LIST                !列表显示所提取模态对应的频率
FINISH                  !退出通用后处理器
/SOLU                   !再次进入求解器
ANTYPE,SPECTR           !设置为谱分析
SPOPT,SPRS,2,YES        !设为单点响应谱分析
SRSS,,DISP              !设置模态合并方法
SVTYP,3,                !设为地震位移谱
SED,0,1,0               !将 Y 方向设为谱方向
FREQ,0.1,10             !为谱值-频率表设置频率点
SV,,0.44,0.44           !将谱值与频率点相关联
SOLVE                   !提交求解
FINISH                  !退出求解器
/POST1                  !进入通用后处理器
SET,LIST                !列出每个载荷步的摘要
SET,LAST                !读入谱分析的结果
PRNSOL,U,Y              !输出 Y 方向的位移结果
PRRSOL,FY               !输出 Y 方向的反作用力结果
*GET,DEF,NODE,6,U,Y     !获取 6 号节点的位移结果
SAVE                    !保存文件
FINISH                  !退出通用后处理器
/EXIT,NOSAVE            !退出 Ansys
```

10.3 实例——梁框架的多点响应谱分析

如图 10-26（a）所示的一个梁框架，在 2 个支撑点处分别承受不同的激励谱，2 个激励谱曲线如图 10-26（b）和图 10-26（c）所示，激励类型为地震加速度响应谱。计算梁框架 Y 方向的位移响应。

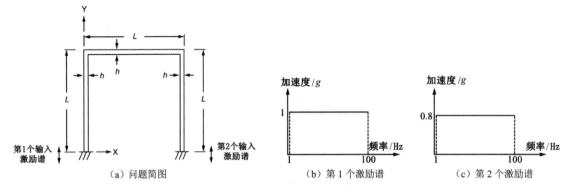

图 10-26 梁框架问题简图

该问题的材料属性、几何尺寸以及载荷见表 10-2（采用英制单位）。

表 10-2 材料属性、几何尺寸以及载荷

材料属性	几何尺寸	载荷
$E=1\times10^7$psi $v=0.3$ $m\rho=3\times10^{-4}$lb/in^3	$L=100$in 梁的矩形截面尺寸： $B=0.1$in，$H=1$in	见图 10-26（b）和图 10-26（c），其中 $g=386.4$in/sec^2

根据多点响应谱分析的基本步骤，本实例的具体操作步骤如下。

10.3.1 建模

（1）定义工作文件名。选择 Utility Menu > File > Change Jobname 命令，弹出 Change Jobname 对话框，在 Enter new jobname 文本框中输入 BeamFrame 并勾选 New log and error files?复选框，单击 OK 按钮。

（2）定义单元类型。选择 Main Menu > Preprocessor > Element Type > Add/Edit/Delete 命令，弹出 Element Types 对话框，单击 Add 按钮，弹出 Library of Element Types 对话框；在左侧的列表框中选择 Beam 选项，在右侧的列表框中选择 2 node 188 选项，即 BEAM188 单元，单击 OK 按钮。返回 Element Types 对话框，在 Defined Element Types 列表框中选择 Type 1 BEAM188 选项，单击 Options 按钮，弹出 BEAM188 element type options 对话框，将 K3 设为"Cubic Form."，单击 OK 按钮。

（3）定义梁单元的截面。选择 Main Menu > Preprocessor > Sections > Beam > Common Sections 命令，弹出 Beam Tool 对话框，将 ID 设为 1，将 B 设为 0.1，将 H 设为 1，单击 OK 按钮。

（4）定义材料属性。选择 Main Menu > Preprocessor > Material Props > Material Models 命令，弹出 Define Material Model Behavior 对话框，在右侧的列表框中选择 Structural > Linear > Elastic > Isotropic 选项，弹出 Linear Isotropic Properties for Material Number 1 对话框，将 EX 设为 1E7，将 PRXY 设为 0.3，单击 OK 按钮；在右侧的列表框中选择 Structural > Density 选项，弹出 Density for Material Number 1 对话框，将 DENS 设为 3E-4，单击 OK 按钮，返回 Define Material Model Behavior 对话框并将其关闭。

（5）创建 4 个关键点。选择 Main Menu > Preprocessor > Modeling > Create > Keypoints > In Active

CS 命令，创建坐标位置分别为（0,0,0）、（0,100,0）、（100,100,0）和（100,0,0）的 1、2、3、4 号关键点。

（6）创建 3 条直线。选择 Main Menu > Preprocessor > Modeling > Create > Lines > Lines > In Active Coord 命令，弹出关键点拾取框，依次拾取 1、2 号关键点，再依次拾取 2、3 号关键点，接着依次拾取 3、4 号关键点，单击 OK 按钮，结果如图 10-27 所示。

（7）设置网格尺寸。选择 Main Menu > Preprocessor > Meshing > Size Cntrls > ManualSize > Global > Size 命令，弹出如图 10-28 所示的 Global Element Sizes 对话框，将 NDIV 设为 10，单击 OK 按钮。

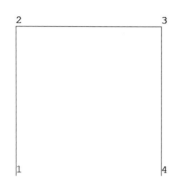
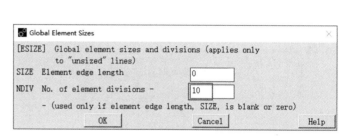

图 10-27　创建线的结果（显示关键点编号）　　　　图 10-28　Global Element Sizes 对话框

（8）对线进行网格划分。选择 Main Menu > Preprocessor > Meshing > Mesh > Lines 命令，弹出线拾取框，单击 Pick All 按钮，对线进行网格划分。

10.3.2　获取模态解

（1）对支撑点处的节点施加自由度约束。选择 Main Menu > Solution > Define Loads > Apply > Structural > Displacement > On Nodes 命令，拾取位于支撑点处的 2 个节点（即 1 号节点和 22 号节点），弹出如图 10-29 所示的 Apply U,ROT on Nodes 对话框，将 Lab2 设为 All DOF，单击 OK 按钮。

（2）施加对称边界条件。选择 Main Menu > Solution > Define Loads > Apply > Structural > Displacement > Symmetry B.C. > On Nodes 命令，弹出如图 10-30 所示的 Apply SYMM on Nodes 对话框，将 Norml 设为 Z-axis，单击 OK 按钮。

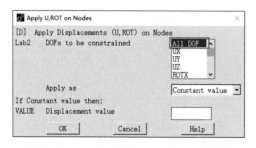
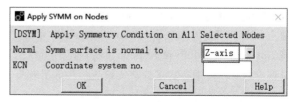

图 10-29　Apply U,ROT on Nodes 对话框　　　　图 10-30　Apply SYMM on Nodes 对话框

（3）设置分析类型。选择 Main Menu > Solution > Analysis Type > New Analysis 命令，弹出 New

Analysis 对话框，将 ANTYPE 设为 Modal，单击 OK 按钮。

（4）设置分析选项。选择 Main Menu > Solution > Analysis Type > Analysis Options 命令，弹出如图 10-31 所示的 Modal Analysis 对话框，将 MODOPT 设为 Block Lanczos（采用预条件共轭梯度兰索斯法），在 No. of modes to extract 文本框中输入 2，在 NMODE 文本框中输入 2，单击 OK 按钮。弹出 Block Lanczos Method 对话框，保持默认设置，单击 OK 按钮。

（5）求解。选择 Main Menu > Solution > Solve > Current LS 命令，弹出/STATUS Command 窗口和 Solve Current Load Step 对话框。阅读/STATUS Command 窗口中的内容，确认无误后将其关闭。单击 Solve Current Load Step 对话框中的 OK 按钮，提交求解。

求解完成时，弹出显示 Solution is done!信息的 Note 对话框，单击 Close 按钮将其关闭。

（6）列表显示所提取模态对应的频率。选择 Main Menu>General Postproc>Results Summary 命令，弹出如图 10-32 所示的 SET, LIST Command 窗口，可以查看前二阶模态对应的固有频率。

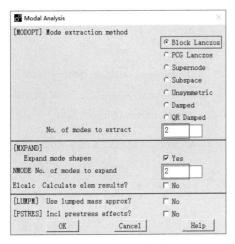

图 10-31　Modal Analysis 对话框

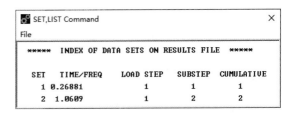

图 10-32　列表显示所有频率

10.3.3　获取谱解

（1）设置分析类型。选择 Main Menu > Solution > Analysis Type > New Analysis 命令，弹出 New Analysis 对话框，将 ANTYPE 设为 Spectrum，单击 OK 按钮。

（2）设置分析选项。选择 Main Menu > Solution > Analysis Type > Analysis Options 命令，弹出如图 10-33 所示的 Spectrum Analysis 对话框，将 Sptype 设为 Multi-pt respons（表示设为多点响应谱分析），其他参数保持默认设置（默认所有提取的模态均参与求解），单击 OK 按钮。

（3）设置第 1 个激励谱的类型。选择 Main Menu > Solution > Load Step Opts > Spectrum >

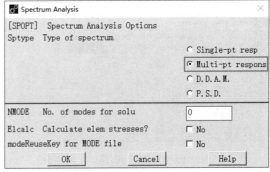

图 10-33　Spectrum Analysis 对话框

MultiPt > Settings 命令，弹出如图 10-34 所示的 Settings for Multi-Point Response Spectrum（多点谱响应分析设置）对话框，将 SPUNIT 设为 Accel (g**2/Hz)（表示激励类型为地震加速度响应谱），在 Table number 设为 1（表示谱值-频率值表的编号为 1，即定义第 1 个输入激励谱），单击 OK 按钮。

（4）设置第 1 个输入激励谱的频率点。选择 Main Menu > Solution > Load Step Opts > Spectrum > MultiPt > Freq points 命令，弹出如图 10-35 所示的 Frequency Table 对话框，将 Table number to be defined 设为 1（表示谱值-频率值表的编号为 1），将 FREQ1 设为 1，将 FREQ2 设为 100，单击 OK 按钮。

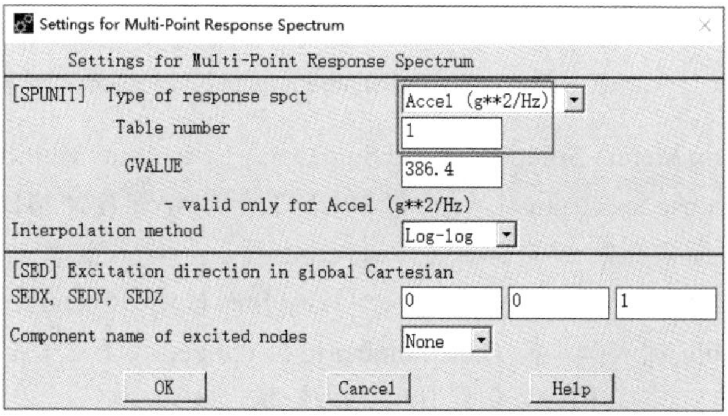

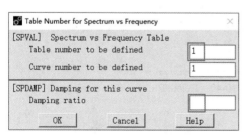

图 10-34　Settings for Multi-Point Response Spectrum 对话框

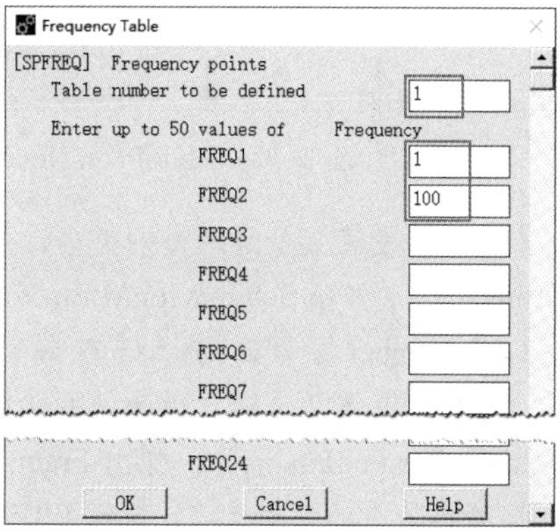

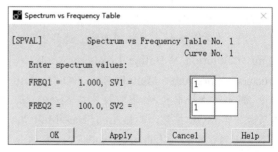

图 10-35　Frequency Table 对话框

（5）定义第 1 个输入激励谱的谱值。选择 Main Menu > Solution > Load Step Opts > Spectrum > MultiPt > Spect vs Freq 命令，弹出如图 10-36 所示的 Table Number for Spectrum vs Frequency（谱值-频率值表编号）对话框，将 Table number to be defined 设为 1（表示谱值-频率值表的编号为 1），将 Damping ratio 设为空白，单击 OK 按钮。弹出如图 10-37 所示的 Spectrum vs Frequency Table（谱值-频率值表）对话框，将 SV1 设为 1（频率为 1 时的谱值为 1），将 SV2 设为 1（频率为 100 时的谱值为 1），单击 OK 按钮。

图 10-36　Table Number for Spectrum vs Frequency 对话框

图 10-37　Spectrum vs Frequency Table 对话框

（6）在左侧支撑点处施加激励。选择 Main Menu > Solution > Define Loads > Apply > Structural > Spectrum > Multi Pt Base > On Nodes 命令，弹出节点拾取框，拾取左侧支撑点处的 1 号节点，单击 OK 按钮，弹出如图 10-38 所示的 Apply Base MultiPt on Nodes（在节点上施加基础多点激励）对话

框，将 Lab 设为 Nodal Y（表示将 Y 方向设为激励方向），单击 OK 按钮。

（7）计算第 1 个输入激励的参与系数。选择 Main Menu > Solution > Load Step Opts > Spectrum > MultiPt > Calculate PF 命令，弹出如图 10-39 所示的 Calculate Participation Factors（计算参与系数）对话框，将 TBLNO 设为 1（表示谱值-频率值表的编号为 1），单击 OK 按钮。提交求解计算，求解完成时，弹出显示 Solution is done!信息的 Note 对话框，单击 Close 按钮将其关闭。

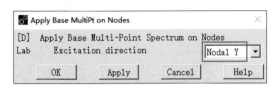

图 10-38 Apply Base MultiPt on Nodes 对话框

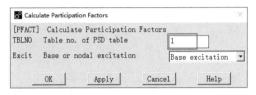

图 10-39 Calculate Participation Factors 对话框

（8）设置第 2 个激励谱的类型。选择 Main Menu> Solution> Load Step Opts> Spectrum> MultiPt Settings 命令，弹出 Settings for Multi-Point Response Spectrum 对话框，将 SPUNIT 设为 Accel (g**2/Hz)，将 Table number 设为 2（表示谱值-频率值表的编号为 2，即定义第 2 个输入激励谱），单击 OK 按钮。

（9）设置第 2 个输入激励谱的频率点。选择 Main Menu > Solution > Load Step Opts > Spectrum > MultiPt >Freq points 命令，弹出 Frequency Table 对话框，将 Table number to be defined 设为 2（表示谱值-频率值表的编号为 2），将 FREQ1 设为 1，将 FREQ2 设为 100，单击 OK 按钮。

（10）定义第 2 个输入激励谱的谱值。选择 Main Menu > Solution > Load Step Opts > Spectrum > MultiPt > Spect vs Freq 命令，弹出 Table Number for Spectrum vs Frequency 对话框，将 Table number to be defined 设为 2（表示谱值-频率值表的编号为 2），将 Damping ratio 设为空白，单击 OK 按钮。弹出 Spectrum vs Frequency Table 对话框，将 SV1 设为 0.8（频率为 1 时的谱值为 0.8），将 SV2 设为 0.8（频率为 100 时的谱值为 0.8），单击 OK 按钮。

（11）删除左侧支撑点处的激励。选择 Main Menu>Solution> Define Loads> Delete> Structural> Spectrum> Multi Pt Base> On Nodes 命令，弹出节点拾取框，拾取左侧支撑点处的 1 号节点，单击 OK 按钮，弹出如图 10-40 所示的 Delete Base MultiPt on Nodes（删除在节点上的基础多点激励）对话框，将 Lab 设为 Nodal Y，单击 OK 按钮。

（12）在右侧支撑点处施加激励。选择 Main Menu > Solution > Define Loads > Apply > Structural > Spectrum > Multi Pt Base > On Nodes 命令，弹出节点拾取框，拾取右侧支撑点处的 22 号节点，单击 OK 按钮，弹出 Apply Base MultiPt on Nodes 对话框，将 Lab 设为 Nodal Y（表示将 Y 方向设为激励方向），单击 OK 按钮。

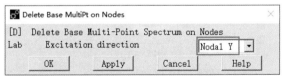

图 10-40 Delete Base MultiPt on Nodes 对话框

（13）计算第 2 个激励的参与系数。选择 Main Menu > Solution > Load Step Opts > Spectrum > MultiPt > Calculate PF 命令，弹出 Calculate Participation Factors 对话框，将 TBLNO 设为 2（表示谱值-频率值表的编号为 2），单击 OK 按钮。提交求解计算，求解完成时，弹出显示 Solution is done!信息的 Note 对话框，单击 Close 按钮将其关闭。

10.3.4 合并模态

（1）选择模态合并方法。选择 Main Menu > Solution > Load Step Opts > Spectrum > Multi Point > Mode Combine > SRSS Method 命令，弹出如图 10-41 所示的 SRSS Mode Combination 对话框，保持默认设置，单击 OK 按钮。

（2）提交求解。选择 Main Menu > Solution > Solve > Current LS 命令，弹出/STATUS Command 窗口和 Solve Current Load Step 对话框。单击 Solve Current Load Step 对话框中的 OK 按钮，提交求解。

求解完成时，弹出显示 Solution is done!信息的 Note 对话框，单击 Close 按钮将其关闭。

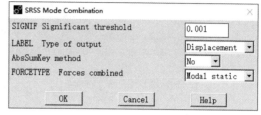

图 10-41　SRSS Mode Combination 对话框

10.3.5 观察结果

本实例将使用模态合并文件来查看结果。

（1）进入通用后处理器。选择 Main Menu> General Postproc 命令，进入通用后处理器。

（2）读入模态合并文件。选择 Utility Menu> File> Read Input from 命令，弹出如图 10-42 所示的 Read File 对话框，将 Read input from 设为 BeamFrame.mcom，单击 OK 按钮。

（3）列表显示梁框架 Y 方向的位移结果。选择 Main Menu> General Postproc> List Results> Nodal Solution 命令，弹出 List Nodal Solution 对话框，将 Items to be listed 设为 Y-Component of displacement 选项，单击 OK 按钮。弹出如图 10-43 所示的 PRNSQL Command 窗口，通过该窗口可以看到，15 号节点产生 Y 方向的最大位移响应，即梁框架 Y 方向的最大位移响应为 4.8149in。

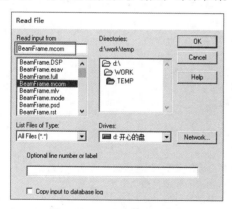

图 10-42　Read File 对话框

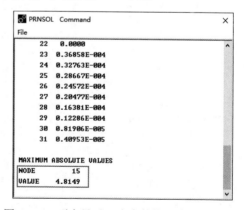

图 10-43　列表显示 Y 方向的位移结果（节选）

（4）保存文件。单击工具栏中的 SAVE_DB 按钮，保存文件。

10.3.6 命令流文件

在工作目录中找到 BeamFrame0.log 文件,并对其进行修改,修改后的命令流文件(BeamFrame.txt)中的内容如下。

```
!%%%%%梁的瞬态动力学分析%%%%%
/CLEAR,START                        !清除数据
/FILNAME,BeamFrame,1                !更改文件名称
/TITLE,SEISMIC RESPONSE OF A THREE-BEAM FRAME
/PREP7                              !进入前处理器
ET,1,BEAM188,,,3                    !定义梁单元及选项
SECTYPE,1,BEAM,RECT                 !定义梁截面
SECDATA,0.1,1
MP,EX,1,1E7                         !定义材料的弹性模量
MP,PRXY,1,0.3                       !定义材料的泊松比
MP,DENS,1,3E-4                      !定义材料的密度
K,1 $ K,2,0,100                     !创建1、2号关键点
K,3,100,100 $ K,4,100               !创建3、4号关键点
L,1,2 $ L,2,3 $ L,3,4               !创建3条直线
ESIZE,,10                           !设置网格尺寸
LMESH,ALL                           !对线进行网格划分
FINISH                              !退出前处理器
/SOLU                               !进入求解器
D,1,ALL,,,22,21                     !对1、22号节点施加自由度约束
DSYM,SYMM,Z                         !施加对称边界条件
ANTYPE,MODAL                        !设置为模态分析
MODOPT,LANB,2                       !设置模态提取方法和提取的模态数为2
MXPAND,2                            !扩展的模态数为2
SOLVE                               !求解当前载荷步
FINISH                              !退出求解器
/POST1                              !进入通用后处理器
SET,LIST                            !列表显示所提取模态对应的频率
FINISH                              !退出通用后处理器
/SOLU                               !再次进入求解器
ANTYPE,SPECTR                       !设置为谱分析
SPOPT,MPRS,,NO                      !设为多点响应谱分析
!********** Spectrum #1 **********
SPUNIT,1,ACCG                       !定义第1个激励谱的类型(加速度)
SPFREQ,1,1,100                      !设置第1个激励谱的频率范围
SPVAL,1,,1,1                        !定义第1个激励谱的谱值
D,1,UY,1.0                          !施加第1个激励
PFACT,1                             !计算第1个激励谱的参与系数
!********** Spectrum #2 **********
SPUNIT,2,ACCG                       !定义第1个激励谱的类型(加速度)
SPFREQ,2,1,100                      !设置第2个激励谱的频率范围
SPVAL,2,,0.8,0.8                    !定义第2个激励谱的谱值
```

```
D,1,UY,0              !删除第 1 个激励
D,22,UY,1.0           !施加第 2 个激励
PFACT,2               !计算第 2 个激励谱的参与系数
SRSS                  !选择模态合并方法
SOLVE                 !提交求解
FINISH                !退出求解器
/POST1                !进入通用后处理
/INP,BEAMFRAME,MCOM   !输入模态合并文件
PRNSOL,U,Y            !输出 Y 方向的位移
SAVE                  !保存文件
FINISH                !退出通用后处理器
/EXIT,NOSAVE          !退出 Ansys
```

10.4 实例——舰船设备-基座系统的动力设计分析方法谱分析

扫一扫，看视频

图 10-44 所示为舰船设备-基座系统问题简图。假设设备为刚性，并且只考虑垂直方向的运动，该设备可以通过公式 $\sum_{i=1}^{2} M_i d_i = I_g$（式中：$I_g$ 为设备在重心处的惯性矩；d_i 为质量到设备重心的距离）将其分成与重心等距的两个质量相等的质量块；基座简化为两根弹簧；固定支撑条件施加在基座的底部。冲击载荷施加在基座的固定支撑点处；冲击谱的计算常数基于船型、安装位置、冲击方向和设计类型（弹性或弹塑性），其取值见表 10-3。对该系统进行动力设计分析方法谱分析，以计算固有频率和位移响应。

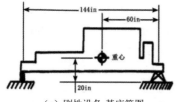
（a）刚性设备-基座简图

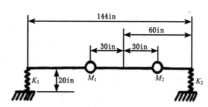
（b）等效的简化系统

图 10-44 舰船设备-基座系统问题简图

该问题的材料属性、几何尺寸以及载荷见表 10-3（采用英制单位）。

表 10-3 材料属性、几何尺寸以及载荷

材料属性	几何尺寸	载荷
设备重量：$W=20\,000/386$lb	设备长度：$L=144$in	加速度谱计算常数（ADDAM）： AF=0.4、AA=10、AB=37.5、 AC=12、AD=6
分配后质量：$M_1=M_2=10\,000/386$lb	梁采用自定义横截面：	
弹簧的刚度系数：$K_1=1.3\times10^6$lb/in、 $K_2=3.9\times10^6$lb/in	面积：$A=100$in^2	
	绕 Y 轴转动惯量：$I_{yy}=833$in·lb·s^2	速度谱计算常数（VDDAM）： VF=0.2、VA=30、VB=12、VC=6
基座的材料属性：$E=1$psi，$v=0.3$	绕 Z 轴转动惯量：$I_{zz}=833$in·lb·s^2	
梁的材料属性：$E=1$psi，$G=1/2.6$psi	扭转常数：$J=1$in^3	
	沿 Z 轴的厚度：$TK_Z=10$in	
	沿 Y 轴的厚度：$TK_Y=10$in	

在舰船设备-基座系统中，基座可以通过弹簧-阻尼单元（COMBIN40）来建模，设备可以通过梁单元（BEAM188）和代表设备质量的质量单元（MASS21）来建模。根据动力设计分析方法谱分析的基本步骤，本实例的具体操作步骤如下。

10.4.1 建模

（1）定义工作文件名。选择 Utility Menu > File > Change Jobname 命令，弹出 Change Jobname 对话框，在 Enter new jobname 文本框中输入 Foundation 并勾选 New log and error files?复选框，单击 OK 按钮。

（2）定义单元类型。选择 Main Menu > Preprocessor > Element Type > Add/Edit/Delete 命令，弹出 Element Types 对话框，单击 Add 按钮，弹出 Library of Element Types 对话框；在左侧的列表框中选择 Combination 选项，在右侧的列表框中选择 Combination 40 选项（即 COMBIN40 单元），单击 Apply 按钮；再次弹出 Library of Element Types 对话框，在左侧的列表框中选择 Beam 选项，在右侧的列表框中选择 2 node 188 选项（即 BEAM188 单元），在 Element type reference number 文本框中输入 3，单击 Apply 按钮；再次弹出 Library of Element Types 对话框，在左侧的列表框中选择 Structural Mass 选项，在右侧的列表框中选择 3D mass 21 选项（即 MASS21 单元），在 Element type reference number 中输入 4，单击 OK 按钮。

返回如图 10-45 所示的 Element Types 对话框，在 Defined Element Types 列表框中选择 Type 1 COMBIN40 选项，单击 Options 按钮，弹出如图 10-46 所示的 COMBIN40 element type options 对话框，将 K3 设为 UZ（表示仅沿节点坐标系的 Z 轴产生位移），单击 OK 按钮。返回 Element Types 对话框，在 Defined Element Types 列表框中选择 Type 3 BEAM188 选项，单击 Options 按钮，弹出如图 10-47 所示的 BEAM188 element type options 对话框，将 K3 设为 Quadratic Form。（表示单元长度方向的形函数为二次多项式），单击 OK 按钮。返回 Element Types 对话框，在 Defined Element Types 列表框中选择 Type 4 MASS21 选项，单击 Options 按钮，弹出如图 10-48 所示的 MASS21 element type options 对话框，将 K3 设为 3-D w/o rot iner（表示不考虑转动惯量的 3D 质量），单击 OK 按钮，返回 Element Types 对话框并将其关闭。

图 10-45　Element Types 对话框

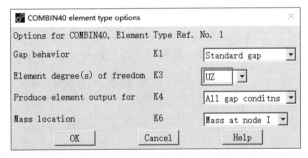

图 10-46　COMBIN40 element type options 对话框

（3）定义实常数。选择 Main Menu > Preprocessor > Real Constants > Add/Edit/Delete 命令，弹出 Real Constants 对话框，单击 Add 按钮，弹出如图 10-49 所示的 Element Type for Real Constants 对话框，在 Choose element type 列表框中选择 Type 1 COMBIN40 选项，单击 OK 按钮，弹出如图 10-50

所示的 Real Constant Set Number 1, for COMBIN40 对话框，在"Real Constant Set No."文本框中输入 1，将 K1 设为 1.3E6，单击 OK 按钮。返回 Real Constants 对话框，单击 Add 按钮，再次弹出 Element Type for Real Constants 对话框，在 Choose element type 列表框中再次选择 Type 1 COMBIN40 选项，单击 OK 按钮，弹出 Real Constant Set Number 2,for COMBIN40 对话框，在"Real Constant Set No."文本框中输入 2，将 K1 设为 3.9E6，单击 OK 按钮。

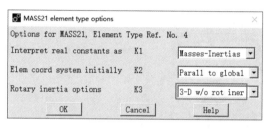

图 10-47　BEAM188 element type options 对话框　　图 10-48　MASS21 element type options 对话框

返回 Real Constants 对话框，单击 Add 按钮，再次弹出 Element Type for Real Constants 对话框，在 Choose element type 列表框中选择 Type 4 MASS21 选项，单击 OK 按钮，弹出如图 10-51 所示的 Real Constant Set Number 3, for MASS21 对话框，在"Real Constant Set No."文本框中输入 4，将 MASS 设为 1E4/386，单击 OK 按钮。

 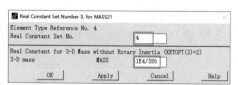

图 10-49　Element Type for　　图 10-50　Real Constant Set Number 1,　　图 10-51　Real Constant Set Number 3,
　　　　　Real Constants 对话框　　　　　　　　for COMBIN40 对话框　　　　　　　　　　for MASS21 对话框

（4）定义梁单元的截面。选择 Main Menu > Preprocessor > Sections > Beam > Common Sections 命令，弹出如图 10-52 所示的 Beam Tool 对话框，将 ID 设为 3，将 A 设为 100（表示面积），将 Iyy 设为 833（表示绕 Y 轴的转动惯量），将 Izz 设为 833（表示绕 Z 轴的转动惯量），将 J 设为 1（表示扭转常数），将 TKz 设为 10（表示沿 Z 轴的厚度），将 TKy 设为 10（表示沿 Y 轴的厚度），单击 OK 按钮。

(5)定义材料属性。选择 Main Menu > Preprocessor > Material Props > Material Models 命令,弹出 Define Material Model Behavior 对话框,在右侧的列表框中选择 Structural > Linear > Elastic > Isotropic 选项后,弹出 Linear Isotropic Properties for Material Number 1 对话框,将 EX 设为 1,将 PRXY 设为 0.3,单击 OK 按钮。返回 Define Material Model Behavior 对话框,在菜单栏中选择 Material> New Model 命令,弹出如图 10-53 所示的 Define Material ID(定义材料编号)对话框,在 Define Material ID 文本框中输入 3(表示材料编号为 3),单击 OK 按钮;返回 Define Material Model Behavior 对话框,在右侧的列表框中选择 Structural > Linear > Elastic > Orthotropic 选项,弹出如图 10-54 所示的 Linear Orthotropic Properties for Material Number 3 对话框,将 EX、EY、EZ 均设为 1,将 GXY、GYZ、GXZ 均设为 1/2.6,单击 OK 按钮,返回 Define Material Model Behavior 对话框并将其关闭。

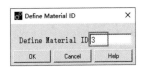

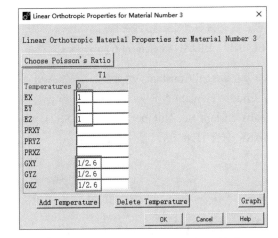

图 10-52　Beam Tool 对话框　　图 10-53　Define Material ID 对话框　　图 10-54　Linear Orthotropic Properties for Material Number 3 对话框

(6)创建节点。选择 Main Menu > Preprocessor > Modeling > Create > Nodes > In Active CS 命令,创建坐标位置分别为(0,0,0)、(144,0,0)、(0,0,20)、(54,0,20)、(114,0,20)和(144,0,20)的 1、2、10、20、30 和 40 号节点。单击左侧视图控制栏中的 Bottom View(底视图)按钮 ,结果如图 10-55 所示。

(7)创建左侧的 COMBIN40 单元。选择 Main Menu > Preprocessor > Modeling > Create > Elements > Auto Numbered > Thru Nodes 命令,依次拾取 1、10 号节点,创建代表左侧基座的 COMBIN40 单元。

(8)创建右侧的 COMBIN40 单元。选择 Main Menu > Preprocessor > Modeling > Create > Elements > Elem Attributes 命令,弹出如图 10-56 所示的 Element Attributes 对话框,将 REAL 设为 2,将 SECNUM 设为 No Section,单击 OK 按钮。选择 Main Menu > Preprocessor > Modeling > Create > Elements >

Auto Numbered > Thru Nodes 命令，依次拾取 2、40 号节点，创建代表右侧基座的 COMBIN40 单元。

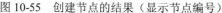

图 10-55　创建节点的结果（显示节点编号）

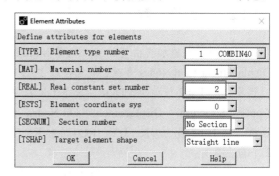

图 10-56　Element Attributes 对话框

（9）创建 BEAM188 单元。选择 Main Menu > Preprocessor > Modeling > Create > Elements > Elem Attributes 命令，弹出 Element Attributes 对话框，将 TYPE 设为 3 BEAM188，将 MAT 设为 3，将 SECNUM 设为 3，单击 OK 按钮。选择 Main Menu > Preprocessor > Modeling > Create > Elements > Auto Numbered > Thru Nodes 命令，弹出节点拾取框，依次拾取 10、20 号节点，单击 Apply 按钮；再依次拾取 20、30 号节点，单击 Apply 按钮；最后依次拾取 30、40 号节点，单击 OK 按钮，创建 3 个 BEAM188 单元。

（10）创建 MASS21 单元。选择 Main Menu > Preprocessor > Modeling > Create > Elements > Elem Attributes 命令，弹出 Element Attributes 对话框，将 TYPE 设为 4 MASS21，将 REAL 设为 4，将 SECNUM 设为 No Section，单击 OK 按钮。选择 Main Menu > Preprocessor > Modeling > Create > Elements > Auto Numbered > Thru Nodes 命令，弹出节点拾取框，拾取 20 号节点，单击 Apply 按钮；再拾取 30 号节点，单击 OK 按钮，创建 2 个 MASS21 单元，结果如图 10-57 所示。

（11）定义刚性区域。由于假设设备为刚性，需要定义刚性区域。选择 Main Menu > Preprocessor > Coupling / Ceqn > Rigid Region 命令，弹出节点拾取框，首先拾取 10 号节点，单击 Apply 按钮；再次弹出节点拾取框，拾取 20 号节点，单击 Apply 按钮，弹出如图 10-58 所示的 Constraint Equation for Rigid Region 对话框，保持 Ldof 参数为 All applicable（表示对所有的自由度应用约束方程），单击 Apply 按钮，完成 10 号节点与 20 号节点之间刚性区域的定义。通过此方法，分别定义 30 号节点与 20 号节点、30 号节点与 40 号节点之间的刚性区域。创建最后一个刚性区域时，单击 OK 按钮，关闭 Constraint Equation for Rigid Region 对话框。

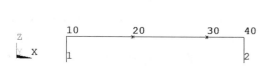

图 10-57　创建的有限元模型（显示节点编号）

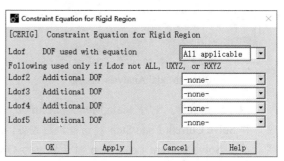

图 10-58　Constraint Equation for Rigid Region 对话框

10.4.2 获取模态解

（1）对节点施加自由度约束。选择 Main Menu > Solution > Define Loads > Apply > Structural > Displacement > On Nodes 命令，依次拾取 1、2 号节点，弹出如图 10-59 所示的 Apply U,ROT on Nodes 对话框，将 Lab2 设为 All DOF，单击 OK 按钮。再次选择 Main Menu > Solution > Define Loads > Apply > Structural > Displacement > On Nodes 命令，拾取 40 号节点，弹出 Apply U,ROT on Nodes 对话框，将 Lab2 设为 UX、UY、ROTX 和 ROTZ，单击 OK 按钮（仅保留 40 号节点 UZ 和 ROTY 共 2 个自由度）。

（2）设置分析类型。选择 Main Menu > Solution > Analysis Type > New Analysis 命令，弹出 New Analysis 对话框，将 ANTYPE 设为 Modal，单击 OK 按钮。

（3）设置分析选项。选择 Main Menu > Solution > Analysis Type > Analysis Options 命令，弹出如图 10-60 所示的 Modal Analysis 对话框，将 MODOPT 设为 Block Lanczos（采用分块兰索斯法），在 No. of modes to extract 文本框中输入 2，在 NMODE 文本框中输入 2，单击 OK 按钮。弹出如图 10-61 所示的 Block Lanczos Method（分块兰索斯方法）对话框，保持默认设置，单击 OK 按钮。

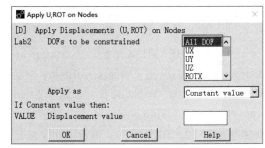

图 10-59 Apply U,ROT on Nodes 对话框

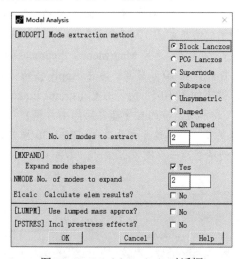

图 10-60 Modal Analysis 对话框

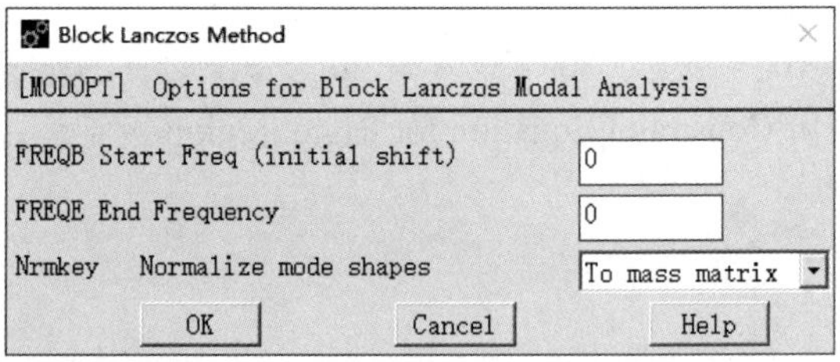

图 10-61 Block Lanczos Method 对话框

（4）提交求解。选择 Main Menu > Solution > Solve > Current LS 命令，弹出/STATUS Command 窗口和 Solve Current Load Step 对话框。阅读/STATUS Command 窗口中的内容，确认无误后将其关闭。单击 Solve Current Load Step 对话框中的 OK 按钮，提交求解。此时将弹出如图 10-62 所示的 Verify 对话框，表示在模型数据检查时产生 2 个警告信息，查阅输出窗口，可见 2 条警告信息分别

为 "Nodes I and J of element 1 (COMBIN40) are not coincident." [单元1（COMBIN40）的I节点和J节点不重合]和 "Nodes I and J of element 2 (COMBIN40) are not coincident." [单元2（COMBIN40）的I节点和J节点不重合]，由于在10.4.1小节的步骤（7）和步骤（8）中创建2个COMBIN40单元时并未使用2个重合的节点，所以可以单击Yes按钮，继续提交求解。

求解完成时，弹出显示Solution is done!信息的Note对话框，单击Close按钮将其关闭。

（5）列表显示所提取模态对应的频率。选择Main Menu>General Postproc>Results Summary命令，弹出如图10-63所示的SET,LIST Command窗口，可以查看前二阶模态对应的固有频率。

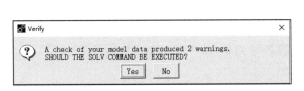

图 10-62　Verify 对话框

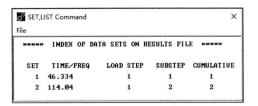

图 10-63　列表显示所有频率

10.4.3　获取谱解

（1）设置分析类型。选择Main Menu > Solution > Analysis Type > New Analysis命令，弹出New Analysis对话框，将ANTYPE设为Spectrum，单击OK按钮。

（2）设置分析选项。选择Main Menu > Solution > Analysis Type > Analysis Options命令，弹出如图10-64所示的Spectrum Analysis对话框，将Sptype设为D.D.A.M.（表示设为动力设计分析方法谱分析），单击OK按钮。

（3）定义舰船设备冲击谱的计算常数和激励方向。选择Main Menu> Solution> Load Step Opts> Spectrum> DDAM Options命令，弹出如图10-65所示的Options for DDAM Spectrum（DDAM谱选项）对话框，将A_f设为0.4，将A_a设为10，将A_b设为37.5，将A_c设为12，将A_d设为6（以上5个为DDAM加速度谱计算常数）；将V_f设为0.2，将V_a设为30，将V_b设为12，将V_c设为6（以上4个为DDAM速度谱计算常数）；将SEDX、SEDY、SEDZ设为0、0、1[表示通过全局笛卡儿坐标系的原点和坐标位置为(0,0,1)的点之间的连线来定义激励方向，即全局笛卡儿坐标系的Z轴为激励方向]，单击OK按钮。

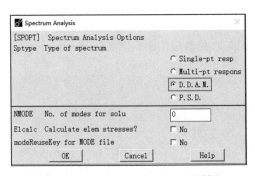

图 10-64　Spectrum Analysis 对话框

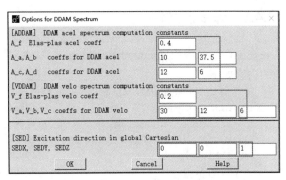

图 10-65　Options for DDAM Spectrum 对话框

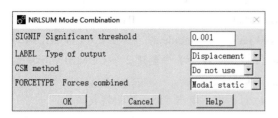

图 10-66　NRLSUM Mode Combination 对话框

（4）选择模态合并方法。选择 Main Menu > Solution > Load Step Opts > Spectrum > Mode Combine > NRLSUM Method 命令，弹出如图 10-66 所示的 NRLSUM Mode Combination ［海军研究实验室（NRL）求和（NRLSUM）模态合并］对话框，保持默认设置，单击 OK 按钮。

（5）提交求解。选择 Main Menu > Solution > Solve > Current LS 命令，弹出/STATUS Command 窗口和 Solve Current Load Step 对话框。阅读/STATUS Command 窗口中的内容，确认无误后将其关闭。单击 Solve Current Load Step 对话框中的 OK 按钮，提交求解。

求解完成时，弹出显示 Solution is done!信息的 Note 对话框，单击 Close 按钮将其关闭。

10.4.4　观察结果

本实例将使用模态合并文件来查看结果。

（1）进入通用后处理器。选择 Main Menu > General Postproc 命令，进入通用后处理器。

（2）读入模态合并文件。选择 Utility Menu > File > Read Input from 命令，弹出 Read File 对话框，选中 Foundation.mcom 文件，单击 OK 按钮。

（3）列表显示舰船设备-基座系统 Z 方向的位移结果。选择 Main Menu > General Postproc > List Results > Nodal Solution 命令，弹出 List Nodal Solution 对话框，将 Items to be listed 设为 Z-Component of displacement 选项，单击 OK 按钮。弹出如图 10-67 所示的 PRNSQL Command 窗口，可见 20 号节点和 30 号节点在 Z 方向所产生的位移响应分别为 0.033840in 和 0.024757in。

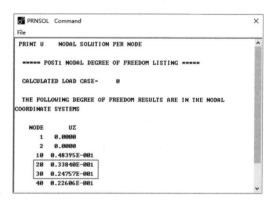

图 10-67　列表显示舰船设备-基座系统 Z 方向的位移结果（节选）

（4）保存文件。单击工具栏中的 SAVE_DB 按钮，保存文件。

10.4.5　命令流文件

在工作目录中找到 Foundation0.log 文件，并对其进行修改，修改后的命令流文件（Foundation.txt）中的内容如下。

```
!%%%%舰船设备-基座系统的 DDAM 谱分析%%%%%
/CLEAR,START                     !清除数据
/FILNAME,Foundation,1            !更改文件名称
/TITLE,DDAM ANALYSIS OF EQUIPMENT-FOUNDATION SYSTEM
/PREP7                           !进入前处理器
ET,1,COMBIN40,,,3                !定义弹簧-阻尼单元及其选项
ET,3,BEAM188,,,2                 !定义梁单元及其选项
```

```
ET,4,MASS21,,,2                    !定义质量单元及其选项
R,1,1.3E6                          !通过实常数定义左侧基座弹簧的刚度系数
R,2,3.9E6                          !通过实常数定义右侧基座弹簧的刚度系数
R,4,1E4/386                        !通过实常数定义质量
SECTYPE,3,BEAM,ASEC                !定义梁的截面
SECDATA,100,833,,833,,1,,,,,10,10
MP,EX,1,1                          !定义基座材料的弹性模量
MP,PRXY,1,0.3                      !定义基座材料的泊松比
MP,EX,3,1                          !定义梁材料的弹性模量
MP,GXY,3,1/2.6                     !定义梁材料的剪切模量
N,1 $ N,2,144                      !创建节点
N,10,0,0,20 $ N,20,54,0,20
N,30,114,0,20 $ N,40,144,0,20
/VIEW,1,,-1                        !视图方向调整为底视图
E,1,10                             !创建左侧的 COMBIN40 单元
REAL,2                             !设置 2 号实常数
E,2,40                             !创建右侧的 COMBIN40 单元
TYPE,3 $ MAT,3 $ SECNUM,3          !设置梁单元的属性
E,10,20 $ E,20,30 $ E,30,40        !创建 BEAM188 单元
TYPE,4 $ REAL,4                    !设置质量单元的属性
E,20 $ E,30                        !创建质量单元
CERIG,10,20,All                    !定义刚性区域
CERIG,30,20,All $ CERIG,30,40,All
FINISH                             !退出前处理器
/SOLU                              !进入求解器
D,1,ALL,0.0,,2,1                   !对 1、2 号节点施加自由度约束
D,40,UX,0.0,,,,UY,ROTX,ROTZ        !对 40 号节点施加自由度约束
ANTYPE,MODAL                       !设置为模态分析
MODOPT,LANB,2,,,,OFF               !设置模态提取方法且提取前二阶模态
MXPAND,2,,,NO                      !扩展二阶模态
SOLVE                              !提交求解
FINISH                             !退出求解器
/POST1                             !进入通用后处理器
SET,LIST                           !列表显示所提取模态对应的频率
FINISH                             !退出通用后处理器
/SOLU                              !再次进入求解器
ANTYPE,SPECTR                      !设置为谱分析
SPOPT,DDAM                         !进行动力设计分析方法谱分析
ADDAM,0.4,10.0,37.5,12.0,6.0       !输入加速度谱计算常数
VDDAM,0.2,30.0,12.0,6.0            !输入速度谱计算常数
SED,0,0,1                          !定义激励方向
NRLSUM,,DISP                       !设置模态合并方法
SOLVE                              !提交求解
FINISH                             !退出求解器
/POST1                             !进入通用后处理器
/INP,Foundation,MCOM               !输入模态合并文件
PRNSOL,U,Z                         !打印输出 Z 方向的位移
```

```
SAVE                    !保存文件
FINISH                  !退出通用后处理器
/EXIT,NOSAVE            !退出 Ansys
```

10.5 实例——厚方形板的功率谱密度分析

图 10-68 所示为厚方形板问题简图,在厚方形板上表面承受均布的随机压力功率谱密度载荷。计算结构在无阻尼固有频率下 Z 方向的 1σ 位移峰值及该峰值节点处 Z 方向位移响应功率谱密度的最大值。

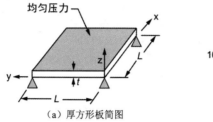
（a）厚方形板简图

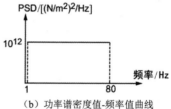
（b）功率谱密度值-频率值曲线

图 10-68 厚方形板问题简图

该问题的材料属性、几何尺寸以及载荷见表 10-4。

表 10-4 材料属性、几何尺寸以及载荷

材 料 属 性	几 何 尺 寸	载 荷
$E=2\times10^{11}\text{N/m}^2$	$L=10\text{m}$	见图 10-68（b）
$\nu=0.3$	$t=1\text{m}$	$PSD=10^6(\text{N/m}^2)^2/\text{Hz}$
$\rho=8000\text{kg/m}^3$		频率范围:$1\sim80\text{Hz}$
		压力值:$P=1\times10^6\text{N/m}^2$
		模型阻尼比:$\delta=2\%$

根据 PSD 分析的基本步骤,本实例的具体操作步骤如下。

10.5.1 建模

（1）定义工作文件名。选择 Utility Menu > File > Change Jobname 命令,弹出 Change Jobname 对话框,在 Enter new jobname 文本框中输入 ThickPlate 并勾选 New log and error files?复选框,单击 OK 按钮。

（2）定义单元类型。选择 Main Menu > Preprocessor > Element Type > Add/Edit/Delete 命令,弹出 Element Types 对话框,单击 Add 按钮,弹出 Library of Element Types 对话框;在左侧的列表框中选择 Shell 选项,在右侧的列表框中选择 8node 281 选项（即 SHELL281 单元）,单击 OK 按钮。

（3）定义材料属性。选择 Main Menu > Preprocessor > Material Props > Material Models 命令,弹出 Define Material Model Behavior 对话框,在右侧的列表框中选择 Structural > Linear > Elastic > Isotropic 选项后,弹出 Linear Isotropic Properties for Material Number 1 对话框,将 EX 设为 2E11,将

PRXY 设为 0.3，单击 OK 按钮。返回 Define Material Model Behavior 对话框，在右侧的列表框中选择 Structural > Density 选项后，弹出 Density for Material Number 1 对话框，将 DENS 设为 8000，单击 OK 按钮，返回 Define Material Model Behavior 对话框并将其关闭。

（4）定义壳的截面。选择 Main Menu > Preprocessor > Sections > Shell > Lay-up > Add/Edit 命令，弹出如图 10-69 所示的 Create and Modify Shell Sections 对话框，将 ID 设为 1，将 Thickness 设为 1，将 Integration Pts 设为 5，单击 OK 按钮。

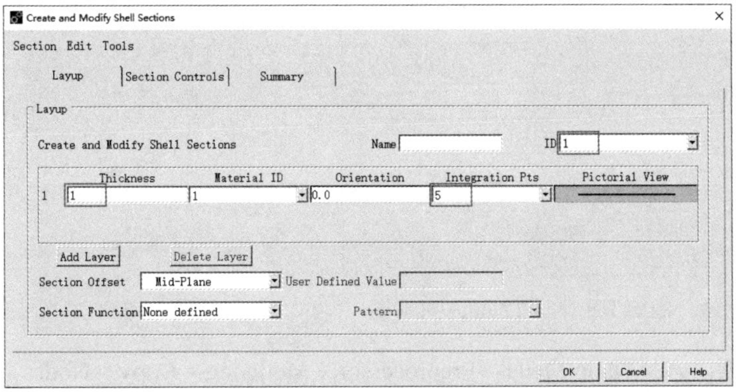

图 10-69　Create and Modify Shell Sections 对话框

（5）创建 2 个节点。选择 Main Menu > Preprocessor > Modeling > Create > Nodes > In Active CS 命令，创建坐标位置分别为（0,0,0）、（0,10,0）的 1、9 号节点。

（6）填充节点。选择 Main Menu > Preprocessor > Modeling > Create > Nodes > Fill between Nds 命令，依次拾取 1、9 号节点，弹出 Create Nodes Between 2 Nodes 对话框，保持默认设置，单击 OK 按钮，结果如图 10-70 所示。

（7）复制节点。选择 Main Menu > Preprocessor > Modeling > Copy > Nodes > Copy 命令，弹出节点拾取框，拾取 1~9 号节点，单击 OK 按钮，弹出如图 10-71 所示的 Copy nodes 对话框，将 ITIME 设为 5，将 DX 设为 2.5，将 INC 设为 40，单击 OK 按钮，结果如图 10-72 所示。

（8）创建 2 个节点。选择 Main Menu > Preprocessor > Modeling > Create > Nodes > In Active CS 命令，创建坐标位置分别为（1.25,0,0）、（1.25,10,0）的 21、29 号节点。

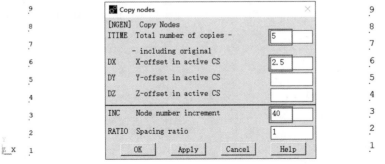

图 10-70　填充节点的结果（1）　　图 10-71　Copy nodes 对话框 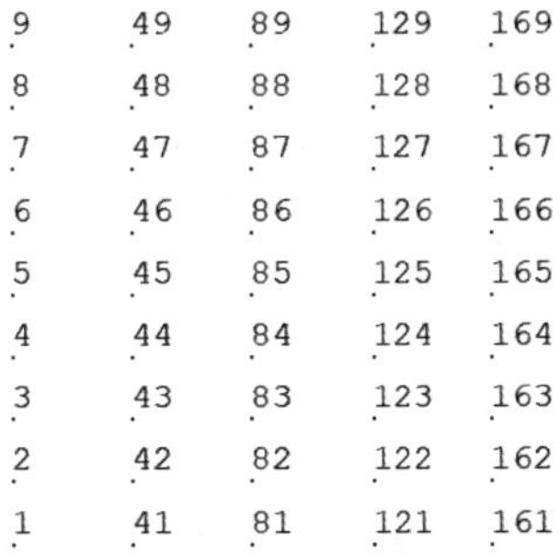　　图 10-72　复制节点的结果（1）

(9) 填充节点。选择 Main Menu > Preprocessor > Modeling > Create > Nodes > Fill between Nds 命令，依次拾取 21、29 号节点，弹出如图 10-73 所示的 Create Nodes Between 2 Nodes 对话框，将 NFILL 设为 3，单击 OK 按钮，结果如图 10-74 所示。

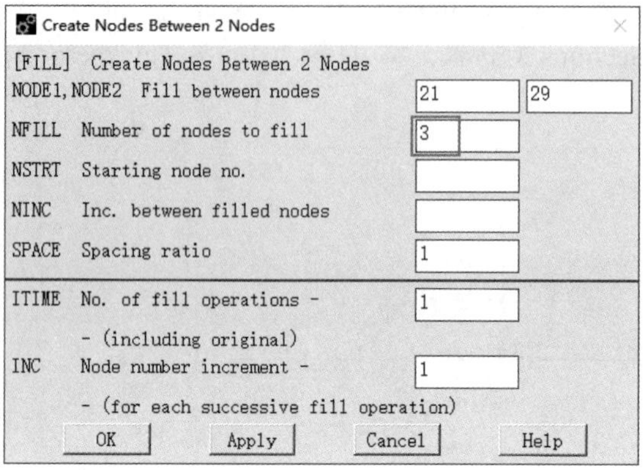

图 10-73 Create Nodes Between 2 Nodes 对话框

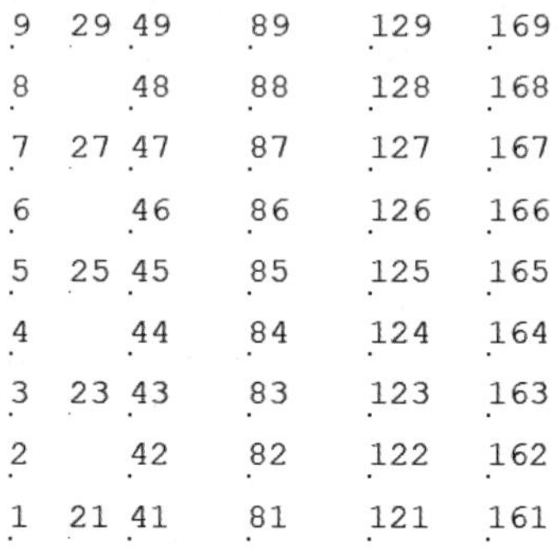

图 10-74 填充节点的结果（2）

(10) 复制节点。选择 Main Menu > Preprocessor > Modeling > Copy > Nodes > Copy 命令，弹出节点拾取框，拾取 21、23、25、27、29 号节点，单击 OK 按钮，弹出 Copy nodes 对话框，将 ITIME 设为 4，将 DX 设为 2.5，将 INC 设为 40，单击 OK 按钮，结果如图 10-75 所示。

(11) 创建单元。选择 Main Menu > Preprocessor > Modeling > Create > Elements > User Numbered > Thru Nodes 命令，弹出如图 10-76 所示的 Create Elems User-Num（创建单元用户编号）对话框，单击 OK 按钮，弹出节点拾取框，依次拾取 1、41、43、3、21、42、23、2 号节点（拾取节点时，不需要必须先拾取 1 号节点，但需要注意节点的拾取方向，先按顺时针方向依次拾取 4 个角节点，然后再按顺时针方向依次拾取 4 个中间节点，并且第 1 个拾取的中间节点位于第 1 个拾取的角节点和第 2 个拾取的角节点之间），单击 OK 按钮，创建 1 号单元，如图 10-77 所示。

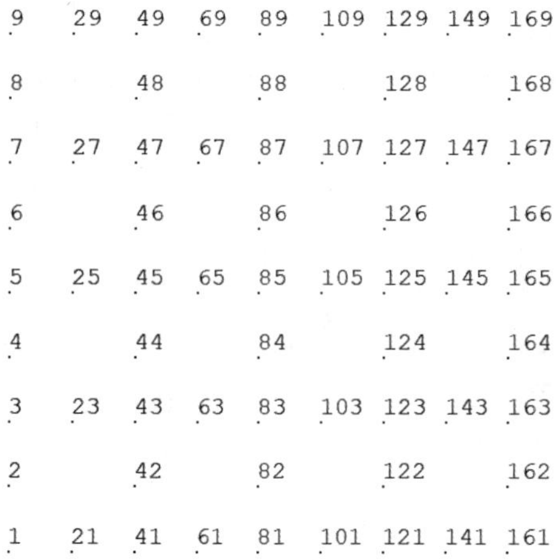

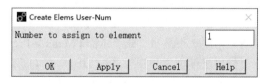

图 10-76 Create Elems User-Num 对话框

图 10-75 复制节点的结果（2）

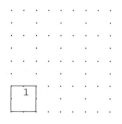

图 10-77 创建单元的结果（显示单元编号）

（12）复制单元。选择 Main Menu > Preprocessor > Modeling > Copy > Elements > Auto Numbered 命令，弹出单元拾取框，拾取 1 号单元，单击 OK 按钮，弹出如图 10-78 所示的 Copy Elements (Automatically-Numbered)对话框，将 ITIME 设为 4，将 NINC 设为 2，单击 Apply 按钮，结果如图 10-79 所示。再次弹出单元拾取框，拾取 1、2、3、4 号单元，单击 OK 按钮，再次弹出 Copy Elements (Automatically-Numbered)对话框，将 ITIME 设为 4，将 NINC 设为 40，单击 OK 按钮，结果如图 10-80 所示。

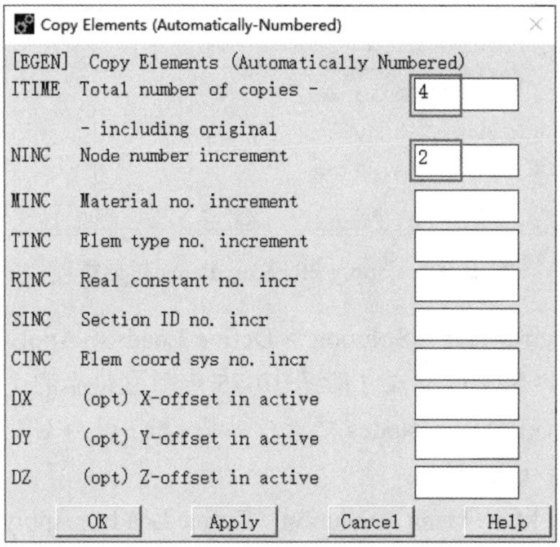

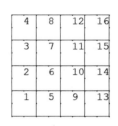

图 10-78　Copy Elements (Automatically-Numbered)对话框

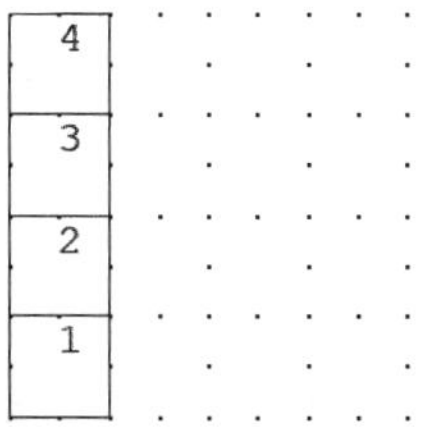

图 10-79　复制单元的结果（1）

图 10-80　复制单元的结果（2）

10.5.2　获取模态解

（1）设置分析类型。选择 Main Menu > Solution > Analysis Type > New Analysis 命令，弹出 New Analysis 对话框，将 ANTYPE 设为 Modal，单击 OK 按钮。

（2）设置分析选项。选择 Main Menu > Solution > Analysis Type > Analysis Options 命令，弹出如图 10-81 所示的 Modal Analysis 对话框，将 MODOPT 设为 PCG Lanczos，在 No. of modes to extract 文本框中输入 2，在 NMODE 文本框中输入 2，将 Elcalc 设为 Yes，单击 OK 按钮。弹出 PCG Lanczos Modal Analysis 对话框，本实例不对 PCG Lanczos 模态分析方法作进一步的自定义设置，单击 Cancel 按钮。

（3）施加压力载荷。选择 Main Menu > Solution > Define Loads > Apply > Structural > Pressure > On Elements 命令，弹出单元拾取框，单击 Pick All 按钮，弹出如图 10-82 所示的 Apply PRES on elems 对话框，将 VALUE 设为-1E6（负值表示压力方向指向单元面），单击 OK 按钮。

（4）对所有节点施加自由度约束。选择 Main Menu > Solution > Define Loads > Apply > Structural > Displacement > On Nodes 命令，弹出节点拾取框，单击 Pick All 按钮拾取所有节点，弹出如图 10-83 所示的 Apply U,ROT on Nodes 对话框，将 Lab2 设为 UX、UY 和 ROTZ（所有节点仅保留 UZ、ROTX 和 ROTY 共 3 个自由度），单击 OK 按钮。

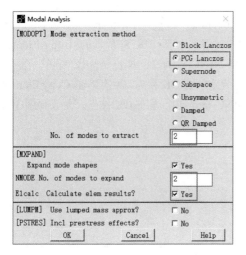

图 10-81　Modal Analysis 对话框

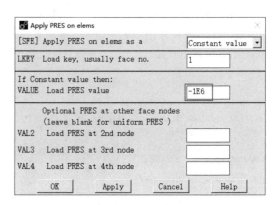

图 10-82　Apply PRES on elems 对话框

（5）对左右边界的节点施加自由度约束。选择 Main Menu > Solution > Define Loads > Apply > Structural > Displacement > On Nodes 命令，拾取左右边界上的节点（即图 10-75 所示左边界的 1～9 号节点和右边界的 161～169 号节点），弹出 Apply U,ROT on Nodes 对话框，将 Lab2 设为 UZ 和 ROTX（仅保留左右边界节点的 ROTY 自由度），单击 OK 按钮。

（6）对上下边界的节点施加自由度约束。再次选择 Main Menu > Solution > Define Loads > Apply > Structural > Displacement > On Nodes 命令，拾取上下边界上的节点（即图 10-75 所示上边界的 9、29、49、69、89、109、129、149、169 号节点和下边界的 1、21、41、61、81、101、121、141、161 号节点），弹出 Apply U,ROT on Nodes 对话框，将 Lab2 设为 UZ 和 ROTY（仅保留左右边界节点的 ROTX 自由度），单击 OK 按钮。

（7）提交求解。选择 Main Menu > Solution > Solve > Current LS 命令，弹出 /STATUS Command 窗口和 Solve Current Load Step 对话框。阅读 /STATUS Command 窗口中的内容，确认无误后将其关闭。单击 Solve Current Load Step 对话框中的 OK 按钮，提交求解。

求解完成时，弹出显示 Solution is done! 信息的 Note 对话框，单击 Close 按钮将其关闭。

（8）列表显示所提取模态对应的频率。选择 Main Menu>General Postproc>Results Summary 命令，弹出如图 10-84 所示的 SET,LIST Command 窗口，可见前二阶模态对应的固有频率为 f_1=45.96Hz、f_2=110.83Hz。

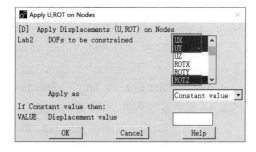

图 10-83　Apply U,ROT on Nodes 对话框

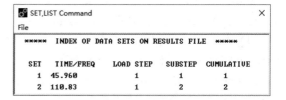

图 10-84　列表显示所有频率

10.5.3 获取谱解

(1) 设置分析类型。选择 Main Menu > Solution > Analysis Type > New Analysis 命令，弹出 New Analysis 对话框，将 ANTYPE 设为 Spectrum，单击 OK 按钮。

(2) 设置分析选项。选择 Main Menu > Solution > Analysis Type > Analysis Options 命令，弹出如图 10-85 所示的 Spectrum Analysis 对话框，将 Sptype 设为 P.S.D.(表示设为功率谱密度分析)，将 NMODE 设为 2，将 Elcalc 设为 Yes，单击 OK 按钮。

(3) 设置输入功率谱密度谱的类型。选择 Main Menu> Solution> Load Step Opts > Spectrum> PSD > Settings 命令，弹出如图 10-86 所示的 Settings for PSD Analysis（功率谱密度分析设置）对话框，将 PSDUNIT 设为 Pressure spct（表示输入功率谱密度谱的类型为压力谱），单击 OK 按钮。

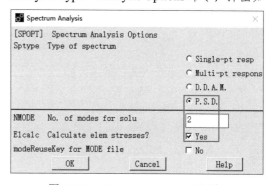

图 10-85 Spectrum Analysis 对话框

(4) 定义功率谱密度值-频率值表。选择 Main Menu > Solution > Load Step Opts > Spectrum > PSD > PSD vs Freq 命令，弹出如图 10-87 所示的 PSDUNIT（功率谱密度值-频率值表的编号）对话框，保持默认设置（即定义的表编号为 1，此数值需要与图 10-86 所示 Table number 中的数值相同），单击 OK 按钮。弹出如图 10-88 所示的 PSD vs Frequency Table（功率谱密度值-频率值表）对话框，将 FREQ1,PSD1 设为 1、1，将 FREQ2,PSD2 设为 80、1，单击 OK 按钮。

(5) 定义模型的阻尼比。选择 Main Menu > Solution > Load Step Opts > Time/Frequenc > Damping 命令，弹出如图 10-89 所示的 Damping Specifications 对话框，将 DMPRAT 设为 0.02，单击 OK 按钮。

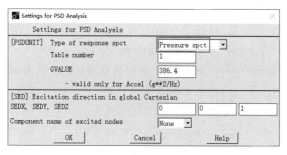

图 10-86 Settings for PSD Analysis 对话框

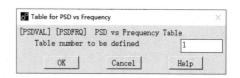

图 10-87 Table for PSD vs Frequency 对话框

(6) 删除压力载荷。选择 Main Menu > Solution > Define Loads > Delete > Structural > Pressure > On Elements 命令，弹出单元拾取框，单击 Pick All 按钮，弹出如图 10-90 所示的 Delete PRES on Elems（删除单元上的压力）对话框，保持默认设置（LKEY 设为 1，与图 10-82 中的 LEKY 参数的数值相同，即删除 10.4.2 小节模态分析中所施加的压力载荷），单击 OK 按钮。

(7) 缩放载荷向量。选择 Main Menu > Solution > Define Loads > Apply > Load Vector > For PSD 命令，弹出如图 10-91 所示的 Apply Load Vector for Power Spectral Density（为功率谱密度分析应用

载荷向量）对话框，将 FACT 由默认的 0 修改为 1，单击 OK 按钮。弹出 Warning 对话框（该对话框的说明见 8.4.3 小节，此处不再赘述），单击 Close 按钮将其关闭。

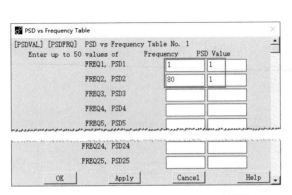

图 10-88　PSD vs Frequency Table 对话框

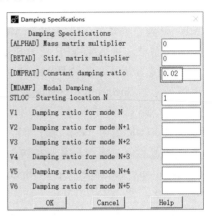

图 10-89　Damping Specifications 对话框

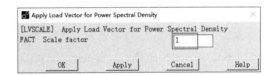

图 10-90　Delete PRES on Elems 对话框　　图 10-91　Apply Load Vector for Power Spectral Density 对话框

📢 提示：

> 步骤（6）和步骤（7）的操作是为了施加功率谱密度激励，由于压力类型的功率谱密度激励无法直接在谱分析中施加，因此需要在模态分析中首先施加压力载荷（压力载荷的施加对模态分析的结果不产生影响），然后通过缩放载荷向量，可以将在前面模态分析中所施加的压力载荷通过载荷向量转移到功率谱密度分析中。

（8）计算上述功率谱密度激励的参与系数。选择 Main Menu> Solution> Load Step Opts> Spectrum> PSD> Calculate PF 命令，弹出如图 10-92 所示的 Calculate Participation Factors 对话框，将 TBLNO 设为 1（此数值需要与图 10-87 所示 Table number to be defined 中的数值相同），将 Base on nodal excitation 设为 Nodal excitation（表示激励的位置为节点激励），单击 OK 按钮，提交求解。求解完成时，弹出显示 Solution is done!信息的 Note 对话框，单击 Close 按钮将其关闭。

（9）设置输出控制。选择 Main Menu> Solution> Load Step Opts> Spectrum>PSD >Calc Controls 命令，弹出如图 10-93 所示的 PSD Calculation Controls（功率谱密度计算控制）对话框，保持默认参数设置（其中 Displacement solution 设为 Relative to base，表示位移解相对于基础激励进行计算，此时 1σ 位移、应力、力等的解将作为第 3 个载荷步写入结果文件 Jobname.rst；Velocity solution 设为 Do not calculate，表示不计算 1σ 速度解；Acceleration solution 设为 Do not calculate，表示不计算 1σ 加速度解），单击 OK 按钮。

（10）提交求解。选择 Main Menu > Solution > Solve > Current LS 命令，弹出/STATUS Command 窗口和 Solve Current Load Step 对话框。阅读/STATUS Command 窗口中的内容，确认无误后将其关闭。单击 Solve Current Load Step 对话框中的 OK 按钮，提交求解。

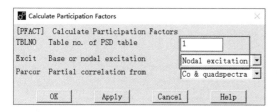
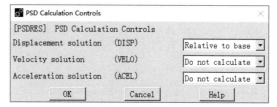

图 10-92　Calculate Participation Factors 对话框　　图 10-93　PSD Calculation Controls 对话框

（11）退出求解器。选择 Main Menu > Finish 命令，退出求解器。

10.5.4　合并模态

（1）定义分析类型。选择 Main Menu > Solution > Analysis Type > New Analysis 命令，弹出 New Analysis 对话框，将 ANTYPE 设为 Spectrum，单击 OK 按钮。

（2）选择模态合并方法。选择 Main Menu > Solution > Load Step Opts > Spectrum > PSD > Mode Combine 命令，弹出如图 10-94 所示的 PSD Combination Method（功率谱密度模态合并方法）对话框，保持默认设置（SIGNIF 为显著性水平阈值，仅合并那些显著性水平超过阈值的模态，对于功率谱密度分析，某阶模态的显著性水平为该阶模态的协方差矩阵项除以所有模态的最大协方差矩阵项；COMODE 为参与模态合并的模态数量），单击 OK 按钮。

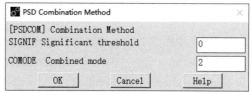

图 10-94　PSD Combination Method 对话框

（3）提交求解。选择 Main Menu > Solution > Solve > Current LS 命令，单击 Solve Current Load Step 对话框中的 OK 按钮，提交求解。

📢 提示：

> 本实例中将模态合并作为一个独立的求解步骤，读者也可以将模态合并集成到获取谱解的操作步骤中，方法是将本小节的步骤（2）插入 10.4.3 小节的步骤（9）和步骤（10）之间。

10.5.5　观察结果

1．使用通用后处理器观察结果

（1）列表显示载荷步概要。选择 Main Menu > General Postproc > Results Summary 命令，弹出如图 10-95 所示的 SET,LIST Command 窗口，可以查看载荷步概要，可见除了模态分析的结果之外，功率谱密度分析的结果存储在第 3 个载荷步的第 1 个子步之中。

（2）读入功率谱密度分析的结果。选择 Main Menu > General Postproc > Read Results > By Load Step 命令，弹出如图 10-96 所示的 Read Results by Load Step Number 对话框，将 LSTEP 设为 3（载荷步为 3），将 SBSTEP 设为 1（子步为 1），单击 OK 按钮。

（3）调整模型的观察方向。选择 Utility Menu > PlotCtrls > View Settings > Viewing Direction 命令，弹出如图 10-97 所示的 Viewing Direction（观察方向）对话框，将 XV,YV,ZV 设为 2、3、4 [表示沿

着从坐标位置为(2,3,4)的点到原点(在全局笛卡儿坐标系之中)的线的方向来观察模型],单击OK按钮。

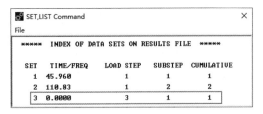

图 10-95　列表显示载荷步概要

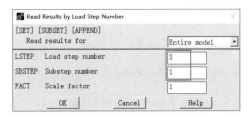

图 10-96　Red Results by Load Step Number 对话框

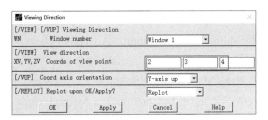

图 10-97　Viewing Direction 对话框

（4）查看模型 Z 方向位移的分布云图。选择 Main Menu > General Postproc > Plot Results > Contour Plot > Nodal Solu 命令，弹出 Contour Nodal Solution Data 对话框，在 Item to be contoured 列表框中选择 Nodal Solution > DOF Solution > Z-Component of displacement 选项(表示选择 Z 方向的位移分量)，单击 OK 按钮，结果如图 10-98 所示。通过左上角的文字标识可知，Z 方向的最大位移为 0.101714 m，即结构的 Z 方向 1σ 位移峰值约为 101.7 mm。

（5）列表显示 Z 方向的位移结果。选择 Main Menu > General Postproc > List Results > Nodal Solution 命令，弹出 List Nodal Solution 对话框，在 Item to be contoured 列表框中选择 Nodal Solution > DOF Solution > Z-Component of displacement 选项，单击 OK 按钮，弹出如图 10-99 所示的 PRNSOL Command 窗口，可见第 85 号节点的 Z 方向位移最大，为 0.10171 m，即约为 101.7 mm，与步骤（4）中所查看的结果相符。

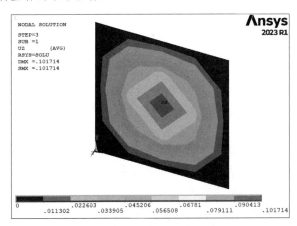

图 10-98　Z 方向位移的分布云图

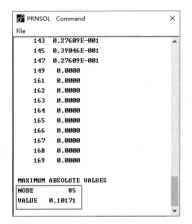

图 10-99　列表显示 Z 方向的位移结果

2. 使用时间历程后处理器观察结果

（1）打开时间历程变量查看器。选择 Main Menu >TimeHist Postpro 命令，弹出如图 10-100 所示的 Spectrum Usage（谱分析结果用法）对话框，选中 Create response power spectral density (PSD) 单选按钮（表示创建功率谱密度响应，此时将为 PSD 计算创建一组新的频率点），单击 OK 按钮。弹出如图 10-101 所示的时间历程变量查看器，可以看到变量列表中已经存在一个变量 TIME（此为 1 号变量，该变量虽名称为 TIME，但其实存储的是频率变量的数据），单击工具栏中的 List Data（列出数据）按钮，列表显示 TIME 变量，如图 10-102 所示，可见 FREQ 变量（频率）的数值与 TIME 变量的数值一一对应，并且 2 个频率点之间的增量为 0.7621（1.7621-1=0.7621），该数值可以通过图 10-100 所示的 Number of points clustered near the natural frequency 中的左右滑块进行调整，由于采用默认值时，在 1～80Hz 频率范围内所设置的 2 个频率点之间的增量较小，因此造成采样点过多而增加计算量，下面在步骤（2）中对频率点之间的增量进行调整）。

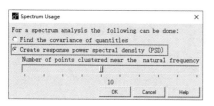
图 10-100 Spectrum Usage 对话框

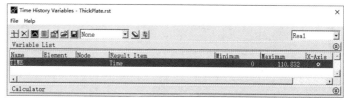
图 10-101 时间历程变量查看器

（2）调整频率点之间的增量。选择 Main Menu>TimeHist Postpro>Store Data 命令，弹出如图 10-103 所示的 Store Data from the Results File（从结果文件中存储数据）对话框，将 NPTS 由默认的 5 修改为 2，单击 OK 按钮。再次列表显示 TIME 变量，结果如图 10-104 所示，可见 2 个频率点之间的增量由原来的 0.7621 变为 1.8041（2.8041-1=1.8041）。

图 10-102 列表显示 TIME 变量

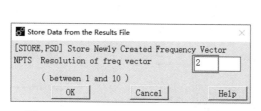
图 10-103 Store Data from the Results File 对话框

图 10-104 调整后的 TIME 变量

（3）定义存储 85 号节点 Z 方向位移响应的 2 号变量。在时间历程变量查看器中单击工具栏中的 Add Data（增加数据）按钮，弹出如图 10-105 所示的 Add Time-History Variable 对话框，在 Result Item 列表框中选择 Nodal Solution > DOF Solution > Z-Component of displacement 选项，在 Variable Name 文本框中输入 UZ85，单击 OK 按钮，弹出节点拾取框，拾取 85 号节点，单击 OK 按钮，返回时间历程变量查看器并将其关闭。

(4)计算85号节点Z方向位移响应的功率谱密度。选择 Main Menu > TimeHist Postpro> Calc Resp PSD 命令，弹出如图10-106所示的 Calculate Response PSD（计算响应的功率谱密度）对话框，将 IR 设为3（所计算出的结果变量的编号为3），将 IA,IB 设为"2,(空白)"（表示2号变量为输入的自变量，由于仅一个自变量，所以 IB 设为空白），将 ITYPE 设为 Displacement（表示响应功率谱密度的类型为位移），将 DATUM 设为 Relative to base（表示相对于基础激励计算响应的功率谱密度），将 NAME 设为 RPSD_UZ85（所计算出的结果变量的名称为 RPSD_UZ85），单击 OK 按钮。

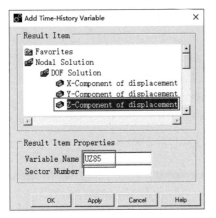

图10-105　Add Time-History Variable 对话框　　　　图10-106　Calculate Response PSD 对话框

(5)列表显示85号节点Z方向位移响应的功率谱密度。选择 Main Menu > TimeHist Postpro > List Variables 命令，弹出如图10-107所示的 List Time-History Variables（列表显示时间历程变量）对话框，将 NVAR1 设为3（表示列表显示3号变量），单击 OK 按钮，结果如图10-108所示。

(6)列表显示2号和3号变量的极值。选择 Main Menu> TimeHist Postpro> List Extremes 命令，弹出如图10-109所示的 List Extreme Values（列表显示极值）对话框，将 NVAR1,NVAR2 设为2、3（表示选择2、3号变量），单击 OK 按钮，结果如图10-110所示，可见2号变量（85号变量的位移响应）的最大值为0.1017m，最小值为-0.4009×10^{-11}m，3号变量（85号变量的位移响应的功率谱密度）的最大值为0.3595×10^{-2}m²/Hz（即3595mm²/Hz），最小值为0m²/Hz。

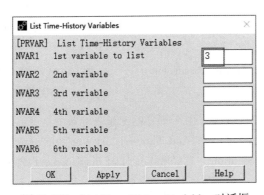

图10-107　List Time-History Variables 对话框

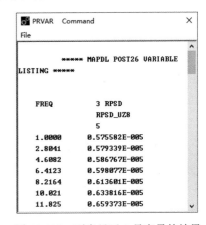

图10-108　列表显示3号变量的结果

图 10-109　List Extreme Values 对话框　　　图 10-110　列表显示 2、3 号变量极值的结果

（7）设置坐标轴。选择 Utility Menu > PlotCtrls > Style > Graphs > Modify Axes 命令，弹出如图 10-111 所示的 Axes Modifications for Graph Plots 对话框，在 X-axis label 文本框中输入 Frequency (Hz)，在 Y-axis label 文本框中输入 RPSD　(M^2/HZ)，将 X-axis range 设为 Specified range，在 Specified X range 文本框中依次输入 0、80（表示指定 X 轴的刻度范围为 0～80），单击 OK 按钮。

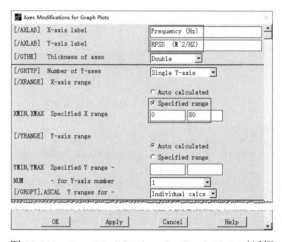

图 10-111　Axes Modifications for Graph Plots 对话框

（8）绘制位移响应功率谱密度-频率曲线图。选择 Main Menu > TimeHist Postpro > Graph Variables 命令，弹出如图 10-112 所示的 Graph Time-History Variables（绘制时间历程变量曲线图）对话框，将 NVAR1 设为 3，单击 OK 按钮，结果如图 10-113 所示。

（9）保存文件。单击工具栏中的 SAVE_DB 按钮，保存文件。

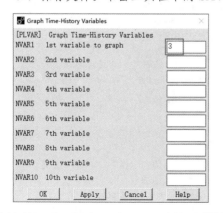
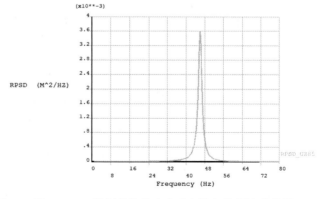

图 10-112　Graph Time-History Variables 对话框　　　图 10-113　绘制的位移响应功率谱密度-频率曲线图

10.5.6 命令流文件

在工作目录中找到 ThickPlate0.log 文件,并对其进行修改,修改后的命令流文件(ThickPlate.txt)中的内容如下。

```
!%%%%%厚方形板的功率谱密度分析%%%%%
/CLEAR,START                      !清除数据
/FILNAME,ThickPlate,1             !更改文件名称
/TITLE,RANDOM VIBRATION RESPONSE OF A SIMPLY-SUPPORTED THICK SQUARE PLATE
/PREP7                            !进入前处理器
ET,1,SHELL281                     !定义壳单元
MP,EX,1,2E11                      !定义材料的弹性模量
MP,PRXY,1,0.3                     !定义材料的泊松比
MP,DENS,1,8000                    !定义材料的密度
SECTYPE,1,SHELL                   !定义壳的截面
SECDATA,1,1,0,5                   !设置壳的厚度及厚度方向的积分点
N,1 $ N,9,0,10                    !创建1、9号节点
FILL                              !在1、9号节点之间填充节点
NGEN,5,40,1,9,1,2.5               !复制1~9号节点
N,21,1.25 $ N,29,1.25,10          !创建21、29号节点
FILL,21,29,3                      !在21、29号节点之间填充节点
NGEN,4,40,21,29,2,2.5             !复制21、23、25、27、29号节点
EN,1,1,41,43,3,21,42,23,2         !创建1号单元
EGEN,4,2,1 $ EGEN,4,40,1,4        !复制单元
FINISH                            !退出前处理器
/SOLU                             !进入求解器
ANTYPE,MODAL                      !设置为模态分析
MODOPT,LANPCG,2                   !设置模态提取方法且提取前二阶模态
MXPAND,2,,,YES                    !扩展二阶模态
SFE,ALL,,PRES,,-1E6               !施加压力载荷1000000N/M**2
D,ALL,UX,0,,,,UY,ROTZ             !对所有节点施加自由度约束
D,1,UZ,0,0,9,1,ROTX               !对左边界的节点施加自由度约束
D,161,UZ,0,0,169,1,ROTX           !对右边界的节点施加自由度约束
D,1,UZ,0,0,161,20,ROTY            !对下边界的节点施加自由度约束
D,9,UZ,0,0,169,20,ROTY            !对上边界的节点施加自由度约束
SOLVE                             !提交求解
FINISH                            !退出求解器
/POST1                            !进入通用后处理器
SET,LIST                          !列表显示所提取模态对应的频率
FINISH                            !退出通用后处理器
/SOLU                             !再次进入求解器
ANTYPE,SPECTR                     !设置为谱分析
SPOPT,PSD,2,YES                   !进行功率谱密度分析,使用前二阶模态,计算单元应力
PSDUNIT,1,PRES                    !设置输入功率谱密度谱为压力谱
PSDFRQ,1,1,1,80                   !定义功率谱密度值-频率值表中的频率值
PSDVAL,1,1,1                      !定义功率谱密度值-频率值表中的功率谱密度值
```

```
DMPRAT,0.02                    !定义模型的阻尼比
SFEDELE,ALL,1,PRES,,           !删除压力载荷
LVSCALE,1                      !缩放载荷向量
PFACT,1,NODE                   !计算上述功率谱密度激励的参与系数
PSDRES,DISP,REL                !设置输出控制
SOLVE                          !提交求解
FINISH                         !退出求解器
/SOLU                          !再次进入求解器
ANTYPE,SPECTR                  !设置为谱分析
PSDCOM                         !选择模态合并方法
SOLVE                          !提交求解
FINISH                         !退出求解器
/POST1                         !进入通用后处理器
SET,LIST                       !列表显示载荷步概要
SET,3,1                        !读入 1σ 位移响应解的结果
/VIEW,1,2,3,4                  !调整模型的观察方向
/REPLOT                        !重新绘制视图
PLNSOL,U,Z                     !查看模型 Z 方向位移的分布云图
PRNSOL,U,Z                     !列表显示 Z 方向位移结果
FINISH                         !退出通用后处理器
/POST26                        !进入时间历程后处理器
STORE,PSD,2                    !为功率谱密度计算创建一组新数据集
NSOL,2,85,U,Z,UZ85             !定义 2 号变量存储 85 号节点 Z 方向的位移响应
RPSD,3,2,,1,2,RPSD_UZ85        !计算 85 号节点 Z 方向位移响应的功率谱密度
PRVAR,3                        !列表显示 3 号变量
EXTREM,2,3                     !列表显示 2、3 号变量的极值
/AXLAB,X,Frequency (Hz)        !设置 X 轴的标签
/AXLAB,Y,RPSD(M^2/HZ)          !设置 Y 轴的标签
/XRANGE,0,80                   !设置 X 轴的刻度范围
PLVAR,3                        !绘制位移响应功率谱密度-频率曲线图
SAVE                           !保存文件
FINISH                         !退出时间历程后处理器
/EXIT,NOSAVE                   !退出 Ansys
```

第 11 章 屈 曲 分 析

屈曲分析是一种用于确定结构的屈曲载荷和屈曲模态的技术。本章首先对屈曲分析的类型进行简要介绍，接着介绍进行特征值屈曲分析的基本步骤，最后通过一个分析实例对特征值屈曲分析的操作步骤进行具体演示。
➢ 非线性屈曲分析
➢ 特征值屈曲分析
➢ 特征值屈曲分析的步骤

11.1 屈曲分析概述

屈曲分析是一种用于确定结构的屈曲载荷（使结构开始变得不稳定的临界载荷）和屈曲模态（与结构屈曲响应相关的特征形状）的技术。

下面对屈曲分析的相关知识作简单介绍。

1. 屈曲分析的类型

屈曲分析有两种类型，分别为非线性屈曲分析和特征值屈曲分析（又称线性屈曲分析）。因为这两种类型的屈曲分析会产生截然不同的结果，所以有必要首先了解它们之间的差异。

（1）非线性屈曲分析。非线性屈曲分析的分析结果通常更为精确，因此推荐用于实际结构的设计或评估。该分析中采用非线性静力分析，分析时载荷逐渐增加，以寻找结构变得不稳定的临界载荷，如图 11-1（a）所示。在非线性屈曲分析中，可以考虑初始缺陷、塑性行为、间隙和大变形。此外，该分析中通过变形来控制加载，甚至可以跟踪结构屈曲后的行为。

（2）特征值屈曲分析。特征值屈曲分析用于预测理想线弹性结构的理论屈曲强度（通常所说的欧拉临界载荷），如图 11-1（b）所示。该分析得到的是理想状态下的弹性屈曲强度，然而，在大多数现实世界中，由于实际存在的缺陷和非线性，结构很难达到其理论弹性屈曲强度。因此，特征值屈曲分析往往计算出非保守的结果（结果的数值偏大），一般不应用于实际的日常工程分析。

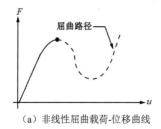 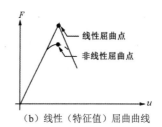

（a）非线性屈曲载荷-位移曲线　　　　（b）线性（特征值）屈曲曲线

图 11-1 屈曲线

非线性屈曲分析是一种需要激活大变形的静力分析，也可以考虑其他的非线性，它属于一种非线性结构分析。本章不对非线性屈曲分析作进一步的介绍，感兴趣的读者可以参阅 Ansys 帮助文件 *Structural Analysis Guide*（结构分析指导）中的 *Performing a Nonlinear Buckling Analysis*（进行非线性屈曲分析）部分。

接下来本章主要介绍 Ansys 特征值屈曲分析的相关技术。在本章中如无特殊说明，单独使用的屈曲分析均指特征值屈曲分析。

2. 特征值屈曲分析的基本步骤

进行特征值屈曲分析包括 4 个主要步骤：建模、获取静力解、获取特征值屈曲解、观察结果。

（1）建模。特征值屈曲分析的建模与大多数分析基本相同，但需要注意以下两点：①仅考虑线性行为。若定义了非线性单元将按线性单元处理。例如，若包括接触单元，其刚度计算基于它们的初始状态，并在后续计算中保持不变。Ansys 假设接触单元的初始状态为静力预应力分析完成时的状态。②必须定义材料的弹性模量或某种形式的刚度。材料属性可以是线性的、各向同性的或各向异性的，其数值可以为常数，也可以与温度相关。不要使用与速率相关的材料属性。其他非线性属性即便定义也将被忽略。

（2）获取静力解。该过程与一般的静力分析类似，但需要注意以下几点：①由于后续的特征值屈曲分析需要计算应力刚度矩阵，所以必须激活预应力效应（PSTRES 命令）。②一般只需施加单位载荷，也就是说，不需要指定实际的载荷值。通过屈曲分析所得到的特征值代表屈曲载荷系数，因此，如果施加了单位载荷，则该屈曲载荷系数就是屈曲载荷。所有载荷可全部放大某个倍数后施加（Ansys 最大允许的特征值是 1000000，若求解时特征值超过此限值，则必须施加更大的载荷）。③在特征值屈曲分析中，通过看似等效的压力和力载荷将计算出不同的屈曲载荷。这种计算结果的差异可归因于压力被视为"随动"载荷，而力不被视为"随动"载荷，因为用于模拟等效压力而施加在表面上的力的方向，在分析过程中一直保持不变。与任何数值分析一样，建议使用最能模拟部件工作状态的载荷类型。④请注意，特征值代表所有载荷的比例因子。如果某些载荷是恒载（如自重力载荷），而其他载荷是活载（如外部施加的载荷），则需要确保在特征值求解时恒载的应力刚度矩阵不会被缩放。实现这一目的的一个策略是在计算特征值时进行迭代求解，调整所施加活载的大小，直到特征值变为 1.0（或在一定的收敛容差内接近 1.0）。例如，图 11-2 所示的一个自重为 W_0 的杆，在顶部承受一个外部施加的力载荷 A。为了确定特征值屈曲分析中 A 的极限值，可以使用不同的 A 值重复求解，直到通过迭代找到一个可接受的特征值 λ 接近 1 时的活载大小。⑤在预应力过程中可以施加非零约束作为静力载荷。屈曲分析中的特征值将是应用于这些非零约束值的屈曲载荷系数。然而，在这些自由度上，屈曲模态值为 0（而不是指定的非零值）。⑥静力求解完成后，退出求解器（FINISH 命令）。

（3）获取特征值屈曲解。获取特征值屈曲解的具体步骤如下：①进入求解器。②定义分析类型。③定义分析选项。该步骤中需要指定特征值的提取方法（包含分块兰索斯法和子空间迭代法，两种方法都使用完整的系统矩阵）、要提取的屈曲模态（即特征值或载荷系数）的数量（默认为 1）、计算屈曲模态的起始点（默认为 0）、模态扩展的数目及是否计算应力（在特征值屈曲分析中，"应力"并非真实的应力，仅表示各个模态中的相对应力或力的分布，默认时不计算"应力"）等。④指定载荷步选项。在特征值屈曲分析中唯一有效的载荷步选项是输出控制。⑤保存数据库文件。⑥提交求解。⑦退出求解器。

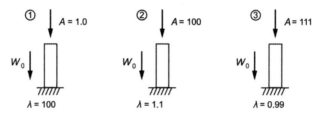

图 11-2　调整活载的大小以使特征值 λ 接近 1

（4）观察结果。屈曲分析的结果由屈曲载荷系数（即特征值）、屈曲模态和相对应力分布组成，可以在通用后处理器中进行查看，具体操作步骤如下：①列表显示所有屈曲载荷系数；②读入所需查看模态阶次的数据；③显示该阶屈曲模态的形状；④显示该阶屈曲模态的相对应力分布云图。

接下来通过一个具体实例介绍 Ansys 软件中进行特征值屈曲分析的操作步骤。

11.2　实例——空圆管的特征值屈曲分析

扫一扫，看视频

图 11-3（a）所示为一个长度为 L 的柴油机空圆管，在推动摇臂打开气阀时，它的一端将会受到力载荷的作用。当力载荷的大小逐渐增加到某一极限值时，压杆的稳定状态将变为不稳定状态，即它将转变为曲线形状的平衡，如图 11-3（b）所示。

这时如果再用侧向干扰力使其发生轻微弯曲，它将保持曲线形状的平衡，不能恢复到原有的形状，就会发生屈曲现象，所以要保证空圆管所受的力载荷小于临界载荷。计算空圆管的屈曲载荷及屈曲模态。

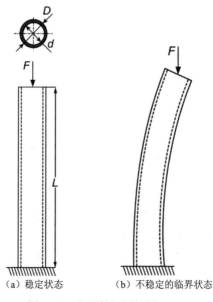

图 11-3　空圆管问题简图

该问题的材料属性、几何尺寸以及载荷见表11-1。

表 11-1 材料属性、几何尺寸以及载荷

材 料 属 性	几 何 尺 寸	载 荷
$E=2.1\times 10^5$MPa $\nu=0.3$	空圆管长度：$L=1200$mm 空圆管外径：$D=45$mm 空圆管内径：$d=35$mm	施加单位载荷，即 $F=1$N

根据特征值屈曲分析的基本步骤，本实例的具体操作步骤如下。

11.2.1 建模

（1）定义工作文件名。选择 Utility Menu > File > Change Jobname 命令，弹出 Change Jobname 对话框，在 Enter new jobname 文本框中输入 HollowTube 并勾选 New log and error files? 复选框，单击 OK 按钮。

（2）定义单元类型。选择 Main Menu > Preprocessor > Element Type > Add/Edit/Delete 命令，弹出 Element Types 对话框，单击 Add 按钮，弹出 Library of Element Types 对话框；在左侧的列表框中选择 Solid 选项，在右侧的列表框中选择 Brick 8 node 185 选项，即 SOLID185 单元，单击 OK 按钮。

（3）定义材料属性。选择 Main Menu > Preprocessor > Material Props > Material Models 命令，弹出 Define Material Model Behavior 对话框，在右侧的列表框中选择 Structural > Linear > Elastic > Isotropic 选项后，弹出如图 11-4 所示的 Linear Isotropic Properties for Material Number 1 对话框，将 EX 设为 2.1E5，将 PRXY 设为 0.3，单击 OK 按钮。

（4）创建中空的圆柱体。选择 Main Menu > Preprocessor > Modeling > Create > Volumes > Cylinder > By Dimensions 命令，弹出如图 11-5 所示的 Create Cylinder by Dimensions（通过尺寸创建圆柱体）对话框，将 RAD1 设为 45/2（表示中空圆柱体的外径），将 RAD2 设为 35/2（表示中空圆柱体的内径），将 Z1,Z2 设为 0、1200（表示中空圆柱体上下两个圆面中心的 Z 坐标），单击 OK 按钮，结果如图 11-6 所示。

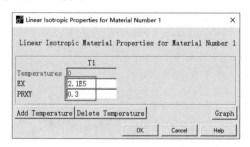

图 11-4 Linear Isotropic Properties for Material Number 1 对话框

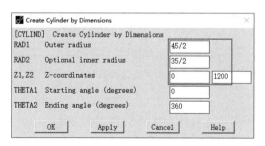

图 11-5 Create Cylinder by Dimensions 对话框

（5）设置线的网格尺寸。选择 Main Menu > Preprocessor > Meshing > Size Cntrls > ManualSize > Lines > Picked Lines 命令，弹出线拾取框，拾取圆柱体径向的任一条直线（如线 L17），单击 OK 按钮，弹出如图 11-7 所示的 Element Sizes on Picked Lines 对话框，将 NDIV 设为 200，单击 OK 按钮。

图 11-6 创建的中空圆柱体

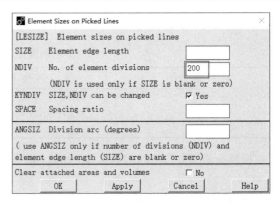

图 11-7 Element Sizes on Picked Lines 对话框

（6）设置单元形状。选择 Main Menu> Preprocessor> Meshing> Mesher Opts 命令，弹出如图 11-8 所示的 Mesher Options 对话框，将 Mesher Type 设为 Mapped（表示网格划分器的类型设为映射），单击 OK 按钮，弹出如图 11-9 所示的 Set Element Shape 对话框，保持默认设置（表示面网格的形状设为四边形，体网格的形状设为六面体），单击 OK 按钮。

（7）划分网格。选择 Main Menu> Preprocessor> Meshing> Mesh> Volume Sweep> Sweep 命令，弹出体拾取框，单击 Pick All 按钮，完成空圆管的网格划分。

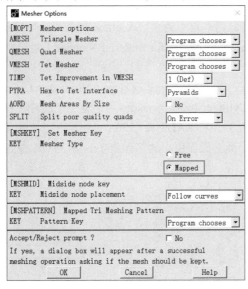

图 11-8 Mesher Options 对话框

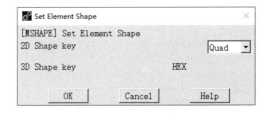

图 11-9 Set Element Shape 对话框

11.2.2 获取静力解

（1）选择分析类型。选择 Main Menu > Solution > Analysis Type > New Analysis 命令，弹出 New Analysis 对话框，将 ANTYPE 设为 Static，单击 OK 按钮（本步骤可省略）。

（2）激活预应力效应。选择 Main Menu > Solution > Analysis Type > Sol'n Controls 命令，弹出

如图 11-10 所示的 Solution Controls 对话框，勾选 Calculate prestress effects 复选框（表示激活预应力效应），单击 OK 按钮。

（3）对节点施加自由度约束。选择 Utility Menu > Select > Entities 命令，弹出如图 11-11 所示的 Select Entities 对话框，在第 1 个下拉列表中选择 Nodes 选项，在下面的下拉列表中选择 By Location 选项，选中 Z coordinates 单选按钮，在 Min,Max 文本框中输入 0,0（选择 Z 坐标为 0 的所有节点），单击 Apply 按钮（不要关闭该对话框）。选择 Main Menu > Solution > Define Loads > Apply > Structural > Displacement > On Nodes 命令，弹出节点拾取框，单击 Pick All 按钮，弹出如图 11-12 所示的 Apply U,ROT on Nodes 对话框，将 Lab2 设为 All DOF，单击 OK 按钮。

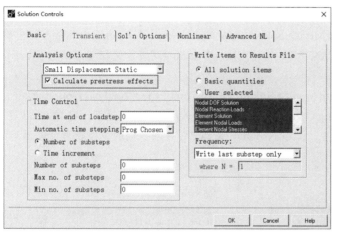

图 11-10 Solution Controls 对话框

图 11-11 Select Entities 对话框

（4）对节点施加力载荷。返回 Select Entities 对话框，在 Min,Max 文本框中输入 1200,1201（选择 Z 坐标为 1200 的所有节点），不要修改其他参数，单击 Apply 按钮（在输出窗口中可见到"48 NODES (OF 9648 DEFINED) SELECTED BY NSEL COMMAND."，表示通过 NSEL 命令在 9648 个已经定义的节点中选择了 48 个节点）。选择 Main Menu > Solution > Define Loads > Apply > Structural > Force/Moment > On Nodes 命令，弹出节点拾取框，单击 Pick All 按钮，弹出如图 11-13 所示的 Apply F/M on Nodes 对话框，将 Lab 设为 FZ，将 VALUE 设为 -1/48（将单位载荷平均施加在 48 个节点上，每个节点上分配到的力为 1/48；负号表示力的方向与 Z 坐标轴的方向相反），单击 OK 按钮。

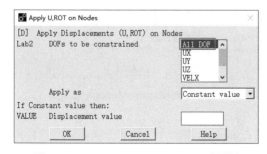

图 11-12 Apply U,ROT on Nodes 对话框

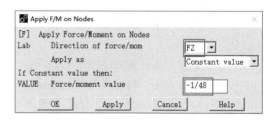

图 11-13 Apply F/M on Nodes 对话框

（5）选择所有节点。返回 Select Entities 对话框，不要修改其他参数，单击 Sele All 按钮选择所有节点，然后单击 Cancel 按钮关闭该对话框。

（6）提交求解。选择 Main Menu > Solution > Solve > Current LS 命令，弹出/STATUS Command 窗口和 Solve Current Load Step 对话框。阅读/STATUS Command 窗口中的内容，确认无误后将其关闭。单击 Solve Current Load Step 对话框中的 OK 按钮，提交求解。

求解完成时，弹出显示 Solution is done!信息的 Note 对话框，单击 Close 按钮将其关闭。

（7）退出求解器。选择 Main Menu > Finish 命令，退出求解器。

11.2.3 获取特征值屈曲解

（1）设置分析类型。选择 Main Menu > Solution > Analysis Type > New Analysis 命令，弹出如图 11-14 所示的 New Analysis 对话框，将 ANTYPE 设为 Eigen Buckling（表示特征值屈曲分析），单击 OK 按钮。

（2）设置分析选项。选择 Main Menu > Solution > Analysis Type > Analysis Options 命令，弹出如图 11-15 所示的 Eigenvalue Buckling Options（特征值屈曲分析选项）对话框，将 Method 设为 Block Lanczos（表示采用分块兰索斯方法），将 NMODE 设为 2（表示提取的模态数目，默认为 1，此处修改为 2），单击 OK 按钮。

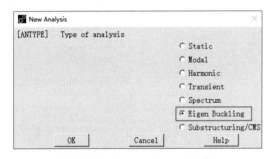

图 11-14　New Analysis 对话框

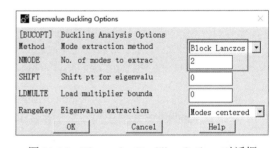

图 11-15　Eigenvalue Buckling Options 对话框

（3）设置模态扩展的数目。选择 Main Menu > Solution > Load Step Opts > ExpansionPass > Single Expand > Expand Modes 命令，弹出如图 11-16 所示的 Expand Modes（扩展模态）对话框，将 NMODE 设为 2（表示扩展的模态数目为 2），将 Elcalc 设为 Yes（表示计算"应力"），单击 OK 按钮。

（4）提交求解。选择 Main Menu > Solution > Solve > Current LS 命令，弹出/STATUS Command 窗口和 Solve Current Load Step 对话框。阅读/STATUS Command 窗口中的内容，确认无误后将其关闭。单击 Solve Current Load Step 对话框中的 OK 按钮，提交求解。

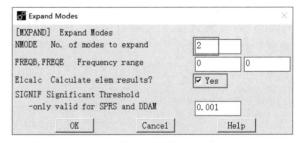

图 11-16　Expand Modes 对话框

求解完成时，弹出显示 Solution is done!信息的 Note 对话框，单击 Close 按钮将其关闭。

11.2.4 观察结果

（1）列表显示屈曲载荷系数。选择 Main Menu > General Postproc > Results Summary 命令，弹出如图 11-17 所示的 SET,LIST Command 窗口，通过该窗口可见 2 个屈曲载荷系数均为 45025，由于施加的是单位载荷，所以此数值即为屈曲载荷（即临界载荷），其大小为 45025N。

（2）读入第一阶屈曲模态的结果数据。选择 Main Menu> General Postproc> Read Results>By Load Step 命令，弹出如图 11-18 所示的 Read Results by Load Step Number 对话框，将 LSTEP 设为 1（载荷步编号为 1），将 SBSTEP 设为 1（子步编号为 1），单击 OK 按钮。

（3）显示第一阶屈曲模态的形状。选择 Main Menu> General Postproc> Plot Results> Deformed Shape 命令，弹出如图 11-19 所示的 Plot Deformed Shape 对话框，将 KUND 设为 Def＋undeformed，单击 OK 按钮。单击左侧视图控制栏中的 Bottom View（底视图）按钮 ，结果如图 11-20 所示。

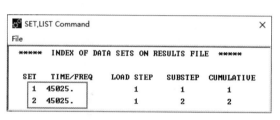

图 11-17 列表显示屈曲载荷系数

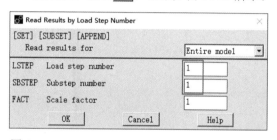

图 11-18 Read Results by Load Step Number 对话框

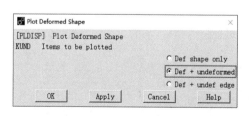

图 11-19 Plot Deformed Shape 对话框

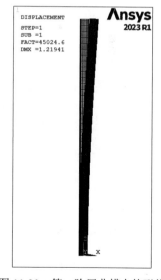

图 11-20 第一阶屈曲模态的形状

（4）显示第一阶屈曲模态的相对应力分布云图。选择 Main Menu > General Postproc > Plot Results > Contour Plot > Nodal Solution 命令，弹出 Contour Nodal Solution Data 对话框，在 Item to be contoured 列表框中选择 Nodal Solution > Stress > von Mises stress 选项（即等效应力），单击 OK 按钮，结果如

图 11-21 所示（此"应力"并非真实的应力，仅表示各个模态中的相对应力的分布）。

（5）显示第二阶屈曲模态的形状。选择 Main Menu > General Postproc > Read Results > By Load Step 命令，弹出 Read Results by Load Step Number 对话框，将 LSTEP 设为 1，将 SBSTEP 设为 2，单击 OK 按钮。按照步骤（3）的方法显示第二阶屈曲模态的形状，结果如图 11-22 所示，将该图与图 11-20 相对比可见，第二阶屈曲模态与第一阶屈曲模态的屈曲载荷系数相同（FACT=45024.6，调整后为 45025）、最大位移数值相同（DMX=1.21941），但屈曲方向不同，说明空圆管在临界载荷力的作用下，可能向不同方向发生屈曲。读者还可以按照步骤（4）的方法显示第二阶屈曲模态的相对应力分布云图，此处不再赘述。

（6）保存文件。单击工具栏中的 SAVE_DB 按钮，保存文件。

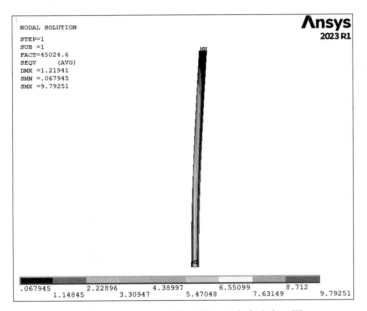

图 11-21 第一阶屈曲模态的相对应力分布云图

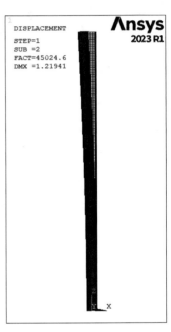

图 11-22 第二阶屈曲模态的形状

11.2.5 命令流文件

在工作目录中找到 HollowTube0.log 文件，并对其进行修改，修改后的命令流文件（HollowTube.txt）中的内容如下。

```
!%%%%%空圆管的特征值屈曲分析%%%%%
/CLEAR,START                          !清除数据
/FILNAME,HollowTube,1                 !更改文件名称
/TITLE,Buckling of a Hollow Tube
/PREP7                                !进入前处理器
ET,1,SOLID185                         !定义实体单元及其选项
MP,EX,1,2.1E5                         !定义材料的弹性模量
MP,PRXY,,0.3                          !定义材料的泊松比
CYLIND,45/2,35/2,0,1200,0,360         !创建中空圆柱体
```

```
LESIZE,17,,,200              !设置线的网格尺寸
MSHAPE,0,3D                  !设置体网格的形状
MSHKEY,1                     !设置体网格的划分方法
VSWEEP,ALL                   !对体进行扫掠网格划分
FINISH                       !退出前处理器
/SOLU                        !进入求解器
ANTYPE,STATIC                !设置为静力分析
PSTRES,ON                    !激活预应力效应
NSEL,S,LOC,Z,0,0             !选择空圆管底部的所有节点
D,ALL,ALL                    !对空圆管底部的节点施加自由度约束
NSEL,S,LOC,Z,1200,1201       !选择空圆管顶部的所有节点
F,ALL,FZ,-1/48               !对空圆管顶部的节点施加力载荷
NSEL,ALL                     !选择所有节点
SOLVE                        !提交求解
FINISH                       !退出求解器
/SOLU                        !再次进入求解器
ANTYPE,BUCKLE                !设置为特征值屈曲分析
BUCOPT,LANB,2                !采用分块兰索斯方法且提取二阶模态
MXPAND,2,,,YES               !扩展二阶模态且计算应力
SOLVE                        !提交求解
FINISH                       !退出求解器
/POST1                       !进入通用后处理器
SET,LIST                     !列表显示屈曲载荷系数
SET,1,1                      !读入第一阶屈曲模态的结果数据
/VIEW,1,,-1                  !调整为底视图
PLDISP,1                     !显示第一阶屈曲模态的形状
PLNSOL,S,EQV                 !显示第一阶屈曲模态的相对应力分布云图
SET,1,2                      !读入第二阶屈曲模态的结果数据
PLDISP,1                     !显示第二阶屈曲模态的形状
PLNSOL,S,EQV                 !显示第二阶屈曲模态的相对应力分布云图
SAVE                         !保存文件
FINISH                       !退出通用后处理器
/EXIT,NOSAVE                 !退出 Ansys
```

第 12 章　非线性结构分析

非线性结构分析是指包含非线性行为的一种结构分析。本章首先对非线性行为的原因和有关非线性分析的基础知识进行简要介绍，接着介绍进行非线性静力分析和非线性瞬态分析的基本步骤，最后通过 3 个分析实例对不同类型的非线性结构分析的操作步骤进行具体演示。

- 非线性行为的原因
- 牛顿-拉夫森法
- 非线性静力分析
- 非线性瞬态分析

12.1　非线性结构分析概述

在日常生活中，经常会遇到结构为非线性的现象，例如，无论何时用订书钉钉书，金属订书钉将会永久弯曲成一个形状，如图 12-1（a）所示；如果在一个木制书架上放置重物，随着时间的迁移，它将越来越下垂，如图 12-1（b）所示；当在汽车或卡车上装货时，其轮胎和路面间的接触面将随货物重量而变化，如图 12-1（c）所示。如果将上面例子的载荷-变形曲线画出来，将会发现它们都显示了非线性结构行为的基本特征，即变化的结构刚性。

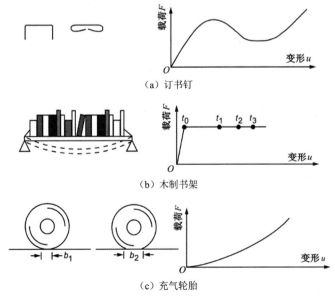

图 12-1　非线性结构行为的常见示例

12.1.1 非线性行为的原因

引起结构非线性行为的原因很多,这些原因可以归纳为三种类别:状态变化(包括接触)、几何非线性和材料非线性。

1. 状态变化(包括接触)

许多常见的结构表现出一种依赖于状态的非线性行为。例如,一根只能拉伸的电缆可能是松散的,也可能是绷紧的;轴承套可能是接触的,也可能是不接触的。状态变化可能与载荷直接相关(如电缆),也可能由某种外部原因引起。

接触是一种很普遍的非线性行为,它是状态变化非线性类型中一个独特而重要的子集。

2. 几何非线性

如果结构经受大的变形,则其不断变化的几何形状可能会导致结构的非线性响应。图12-2所示的钓竿就是一个几何非线性的示例。几何非线性的特征是"大"变形或"大"转动。

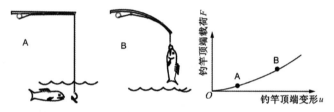

图12-2 钓竿表现出的几何非线性

3. 材料非线性

非线性的应力-应变关系是造成结构非线性行为的常见原因。许多因素会影响材料的应力-应变关系,包括加载历史(如弹塑性响应)、环境条件(如温度)和加载的时间总量(如蠕变响应)。

12.1.2 非线性分析的基础知识

本小节主要简单介绍非线性分析有关的基础知识。

1. 牛顿-拉夫森法

Ansys 使用牛顿-拉夫森法(Newton-Raphson method,N-R 法)来求解非线性问题,该方法将载荷分成一系列的载荷增量,这些载荷增量可以应用于几个载荷步。图12-3 说明了牛顿-拉夫森平衡迭代在单自由度非线性分析中的使用。

在每次求解前,牛顿-拉夫森法估算出失衡载荷矢量(又称残差矢量),即回复力(对应于单元应力的载荷)和所施加载荷之间的差值,然后使用失衡载荷进行线性求解,并检查收敛性。如果不满足收敛准则,则重新估算失衡载荷矢量、更新刚度矩阵并获得新

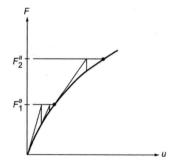

图12-3 牛顿-拉夫森法

的解。这个迭代过程一直持续到问题收敛。

为了帮助问题收敛，可以激活许多收敛增强和恢复功能，如线性搜索、自动载荷步长和二分。如果不能实现收敛，那么 Ansys 将尝试使用较小的载荷增量来求解。

在一些非线性静力分析中，如果仅仅使用牛顿-拉夫森法，正切刚度矩阵可能会变得奇异（或非唯一），导致收敛困难。这种情况会使结构完全崩溃或者"突然跳跃"至另一个稳定形状的非线性屈曲分析。对于这种情况，可以激活另一种迭代方法——弧长法，以帮助稳定求解。

弧长法使牛顿-拉夫森法平衡迭代沿一段弧收敛，从而即使载荷-变形曲线的斜率变为 0 或负值时，也往往阻止发散。这种迭代方法以图形表示，如图 12-4 所示。

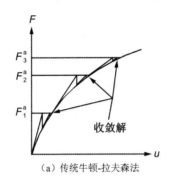
（a）传统牛顿-拉夫森法

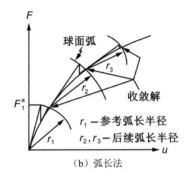
（b）弧长法

图 12-4　传统牛顿-拉夫森法与弧长法的比较

总之，非线性分析分为 3 个操作级别：①"顶级"级别由在一定"时间"范围内用户明确定义的载荷步组成，假设载荷在载荷步内线性地变化（用于静力分析）；②在每个载荷步内，为了逐步加载，可以控制程序来执行多次求解（子步或时间步）；③在每个子步内，程序将进行一系列的平衡迭代以获得收敛的解。

图 12-5 说明了一段用于非线性分析的典型的载荷历史。

当用户指定收敛准则时，Ansys 程序给出了一系列的选择：可以根据力、力矩、位移、转动或者这些项目的任意组合来检查收敛。此外，每个项目可以有不同的收敛容差值。对于多自由度问题，还可以选择收敛范数。

当用户指定收敛准则时，几乎应该总是采用以力（或力矩）为基础的收敛容差。如果需要，也可以添加以位移（或转动）为基础的收敛检查，但是通常不应单独使用它们。

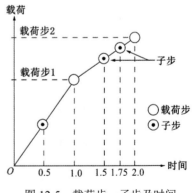
图 12-5　载荷步、子步及时间

2. 保守系统与非保守系统、过程依赖性

如果所有由外部载荷输入系统的总能量，当外部载荷移除时复原，则该系统被称为保守系统。如果输入的能量被系统消耗（如塑性变形或滑动摩擦），则称该系统是非保守的。非保守系统的一个例子如图 12-6 所示。

保守系统的分析是与过程无关的，通常可以以任何顺序和以任何数量的增量施加载荷，而不会影响最终结果。相反，对一个非保守系统的分析是与过程相关的，必须密切跟踪系统的实际加载响应历史，才能获得准确的结果。但对于保守系统而言，如果对于给定的载荷范围，可能有多个解是有效的（如突弹跳变分析），其分析也可以是与过程相关的。过程相关问题通常要求缓慢加载（即使用许多子步）到最终的载荷值。

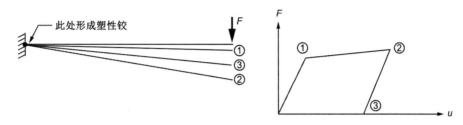

图 12-6 非保守（过程相关）系统

3．子步

当使用多个子步时，用户需要考虑精度和代价之间的平衡。更多的子步（即较小的时间步长）通常会导致更好的精度，但以增加运行时间为代价。Ansys 提供了为此目的而设计的自动时间步。

自动时间步可以根据需要调整时间步长的大小，以获得精度和代价之间的良好平衡。自动时间步将激活二分功能。

二分法提供了一种从收敛失败中自动恢复的方法。每当平衡迭代无法收敛时，二分法将把时间步长分成两半，并自动从最后一个收敛的子步重新启动。如果已经二分的时间步再次收敛失败，二分法将再次分割时间步长然后重新启动，持续这一过程直到获得收敛或达到最小时间步长（由用户指定）。

4．大变形分析中的载荷方向

当结构经历大变形时，应该考虑到载荷将发生什么变化。在许多情况下，无论结构如何变形，施加到系统上的载荷都保持恒定的方向。而在另一些情况下，当单元经历大的转动时，力将"跟随"单元而改变方向。

Ansys 可根据所施加的载荷类型对这两种情况进行建模。加速度和集中力将保持其最初的方向，而不受单元方向改变的影响。压力载荷总是垂直于变形后的单元表面，并且可以用于模拟"跟随"力。图 12-7 说明了恒定方向的力和跟随力。

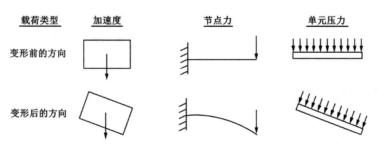

图 12-7 变形前后的载荷方向

其中需要注意，在大变形分析中，节点坐标系方向不变，因此计算出的位移在最初的方向上输出。

5. 非线性瞬态分析

非线性瞬态分析与非线性静力分析类似,也是采用载荷增量来施加载荷,在每一步中进行平衡迭代。非线性静力分析和非线性瞬态分析的主要区别在于非线性瞬态分析可以激活时间积分效应。在非线性瞬态分析中,"时间"总是表示实际的时序。自动时间步和二分功能也适用于非线性瞬态分析。

12.1.3 非线性静力分析的基本步骤

非线性静力分析过程包括 4 个主要步骤:建模、设置求解控制、加载求解、观察结果。

1. 建模

非线性静力分析的建模过程与线性静力分析基本相同,但非线性静力分析可能包括特殊的单元或非线性材料特性。如果非线性静力分析中包含大应变效应,应力-应变数据必须用真实应力和真实(或对数)应变来表示。

2. 设置求解控制

与线性静力分析相同,对非线性静力分析设置求解控制也需要使用到 Solution Controls 对话框,通过该对话框可以设置分析选项、时间和时间步、是否激活自动时间步、输出控制、求解器选项、重启动控制、收敛准则、最大平衡迭代次数等,这些参数的设置在非线性静力分析中非常重要。

有些求解控制选项无法通过 Solution Controls 对话框进行设置,而需要通过其他菜单命令进行设置,但这些选项很少使用,并且很少需要更改其默认设置。

3. 加载求解

该过程与其他分析相同,但非线性静力分析中应注意变形前后载荷方向的变化,并且非线性静力分析必然存在较多的平衡迭代,其求解时间可能要远大于线性静力分析。

另外,可以通过创建中止文件(Jobname.abt)来终止非线性静力分析的求解。当成功完成求解或收敛失败时,求解也会停止。如果求解在终止之前成功地完成了一次或多次迭代,则通常可以重新启动求解。

4. 观察结果

非线性静力分析的结果可通过通用后处理器和时间历程后处理器查看。通用后处理器中可查看某个时间点的结果,时间历程后处理器中可查看结构的载荷-历程响应。但在对结果进行后处理之前,需要确保求解已经收敛。

12.1.4 非线性瞬态分析的基本步骤

非线性瞬态分析的步骤与非线性静力分析和线性完全法瞬态动力学分析相类似。下面仅对进行非线性瞬态分析的一些注意事项予以说明。

1. 建模

此步骤与非线性静力分析相同。但是,如果分析中考虑时间积分效应,则应该定义材料的密度,另外,还可以定义与材料相关的结构阻尼。

2. 加载求解

(1) 指定瞬态分析类型并定义分析选项。
(2) 以线性完全法瞬态动力学分析相同的方式来施加载荷并指定载荷步选项。
(3) 将每个载荷步的载荷数据写入载荷步文件。
(4) 保存数据库的副本。
(5) 提交瞬态求解。
(6) 退出求解器。

3. 观察结果

非线性瞬态分析的结果可以通过通用后处理器和时间历程后处理器查看。同样,在对结果进行后处理之前,应该确保求解已经收敛。

接下来通过具体实例介绍在 Ansys 软件中进行不同类型非线性结构分析的操作步骤。

12.2 实例——橡胶薄圆板的非线性静力分析

扫一扫,看视频

图 12-8 所示为橡胶薄圆板问题简图,一个由橡胶材料制成的圆形薄板,薄圆板的边缘固定,上表面承受均布的压力载荷。计算压力增加到 50psi 时,薄圆板的位移响应。

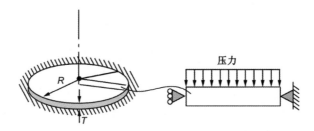

图 12-8 橡胶薄圆板问题简图

该问题的材料属性、几何尺寸以及载荷见表 12-1(采用英制单位)。

表 12-1 材料属性、几何尺寸以及载荷

材 料 属 性	几 何 尺 寸	载 荷
采用 Mooney-Rivlin(2 参数)超弹性材料模型,具体参数($C10$、$C01$ 为 Rivlin 系数,d 为材料的不可压缩性参数)如下: $C10$=80psi、$C01$=20psi、d=0	R=7.5in T=0.5in	压力:Pres=50psi

为充分利用薄圆板结构的对称性,本实例使用 3 节点轴对称壳单元 SHELL209 进行建模。考虑结构的材料非线性(超弹性材料)和几何非线性(大变形),根据非线性静力分析的基本步骤,本实例的具体操作步骤如下。

12.2.1 建模

（1）定义工作文件名。选择 Utility Menu > File > Change Jobname 命令，弹出 Change Jobname 对话框，在 Enter new jobname 文本框中输入 CircularPlate 并勾选 New log and error files?复选框，单击 OK 按钮。

（2）定义单元类型。选择 Main Menu > Preprocessor > Element Type > Add/Edit/Delete 命令，弹出 Element Types 对话框，单击 Add 按钮，弹出 Library of Element Types 对话框；在左侧的列表框中选择 Shell 选项，在右侧的列表框中选择 3node 209 选项，即 SHELL209 单元，单击 OK 按钮。

（3）定义材料属性。选择 Main Menu > Preprocessor > Material Props > Material Models 命令，弹出 Define Material Model Behavior 对话框，在右侧的列表框中选择 Structural > Nonlinear > Elastic > Hyperelastic > Mooney-Rivlin > 2 parameters 选项，弹出如图 12-9 所示的 Hyper-Elastic Table（超弹性表）对话框，将 C10 设为 80，将 C01 设为 20，将 d 设为 0，单击 OK 按钮。

（4）定义壳单元的截面。选择 Main Menu > Preprocessor > Sections > Beam > Common Sections 命令，弹出如图 12-10 所示的 Create and Modify Shell Sections 对话框，将 ID 设为 1，将 Thickness 设为 0.5，单击 OK 按钮。

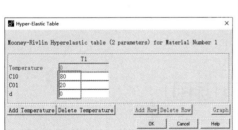

图 12-9 Hyper-Elastic Table 对话框

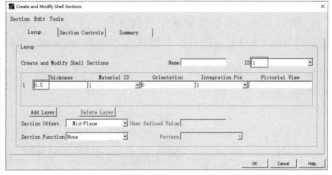

图 12-10 Create and Modify Shell Sections 对话框

（5）创建关键点。选择 Main Menu > Preprocessor > Modeling > Create > Keypoints > In Active CS 命令，创建坐标位置分别为（0,0,0）、（7.5,0,0）的 1、2 号关键点。

（6）创建直线。选择 Main Menu > Preprocessor > Modeling > Create > Lines > Lines > In Active Coord 命令，弹出关键点拾取框，依次拾取 1、2 号关键点，单击 OK 按钮。

（7）设置网格尺寸。选择 Main Menu > Preprocessor > Meshing > Size Cntrls > ManualSize > Lines > All Lines 命令，弹出如图 12-11 所示的 Element Sizes on All Selected Lines（设置所有已选线的单元尺寸）对话框，将 NDIV 设为 10，单击 OK

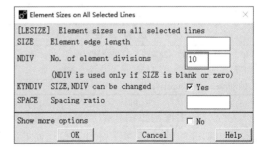

图 12-11 Element Sizes on All Selected Lines 对话框

按钮。

（8）对线进行网格划分。选择 Main Menu > Preprocessor > Meshing > Mesh > Lines 命令，弹出线拾取框，单击 Pick All 按钮，对线进行网格划分。选择 Utility Menu > PlotCtrls > Window Controls > Window Options 命令，弹出如图 12-12 所示的 Window Options 对话框，将/TRIAD 设为 At bottom right（表示将坐标系放置在图形窗口的右下角位置），单击 OK 按钮。选择 Utility Menu > PlotCtrls > Style > Size and Shape 命令，弹出如图 12-13 所示的 Size and Shape 对话框，将 Display of element 设为 On（显示单元），单击 OK 按钮，结果如图 12-14 所示。

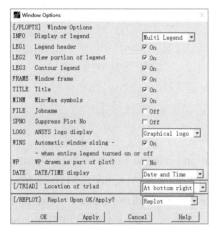

图 12-12　Window Options 对话框

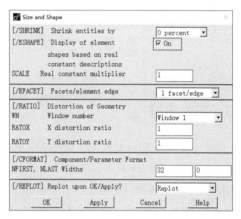

图 12-13　Size and Shape 对话框

图 12-14　划分网格后的结果（显示节点编号）

12.2.2　设置求解控制

（1）选择分析类型。选择 Main Menu > Solution > Analysis Type > New Analysis 命令，弹出 New Analysis 对话框，将 ANTYPE 设为 Static，单击 OK 按钮（本步骤可省略）。

（2）设置求解控制。选择 Main Menu > Solution > Analysis Type > Sol'n Controls 命令，弹出如图 12-15 所示的 Solution Controls 对话框，默认为 Basic（基本）选项卡 [图 12-15（a）]，将 Analysis Options 设为 Large Displacement Static（表示考虑大变形效应）；将 Automatic time stepping 设为 On（表示打开自动时间步），在 Number of substeps 文本框中输入 400（表示子步数量为 400，由于本实例中打开了自动时间步，所以此处定义的是初始的子步数量），在 Max no. of substeps 文本框中输入 1200（表示最大子步数量为 1200），在 Min no. of substeps 文本框中输入 25（表示最小子步数量为 25）；将 Frequency 设为 Write every substep（表示每个子步向结果文件中写入一次求解结果），对 Basic 选项卡设置完成后切换到 Nonlinear（非线性）选项卡 [图 12-15（b）]。

在 Maximum number of iterations 文本框中输入 20(表示每个子步中允许的最大平衡迭代数量)，

单击 OK 按钮。

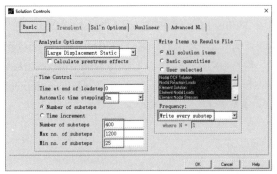
（a）Basic 选项卡

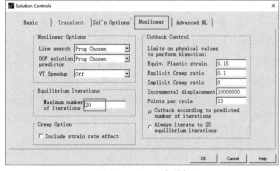
（b）Nonlinear 选项卡

图 12-15　Solution Controls 对话框

12.2.3　加载求解

（1）对节点施加自由度约束。选择 Main Menu > Solution > Define Loads > Apply > Structural > Displacement > On Nodes 命令，拾取 1 号节点，弹出如图 12-16 所示的 Apply U,ROT on Nodes 对话框，将 Lab2 设为 UX 和 ROTZ，单击 OK 按钮。再次选择 Main Menu > Solution > Define Loads > Apply > Structural > Displacement > On Nodes 命令，拾取 2 号节点，弹出 Apply U,ROT on Nodes 对话框，将 Lab2 设为 UX 和 UY，单击 OK 按钮。

（2）施加压力载荷。选择 Main Menu > Solution > Define Loads > Apply > Structural > Pressure > On Nodes 命令，弹出节点拾取框，单击 Pick All 按钮拾取所有节点，弹出如图 12-17 所示的 Apply PRES on nodes 对话框，将 VALUE 设为 50，单击 OK 按钮。

图 12-16　Apply U,ROT on Nodes 对话框

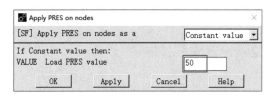

图 12-17　Apply PRES on nodes 对话框

（3）以箭头形式显示压力载荷。选择 Utility Menu > PlotCtrls > Symbols 命令，弹出如图 12-18 所示的 Symbols 对话框，将 Surface Load Symbols 设为 Pressures（表示设置压力表面载荷的符号），将 Show pres and convect as 设为 Arrows（表示以箭头形式显示压力载荷），单击 OK 按钮，结果如图 12-19 所示。

（4）提交求解。选择 Main Menu > Solution > Solve > Current LS 命令，弹出 /STATUS Command 窗口和 Solve Current Load Step 对话框。阅读 /STATUS Command 窗口中的内容，确认无误后将其关闭。单击 Solve Current Load Step 对话框中的 OK 按钮，提交求解。在求解时，Ansys 会显示非线性求解过程收敛情况的曲线，如图 12-20 所示，其横坐标为 Cumulative Iteration Number（即累积迭代次数），纵坐标为 Absolute Convergence Norm（即绝对收敛准则），通过累积迭代 60 余次，求解收敛。

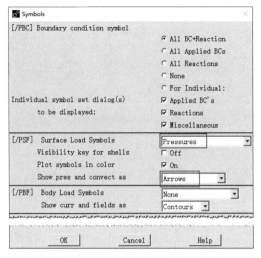

图 12-18 Symbols 对话框

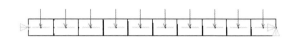

图 12-19 显示压力载荷后的结果

求解完成时，弹出显示 Solution is done!信息的 Note 对话框，单击 Close 按钮将其关闭。

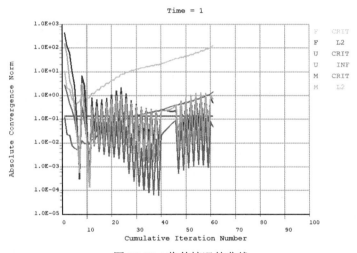

图 12-20 收敛情况的曲线

12.2.4 观察结果

1. 使用通用后处理器观察结果

（1）设置图形窗口自定义参数。为了方便进行后续的后处理，在后处理之前提前设置图形窗口的自定义参数。首先选择 Utility Menu > PlotCtrls > View Settings > Automatic Fit Mode 命令，弹出如图 12-21 所示的 Automatic Fit Mode（自适应模式）对话框，将 Automatic fit mode 设为 Disabled（即关闭视图的自适应模式），单击 OK 按钮；选择 Utility Menu > PlotCtrls > View Settings > Focus Point 命令，弹出如图 12-22 所示的 Focus Point（焦点）对话框，将 XF 设为 User specified（表示由用户指定焦点的位置，此处的焦点即图形窗口的中心位置），在 XF,YF,ZF 文本框中依次输入 4、-8、0 [表示以全局笛卡儿坐标系中坐标位置为（4,-8,0）的点作为焦点]，单击 OK 按钮；选择 Utility Menu > PlotCtrls > View Settings > Magnification 命令，弹出如图 12-23 所示的 Magnification（放大）对话框，将 DVAL 设为 User specified（表示由用户指定到焦点的距离），在 User specified distance 文本框中输入 12（表示图形窗口的边界到焦点的距离为 12，通过设置此距离可以对图形窗口进行缩放），单击 OK 按钮。

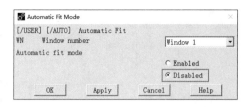

图 12-21 Automatic Fit Mode 对话框

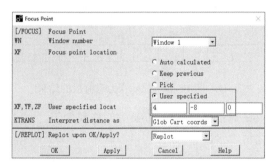

图 12-22 Focus Point 对话框

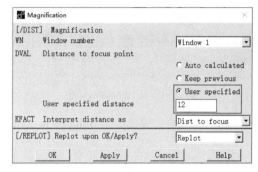

图 12-23 Magnification 对话框

（2）列表显示载荷步概要。选择 Main Menu > General Postproc > Results Summary 命令，弹出如图 12-24 所示的 SET,LIST Command 窗口，以查看载荷步概要，可见在整个非线性求解过程中，一共使用了 31 个子步将压力载荷逐步增加至 50psi，下面查看每个子步求解完成后结构的位移响应。

（3）读入第 1 个子步的结果。选择 Main Menu > General Postproc > Read Results > By Pick 命令，弹出如图 12-25 所示的 Results File（结果文件）对话框，选择 Substep 为 1 的行（即选择第 1 个子步的求解结果），单击 Read 按钮将第 1 个子步的结果读入数据库，然后单击 Close 按钮关闭对话框。

（4）显示第 1 个子步的变形结果。选择 Main Menu > General Postproc > Plot Results > Deformed Shape 命令，弹出如图 12-26 所示的 Plot Deformed Shape 对话框，将 KUND 设为 Def+undeformed，单击 OK 按钮，结果如图 12-27 所示。

（5）在 2 次绘图之间不擦除原有图形。为了能更清楚地看到在整个加载过程中橡胶薄圆板的变形情况的逐步变化，设置在保留原有变形结果的同时，可以显示新的变形结果。选择 Utility Menu > PlotCtrls > Erase Options > Erase between Plots 命令，将 Erase between Plots 命令前的对号标识去掉。

（6）显示第 10、20、25、31 个子步的变形结果。按照步骤（3）和步骤（4）的方法，依次将第 10、20、25、31 个子步的结果读入数据库并显示其变形，最终结果如图 12-28 所示。可见，随着压力载荷的逐步增加，橡胶薄圆板的变形越来越大，在压力载荷施加到 50psi 时，最大位移为 18.4523in。

（7）在 2 次绘图之间擦除原有图形。再次选择 Utility Menu > PlotCtrls > Erase Options > Erase between Plots 命令，将 Erase between Plots 命令前的对号标识显示出来。

（8）扩展变形后的形状。首先选择 Utility Menu > PlotCtrls > Style > Symmetry Expansion > 2D Axi-Symmetric 命令，弹出如图 12-29 所示的 2D Axi-Symmetric Expansion 对话框，在 Select expansion amount 中选择 1/4 expansion（1/4 扩展，即 90°扩展），单击 OK 按钮；然后单击视图控制栏中的

Isometric View（等轴侧视图）按钮 ⬛，调整视图方向；最后按照步骤（4）的方法再次显示出变形结果，如图 12-30 所示。

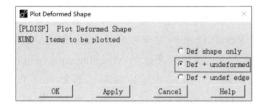

图 12-24　列表显示载荷步概要

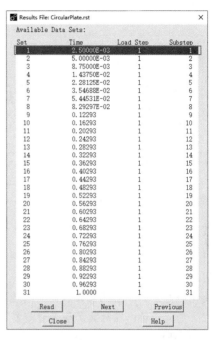

图 12-25　Results File 对话框

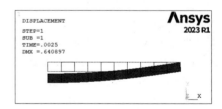

图 12-26　Plot Deformed Shape 对话框　　　　图 12-27　第 1 个子步的变形结果

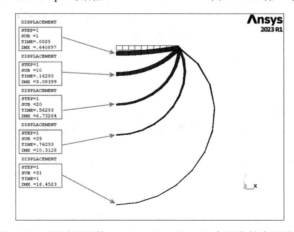

图 12-28　同时显示第 1、10、20、25、31 个子步的变形结果

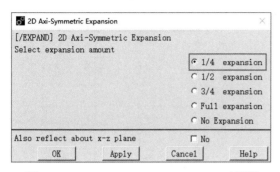

图 12-29 2D Axi-Symmetric Expansion 对话框   图 12-30 1/4 扩展后的变形

2. 使用时间历程后处理器观察结果

（1）打开时间历程变量查看器。选择 Main Menu>TimeHist Postpro 命令，弹出如图 12-31 所示的时间历程变量查看器，在变量列表中仅有一个用于存储时间的名称为 TIME 的变量，由于本实例为非线性静力分析，因此它并非真实物理时间，而是一个用于标识载荷步和子步的计数器。

（2）定义变量。在时间历程变量查看器中单击工具栏中的 Add Data（增加数据）按钮 ，弹出如图 12-32 所示的 Add Time-History Variable 对话框，在 Result Item 列表框中选择 Nodal Solution > DOF Solution > Y-Component of displacement 选项（选择 Y 方向的位移分量），在 Variable Name 文本框中输入 UY1，单击 Apply 按钮，弹出节点拾取框，拾取代表薄圆板圆心的 1 号节点，单击 OK 按钮；再次弹出 Add Time-History Variable 对话框，在 Result Item 列表框中选择 Element Solution > Miscellaneous Items > Summable data(SMISC,1)选项，弹出如图 12-33 所示的 Miscellaneous Sequence Number 对话框，在"Sequence number SMIS,"文本框中输入 13，单击 OK 按钮，返回 Add Time-History Variable 对话框，在 Variable Name 文本框中输入 TH1，单击 OK 按钮，弹出单元拾取框，拾取 1 号单元后单击 OK 按钮，弹出节点拾取框，拾取 1 号节点，单击 OK 按钮，返回时间历程变量查看器，结果如图 12-34 所示。在变量列表中可见 UY1 变量的数据均为负值，这是因为在压力载荷的作用下 1 号节点沿 Y 轴的负方向平移，查看完变量后将时间历程变量查看器关闭。

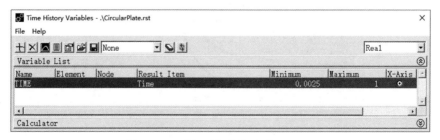

图 12-31 时间历程变量查看器（1）

第12章 非线性结构分析 | 373

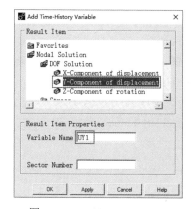

图 12-32 Add Time-History
Variable 对话框

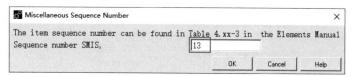

图 12-33 Miscellaneous Sequence Number 对话框

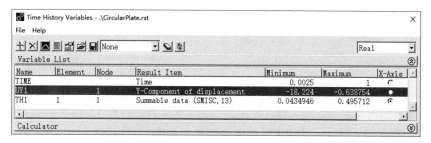

图 12-34 时间历程变量查看器（2）

📢 **提示：**

> 本实例中使用 TH1 变量来存储 SHELL209 单元的厚度，在对 Add Time-History Variable 对话框和 Miscellaneous Sequence Number 对话框进行设置时，需要查阅 Ansys 帮助中单元参考部分有关 SHELL209 单元的详细说明。通过图 12-35 所示的 SHELL209 单元输出定义表可知，THICK 表示平均厚度；通过图 12-36 所示的 SHELL209 结果项和序列号表可知，THICK 对应的选择项应为 SMISC，序列号为 13。

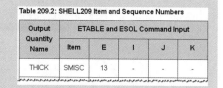

图 12-35 SHELL209 单元输出定义表（节选）　　图 12-36 SHELL209 结果项和
　　　　　　　　　　　　　　　　　　　　　　　　　　　　序列号表（节选）

（3）计算薄圆板圆心处的变形。选择 Main Menu> TimeHist Postpro> Math Operations> Absolute Value 命令，弹出如图 12-37 所示的 Absolute Value of Time-History Variable（时间历程变量的绝对值）对话框，将 IR 设为 4，将 IA 设为 2，将 Name 设为 DEF_1（该变量用于存储薄圆板圆心处的变形结果），单击 OK 按钮。

（4）计算薄圆板圆心处的变形与薄圆板半径的比值、薄圆板变形后的厚度与原始厚度的比值。

选择 Main Menu > TimeHist Postpro > Math Operations > Divide 命令，弹出如图 12-38 所示的 Divide Time-History Variables（时间历程变量相除）对话框，将 IR 设为 5，将 IA 设为 4，将 FACTA 设为 1/7.5（7.5 为薄圆板的半径，将 IA 乘以 FACTA，可以计算出薄圆板圆心处的变形与薄圆板半径的比值），将 Name 设为 DEFRATIO，单击 Apply 按钮。再次弹出 Divide Time-History Variables 对话框，将 IR 设为 6，将 IA 设为 3，将 FACTA 设为 1/0.5（0.5 为薄圆板的原始厚度，将 IA 乘以 FACTA，可以计算出薄圆板变形后的厚度与原始厚度的比值），将 Name 设为 THRATIO，单击 OK 按钮。

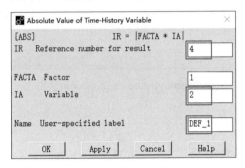

图 12-37　Absolute Value of Time-History Variable 对话框

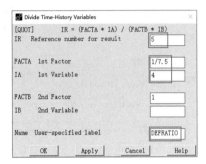

图 12-38　Divide Time-History Variables 对话框

（5）设置曲线图的坐标轴。再次打开时间历程变量查看器，如图 12-39 所示，在变量列表中可以看到变量 DEFRATIO 和变量 THRATIO 的最大值和最小值，根据此数值可以设置曲线图的坐标轴刻度范围。选择 Utility Menu > PlotCtrls > Style > Graphs > Modify Axes 命令，弹出如图 12-40 所示的 Axes Modifications for Graph Plots 对话框，将 X-axis label 设为 DEF OF CENTER/R-INITIAL；将 Y-axis label 设为 THICKNESS/ORIGINAL THICKNESS；将 X-axis range 设为 Specified range，然后在 Specified X range 文本框中依次输入 0、2.5；将 Y-axis range 设为 Specified range，然后在 Specified Y range 文本框中依次输入 0、1，单击 OK 按钮。

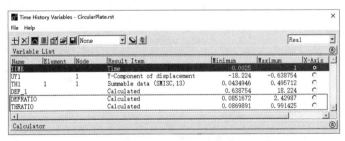

图 12-39　时间历程变量查看器（3）

（6）绘制薄圆板变形后的厚度与原始厚度的比值-薄圆板圆心处的变形与薄圆板半径的比值的曲线图。再次打开时间历程变量查看器，如图 12-41 所示，首先在 X-Axis 列中选中 DEFRATIO 变量所在行的单选按钮（即将 DEFRATIO 变量作为 X 轴），然后选中 THRATIO 变量所在的行（绘制 THRATIO 变量相对于 DEFRATIO 变量的曲线图），最后单击工具栏中的 Graph Data（绘制图表）按钮，结果如图 12-42 所示。

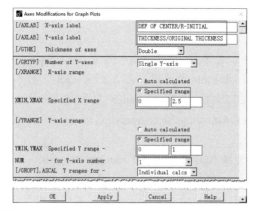

图 12-40 Axes Modifications for Graph Plots 对话框

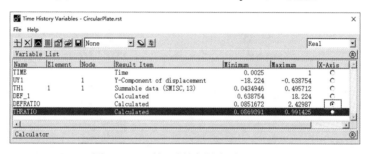

图 12-41 时间历程变量查看器（4）

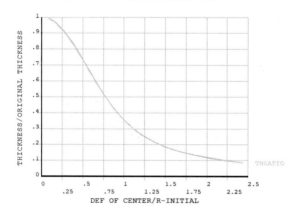

图 12-42 绘制的薄圆板变形后的厚度与原始厚度比值-薄圆板
圆心处的变形与薄圆板半径的比值的曲线图

（7）计算每个子步结束后累积所施加压力载荷的数值。由图 12-24 可知，TIME 变量是一个用于标识子步的计数器，其最大值为 1，Ansys 将压力载荷分成一系列的载荷增量，这些载荷增量应用于 31 个子步，最终将压力载荷逐步增加至 50psi，压力载荷随 TIME 变量的增大而线性增长，因此，通过将 TIME 变量乘以 50，可以计算出每个子步结束时累积所施加压力载荷的数值。选择 Main Menu > TimeHist Postpro > Math Operations > Multiply 命令，弹出如图 12-43 所示的 Multiply Time-History Variables 对话框，将 IR 设为 7，将 IA 设为 1（1 号变量为 TIME 变量），将 FACTA 设为 50（50 为比例系数，将 IA 乘以 FACTA，可以计算出每个子步结束时累积所施加压力载荷的数值），将 Name 设为 PRESS，单击 OK 按钮。

（8）设置曲线图的坐标轴。选择 Utility Menu > PlotCtrls > Style > Graphs > Modify Axes 命令，弹出 Axes Modifications for Graph Plots 对话框，将 X-axis label 设为 PRESSURE (LB/SQ IN)；将 Y-axis label 设为 DEF OF CENTER (IN)；将 X-axis range 设为 Specified range，然后在 Specified X range 文本框中依次输入 0、50；将 Y-axis range 设为 Specified range，然后在 Specified Y range 文本框中依次输入 0、20，单击 OK 按钮。

（9）指定 X 轴的变量。选择 Main Menu > TimeHist Postpro > Settings > Graph 命令，弹出如图 12-44 所示的 Graph Settings（图表设置）对话框，将 X-axis variable 设为 Single variable，然后在 "Single variable no." 文本框中输入 7（表示 7 号变量，即累积所施加压力载荷的数值为 X 轴），单击 OK 按钮。

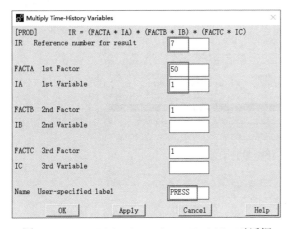

图 12-43　Multiply Time-History Variables 对话框

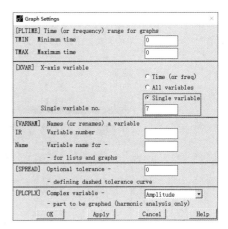

图 12-44　Graph Settings 对话框

（10）绘制薄圆板圆心处变形-压力载荷的曲线图。选择 Main Menu> TimeHist Postpro> Graph Variables 命令，弹出如图 12-45 所示的 Graph Time-History Variables 对话框，将 NVAR1 设为 4（4 号变量存储的是薄圆板圆心处的变形结果），单击 OK 按钮，结果如图 12-46 所示。

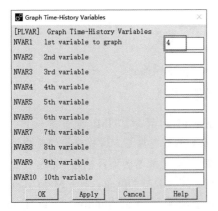

图 12-45　Graph Time-History Variables 对话框

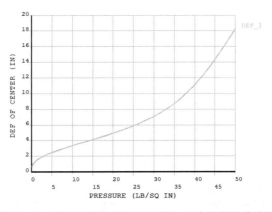

图 12-46　绘制的薄圆板圆心处变形-压力载荷的曲线图

（11）列表显示薄圆板圆心处变形-压力载荷的结果。选择 Main Menu > TimeHist Postpro > List Variables 命令，弹出如图 12-47 所示的 List Time-History Variables 对话框，将 NVAR1 设为 4，将 NVAR2 设为 7，单击 OK 按钮，结果如图 12-48 所示。

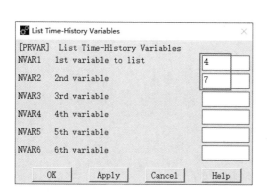

图 12-47 List Time-History Variables 对话框

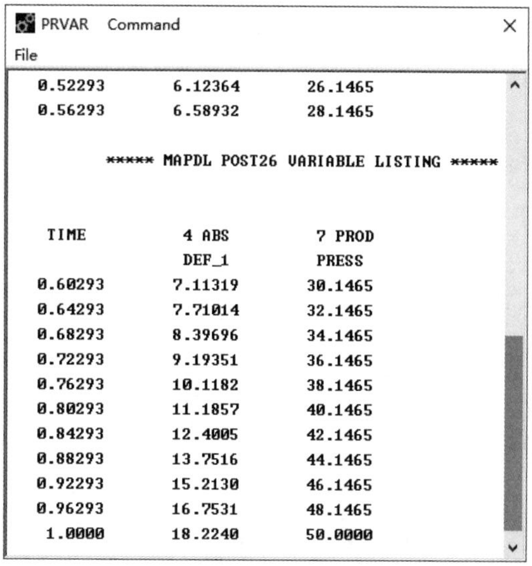

图 12-48 列表显示薄圆板圆心处变形-压力载荷的结果

（12）保存文件。单击工具栏中的 SAVE_DB 按钮，保存文件。

12.2.5　命令流文件

在工作目录中找到 CircularPlate0.log 文件，并对其进行修改，修改后的命令流文件（CircularPlate.txt）中的内容如下。

```
!%%%%%橡胶薄圆板的非线性静力分析%%%%%
/CLEAR,START                              !清除数据
/FILNAME,CircularPlate,1                  !更改文件名称
/TITLE,Pressure Response of a Hyperelastic Circular Plate
/PREP7                                    !进入前处理器
ET,1,SHELL209                             !定义轴对称壳单元
TB,HYPER,1,,,MOONEY                       !定义材料属性
TBDATA,1,80,20,0
SECT,1,SHELL                              !定义壳单元的截面
SECDATA, 0.5,1,0,3
K,1, $ K,2,7.5                            !创建2个关键点
L,1,2                                     !创建1条直线
LESIZE,1,,,10                             !设置网格尺寸
LMESH,1                                   !对线进行网格划分
/ESHAPE,1                                 !打开单元形状显示
/TRIAD,RBOT                               !移动坐标系的位置
EPLOT                                     !显示单元
```

```
FINISH                              !退出前处理器
/SOLU                               !进入求解器
NLGEOM,ON                           !打开大变形
AUTOTS,ON                           !打开自动时间步
NSUBST,400,1200,25                  !设置初始子步为400、最大子步为1200、最小子步为25
OUTRES,ALL,ALL,                     !每个子步向结果文件中写入一次求解结果
NEQIT,20                            !设置每个子步的最大平衡迭代数为20
NSEL,S,LOC,X,0.0                    !选择X坐标为0处的节点,即圆板圆心处的节点
D,ALL,UX,,,,,ROTZ                   !施加自由度约束
NSEL,ALL                            !选择所有节点
NSEL,S,LOC,X,7.5                    !选择X坐标为7.5处的节点,即圆板边缘处的节点
D,ALL,UX,,,,,UY                     !施加自由度约束
NSEL,ALL                            !选择所有节点
SF,ALL,PRES,50                      !施加压力载荷
/PSF,PRES,NORM,2,0,1                !以箭头形式显示压力载荷
/REPLOT                             !重新绘制图形窗口
SOLVE                               !提交求解
FINISH                              !退出求解器
/POST1                              !进入通用后处理器
/USER                               !设置图形窗口自定义参数
/FOCUS,1,4,-8,0,0                   !设置图形窗口的中心位置
/DIST,1,12                          !对图形窗口进行缩放
SET,LIST                            !列表显示载荷步概要
SET,1,1 $ PLDISP,1                  !读入并显示第1个子步的变形结果
/NOERASE                            !在2次绘图之间不擦除原有图形
SET,1,10 $ PLDISP,1                 !读入并显示第10个子步的变形结果
SET,1,20 $ PLDISP,1                 !读入并显示第20个子步的变形结果
SET,1,25 $ PLDISP,1                 !读入并显示第25个子步的变形结果
SET,1,31 $ PLDISP,1                 !读入并显示第31个子步(即最终)的变形结果
/ERASE                              !在2次绘图之间擦除原有图形
/EXPAND,9,AXIS,,,10                 !设置为1/4扩展
/VIEW,1,1,1,1                       !调整视图方向
PLDISP,1                            !显示扩展的变形结果
FINISH                              !退出通用后处理器
/POST26                             !进入时间历程后处理器
FILE,CircularPlate,rst              !读入结果文件
NSOL,2,1,U,Y,UY1                    !定义圆板中心Y方向位移的2号变量
ESOL,3,1,1,SMISC,13,TH1             !定义圆板厚度的3号变量
ABS,4,2,,,DEF_1,,,1,                !计算出圆板圆心处变形的4号变量
QUOT,5,4,,,DEFRATIO,,,1/7.5,1,      !计算出薄圆板圆心处变形与薄圆板半径比值的5号变量
QUOT,6,3,,,THRATIO,,,1/0.5,1,       !计算出薄圆板变形后厚度与原始厚度比值的6号变量
/XRANGE,0,2.5                       !设置X轴的范围为0~2.5
/YRANGE,0,1                         !设置Y轴的范围为0~1
/AXLAB,X,DEF OF CENTER/R-INITIAL    !设置X轴的标识
/AXLAB,Y,THICKNESS/ORIGINAL THICKNESS  !设置Y轴的标识
XVAR,5                              !设置5号变量为X轴
PLVAR,6  !绘制薄圆板变形后厚度与原始厚度比值-薄圆板圆心处变形与薄圆板半径比值曲线图
```

```
PROD,7,1,,,PRESS,,,50,1,1,      !计算累积所施加压力载荷的数值
/XRANGE,0,50                    !设置 X 轴的范围为 0~50
/YRANGE,0,20                    !设置 Y 轴的范围为 0~20
/AXLAB,X,PRESSURE (LB/SQ IN)    !设置 X 轴的标识
/AXLAB,Y,DEF OF CENTER (IN)     !设置 Y 轴的标识
XVAR,7                          !设置 7 号变量为 X 轴
PLVAR,4                         !绘制薄圆板圆心处变形-压力载荷的曲线图
PRVAR,4,7                       !列表显示薄圆板圆心处变形-压力载荷的结果
SAVE                            !保存文件
FINISH                          !退出时间历程后处理器
/EXIT,NOSAVE                    !退出 Ansys
```

12.3 实例——悬垂杆的非线性瞬态分析

如图 12-49（a）所示的一个悬垂的细长杆，底部装有一个质量为 m 的质量块，质量块突然受到大小为 F_1 恒定力的作用，该力的力-时间曲线如图 12-49（b）所示。不考虑细长杆的质量，其材料的应力-应变曲线如图 12-49（c）所示。计算质量块的 Y 方向的最大位移 y_{max}。

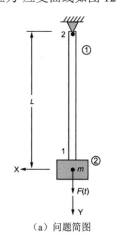
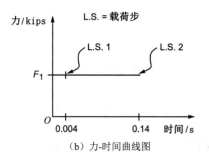
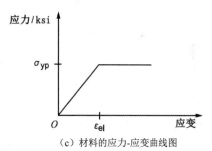

（a）问题简图　　　　　　（b）力-时间曲线图　　　　　　（c）材料的应力-应变曲线图

图 12-49　悬垂杆问题简图

该问题的材料属性、几何尺寸以及载荷见表 12-2（采用英制单位）。

表 12-2　材料属性、几何尺寸以及载荷

材料属性	几何尺寸	载荷
$m=0.0259 kips \cdot s^2/in$ $E=3\times 10^4 ksi$ $v=0.3$ $\sigma_{yp}=162.9 ksi$	杆的长度：$L=100 in$ 杆的截面积：$A=0.278 in^2$	$F_1=30 kips$，加载曲线见图 12-49（b）

本实例属于考虑材料非线性的瞬态动力学分析，根据非线性瞬态动力学分析的基本步骤，本实例的具体操作步骤如下。

12.3.1 建模

（1）定义工作文件名。选择 Utility Menu > File > Change Jobname 命令，弹出 Change Jobname 对话框，在 Enter new jobname 文本框中输入 SuspensionRod 并勾选 New log and error files?复选框，单击 OK 按钮。

（2）定义单元类型。选择 Main Menu > Preprocessor > Element Type > Add/Edit/Delete 命令，弹出 Element Types 对话框，单击 Add 按钮，弹出 Library of Element Types 对话框；在左侧的列表框中选择 Link 选项，在右侧的列表框中选择 3D finit stn 180 选项，即 LINK180 单元，单击 Apply 按钮；再次弹出 Library of Element Types 对话框；在左侧的列表框中选择 Structural Mass 选项，在右侧的列表框中选择 3D mass 21 选项，即 MASS21 单元，单击 OK 按钮。返回如图 12-50 所示的 Element Types 对话框，在 Defined Element Types 列表框中选择 Type 2 MASS21 选项，单击 Options 按钮，弹出如图 12-51 所示的 MASS21 element type options 对话框，将 K3 设为 2-D w/o rot iner（表示不考虑转动惯量的 2D 质量，即单元的自由度为 UX、UY），单击 OK 按钮。

 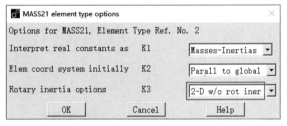

图 12-50　Element Types 对话框　　　　图 12-51　MASS21 element type options 对话框

（3）定义杆单元的截面。选择 Main Menu > Preprocessor > Sections > Link > Add 命令，弹出如图 12-52 所示的 Add Link Section（增加杆截面）对话框，在 Add Link Section with ID 文本框中输入 1（表示截面的编号为 1），单击 OK 按钮；弹出如图 12-53 所示的 Add or Edit Link Section（增加或编辑杆截面）对话框，在 Link area 文本框中输入 0.278（表示杆截面的面积为 0.278），单击 OK 按钮。

（4）定义实常数。选择 Main Menu > Preprocessor > Real Constants > Add/Edit/Delete 命令，弹出 Real Constants 对话框，单击 Add 按钮，弹出 Element Type for Real Constants 对话框，在 Choose element type 列表框中选择 Type 2 MASS21 选项，单击 OK 按钮，弹出如图 12-54 所示的 Real Constant Set Number 1, for MASS21 对话框，在"Real Constant Set No."文本框中输入 2（表示实常数编号设为 2），将 MASS 设为 0.0259（表示质量单元的质量为 0.0259），单击 OK 按钮。

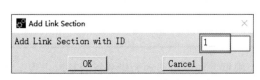 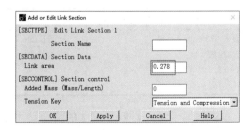

图 12-52　Add Link Section 对话框　　　　图 12-53　Add or Edit Link Section 对话框

(5)定义材料属性。选择 Main Menu > Preprocessor > Material Props > Material Models 命令,弹出 Define Material Model Behavior 对话框,在右侧的列表框中选择 Structural > Linear > Elastic > Isotropic 选项后,弹出 Linear Isotropic Properties for Material Number 1 对话框,将 EX 设为 3E4,将 PRXY 设为 0.3,单击 OK 按钮;在右侧的列表框中选择 Structural > Nonlinear > Inelastic > Rate Independent > Kinematic Hardening Plasticity > Mises Plasticity > Bilinear 选项(本实例采用 Ansys 提供的双线性随动强化材料模型,故选择此选项)后,弹出如图 12-55 所示的 Bilinear Kinematic Hardening for Material Number 1(定义双线性随动强化材料属性)对话框,将 Stress-Strain Options 设为 No stress relaxation(表示无应力松弛,由于本实例中不考虑应力随温度升高而松弛的情况,故设为此选项),在 Yield Stss 文本框中输入 162.9(表示屈服应力),在 Tang Mods 文本框中输入 0(表示切线模量为 0),单击 Graph 按钮,绘制的应力-应变曲线如图 12-56 所示,确认曲线无误后,单击 OK 按钮关闭此对话框。

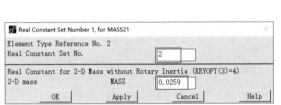

图 12-54 Real Constant Set Number 1, for MASS21 对话框

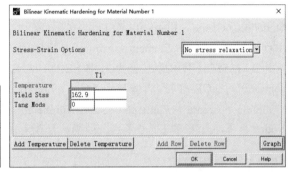

图 12-55 Bilinear Kinematic Hardening for Material Number 1 对话框

(6)创建 2 个节点。选择 Main Menu > Preprocessor > Modeling > Create > Nodes > In Active CS 命令,创建坐标位置分别为(0,0,0)、(0,-100,0)的 1、2 号节点。

(7)调整视图方向。选择 Utility Menu > PlotCtrls > View Settings > Viewing Direction 命令,弹出如图 12-57 所示的 Viewing Direction(视图方向)对话框,将/VUP 设为 Y-axis down(表示 Y 轴垂直向下,X 轴水平向左,Z 轴指向计算机屏幕)。选择 Utility Menu > PlotCtrls > Window Controls > Window Options 命令,弹出 Window Options 对话框,将 Location of triad 设为 At bottom right(表示将坐标系放置在图形窗口的右下角位置),单击 OK 按钮,结果如图 12-58 所示[调整为与图 12-49(a)视图方向相同]。

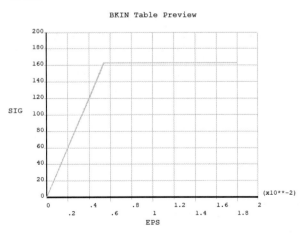

图 12-56 绘制的应力-应变曲线

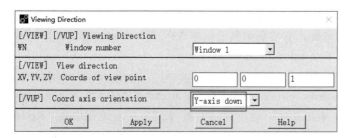

图 12-57 Viewing Direction 对话框　　　　图 12-58 调整视图方向后的结果

（8）创建杆单元。选择 Main Menu > Preprocessor > Modeling > Create > Elements > Auto Numbered > Thru Nodes 命令，弹出节点拾取框，依次拾取 1、2 号节点，单击 OK 按钮，创建杆单元。

（9）创建质量单元。选择 Main Menu > Preprocessor > Modeling > Create > Elements > Elem Attributes 命令，弹出如图 12-59 所示的 Element Attributes 对话框，将 TYPE 设为 2 MASS21，将 REAL 设为 2，将 SECNUM 设为 No Section，单击 OK 按钮。选择 Main Menu > Preprocessor > Modeling > Create > Elements > Auto Numbered > Thru Nodes 命令，依次拾取 1 号节点，创建质量单元。

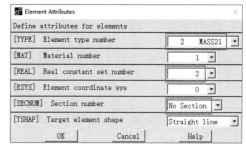

图 12-59 Element Attributes 对话框

12.3.2 加载求解

（1）设置分析类型。选择 Main Menu > Solution > Analysis Type > New Analysis 命令，弹出 New Analysis 对话框，将 ANTYPE 设为 Transient，单击 OK 按钮。弹出如图 12-60 所示的 Transient Analysis（瞬态分析）对话框，将 TRNOPT 设为 Full（表示采用完全法进行瞬态分析，其中需要注意，对于非线性瞬态分析，只能使用完全法），单击 OK 按钮。

（2）对节点施加自由度约束。选择 Main Menu > Solution > Define Loads > Apply > Structural > Displacement > On Nodes 命令，弹出节点拾取框，单击 Pick All 按钮拾取 1、2 号节点，弹出如图 12-61 所示的 Apply U,ROT on Nodes 对话框，将 Lab2 设为 UX 和 UZ，单击 OK 按钮。选择 Main Menu > Solution > Define Loads > Apply > Structural > Displacement > On Nodes 命令，拾取 2 号节点后弹出 Apply U,ROT on Nodes 对话框，将 Lab2 设为 UY，单击 OK 按钮。

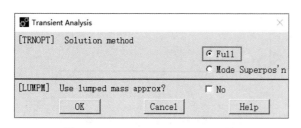
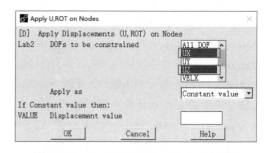

图 12-60 Transient Analysis 对话框　　　　图 12-61 Apply U,ROT on Nodes 对话框

（3）设置求解控制。选择 Main Menu>Solution>Analysis Type>Sol'n Controls 命令，弹出如图 12-62 所示的 Solution Controls 对话框，默认为 Basic 选项卡［图 12-62（a）］，在 Time at end of loadstep 文本框中输入 0.004（表示载荷步结束时的时间点为 0.004s），将 Automatic time stepping 设为 Off（表示关闭自动积分时间步长控制），在 Number of substeps 文本框中输入 10（表示子步数为 10，则积分时间步长设为 0.004/10=0.0004s，以跟踪突然施加载荷后质量块位移响应的急剧变化），将 Frequency 设为 Write every substep（表示每个子步向结果文件中写入一次求解结果），对 Basic 选项卡设置完成后切换到 Transient 选项卡［图 12-62（b）］。

在 Full Transient Options 组框中选中 Stepped loading 单选按钮（表示采用阶跃加载方式），单击 OK 按钮。

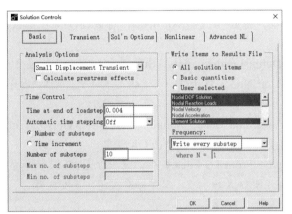
（a）Basic 选项卡

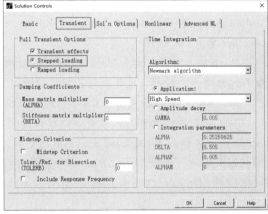
（b）Transient 选项卡

图 12-62　Solution Controls 对话框

（4）控制结果的打印输出。选择 Main Menu > Solution > Load Step Opts > Output Ctrls > Solu Printout 命令，弹出如图 12-63 所示的 Solution Printout Controls 对话框，将 Item 设为 All items，将 FREQ 设为 Every substep，单击 OK 按钮。

（5）施加力载荷。选择 Main Menu > Solution > Define Loads > Apply > Structural > Force/Moment > On Nodes 命令，拾取 1 号节点，弹出如图 12-64 所示的 Apply F/M on Nodes 对话框，将 Lab 设为 FY，将 VALUE 设为 30，单击 OK 按钮。施加载荷后的结果如图 12-65 所示。

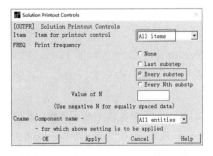

图 12-63　Solution Printout Controls 对话框

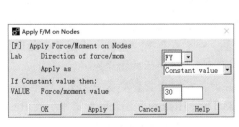

图 12-64　Apply F/M on Nodes 对话框

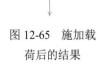

图 12-65　施加载荷后的结果

（6）向载荷步文件写入载荷步的载荷数据。选择 Main Menu > Solution > Load Step Opts > Write LS File 命令，弹出如图 12-66 所示的 Write Load Step File 对话框，将 LSNUM 设为 1（表示输入载荷步文件的编号），单击 OK 按钮。

（7）设置求解控制。选择 Main Menu > Solution > Analysis Type > Sol'n Controls 命令，弹出 Solution Controls 对话框，默认为 Basic 选项卡，在 Time at end of loadstep 文本框中输入 0.14（表示载荷步结束时的时间点为 0.14s），在 Number of substeps 文本框中输入 68（表示子步数为 68，则积分时间步长设为（0.14-0.004）/68=0.002s，可以产生足够的结果输出来查看位移响应的变化）；切换到 Transient 选项卡，在 Full Transient Options 组框中选中 Ramped loading 单选按钮（表示采用斜坡加载方式），其他参数保持默认设置，单击 OK 按钮。

（8）控制结果的打印输出。选择 Main Menu > Solution > Load Step Opts > Output Ctrls > Solu Printout 命令，弹出 Solution Printout Controls 对话框，将 Item 设为 All items，将 FREQ 设为 Every substep，单击 OK 按钮。

（9）施加力载荷。选择 Main Menu > Solution > Define Loads > Apply > Structural > Force/Moment > On Nodes 命令，拾取 1 号节点后，弹出 Apply F/M on Nodes 对话框，将 Lab 设为 FY，将 VALUE 设为 30，单击 OK 按钮（由于 0.14s 时的力载荷大小未发生变化，此步骤可以省略）。

（10）向载荷步文件写入载荷步的载荷数据。选择 Main Menu > Solution > Load Step Opts > Write LS File 命令，弹出 Write Load Step File 对话框，将 LSNUM 设为 2，单击 OK 按钮。

（11）求解。选择 Main Menu > Solution > Solve > From LS Files 命令，弹出如图 12-67 所示的 Solve Load Step Files 对话框，将 LSMIN 设为 1，将 LSMAX 设为 2，单击 OK 按钮，提交求解。

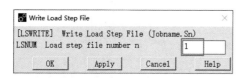

图 12-66　Write Load Step File 对话框

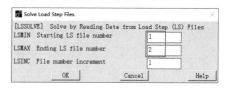

图 12-67　Solve Load Step Files 对话框

在求解过程中，Ansys 会显示非线性求解过程收敛情况的曲线，求解完成时，弹出显示 Solution is done!信息的 Note 对话框，单击 Close 按钮将其关闭。

12.3.3　观察结果

1．使用时间历程后处理器观察结果

（1）打开时间历程变量查看器。选择 Main Menu > TimeHist Postpro 命令，弹出如图 12-68 所示的时间历程变量查看器，在变量列表中仅有一个用于存储时间的名称为 TIME 的变量，由于本实例为非线性瞬态分析，因此它代表实际的物理时间。

（2）定义变量。在时间历程变量查看器中单击工具栏中的 Add Data（增加数据）按钮 ，弹出如图 12-69 所示的 Add Time-History Variable 对话框，在 Result Item 列表框中选择 Nodal Solution > DOF Solution > Y-Component of displacement 选项（选择 Y 方向的位移分量），在 Variable Name 文本框中输入 UY1，单击 Apply 按钮，弹出节点拾取框，拾取代表质量块的 1 号节点，单击 Apply 按钮；再次弹出 Add Time-History Variable 对话框，在 Result Item 列表框中选择 Element Solution > Miscellaneous Items > Line stress(LS,1)选项，弹出如图 12-70 所示的 Miscellaneous Sequence Number 对话框，在"Sequence number LS,"文本框中输入 1，单击 OK 按钮，返回 Add Time-History Variable 对话框，在 Variable Name 文本框中输入 AxialStress（此变量用于存储 LINK180 单元的轴向应力），单击 OK 按钮，弹出单元拾取框，拾取 1 号单元后单击 OK 按钮，弹出节点拾取框，拾取 1 号节点，单击 OK 按钮，返回时间历程变量查看器，结果如图 12-71 所示。

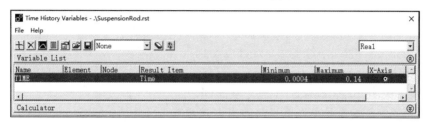

图 12-68　时间历程变量查看器（1）

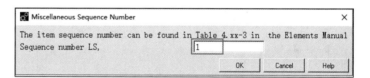

图 12-69　Add Time-History Variable 对话框

图 12-70　Miscellaneous Sequence Number 对话框

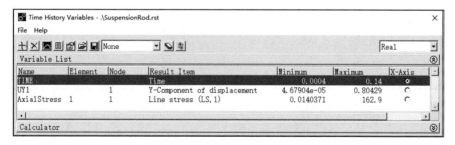

图 12-71　时间历程变量查看器（2）

📢 提示：

> 本实例中使用 AxialStress 变量来存储 LINK180 单元的轴向应力，在对 Add Time-History Variable 对话框和 Miscellaneous Sequence Number 对话框进行设置时，需要查阅 Ansys 帮助中单元参考部分有关 LINK180 单元的详细说明，可参见 5.2.5 小节，此处不再赘述。

（3）列表显示质量块 Y 方向位移、杆轴向应力的结果。在时间历程变量查看器中同时选中 UY1 变量和 AxialStress 变量，然后单击工具栏中的 List Data（列出数据）按钮，结果如图 12-72 所示。可见在时间为 0.068s 时，质量块的 Y 方向位移达到最大值，其数值 y_{max}=0.80429in，且此时轴向应力为 162.9ksi，已经达到了杆材料的屈服应力。

（4）绘制质量块 Y 方向位移-时间的曲线图。选择 Utility Menu > PlotCtrls > Style > Graphs > Modify Axes 命令，弹出 Axes Modifications for Graph Plots 对话框，将 Y-axis label 设为 DISPLACEMENT (IN)，单击 OK 按钮。在时间历程变量查看器中选择 UY1 变量，然后单击工具栏中的 Graph Data（绘制图表）按钮，结果如图 12-73 所示。可见在突然施加力载荷后，质量块的位移首先逐渐快速增长，并在 0.068s 时达到峰值，然后逐渐下降，在 0.12s 左右时下降到一个谷值后又开始逐渐增长。

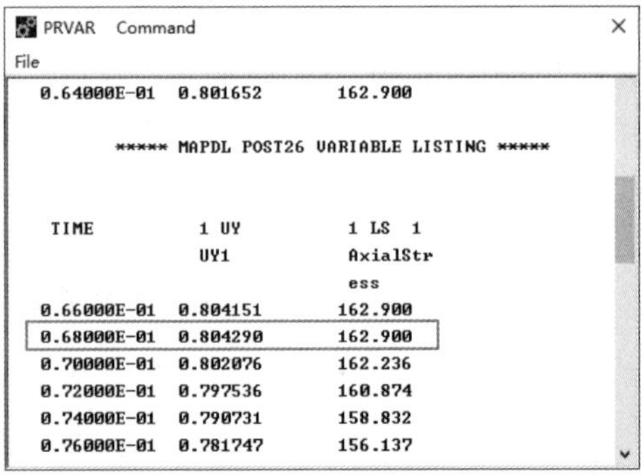

图 12-72　列表显示 Y 方向位移-轴向应力的结果

（5）绘制杆轴向应力-时间的曲线图。选择 Utility Menu > PlotCtrls > Style > Graphs > Modify Axes 命令，弹出 Axes Modifications for Graph Plots 对话框，将 Y-axis label 设为 Axial Stress (ksi)，单击 OK 按钮。在时间历程变量查看器中选择 AxialStress 变量，然后单击工具栏中的 Graph Data（绘制图表）按钮，结果如图 12-74 所示。可见在 0.04s 左右时，杆的轴向应力达到了峰值，其数值为 162.9ksi，达到了杆材料的屈服应力，由于杆材料的切向模量为 0，所以轴向应力无法再继续增长，在 0.07s 左右时，杆的轴向应力开始下降。

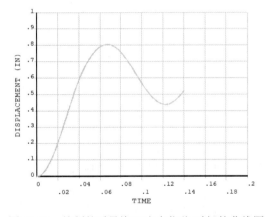

图 12-73　绘制的质量块 Y 方向位移-时间的曲线图

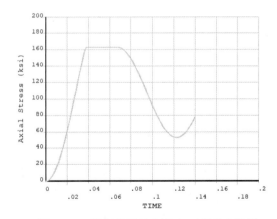

图 12-74　绘制的杆轴向应力-时间的曲线图

2. 使用通用后处理器观察结果

（1）列表显示载荷步概要。选择 Main Menu > General Postproc > Results Summary 命令，弹出如图 12-75 所示的 SET,LIST Command 窗口，以查看载荷步概要，可见在整个非线性瞬态求解过程中，一共使用了 78 个子步，第 1 个载荷步使用了 10 个子步，第 2 个载荷步使用了 68 个子步。在前面使用时间历程后处理器进行后处理过程中，可以观察到，在时间为 0.068s 时，质量块的位移最大，下面将查看该时间点的结果。通过该窗口可见，0.068s 时对应的载荷步数为 2，子步数为 32，下面读入该时间点的结果数据。

SET,LIST Command

File

***** INDEX OF DATA SETS ON RESULTS FILE *****

SET	TIME/FREQ	LOAD STEP	SUBSTEP	CUMULATIVE
1	0.40000E-03	1	1	2
2	0.80000E-03	1	2	3
3	0.12000E-02	1	3	4
4	0.16000E-02	1	4	5
5	0.20000E-02	1	5	6
6	0.24000E-02	1	6	7
7	0.28000E-02	1	7	9
8	0.32000E-02	1	8	11
9	0.36000E-02	1	9	13
10	0.40000E-02	1	10	15
11	0.60000E-02	2	1	17
12	0.80000E-02	2	2	19
13	0.10000E-01	2	3	21
14	0.12000E-01	2	4	23
15	0.14000E-01	2	5	25
16	0.16000E-01	2	6	27
17	0.18000E-01	2	7	29
18	0.20000E-01	2	8	31
19	0.22000E-01	2	9	33
20	0.24000E-01	2	10	35
21	0.26000E-01	2	11	37
22	0.28000E-01	2	12	39
23	0.30000E-01	2	13	41
24	0.32000E-01	2	14	43
25	0.34000E-01	2	15	45
26	0.36000E-01	2	16	47
27	0.38000E-01	2	17	49
28	0.40000E-01	2	18	51
29	0.42000E-01	2	19	53
30	0.44000E-01	2	20	55
31	0.46000E-01	2	21	57
32	0.48000E-01	2	22	59
33	0.50000E-01	2	23	61
34	0.52000E-01	2	24	63
35	0.54000E-01	2	25	65
36	0.56000E-01	2	26	67
37	0.58000E-01	2	27	69
38	0.60000E-01	2	28	71
39	0.62000E-01	2	29	73
40	0.64000E-01	2	30	75
41	0.66000E-01	2	31	77
42	0.68000E-01	2	32	78
43	0.70000E-01	2	33	80
44	0.72000E-01	2	34	82
45	0.74000E-01	2	35	84
46	0.76000E-01	2	36	86
47	0.78000E-01	2	37	88
48	0.80000E-01	2	38	90
49	0.82000E-01	2	39	92
50	0.84000E-01	2	40	94
51	0.86000E-01	2	41	96
52	0.88000E-01	2	42	98
53	0.90000E-01	2	43	100
54	0.92000E-01	2	44	102
55	0.94000E-01	2	45	104
56	0.96000E-01	2	46	106
57	0.98000E-01	2	47	108
58	0.10000	2	48	110
59	0.10200	2	49	112
60	0.10400	2	50	114
61	0.10600	2	51	116
62	0.10800	2	52	118
63	0.11000	2	53	120
64	0.11200	2	54	122
65	0.11400	2	55	124
66	0.11600	2	56	126
67	0.11800	2	57	128
68	0.12000	2	58	130
69	0.12200	2	59	131
70	0.12400	2	60	132
71	0.12600	2	61	134
72	0.12800	2	62	136
73	0.13000	2	63	138
74	0.13200	2	64	140
75	0.13400	2	65	142
76	0.13600	2	66	144
77	0.13800	2	67	146
78	0.14000	2	68	148

图 12-75　列表显示载荷步概要

（2）读入 0.068s 时的结果。选择 Main Menu > General Postproc > Read Results > By Load Step 命令，弹出如图 12-76 所示的 Read Results by Load Step Number 对话框，将 LSTEP 设为 2，将 SBSTEP 设为 32，单击 OK 按钮。

（3）列表显示 0.068s 时质量块 Y 方向的位移结果。选择 Main Menu > General Postproc > List Results > Nodal Solution 命令，弹出 List Nodal Solution 对话框，在 Item to be listed 列表框中选择 Nodal Solution > DOF Solution > Y-Component of displacement 选项，单击 OK 按钮，结果如图 12-77 所示。可见 0.068s 时 Y 方向的位移为 0.80429in，与在时间历程后处理器中所观察到的结果相符。

（4）显示非线性问题的变形动画。首先选择 Utility Menu > PlotCtrls > Style > Size and Shape 命令，弹出 Size and Shape 对话框，将 Display of element 设为 On，单击 OK 按钮，显示出单元形状。选择 Utility Menu>PlotCtrls > Animate > Over Results 命令，弹出如图 12-78 所示的 Animate Over Results（关于结果的动画）对话框，将 Model result data 设为 Load Step Range（表示通过载荷步设置结果数据），在 Range Minimum,Maximum 文本框中依次输入 1、2（表示载荷步范围为 1～2），在

Animation time delay(sec)文本框中输入 0.2(表示动画的时间延迟为 0.2s); 在 Contour data for animation 的左侧列表框中选择 DOF solution (表示自由度解), 在右侧列表框中选择 Deformed Shape (表示变形), 单击 OK 按钮。此时, 将会在当前工作目录下生成文件名为 SuspensionRod.avi 的视频文件, 同时, 在图形窗口中播放结构的变形动画, 如图 12-79 所示, 单击 Animation Contro...对话框中的 Stop 按钮可以停止动画的播放。图形窗口的上方显示当前帧的有关信息, STEP=2 表示当前帧的载荷步数为 2, SUB=31 表示当前帧的子步数为 31, TIME=.066 表示当前帧的时间为 0.066s, DMX=.804151 表示当前帧的最大变形为 0.804151in。

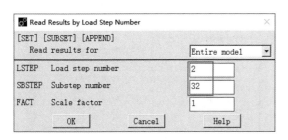

图 12-76　Read Results by Load Step Number 对话框

图 12-77　0.68s 时质量块 Y 方向的位移结果

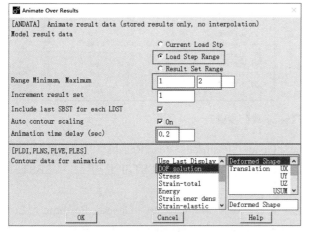

图 12-78　Animate Over Results 对话框

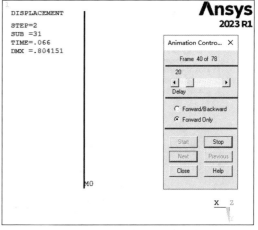

图 12-79　播放动画的图形窗口

(5) 保存文件。单击工具栏中的 SAVE_DB 按钮, 保存文件。

12.3.4　命令流文件

在工作目录中找到 SuspensionRod0.log 文件, 并对其进行修改, 修改后的命令流文件 (SuspensionRod.txt) 中的内容如下。

```
!%%%%%悬垂杆的非线性瞬态分析%%%%%
/CLEAR,START                         !清除数据
/FILNAME,SuspensionRod,1             !更改文件名称
/TITLE,PLASTIC RESPONSE TO A THIN ROD SUDDENLY APPLIED CONSTANT FORCE
/PREP7                               !进入前处理器
ET,1,LINK180                         !定义杆单元
ET,2,MASS21,,,4                      !定义质量单元及其选项
SECTYPE,1,LINK                       !定义杆的截面
SECDATA,0.278                        !杆的截面积
R,2,0.0259                           !定义质量单元的质量
MP,EX,1,3E4                          !定义材料的弹性模量
MP,PRXY,1,0.3                        !定义材料的泊松比
TB,BKIN,1,1,2,0                      !选择双线性随动强化材料模型
TBTEMP,0
TBDATA,,162.9,0                      !定义材料数据
N,1 $ N,2,0,-100                     !创建1、2号节点
/VUP,1,-Y                            !调整视图方向
/TRIAD,RBOT                          !调整坐标系位置
/REPLOT                              !重新绘制图形
E,1,2                                !创建杆单元
TYPE,2 $ REAL,2                      !设置单元属性
E,1                                  !创建质量单元
FINISH                               !退出前处理器
/SOLU                                !进入求解器
ANTYPE,TRANS                         !设置为瞬态分析
TRNOPT,FULL                          !采用完全法
D,ALL,UX,,,,UZ                       !约束所有节点的UX和UZ自由度
D,2,UY                               !约束2号节点的UY自由度
TIME,0.004                           !设置第1个载荷步的结束时间为0.004s
AUTOTS,OFF                           !关闭自动积分时间步长
NSUBST,10,,                          !设置第1个载荷步的子步数量
OUTRES,ALL,ALL                       !存储每一个子步的求解结果
KBC,1                                !采用阶跃加载方式
OUTPR,ALL,ALL                        !输出每一个子步的结果
F,1,FY,30                            !施加力载荷
LSWRITE,1                            !写入载荷步文件
TIME,0.14                            !第2个载荷步的结束时间为0.14s
NSUBST,68,,                          !设置第2个载荷步的子步数量
KBC,0                                !采用斜坡加载方式
OUTPR,ALL,ALL                        !输出每一个子步的结果
F,1,FY,30                            !施加力载荷(可省略)
LSWRITE,2                            !写入载荷步文件
LSSOLVE,1,2,1                        !求解载荷步文件
FINISH                               !退出求解器
/POST26                              !进入时间历程后处理器
FILE,SuspensionRod,rst               !读入结果文件
NSOL,2,1,U,Y,UY1                     !定义存储1号节点Y方向位移的2号变量
```

```
ESOL,3,1,1,LS,1,AxialStress    !定义存储 1 号单元轴向应力的 3 号变量
PRVAR,2,3                      !列表显示 2 号变量和 3 号变量
/AXLAB,Y,DISPLACEMENT (IN)     !设置 Y 轴的标签
PLVAR,2                        !绘制质量块 Y 方向位移-时间的曲线图
/AXLAB,Y,Axial Stress (ksi)    !设置 Y 轴的标签
PLVAR,3                        !绘制杆轴向应力-时间的曲线图
FINISH                         !退出时间历程后处理器
/POST1                         !进入通用后处理器
SET,LIST                       !列表显示载荷步概要
SET,2,32,1,                    !读入 0.068s 时的结果
PRNSOL,U,Y                     !输出 Y 方向的位移
PLDI,,                         !显示非线性问题的变形动画
ANDATA,0.2,,1,1,2,1,1,1
SAVE                           !保存文件
FINISH                         !退出通用后处理器
/EXIT,NOSAVE                   !退出 Ansys
```

扫一扫,看视频

12.4 实例——两个圆柱体之间的赫兹接触分析

图 12-80 所示为两个圆柱体之间的赫兹接触问题简图。两个不同材料的半径不相等、长度相等的长圆柱体,其轴线相互平行,在每单位长度上承受大小为 F 的力,在力的作用下两个圆柱体发生接触(不考虑相互之间的摩擦)。计算在力 F 的作用下,两个圆柱体之间接触的 1/2 接触长度 B 和接近距离 D。

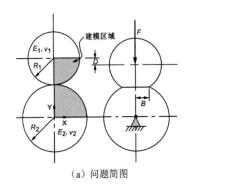
(a) 问题简图

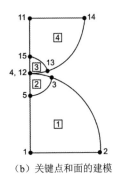
(b) 关键点和面的建模

图 12-80 两个圆柱体之间的赫兹接触问题简图

该问题的材料属性、几何尺寸以及载荷见表 12-3。

表 12-3 材料属性、几何尺寸以及载荷

材料属性	几何尺寸	载 荷
小圆柱体材料: E_1=30000MPa、v_1=0.25 大圆柱体材料: E_2=29120MPa、v_2=0.3	R_1=10mm R_2=13mm	F=3200N/mm

根据模型的对称性，本实例的建模区域在图 12-80（a）中以阴影显示。由于随着力的逐渐增大，两个圆柱体的接触面积也随之不断发生变化，因此本问题属于一个状态变化的非线性静力学接触问题，其具体操作步骤如下。

12.4.1 建模

（1）定义工作文件名。选择 Utility Menu > File > Change Jobname 命令，弹出 Change Jobname 对话框，在 Enter new jobname 文本框中输入 HertzContact 并勾选 New log and error files?复选框，单击 OK 按钮。

（2）定义单元类型。选择 Main Menu > Preprocessor > Element Type > Add/Edit/Delete 命令，弹出 Element Types 对话框，单击 Add 按钮，弹出 Library of Element Types 对话框；在左侧的列表框中选择 Solid 选项，在右侧的列表框中选择 Quad 4 node 182 选项（即 PLANE182 单元），单击 OK 按钮。

（3）定义材料属性。选择 Main Menu > Preprocessor > Material Props > Material Models 命令，弹出 Define Material Model Behavior 对话框，在右侧的列表框中选择 Structural > Linear > Elastic > Isotropic 选项后，弹出如图 12-81 所示的 Linear Isotropic Properties for Material Number 1 对话框，将 EX 设为 30000，将 PRXY 设为 0.25，单击 OK 按钮。返回 Define Material Model Behavior 对话框，在菜单栏中选择 Material> New Model 命令，弹出如图 12-82 所示的 Define Material ID 对话框，在 Define Material ID 文本框中输入 2（表示材料编号为 2），单击 OK 按钮；返回 Define Material Model Behavior 对话框，在右侧的列表框中选择 Structural > Linear > Elastic > Isotropic 选项后，弹出 Linear Isotropic Properties for Material Number 2 对话框，将 EX 设为 29120，将 PRXY 设为 0.3，单击 OK 按钮，返回 Define Material Model Behavior 对话框并将其关闭。

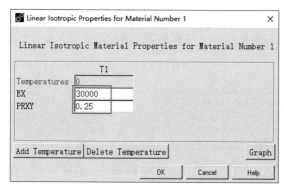

图 12-81 Linear Isotropic Properties for Material Number 1 对话框

图 12-82 Define Material ID 对话框

（4）将坐标系设为全局柱坐标系。选择 Utility Menu> WorkPlane> Change Active CS to> Global Cylindrical 命令，将当前坐标系设为以全局笛卡儿坐标系的 Z 轴为旋转轴的全局柱坐标系。

（5）创建关键点。选择 Main Menu> Preprocessor> Modeling> Create> Keypoints> In Active CS 命令，创建坐标位置分别为（0,0,0）、（13,0,0）、（13,82,0）、（13,90,0）和（11,90,0）的 1、2、3、4 和 5 号关键点。选择 Utility Menu > PlotCtrls > Window Controls > Window Options 命令，弹出 Window Options 对话框，将 Location of triad 设为 At bottom right（表示将坐标系放置在图形窗口的右下角位

置），单击 OK 按钮，结果如图 12-83 所示。

（6）创建线。选择 Main Menu > Preprocessor > Modeling > Create > Lines > Lines > In Active Coord 命令，弹出关键点拾取框，依次拾取 1、5 号关键点，2、3 号关键点，3、4 号关键点，创建线 L1、L2、L3，如图 12-84 所示。

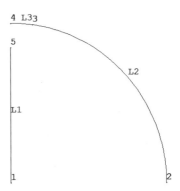

图 12-83 创建关键点的结果 　　　　图 12-84 创建线的结果

（7）创建局部柱坐标系。选择 Utility Menu > WorkPlane > Local Coordinate Systems > Create Local CS > At Specified Loc +命令，弹出如图 12-85 所示的 Create CS at Location（通过位置创建坐标系）拾取框，即位置拾取框，在该拾取框底部的输入框中直接输入 0,13,0 [表示通过全局笛卡儿坐标系中坐标位置为（0,13,0）的点创建新的坐标系]，单击 OK 按钮。弹出如图 12-86 所示的 Create Local CS at Specified Location（在指定位置创建局部坐标系）对话框，将 KCN 设为 11（表示新创建坐标系的编号为 11），将 KCS 设为 Cylindrical 1（表示新创建的坐标系类型为柱坐标系），在 XC,YC,ZC 文本框中已自动输入 0、13、0（此处显示的是通过图 12-85 所示的 Create CS at Location 拾取框拾取的坐标位置，读者也可以通过 Create CS at Location 拾取框拾取任意位置，然后再修改为准确的坐标位置），单击 OK 按钮。

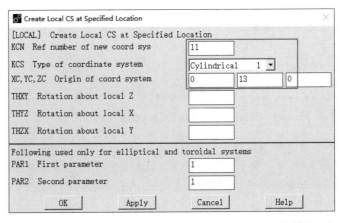

图 12-85 Create CS at Location 拾取框 　　　　图 12-86 Create Local CS at Specified Location 对话框

(8)创建线。选择 Main Menu > Preprocessor > Modeling > Create > Lines > Lines > In Active Coord 命令,拾取 3、5 号关键点,创建线 L4。

(9)设置为全局柱坐标系。选择 Utility Menu > WorkPlane > Change Active CS to > Global Cylindrical 命令,将坐标系重新设为全局柱坐标系。

(10)创建面。选择 Main Menu > Preprocessor > Modeling > Create > Areas > Arbitrary > Through KPs 命令,弹出关键点拾取框,依次拾取 1、2、3、5 号关键点,单击 Apply 按钮;再依次拾取 5、3、4 号关键点,单击 OK 按钮,创建面 A1、A2,结果如图 12-87 所示(图中的 11 用于标识 11 号局部坐标系的原点位置)。

(11)设置单元属性。选择 Main Menu > Preprocessor > Meshing > MeshTool 命令,弹出如图 12-88 所示的 MeshTool 对话框,单击 Element Attributes 下面的 Set 按钮,弹出如图 12-89 所示的 Meshing Attributes(划分网格的属性)对话框,将 MAT 设为 2(表示选择 2 号材料),单击 OK 按钮,返回 MeshTool 对话框。

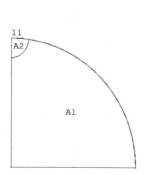

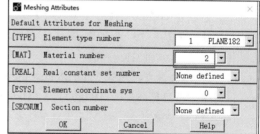

图 12-87 创建面的结果   图 12-88 MeshTool 对话框   图 12-89 Meshing Attributes 对话框

(12)设置全局网格尺寸。在 MeshTool 对话框中单击 Size Controls 区域内 Global 后面的 Set 按钮,弹出如图 12-90 所示的 Global Element Sizes 对话框,将 NDIV 设为 4,单击 OK 按钮,返回 MeshTool 对话框。

(13)设置局部网格尺寸。在 MeshTool 对话框中单击 Size Controls 区域内 Lines 后面的 Set 按钮,弹出线拾取框,拾取图 12-84 所示的线 L1 和 L2,单击 OK 按钮,弹出如图 12-91 所示的 Element Sizes on Picked Lines 对话框,将 NDIV 设为 7,单击 OK 按钮,返回 MeshTool 对话框。

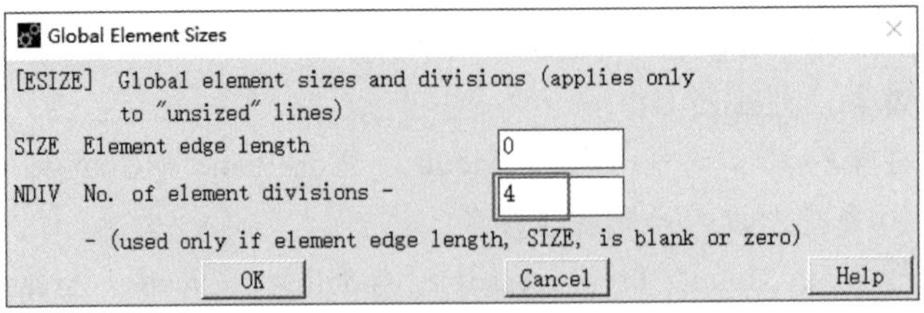

图 12-90 Global Element Sizes 对话框

（14）划分代表大圆柱体的面网格。在 MeshTool 对话框中选中 Shape 后面的 Quad 和 Mapped 单选按钮，然后单击 Mesh 按钮，弹出面拾取框，拾取面 A1、A2，单击 OK 按钮，完成大圆柱体面网格的划分，结果如图 12-92 所示。

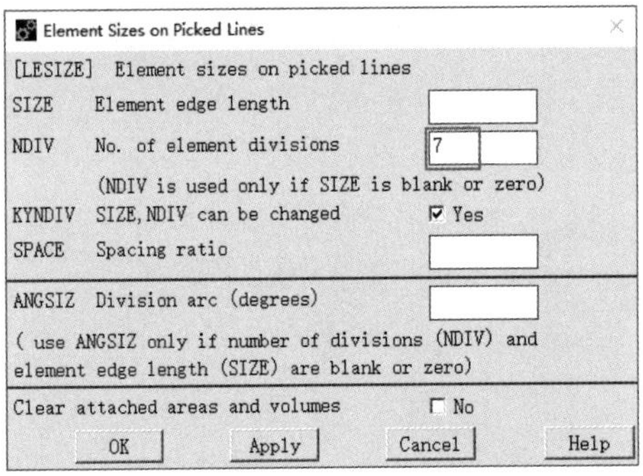

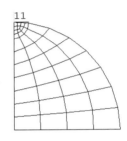

图 12-91 Element Sizes on Picked Lines 对话框　　图 12-92 代表大圆柱体的面网格

（15）创建局部柱坐标系。选择 Utility Menu > WorkPlane > Local Coordinate Systems > Create Local CS > At Specified Loc+命令，弹出位置拾取框，在图形窗口中拾取任意位置后，单击 OK 按钮。弹出如图 12-93 所示的 Create Local CS at Specified Location 对话框，将 KCN 设为 12，将 KCS 设为 Cylindrical 1，在 XC,YC,ZC 文本框中输入 0、23-1E-5、0 [表示新建坐标系的原点在全局笛卡儿坐标系的坐标位置（0,23,0）处沿 Y 轴向下移动 10^{-5}，以使两个圆柱体之间产生 10^{-5} 的干涉，即两个圆柱体的接触之间存在 10^{-5} 的穿透量]，将 THXY 设为-90（表示新建坐标系统全局笛卡儿坐标系的 Z 轴旋转-90°），单击 OK 按钮。

（16）创建关键点。选择 Main Menu > Preprocessor > Modeling > Create > Keypoints > In Active CS 命令，创建坐标位置分别为（0,0,0）、（10,0,0）、（10,8,0）、（10,90,0）和（8,0,0）的 11、12、13、14 和 15 号关键点。

（17）创建线。选择 Main Menu > Preprocessor > Modeling > Create > Lines > Lines > In Active Coord 命令，弹出关键点拾取框，依次拾取 11、15 号关键点，13、14 号关键点，12、13 号关键点，创建线 L7、L8、L9，结果如图 12-94 所示（图中左上角的 12 用于标识 12 号局部坐标系的原点位置）。

（18）将当前坐标系设为第 11 号局部坐标系。选择 Utility Menu > WorkPlane > Change Active CS to > Specified Coord Sys 命令，弹出如图 12-95 所示的 Change Active CS to Specified CS（将活动坐标系修改为指定坐标系）对话框，将 KCN 设为 11，单击 OK 按钮。

（19）创建线。选择 Main Menu > Preprocessor > Modeling > Create > Lines > Lines > In Active Coord 命令，拾取 13、15 号关键点，创建线 L10。

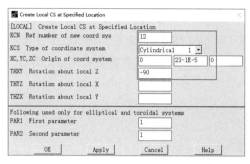
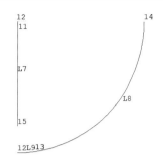

图 12-93　Create Local CS at Specified Location 对话框　　图 12-94　创建线的结果（局部）

（20）将当前坐标系设为第 12 号局部坐标系。选择 Utility Menu > WorkPlane > Change Active CS to > Specified Coord Sys 命令，弹出 Change Active CS to Specified CS 对话框，将 KCN 设为 12，单击 OK 按钮。

（21）创建面。选择 Main Menu > Preprocessor > Modeling > Create > Areas > Arbitrary > Through KPs 命令，弹出关键点拾取框，依次拾取 12、13、15 号关键点，单击 Apply 按钮；再依次拾取 15、13、14、11 号关键点，单击 OK 按钮，创建面 A3、A4。

（22）将坐标系设为全局笛卡儿坐标系。选择 Utility Menu > WorkPlane > Change Active CS to > Global Cartesian 命令，将当前坐标系设为全局笛卡儿坐标系。

（23）删除所创建的 11、12 号局部坐标系。选择 Utility Menu > WorkPlane > Local Coordinate Systems > Delete Local CS 命令，弹出如图 12-96 所示的 Delete Local CS（删除局部坐标系）对话框。将 KCN1 设为 11，将 KCN2 设为 12，单击 OK 按钮。

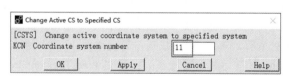
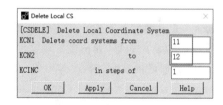

图 12-95　Change Active CS to Specified CS 对话框　　图 12-96　Delete Local CS 对话框

（24）设置单元属性。选择 Main Menu > Preprocessor > Meshing > MeshTool 命令，弹出 MeshTool 对话框，单击 Element Attributes 下面的 Set 按钮，弹出 Meshing Attributes 对话框，将 MAT 设为 1，单击 OK 按钮，返回 MeshTool 对话框。

（25）设置全局网格尺寸。在 MeshTool 对话框中单击 Size Controls 区域内 Global 后面的 Set 按钮，弹出 Global Element Sizes 对话框，将 NDIV 设为 6，单击 OK 按钮，返回 MeshTool 对话框。

（26）划分代表小圆柱体的面网格。在 MeshTool 对话框中选中 Shape 后面的 Quad 和 Mapped 单选按钮，然后单击 Mesh 按钮，弹出面拾取框，拾取面 A3、A4，单击 OK 按钮，完成小圆柱体面网格的划分，结果如图 12-97 所示。

（27）定义小圆柱体水平中心线上所有节点的 Y 自由度耦合。为了准确模拟两个圆柱体之间的接触，在力 F 的作用下，如图 12-97 所示位于小圆柱体水平中心线上的 7 个节点在 Y 方向具有相同的位移，因此，为了后续的施加力载荷，此处需要定义这些节点 Y 自由度的耦合。选择 Main Menu >

Preprocessor > Coupling/Ceqn > Couple DOFs 命令，弹出节点拾取框，拾取如图 12-97 所示的 7 个节点，单击 OK 按钮，弹出如图 12-98 所示的 Define Coupled DOFs 对话框，将 NSET 设为 1（表示该耦合的参考编号为 1），将 Lab 设为 UY（表示耦合所选节点 UY 方向的自由度），单击 OK 按钮。

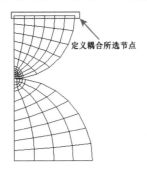

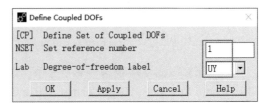

图 12-97　划分代表小圆柱体的面网格　　　图 12-98　Define Coupled DOFs 对话框

12.4.2　定义接触

Ansys 的接触管理器提供了一个易于使用的向导式界面，可以帮助用户非常方便地创建和管理接触。接下来通过接触管理器来定义两个圆柱体之间的接触。

（1）创建目标面。选择 Main Menu > Preprocessor > Modeling > Create > Contact Pair 命令或单击标准工具栏中的 Pair Based Contact Manager（基于接触对的接触管理器）按钮，弹出如图 12-99 所示的 Pair Based Contact Manager（基于接触对的接触管理器）。单击工具栏中的 Contact Wizard（接触向导）按钮，弹出如图 12-100 所示的 Contact Wizard（接触向导）对话框，将 Target Surface 设为 Lines（表示目标面为线）；将 Target Type 设为 Flexible（表示目标面为柔性体）；单击 Pick Target（拾取目标面）按钮，弹出线拾取框，拾取图 12-84 所示的位于大圆柱体上的线 L3，单击 OK 按钮。

（2）创建接触面。再次弹出 Contact Wizard 对话框，单击 Next 按钮，弹出如图 12-101 所示的 Contact Wizard 对话框，将 Contact Surface 设为 Lines（表示接触面为线）；将 Contact Element Type 设为 Surface-to-Surface（表示接触单元采用面-面接触单元），单击 Pick Contact（拾取接触面）按钮，弹出线拾取框，拾取图 12-94 所示的位于小圆柱上的线 L9，单击 OK 按钮。

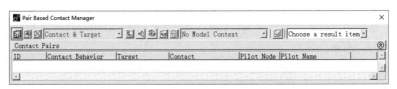

图 12-99　基于接触对的接触管理器（1）

（3）设置接触算法。再次弹出 Contact Wizard 对话框，单击 Next 按钮，弹出如图 12-102 所示的 Contact Wizard 对话框，取消勾选 Include initial penetration 复选框（前面已经设置了两个圆柱体接触之间的穿透量为 10^{-5}，故取消勾选该复选框），单击 Optional settings（可选设置）按钮；弹出如图 12-103 所示的 Contact Properties（接触属性）对话框，将 Contact algorithm 设为 Lagrange & penalty method（表示接触算法采用混合法，即接触法向用拉格朗日乘子法，切向用罚函数法），单击 OK 按钮；返回如图 12-102 所示的 Contact Wizard 对话框，单击 Create（创建）按钮，弹出如图 12-104 所示的 Contact Wizard 对话框，表示已经成功创建接触对，单击 Finish（完成）按钮，关闭该对话框。此时图形窗口显示的接触如图 12-105 所示，并返回如图 12-106 所示的基于接触对的接触管理器，可见 Contact Pairs（接触对）列表框中已经存在一个刚刚创建好的接触对，通过该管理器工具栏中的按钮还可以对所创建的接触对进行修改、删除、显示、检查等操作，确认无误后单击右上角的关闭按钮 ╳，关闭该管理器。

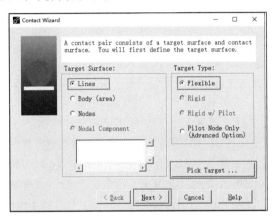

图 12-100　Contact Wizard 对话框（1）

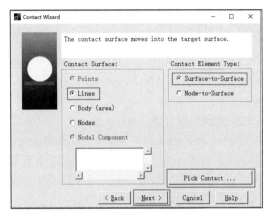

图 12-101　Contact Wizard 对话框（2）

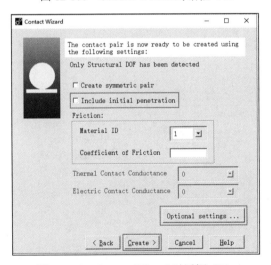

图 12-102　Contact Wizard 对话框（3）

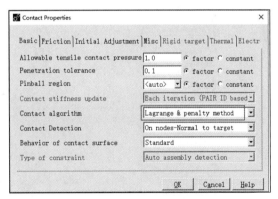

图 12-103　Contact Properties 对话框

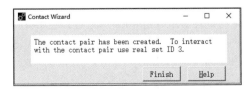

图 12-104　Contact Wizard 对话框（4）

图 12-105　图形窗口显示的接触

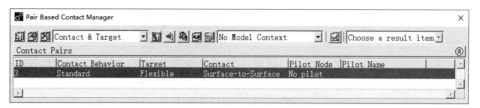

图 12-106 基于接触对的接触管理器（2）

12.4.3 加载求解

（1）设置分析类型。选择 Main Menu > Solution > Analysis Type > New Analysis 命令，弹出 New Analysis 对话框，将 ANTYPE 设为 Static，单击 OK 按钮（由于程序默认为静力分析，故此步骤可以省略）。

（2）施加对称约束。为了施加对称约束，需要约束两个圆柱体位于 Y 轴上所有节点的 X 方向自由度。选择 Utility Menu > Select > Entities 命令，弹出如图 12-107 所示的 Select Entities 对话框，在第 1 个下拉列表中选择 Nodes 选项，在下面的下拉列表中选择 By Location 选项，选中 X coordinates 单选按钮，在 Min,Max 文本框中输入 0（表示选择 X 坐标为 0 的所有节点，即位于 Y 轴上的所有节点），单击 Apply 按钮。选择 Main Menu > Solution > Define Loads > Apply > Structural > Displacement > On Nodes 命令，弹出节点拾取框，单击 Pick All 按钮，弹出如图 12-108 所示的 Apply U,ROT on Nodes 对话框，将 Lab2 设为 UX，单击 OK 按钮。

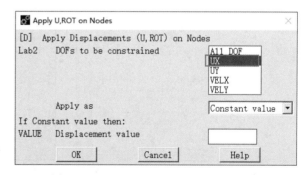

图 12-107 Select Entities 对话框　　　　图 12-108 Apply U,ROT on Nodes 对话框

（3）对大圆柱的水平中心线上的节点施加自由度约束。返回 Select Entities 对话框，在第 1 个下拉列表中选择 Nodes 选项，在下面的下拉列表中选择 By Location 选项，选中 Y coordinates 单选按钮，在 Min,Max 文本框中输入 0（表示选择 Y 坐标为 0 的所有节点，即位于大圆柱水平中心线上的所有节点），单击 Apply 按钮。再次选择 Main Menu > Solution > Define Loads > Apply > Structural > Displacement > On Nodes 命令，弹出节点拾取框，单击 Pick All 按钮，弹出 Apply U,ROT on Nodes 对话框，将 Lab2 设为 UY，单击 OK 按钮。

(4)获取位于小圆柱体水平中心线上节点的最小编号。为了后续力载荷的施加,需要获取位于小圆柱体水平中心线上的某个节点的编号,为了方便选择,本实例选择这些节点的最小编号。返回 Select Entities 对话框,在第 1 个下拉列表中选择 Nodes 选项,在下面的下拉列表中选择 By Location 选项,选中 Y coordinates 单选按钮,在 Min,Max 文本框中输入 23(表示选择 Y 坐标为 23 的所有节点,即位于小圆柱水平中心线上的所有节点),单击 Apply 按钮。选择 Utility Menu > Parameters > Get Scalar Data 命令,弹出如图 12-109 所示的 Get Scalar Data 对话框,在 Type of data to be retrieved 的左侧列表框中选择 Model data 选项(表示模型数据),在右侧列表框中选择 For selected set 选项(表示选择集),单击 OK 按钮。弹出如图 12-110 所示的 Get Data for Selected Entity Set 对话框,在 Name of parameter to be defined 文本框中输入 NC(表示将所获取的参数命名为 NC),在 Data to be retrieved 的左侧列表框中选择 Current node set 选项(表示当前节点集),在右侧列表框中选择 Lowest node num 选项(表示最小的节点编号),单击 OK 按钮。返回 Select Entities 对话框,其参数保持默认设置,单击 Sele All 按钮选择所有节点,然后单击 Cancel 按钮将其关闭。

(5)施加非零位移约束。选择 Main Menu > Solution > Define Loads > Apply > Structural > Displacement > On Nodes 命令,弹出如图 12-111 所示的 Apply U,ROT on Nodes 拾取框,在底部输入框中输入 NC(表示拾取编号为 NC 的节点),单击 OK 按钮;弹出如图 12-112 所示的 Apply U,ROT on Nodes 对话框,将 Lab2 设为 UY,将 VALUE 设为-0.005(此处施加一个非常小的零位移约束,以使接触闭合),单击 OK 按钮。

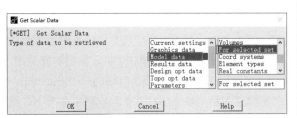

图 12-109 Get Scalar Data 对话框

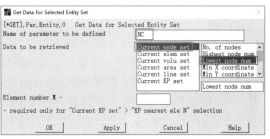

图 12-110 Get Data for Selected Entity Set 对话框

图 12-111 Apply U,ROT on Nodes 拾取框

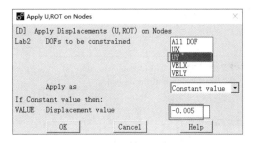

图 12-112 Apply U,ROT on Nodes 对话框

（6）求解当前载荷步。选择 Main Menu > Solution > Solve > Current LS 命令，弹出/STATUS Command 窗口和 Solve Current Load Step 对话框。阅读/STATUS Command 窗口中的内容，确认无误后将其关闭。单击 Solve Current Load Step 对话框中的 OK 按钮，弹出如图 12-113 所示的 Verify 对话框，显示对载荷数据检查时产生 3 条警告信息。通过查看输出窗口可知，第 1 条警告信息用于提示用户未指定初始时间步长（由于在该载荷步中施加了一个非常小的零位移约束，可以由程序自动确定时间步长，故此条警告信息可以忽略），第 2 条警告信息用于说明接触可能存在过约束，第 3 条警告信息用于说明过约束可能是在某些接触节点上施加的边界条件、耦合或约束方程所导致的 [在步骤（2）施加对称约束时，对图 12-114 所示的位于接触上的一个节点也施加了自由度约束，此约束是为了模拟模型的对称而施加的，故第 2 条和第 3 条警告信息也可以忽略]。

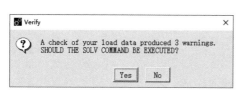

图 12-113　Verify 对话框

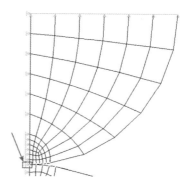

图 12-114　过约束的原因

单击 Verify 对话框中的 Yes 按钮，继续提交求解。在求解时，Ansys 会显示非线性求解过程收敛情况的曲线，求解完成时，弹出显示 Solution is done!信息的 Note 对话框，单击 Close 按钮将其关闭。

（7）删除非零位移约束。选择 Main Menu > Solution > Define Loads > Delete > Structural > Displacement > On Nodes 命令，弹出节点拾取框，在底部输入框中输入 NC（表示拾取编号为 NC 的节点），单击 OK 按钮；弹出如图 12-115 所示的 Delete Node Constraints（删除节点自由度约束）对话框，将 Lab 设为 UY（表示删除 Y 方向的自由度约束），单击 OK 按钮。

（8）施加力载荷。选择 Main Menu > Solution > Define Loads > Apply > Structural > Force/Moment > On Nodes 命令，弹出节点拾取框，在底部输入框中输入 NC（表示拾取编号为 NC 的节点），单击 OK 按钮；弹出如图 12-116 所示的 Apply F/M on Nodes 对话框，将 Lab 设为 FY，将 VALUE 设为-1600（根据模型的对称性，需要施加的力载荷为 3200/2=1600，负号表示力的方向为 Y 轴的反方向），单击 OK 按钮。施加力载荷后的结果如图 12-117 所示。

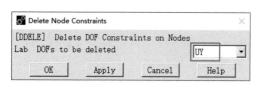

图 12-115　Delete Node Constraints 对话框

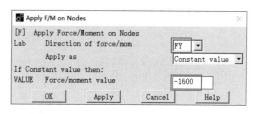

图 12-116　Apply F/M on Nodes 对话框

（9）设置求解控制。选择 Main Menu > Solution > Analysis Type > Sol'n Controls 命令，弹出如图 12-118 所示的 Solution Controls 对话框，默认为 Basic 选项卡，在 Number of substeps 文本框中输入 10，在 Max no. of substeps 文本框中输入 20，在 Min no. of substeps 文本框中输入 10，单击 OK 按钮。

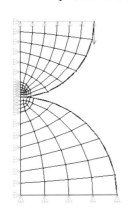

图 12-117 施加力载荷后的结果

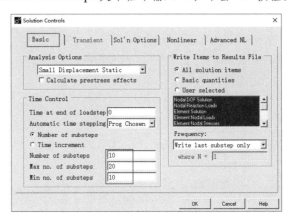

图 12-118 Solution Controls 对话框（Basic 选项卡）

（10）求解当前载荷步。选择 Main Menu > Solution > Solve > Current LS 命令，弹出/STATUS Command 窗口和 Solve Current Load Step 对话框。阅读/STATUS Command 窗口中的内容，确认无误后将其关闭。单击 Solve Current Load Step 对话框中的 OK 按钮，提交求解。

在求解时，Ansys 会显示非线性求解过程收敛情况的曲线，求解完成时，弹出显示 Solution is done! 信息的 Note 对话框，单击 Close 按钮将其关闭。

12.4.4 观察结果

（1）读入求解结果。选择 Main Menu > General Postproc > Read Results > Last Set 命令，读入最终的求解结果。

（2）查看变形结果。选择 Main Menu > General Postproc > Plot Results > Deformed Shape 命令，弹出如图 12-119 所示的 Plot Deformed Shape 对话框，将 KUND 设为 Def + undef edge，单击 OK 按钮，结果如图 12-120 所示。

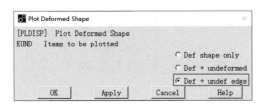

图 12-119 Plot Deformed Shape 对话框

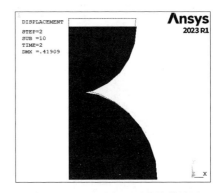

图 12-120 显示变形后形状的结果

（3）显示等效应力分布云图。首先选择 Utility Menu > PlotCtrls > Window Controls > Window Options 命令，弹出 Window Options 对话框，将 Display of legend 设为 Legend ON（表示显示图例），单击 OK 按钮。选择 Main Menu > General Postproc > Plot Results > Contour Plot > Nodal Solu 命令，弹出如图 12-121 所示的 Contour Nodal Solution Data 对话框，在 Item to be contoured 列表框中选择 Nodal Solution > Stress > von Mises stress 选项（表示等效应力），单击 OK 按钮，结果如图 12-122 所示。

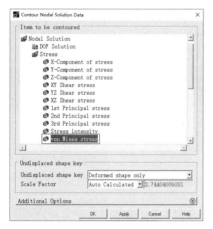

图 12-121　Contour Nodal Solution Data 对话框

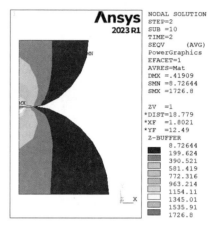

图 12-122　等效应力分布云图

（4）查看接触状态分布云图。选择 Main Menu > General Postproc > Plot Results > Contour Plot > Nodal Solu 命令，弹出 Contour Nodal Solution Data 对话框，在 Item to be contoured 列表框中选择 Nodal Solution > Contact > Contact status 选项（表示接触状态），单击 OK 按钮，结果如图 12-123 所示。

（5）查看接触压力分布云图。选择 Main Menu > General Postproc > Plot Results > Contour Plot > Nodal Solu 命令，弹出 Contour Nodal Solution Data 对话框，在 Item to be contoured 列表框中选择 Nodal Solution > Contact > Contact pressure 选项（表示接触压力），单击 OK 按钮，结果如图 12-124 所示。

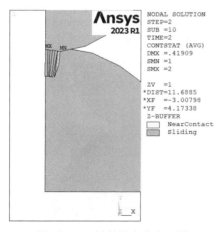

图 12-123　接触状态分布云图

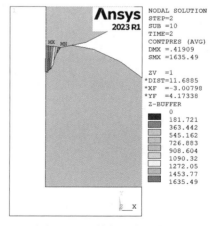

图 12-124　接触压力分布云图

(6）获取两个圆柱体之间接触的接近距离 D。通过获取位于小圆柱体水平中心线上最小编号节点的 Y 方向位移，即可得到两个圆柱体之间接触的接近距离 D。选择 Utility Menu > Parameters > Get Scalar Data 命令，弹出如图 12-125 所示的 Get Scalar Data 对话框，在 Type of data to be retrieved 的左侧列表框中选择 Results data，在右侧列表框中选择 Nodal results，单击 OK 按钮。弹出如图 12-126 所示的 Get Nodal Results Data 对话框，在 Name of parameter to be defined 文本框中输入 D；在 Node number N 文本框中输入 NC；在 Results data to be retrieved 的左侧列表框中选择 DOF solution，在右侧列表框中选择 UY，单击 OK 按钮。

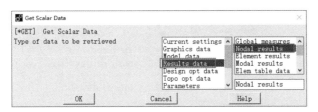

图 12-125　Get Scalar Data 对话框

（7）查看两个圆柱体之间接触的接近距离 D。选择 Utility Menu > Parameters > Scalar Parameters 命令，弹出如图 12-127 所示的 Scalar Parameters 对话框，可见 D=-0.418142359（负号表示位移方向为 Y 轴的负方向），所以两个圆柱体之间接触的接近距离 D 约为 0.4181mm。

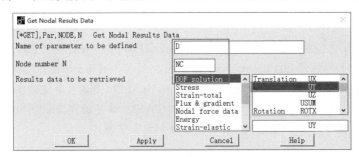

图 12-126　Get Nodal Results Data 对话框

图 12-127　Scalar Parameters 对话框

（8）选择接触单元。为了获取两个圆柱体之间接触的 1/2 接触长度 B，首先选择发生接触的接触单元，接着通过接触状态来筛选出这些接触单元中发生接触的接触单元，然后选择发生接触的接触单元上的节点，最后通过获取这些节点的 X 坐标最大值，即可获取两个圆柱体之间接触的 1/2 接触长度 B。选择 Main Menu > Preprocessor > Element Type > Add/Edit/Delete 命令，弹出如图 12-128 所示的 Element Types 对话框，可见在 12.4.2 小节中通过接触向导所创建的接触单元 CONTA172 的编号为 3，下面选择这些接触单元。选择 Utility Menu > Select > Entities 命令，弹出如图 12-129 所示的 Select Entities 对话框，在第 1 个下拉列表中选择 Elements 选项，在下面的下拉列表中选择 By Attributes 选项，单击下面的 Elem type num 单选按钮，在 Min,Max,Inc 文本框中输入 3（表示选择编号为 3 的单元，即 CONTA172 单元），单击 Apply 按钮。

（9）通过接触状态来筛选出发生接触的接触单元。选择 Main Menu > General Postproc > Element Table > Define Table 命令，弹出 Element Table Data 对话框，单击 Add 按钮，弹出如图 12-130 所示的 Define Additional Element Table Items 对话框，在 Lab 文本框中输入 NSTAT（表示所存储的结果

项标识为 NSTAT）；在 Item,Comp 的左侧列表框中选择 Contact（表示接触），在右侧列表框中选择 Status STAT（表示接触状态），单击 OK 按钮；返回 Element Table Data 对话框，单击 Close 按钮将其关闭。

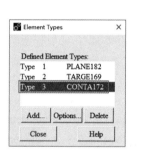  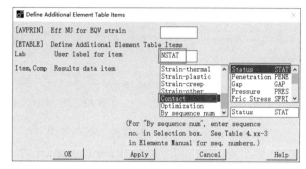

图 12-128　Element Types 对话框　　图 12-129　Select Entities 对话框　　图 12-130　Define Additional Element Table Items 对话框

接下来列表显示接触单元的接触状态结果。选择 Main Menu > General Postproc > Element Table > List Elem Table 命令，弹出如图 12-131 所示的 List Element Table Data 对话框，将 Items to be listed 设为 NSTAT，单击 OK 按钮，结果如图 12-132 所示。可见 108、109、110、112、113 号单元的接触状态的结果项为 2，通过查阅 Ansys 帮助中单元参考部分有关 CONTA172 单元的详细说明中的 CONTA172 单元输出定义表可知，接触状态结果项为 2 时表示接触单元发生接触。

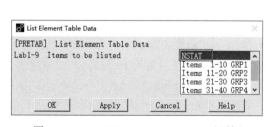 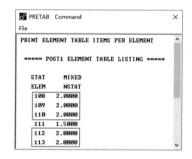

图 12-131　List Element Table Data 对话框　　图 12-132　列表显示接触单元的接触状态

为了进一步明确有哪些接触单元在力载荷的作用下发生了接触，接下来显示接触单元。选择 Utility Menu > PlotCtrls > Numbering 命令，弹出 Plot Numbering Controls 对话框，将 Elem/Attrib numbering 设为 Element numbers（表示显示单元编号），单击 OK 按钮；然后选择 Utility Menu > Plot > Elments 命令，显示接触单元的结果如图 12-133 所示（可见从左到右的 110、109、108、113、112 号单元发生了接触，而 111 号单元未发生接触）。

返回 Select Entities 对话框，在第 1 个下拉列表中选择 Elements 选项，在下面的下拉列表中选择 By Results 选项，单击下面的 Reselect 单选按钮，单击 Apply 按钮，弹出如图 12-134 所示的 Select Elements by Results（通过结果选择单元）对话框，将 Item,Comp 设为 NSTAT，在 VMIN,VMAX 文本框中依次输入 2（表示选择 NSTAT 为 2 的单元，即在接触单元中筛选出发生接触的接触单元），单击 OK 按钮。

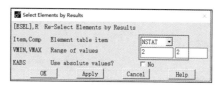

图 12-133　显示接触单元的结果　　　　　图 12-134　Select Elements by Results 对话框

（10）选择发生接触的接触单元上的节点。返回 Select Entities 对话框，在第 1 个下拉列表中选择 Nodes 选项，在下面的下拉列表中选择 Attached to 选项，选中下面的 Elements 和 Reselect 单选按钮，单击 OK 按钮。

（11）根据节点的 X 坐标值对节点按升序进行排序。选择 Main Menu > General Postproc > List Results > Sorted Listing > Sort Nodes 命令，弹出如图 12-135 所示的 Sort Nodes（排序节点）对话框，将 ORDER 设为 Ascending order（表示按升序进行排序）；在 Item,Comp 的左侧列表框中选择 Geometry，在右侧列表框中选择 Node loc X（表示基于节点的 X 坐标来整理节点），单击 OK 按钮，弹出如图 12-136 所示的 NLIST Command 窗口，可见 61 号节点的 X 坐标值最大，为 1.1609。

（12）获取发生接触的接触单元上的节点的 X 坐标最大值。选择 Utility Menu > Parameters > Get Scalar Data 命令，弹出如图 12-137 所示的 Get Scalar Data 对话框，在 Type of data to be retrieved 的左侧列表框中选择 Model data（表示模型数据），在右侧列表框中选择 For selected set（表示当前选择集），单击 OK 按钮。弹出如图 12-138 所示的 Get Data for Selected Entity Set（获取选择实体集数据）对话框，在 Name of parameter to be defined 文本框中输入 B（参数 B 用于存储发生接触的接触单元上的节点的 X 坐标最大值，即两个圆柱体之间接触的 1/2 接触长度）；在 Data to be retrieved 的左侧列表框中选择 Current node set（表示当前节点集），在右侧列表框中选择 Max X coordinate（表示 X 坐标的最大值），单击 OK 按钮。

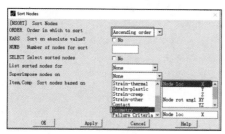

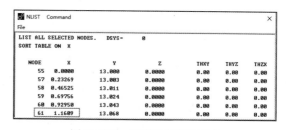

图 12-135　Sort Nodes 对话框　　　　　　图 12-136　列表显示排序节点

（13）查看两个圆柱体之间接触的 1/2 接触长度 B。选择 Utility Menu > Parameters > Scalar Parameters 命令，弹出如图 12-139 所示的 Scalar Parameters 对话框，可见 B=1.16092914，所以两个圆柱体之间接触的 1/2 接触长度 B 约为 1.1609mm。

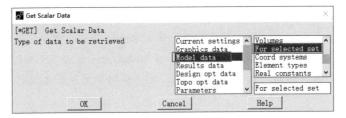

图 12-137 Get Scalar Data 对话框

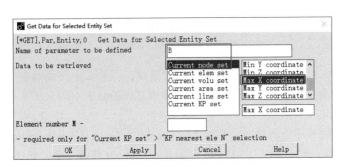

图 12-138 Get Data for Selected Entity Set 对话框

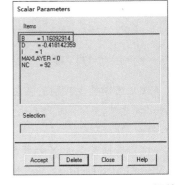

图 12-139 Scalar Parameters 对话框

（14）保存文件。单击工具栏中的 SAVE_DB 按钮，保存文件。

12.4.5 命令流文件

在工作目录中找到 HertzContact0.log 文件，并对其进行修改，修改后的命令流文件（HertzContact.txt）中的内容如下。

```
!%%%%%两个圆柱体之间的赫兹接触分析%%%%%
/CLEAR,START                    !清除数据
/FILNAME,HertzContact,1         !更改文件名称
/TITLE,HERTZ CONTACT BETWEEN TWO CYLINDERS
/PREP7                          !进入前处理器
ET,1,PLANE182                   !定义平面单元
MP,EX,1,30000                   !定义小圆柱体的材料属性
MP,PRXY,1,0.25
MP,EX,2,29120                   !定义大圆柱体的材料属性
MP,PRXY,2,0.3
CSYS,1                          !定义大圆柱体的材料属性
!**********创建大圆柱体**********
K,1 $ K,2,13                    !创建关键点
K,2,13 $ K,3,13,82
K,4,13,90 $ K,5,11,90
/TRIAD,RBOT $ /REPLOT           !调整坐标系的位置
L,1,5 $ L,2,3                   !创建线
L,3,4                           !3 号线为目标面
LOCAL,11,1,,13                  !创建 11 号局部坐标系
```

```
L,3,5                              !创建线
CSYS,1                             !设置为全局柱坐标系
A,1,2,3,5 $ A,5,3,4                !创建面
MAT,2                              !设置单元属性
SMRTSIZE,OFF                       !关闭自适应单元尺寸
ESIZE,,4                           !设置全局单元尺寸
LESIZE,1,,,7 $ LESIZE,2,,,7        !设置局部单元尺寸
MSHAPE,0,2D                        !设置单元形状
MSHKEY,1                           !设置网格划分方法
AMESH,1,2                          !对面 A1、A2 划分网格
!**********创建小圆柱体**********
LOCAL,12,1,,23-1E-5,,-90           !创建 12 号局部坐标系
K,11 $ K,12,10                     !创建关键点
K,13,10,8 $ K,14,10,90 $ K,15,8
L,11,15 $ L,13,14                  !创建线
L,12,13                            !9 号线为接触面
CSYS,11                            !设置为 11 号局部坐标系
L,13,15                            !创建线
CSYS,12                            !设置为 12 号局部坐标系
A,12,13,15                         !创建面
A,15,13,14,11                      !创建面
CSYS,0                             !设置为全局笛卡儿坐标系
CSDELE,11,12,1                     !删除 11、12 号局部坐标系
MAT,1                              !设置单元属性
ESIZE,,6                           !设置全局单元尺寸
AMESH,3,4                          !对面 A3、A4 划分网格
NSEL,S,LOC,Y,23                    !选择小圆柱体水平中心线上的所有节点
CP,1,UY,ALL                        !定义所选节点的 Y 自由度耦合
NSEL,ALL                           !选择所有节点
!**********定义接触**********
ET,2,TARGE169                      !定义 2D 目标单元
ET,3,CONTA172                      !定义 2D 接触单元
KEYOPT,3,2,3                       !设置接触单元的单元属性
KEYOPT,3,4,2
KEYOPT,3,9,1
MP,MU,1,                           !设置为无摩擦
MAT,1
MP,EMIS,1,7.88860905221e-31
REAL,1                             !定义实常数
R,1,,,1.0,0.1,0,
RMORE,,,1.0E20,0.0,1.0,
RMORE,0.0,0,1.0,,1.0,0.5
RMORE,0,1.0,1.0,0.0,,1.0
RMORE,10.0,,,,,1.0
LSEL,S,LINE,,3 $ NSLL,,1           !选择大圆柱体上目标面（3 号线）的节点
REAL,1 $ TYPE,2                    !设置单元属性
ESURF                              !生成 TARGE169 目标单元
```

```
LSEL,S,LINE,,9 $ NSLL,,1              !选择小圆柱体上接触面（9号线）的节点
TYPE,3                                 !设置单元属性
ESURF                                  !生成 COTAC172 接触单元
NSEL,ALL                               !选择所有节点
FINISH                                 !退出前处理器
/SOLU                                  !进入求解器
ANTYPE,STATIC                          !设置为静力分析
NSEL,S,LOC,X                           !选择 Y 轴上的所有节点
D,ALL,UX                               !施加自由度约束
NSEL,S,LOC,Y                           !选择 X 轴上的所有节点
D,ALL,UY                               !施加自由度约束
NSEL,S,LOC,Y,23                        !选择小圆柱体水平中心线上的所有节点
*GET,NC,NODE,,NUM,MIN                  !获取所选节点的最小编号并赋值给 NC
NSEL,ALL                               !选择所有节点
D,NC,UY,-0.005                         !施加一个非常小的零位移约束
SOLVE                                  !求解第 1 个载荷步
DDELE,NC,UY                            !删除施加的零位移约束
F,NC,FY,-1600                          !施加力载荷
NSUB,10,20,10                          !设置子步数
SOLVE                                  !求解第 2 个载荷步
FINISH                                 !退出求解器
/POST1                                 !进入通用后处理器
SET,LAST                               !读入求解结果
PLDISP,2                               !查看变形结果
/PLOPTS,INFO,ON                        !显示图例
PLNSOL,S,EQV,0,1.0                     !显示等效应力分布云图
PLNSOL,CONT,STAT,0,1.0                 !显示接触状态分布云图
PLNSOL,CONT,PRES,0,1.0                 !显示接触压力分布云图
*GET,D,NODE,NC,U,Y                     !获取接触距离 D
ESEL,S,TYPE,,3                         !选择接触单元
ETABLE,NSTAT,CONT,STAT                 !将接触状态的结果存储为 NSTAT
PRETAB,NSTAT                           !列表显示接触状态 NSTAT
/PNUM,ELEM,1 $ EPLOT                   !显示接触单元
ESEL,R,ETAB,NSTAT,2,2                  !筛选出发生接触的接触单元
NSLE,R                                 !选择发生接触的接触单元上的节点
NSORT,LOC,X,1                          !根据节点的 X 坐标值对节点按升序进行排序
NLIST,,,,,X                            !列表显示排序后的节点
*GET,B,NODE,,MXLOC,X                   !获取所选节点的 X 坐标最大值并赋值给 B
SAVE                                   !保存文件
FINISH                                 !退出通用后处理器
/EXIT,NOSAVE                           !退出 Ansys
```

第 13 章　基于 APDL 的参数化有限元分析

APDL（Ansys Parametric Design Language，Ansys 参数化设计语言）是专为 Ansys 设计的编程语言，通过 APDL 可以实现参数化有限元分析，从而提高分析效率。本章首先对 APDL 与工具栏的协同进行简要介绍，然后介绍参数的使用，接着介绍 APDL 作为宏语言使用及 APDL 与 GUI 协同的相关知识，最后通过一个分析实例对 APDL 进行参数化有限元分析的方法进行演示。

- 参数的使用
- APDL 作为宏语言的使用
- APDL 与 GUI 的协同

13.1　APDL 概述

APDL 是一种脚本语言，可以用来自动完成一些常见任务，甚至可以进行优化设计分析。虽然通过 Ansys 的 GUI 操作方式能够访问的所有命令都可以用作 APDL 的一部分，但 APDL 的实际功能要强大得多，它还能够实现许多通过 GUI 操作方式无法实现的功能，如重复功能、宏、IF-THEN-ELSE 条件分支、DO 循环和用户子程序等。

虽然 APDL 非常复杂，学习起来有一定的难度，但只要掌握它的一些基础功能，也能够为读者提供许多便利，因此本章对 APDL 进行简要介绍。当然，本章中介绍的仅为 APDL 的一些最基本的功能（如需要深入学习 APDL，可参考 Ansys 帮助中的 Ansys 参数化设计语言指南部分），但随着读者对 APDL 越来越熟练，也可以试着在日常的有限元分析中使用 APDL。

下面对 APDL 的相关知识作简单介绍。

13.1.1　APDL 与工具栏的协同工作

读者可以通过定义缩写（Abbreviation）将频繁使用的 Ansys 命令或宏添加到 Ansys 的工具栏中。缩写是 Ansys 命令、GUI 功能或宏的别名（最多 8 个字符的长度），它显示在工具栏的按钮上。另外，可以修改和嵌套工具栏的缩写。

1．向工具栏中添加按钮

通过定义缩写可以向工具栏中添加按钮。方法是通过选择 Utility Menu > Macro > Edit Abbreviations 或 Utility Menu > MenuCtrls > Edit Toolbar 命令，弹出如图 13-1 所示的 Edit Toolbar/Abbreviations（编辑工具栏/缩写）对话框，通过在 Selection 文本框中输入*ABBR,Abbr,String [Abbr 为 String 的缩写（最多包含 8 个字符），它将出现在工具栏的按钮上；String 可以是 Ansys 的命令、GUI 函数名或宏名] 格式的命令后，单击 Accept 按钮即可定义一个缩写。图 13-1 中的 Currently

Defined Abbreviations 列表框中列出了当前预定义的缩写，对应于图 13-2 所示的工具栏中的 4 个按钮（SAVE_DB 是 SAVE 命令的缩写，RESUM_DB 是 RESUME 命令的缩写，QUIT 是 Fnc_/EXIT 函数名的缩写，POWRGRPH 是 Fnc_/GRAPHICS 函数名的缩写）。

图 13-1　Edit Toolbar/Abbreviations 对话框

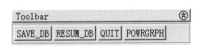

图 13-2　默认的 Ansys 工具栏

有两种使用缩写的方法：一种是像普通命令一样在命令行中直接输入缩写；另一种是在工具栏中单击缩写相应的按钮。

2. 缩写的保存和恢复

由于每个缩写都对应着 Ansys 工具栏中的一个按钮，因此，保存和恢复缩写也就是保存和恢复 Ansys 工具栏中的按钮。Ansys 的工具栏最多可以容纳 100 个按钮（可以通过嵌套工具栏来定义更多按钮）。除了预定义的 4 个缩写之外，Ansys 不会自动保存自定义的缩写，但是缩写能够被保存到数据库文件中，通过恢复数据库即可恢复缩写。另外，也可以通过选择 Utility Menu > MenuCtrls > Save Toolbar 命令（或 ABBSAV 命令）将当前自定义的缩写保存到一个缩写文件中，然后通过选择 Utility Menu > MenuCtrls > Restore Toolbar 命令（或 ABBRES 命令）来恢复这些缩写。

缩写文件的内容是用于创建缩写的 APDL 命令。因此，如果希望编辑大量工具栏的按钮或更改它们的顺序，使用文本编辑器是最方便的方法。例如，下面是保存默认工具栏按钮所产生的缩写文件的内容。

```
/NOPR
*ABB,SAVE_DB ,SAVE
*ABB,RESUM_DB,RESUME
*ABB,QUIT,Fnc_/EXIT
*ABB,POWRGRPH,Fnc_/GRAPHICS
/GO
```

其中，/NOPR 命令用于关闭输入命令解释的输出；*ABB 命令（*ABBR 命令的简写）用于定义缩写；/GO 命令用于打开输入命令解释的输出。

3. 嵌套工具栏

如果读者定义了特别多的缩写，将它们放在一个工具栏中会很难找到需要使用的按钮，这时就可以使用嵌套工具栏。要嵌套工具栏，读者只需定义一个缩写来恢复某个缩写文件。例如，下面的命令将缩写 PREP_ABR 定义为从缩写文件 prep.abbr 中恢复缩写。

```
*ABBR,PREP_ABR,ABBRES,,prep,abbr
```

PREP_ABR 将显示为工具栏中的一个按钮，单击该按钮时，将使用 prep.abbr 文件中定义的一组缩写的按钮来替换现有按钮。

通过定义缩写来恢复这些缩写文件，读者就可以创建嵌套工具栏。在创建嵌套工具栏时，建议在每个缩写文件中添加一个缩写为 RETURN 的按钮以返回上一级工具栏。

13.1.2 参数的使用

参数是指 APDL 中的变量（它们更类似于 FORTRAN 语言中的变量，而不是 FORTRAN 语言中的参数）。在使用参数时无须声明参数的类型，所有数值（无论是整型还是实型）都按双精度存储，已使用但未定义的参数被分配一个接近 0 的"极微小"值，大约为 2^{-100}。

Ansys 参数有标量参数和数组参数两种类型。

在定义参数名称时有以下约定：①必须以字母开头；②只能包含字母、数字和下划线字符（_）；③不能超过 32 个字符。

在对参数进行命名时，有以下注意事项：①避免使用常见的 Ansys 标识，如 DOF、TEMP、UX、PRES 等；②ARG1～ARG9 和 AR10～AR99 是宏中使用的专用局部参数名，不建议使用；③不能使用由*ABBR 命令定义的缩写。

1. 参数的定义

（1）在程序执行过程中为参数赋值。用户可以使用*SET 命令（或对应的 GUI 菜单命令）为参数赋值。使用*SET 命令为参数赋值的示例如下。

```
*SET,ABC,-24
*SET,QR,2.07E11
*SET,XORY,ABC
*SET,CPARM,'CASE1'
```

用户可以使用"="作为调用*SET 命令的简写方式，其格式为 Name=Value，其中，Name 是参数名称，Value 是存储在该参数中的数值或字符值。对于字符值，必须用单引号括起来，并且不能超过 8 个字符。上面的示例也可以使用"="为参数赋值，具体如下。

```
ABC=-24
QR=2.07E11
XORY=ABC
CPARM='CASE1'
```

（2）在 Ansys 启动时为参数赋值。当通过命令行来启动 Ansys 时，可以直接为参数赋值。在 Ansys 执行命令（以 Windows 操作系统为例）后面通过-Name Value 格式（Name 是参数名称，Value 是存储在该参数中的数值或字符值）来为参数赋值。例如，下面定义了两个参数 parm1 和 parm2，其值分别为 89.3 和-0.1。

```
ansys231 -parm1 89.3 -parm2 -0.1
```

如果用户需要在 Ansys 启动时定义大量参数，那么在 start.ans 文件中定义这些参数或者通过一个单独的文本文件（可以通过/INPUT 命令来加载该文件）来定义这些参数要方便得多。

（3）获取 Ansys 数据库的数据为参数赋值。获取 Ansys 数据库的数据并为参数赋值有两种方法：①使用*GET 命令；②内嵌提取函数。

*GET 命令可以从特定对象（节点、单元、面等）中提取数据库中的数据，并赋给某个用户命名

的参数。例如，命令"*GET,A,ELEM,5,CENT,X"将获取 5 号单元质心的 X 坐标位置，并将其赋给参数 A。*GET 命令的格式为

```
*GET,Par,Entity,ENTNUM,Item1,IT1NUM,Item2,IT2NUM
```

其中，Par 为将被赋值的参数名称；Entity 为被提取对象的关键字，有效关键字有 NODE（节点）、ELEM（单元）、KP（关键点）、LINE（线）、AREA（面）、VOLU（体）等；ENTNUM 是提取对象的编号（若为 0，指全部实体对象）；Item1 为对象的项目名称；IT1NUM 为指定 Item1 的编号或标识 [例如，如果 Entity 是 ELEM，则 Item1 要么是 NUM（选择集中最大或最小的单元编号），要么是 COUNT（选择集中的单元数量）]；Item2 和 IT2NUM 的含义同 Item1 和 IT1NUM。

使用*GET 命令为参数赋值的示例如下。

```
*GET,BCD,ELEM,97,ATTR,MAT      !将 97 号单元的材料编号赋值给 BCD
*GET,V37,ELEM,37,VOLU          !将 37 号单元的体积赋值给 V37
*GET,EL52,ELEM,52,HGEN         !将 52 号单元的热生成赋值给 EL52
*GET,OPER,ELEM,102,HCOE,2      !将 102 号单元 2 号面的导热系数赋值给 OPER
*GET,TMP,ELEM,16,TBULK,3       !将 16 号单元 3 号面的平均温度赋值给 TMP
*GET,NMAX,NODE,,NUM,MAX        !将活动节点中的最大节点编号赋值给 NMAX
*GET,HNOD,NODE,12,HGEN         !将 12 号节点的热生成赋值给 HNOD
*GET,COORD,ACTIVE,,CSYS        !将当前活动坐标系的编号赋值给 COORD
```

内嵌提取函数可以直接返回一个数值并在当前使用，使用内嵌提取函数为参数赋值的示例如下（内嵌函数 NX(x)用于计算 1 号节点和 2 号节点 X 坐标的平均值，并将其赋给参数 MID）。

```
MID=(NX(1)+NX(2))/2
```

其中，内嵌提取函数 NX(1)、NX(2)用于获取 1、2 号节点的 X 坐标位置。

（4）列表显示参数。在定义了参数之后，可以使用*STATUS 命令将参数进行列表显示。

2．参数的删除

可以通过两种方式删除某个参数。

（1）使用"="，但"="的右侧为空白。例如，要删除参数 QR，可输入以下命令。

```
QR=
```

（2）使用*SET 命令，但不要为参数指定值。例如，要通过*SET 命令删除 QR 参数，可输入以下命令。

```
*SET,QR,
```

> 注意：
> 将参数设置为 0，将字符参数设置为空单引号（``）或在单引号内输入空格，都不会删除该参数。

3．字符参数的使用

通常情况下，字符参数用于提供文件名和扩展名。所需的文件名或扩展名可以赋值给字符参数，然后在任何需要文件名或扩展名时使用该参数。

4．参数表达式

参数表达式包含参数和数字之间的常见运算，如加法、减法、乘法和除法等。下面是使用参数表达式的一些示例。

```
X=A+2*B                !表示 X=A+2×B
```

```
D=-B+(E**2)-(4*A*C)        !表示 D=-B+E²-4AC
XYZ=(A<B)+Y**2             !表示当 A 小于 B 时，XYZ=A+Y²；当 A 大于 B 时，XYZ=B+Y²
M=((X2-X1)**2-(Y2-Y1)**2)/2
```

其中，最后一个参数表达式以公式形式可以表示为 $M = \dfrac{(X2-X1)^2 - (Y2-Y1)^2}{2}$。

APDL 的运算符包含+（加）、-（减）、*（乘）、/（除）、**（求幂）、<（小于比较）、>（大于比较）。

5．参数函数

APDL 的参数函数可以对参数执行相应的数学运算，并通过函数返回一个值。APDL 目前可用的参数函数见表 13-1。

表 13-1　APDL 目前可用的参数函数

函　　数	功能介绍
ABS(x)	x 的绝对值，即 |x|
SIGN(x,y)	首先求 x 的绝对值，然后取 y 正负符号的结果。当 y=0 时结果取正号
CXABS(x,y)	求复数 x+yi 的幅值，即 $\sqrt{x^2+y^2}$
EXP(x)	x 的指数值，即 e^x
LOG(x)	x 的自然对数值，即 Ln(x)
LOG10(x)	x 的常用对数值，即 $\log_{10}(x)$
SQRT(x)	x 的平方根值，即 $\sqrt{x}$
NINT(x)	x 的整数部分
MOD(x,y)	x/y 的余数部分，当 y=0 时，返回 0
RAND(x,y)	一个 x~y 之间的随机数（x 为下限，y 为上限）
GDIS(x,y)	一个服从平均值为 x 且标准方差为 y 的正态分布的随机数
SIN(x)、COS(x)、TAN(x)	x 的正弦、余弦及正切值，角度默认为弧度
SINH(x)、COSH(x)、TANH(x)	x 的双曲正弦、双曲余弦及双曲正切值，角度默认为弧度
ASIN(x)、ACOS(x)、ATAN(x)	x 的反正弦、反余弦及反正切值，角度默认为弧度
ATAN2(y,x)	y/x 的反正切值，角度默认为弧度
VALCHR(CPARM)	字符参数 CPARM 的数字值（如果 CPARM 是非数字值，返回 0）
CHRVAL(PARM)	数值参数 PARM 的字符值，小数位数取决于数值大小
UPCASE(CPARM)	CPARM 的大写字符串
LWCASE(CPARM)	CPARM 的小写字符串
LARGEINT(x,y)	通过低位（x）和高位（y）的 32 位整数形成 64 位指针

6．参数的保存、恢复和写出

用户可以将当前定义的所有参数写入一个参数文件（.parm）中进行保存，然后通过读取该文件来恢复这些参数。通过读取参数文件恢复参数时，可以完全替换当前定义的所有参数，也可以将读入的参数添加到当前定义的参数集中（将替换已经存在的参数）。

如果需要将参数写入参数文件，需要使用 PARSAV 命令。如果需要从参数文件中读取参数，需要使用 PARRES 命令。如果需要将参数输出到一个外部文件中,需要使用*VWRITE 命令。

7. 数组参数

除了标量（单值）参数之外，还可以定义数组（多值）参数。ADDL 中可以创建 1D 数组（一维数组，单列）、2D 数组（二维数组，行和列）、3D 数组（三维数组，行、列和面）、4D 数组（四维数组，行、列、面和册）、5D 数组（五维数组，行、列、面、册和架）。

数组参数包含数值型数组（ARRAY）、字符型数组（CHAR）、表格（TABLE）型数组和字符串型数组（STRING）。

图 13-3 所示为一个 2D 数组，它包含 m 行、n 列共 2 个维度，也就是说，它包含 $m×n$ 个数组元素。每个数组元素被标识为 (i, j)，其中 i 是其行索引值，j 是其列索引值。通过增加一个面（p）的维度，可以将 2D 数组扩展为 3D 数组，如图 13-4 所示。以此类推，可以扩展到 4D 数组和 5D 数组。

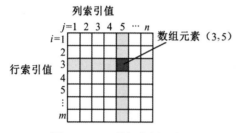 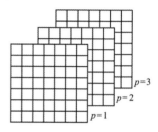

图 13-3　2D 数组的图形表示　　　　　图 13-4　3D 数组的图形表示

（1）表格型数组参数。表格型数组参数与数值型数组参数类似，但有以下两个不同。①表格型数组参数可以对数组元素按行、列索引值进行线性插值。②表格型数组包含 0 行 0 列的数据索引值，与其他类型的数组不同，这些索引值可以是实数，但必须递增。表格型数组参数的赋值通过行和列的索引值进行，必须为每行和每列的索引值进行赋值，如果不赋值，则程序自动赋一极小值（7.888609052E-31）。可以通过*TAXIS 命令来设置表格型数组的索引值。

（2）定义数组参数的类型和维度。在定义数组参数之前，首先要通过*DIM 命令定义其类型和维度。下面是使用*DIM 命令定义数组类型和维度的一些示例。

```
*DIM,AA,,4              !默认为数值型数组,1D 数组,包含 4[×1×1]个数组元素
*DIM,XYZ,ARRAY,12       !数值型数组,1D 数组,包含 12[×1×1]个数组元素
*DIM,FORCE,TABLE,5      !表格型数组,1D 数组,包含 5[×1×1]个数组元素
*DIM,T2,,4,3            !默认为数值型数组,2D 数组,包含 4×3[×1]个数组元素
*DIM,CPARR1,CHAR,5      !字符型数组,1D 数组,包含 5[×1×1]个数组元素
```

> **提示：**
>
> 在定义数组的类型和维度后，数值型数组和表格型数组的数组元素被初始化为 0（表格型数组的 0 行 0 列的数组元素将被初始化为一个极小的非零值）；字符型数组的数组元素被初始化为空值。数组参数运算后得到的结果数组参数不需要预先定义维度。

（3）为数组元素赋值。为数组元素赋值有以下几种方法：①通过*SET 命令或"="为数组元素赋值；②通过*VFILL 命令填充数组中的数组向量（即数组中的列）；③通过选择 Utility Menu> Parameters> Array Parameters> Define/Edit 命令（*VEDIT）所弹出的对话框交互式地为数组元素赋值；

④通过*VREAD 或*TREAD 命令从 ASCII 文件读取数据来为数组元素赋值。

下面简要介绍常用的前三种为数组元素赋值的方法。

> **提示：**
>
> 用户不能交互式地创建或编辑 4D 或 5D 数组。*VEDIT、*VREAD 和*TREAD 命令不适用于 4D 或 5D 数组。

使用*SET 命令或"="为数组元素赋值时，每个命令最多为 10 个数组元素赋值。为一个 4×3 数组参数 T2 的元素赋值的示例如下。

```
*DIM,T2,,4,3              !定义一个二维包含 4×3 个数组元素的数值型数组
T2(1,1)=.6,2,-1.8,4       !定义第 1 列的 4 个数组元素(1,1)、(2,1)、(3,1)、(4,1)
T2(1,2)=7,5,9.1,62.5      !定义第 2 列的 4 个数组元素(1,2)、(2,2)、(3,2)、(4,2)
T2(1,3)=2E-4,-3.5,22,.01  !定义第 3 列的 4 个数组元素(1,3)、(2,3)、(3,3)、(4,3)
```

赋值后的数组参数 T2 如下所示。

$$T2=\begin{bmatrix} 0.6 & 7.0 & 0.0002 \\ 2.0 & 5.0 & -3.5 \\ -1.8 & 9.1 & 22.0 \\ 4.0 & 62.5 & 0.01 \end{bmatrix}$$

通过*VFILL 命令为一个 4×3 的数组参数 DTAB 的数组元素赋值的示例如下。

```
*DIM,DTAB,ARRAY,4,3              !定义一个二维包含 4×3 个数组元素的数值型数组
*VFILL,DTAB(1,1),DATA,-3,8,-12,57 !以 4 个数据填充数组的第 1 个向量
*VFILL,DTAB(1,2),RAMP,2.54,2.54  !以初始值 2.54，递增值 2.54 的数据填充第 2 个向量
*VFILL,DTAB(1,3),RAND,1.5,10     !以 1.5 和 10 之间的随机数填充第 3 个向量
```

赋值后的数组参数 DTAB 如下所示（由于第 3 列的数据取决于所生成的随机数，所以读者生成的随机数可能与此不同）。

$$DTAB=\begin{bmatrix} -3 & 2.54 & 2.799901284 \\ 8 & 5.08 & 6.11292418 \\ -12 & 7.62 & 6.70205516 \\ 57 & 10.16 & 4.11487684 \end{bmatrix}$$

选择 Utility Menu > Parameters > Array Parameters > Define/Edit 命令（*VEDIT）后，可以通过如图 13-5 所示的对话框交互式地为数组参数赋值。

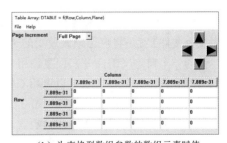

（a）为数值型数组的数组元素赋值　　　　　　（b）为表格型数组参数的数组元素赋值

图 13-5　通过数组参数对话框为数组元素赋值

(4) 数据的写出。用户可以通过*VWRITE 命令将数组参数中保存的数据写入到格式化的数据文件中。该命令将数组参数中包含的数据写入当前打开的文件（*CFOPEN 命令），输出数据的格式都是通过*VWRITE 命令行的下一行的 FORTRAN 数据描述符指定的（因此*VWRITE 命令不能在 GUI 模式下通过单独输入这条命令来执行，而只能在命令流文件中使用）。

(5) 数组参数之间的运算。Ansys 提供了一系列的命令可用于在数组参数之间进行运算。数组参数的运算主要有两大类：对列（向量）的运算，称为向量运算；对整个矩阵（数组）的运算，称为矩阵运算。对数组参数运算命令感兴趣的读者，可参考 Ansys 帮助中的 Ansys 参数化设计语言指南部分。

(6) 数组参数的图形显示。用户可以使用*VPLOT 命令以图形方式显示数组向量的值。通过*VPLOT 命令显示数组向量的值的示例如下。

```
*DIM,ARRAYVAL,,3,2        !定义一个二维包含 3×2 个数组元素的数值型数组
ARRAYVAL(1,1)=6,8,10      !定义第 1 列的 3 个数组元素
ARRAYVAL(1,2)=12,6,3      !定义第 2 列的 3 个数组元素
*VPLOT,,ARRAYVAL(1,1),1   !绘图显示第 1 列的数组向量的值
```

运行上述命令后，以图形方式显示数组 ARRAYVAL 第 1 列数组元素值的结果如图 13-6 所示。

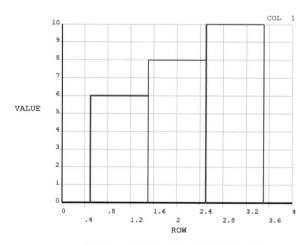

图 13-6　显示数组向量的值的示例

13.1.3　APDL 作为宏语言的使用

APDL 可以作为宏语言来使用，这在频繁执行一个特殊任务时相当有用。Ansys 中的宏文件（有时称为命令文件）就是将自己频繁使用的 APDL 命令序列保存为一个文件，然后通过将宏文件名（简称宏）作为一个自定义的命令来反复调用宏内保存的命令序列，以自动完成一定的任务。除了执行一系列 APDL 命令之外，宏还可以调用 GUI 函数或将值传递到参数中。

用户还可以嵌套宏，也就是说，第 1 个宏可以调用第 2 个宏，第 2 个宏可以调用第 3 个宏，以此类推，最多可以使用多达 20 层的嵌套。

一个非常简单的宏的示例内容如下。该宏中包含的命令序列将创建一个长、宽、高分别为 4、3、2 的长方体和一个半径为 1 的球体，然后从长方体中减去球体。

```
/PREP7                !进入前处理
/VIEW,,-1,-2,-3       !调整视图方向
BLOCK,,4,,3,,2        !创建一个长、宽、高分别为 4、3、2 的长方体
SPHERE,1              !创建一个半径为 1 的球体
VSBV,1,2              !从长方体中减去球体
FINISH                !退出前处理
```

如果该宏以 mymacro.mac 为文件名进行保存，那么用户可以使用下面的单个命令来调用该宏以执行该宏内包含的命令序列。

```
*USE,mymacro
```

由于该宏的扩展名为.mac，所以也可以使用下面的方式来调用该宏。

```
mymacro
```

1. 宏的创建

用户既可以在 Ansys 中直接创建宏，又可以通过文本编辑器创建宏。但对于长而复杂的宏，用户应该始终考虑将 Ansys 中通过 GUI 交互操作方式生成的日志文件作为宏的底稿，通过修改日志文件而创建宏。

（1）宏文件的命名规则。宏文件不应与现有的 Ansys 命令同名，宏文件的命名有以下限制：①文件名不能超过 32 个字符；②文件名不能以数字开头；③文件的扩展名不能超过 8 个字符（一般建议使用 mac 为扩展名，此时生成的宏文件可以作为 Ansys 命令使用）；④文件名或扩展名均不能包含空格；⑤文件名或扩展名不能包含当前文件系统禁止使用的字符。

为了确保用户没有与现有的 Ansys 命令同名，在对宏命名之前，需要尝试运行该宏，如果 Ansys 弹出如图 13-7 所示的 Warning 对话框（警告内容为 XCVB 不是前处理器中可识别的命令、缩写或宏，该命令将被忽略），表示在当前处理器中没有该命令，但需要注意，为了防止出错，用户应该在计划使用该宏的每个处理器中都进行检查。

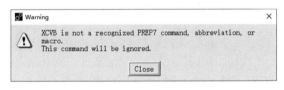

图 13-7 Warning 对话框

（2）宏的搜索路径。宏放在下面这些路径中能够自动执行：①Ansys 的安装子目录（/ansys_inc/v231/ansys/apdl）；②ANSYS_MACROLIB 环境变量指定的路径；③$HOME 环境变量指定的目录；④当前工作目录。

（3）在 Ansys 中创建宏。可以通过以下 4 种方式在 Ansys 中创建宏：①在命令输入窗口中输入*CREATE 命令，此时参数值不确定，参数名被写入宏文件中。②使用*CFOPEN、*CFWRITE 和*CFCLOS 命令，此时参数名被解析为它们的当前值，并且这些值被写入宏文件。③在输入窗口中输入/TEE 命令。该命令在执行命令序列的同时将命令序列写入宏文件。当命令序列在执行时，参数名被解析为它们的当前值，但在创建的宏文件中，不会解析参数值，而是写入参数名。④选择 Utility Menu > Macro > Create Macro 命令，将打开如图 13-8 所示的 Create Macro（创建宏）对话框，该对话框可用作创建宏的简单多行编辑器。此时参数值不确定，参数名被写入宏文件。

在命令输入窗口中输入*CREATE 命令后，将使后续输入的 Ansys 命令序列重新定向到该命令指定的宏文件，直到输入*END 命令。通过*CREATE 创建一个宏文件（matprop.mac）的示例如下，该宏用于定义一组材料属性。

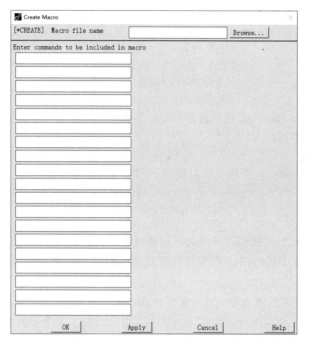

图 13-8　Create Macro 对话框

```
*CREATE,matprop,mac      !创建并打开一个名为 matprop.mac 的宏文件
MP,EX,1,2.07E11          !定义材料的弹性模量
MP,NUXY,1,.3             !定义材料的泊松比
MP,DENS,1,7800           !定义材料的密度
*END                     !关闭当前打开的宏文件
```

如果用户希望创建一个宏文件，并使用当前值代替参数名，则可以使用*CFWRITE 命令。与 *CREATE 命令不同，*CFWRITE 命令不能指定宏文件名，用户必须首先使用*CFOPEN 命令打开指定的宏文件，最后使用*CFCLOS 命令关闭宏文件。

（4）通过文本编辑器创建宏。用户可以使用自己习惯使用的任何文本编辑器来创建或编辑宏，然后将其保存为宏。

（5）宏库的创建。为了方便起见，Ansys 允许用户将一批宏放在一个文件中，称为宏库文件。用户可以通过*CREATE 命令或文本编辑器来创建宏库文件。宏库文件没有明确的扩展名，并具有与宏文件相同的命名限制。

2．宏的执行

宏的执行有以下 4 种方法。

（1）通过*USE 命令来执行宏。例如，如果在宏搜索路径中存在一个名为 mymacro.mac 的宏，在命令提示窗口中输入*USE,mymacro 命令来执行该宏。

（2）直接将宏文件的文件名作为命令使用。这种方法适用于宏的扩展名为 mac，并且该宏存放在宏搜索路径中的情况。

（3）选择 Utility Menu > Macro > Execute Macro 命令。

（4）执行宏库中包含的宏。此时必须首先使用*ULIB 命令指定宏库。例如，要执行的宏位于 /myaccount/macros 目录中的 mymacros.mlib 宏库中，首先需要输入以下命令来选择宏库。

```
*ULIB,mymacros,mlib,/myaccount/macros/
```

在选择 mymacros.mlib 宏库后，可以通过*USE 命令来执行该库中包含的任何宏。

3. 局部变量

APDL 提供了两组专用的标量参数，可用作局部变量，即①宏命令行的输入变量，它们是用于将命令行参数传递给宏的一组标量参数；②宏内部使用的局部变量，它们是可以在宏中使用的一组标量参数，这些标量参数提供的局部变量只能在该宏的内部使用。

（1）宏命令行的输入变量。宏作为 Ansys 的命令使用时，可以具有多达 19 个标量参数，以将参数从宏执行命令行传递到宏文件中。这些标量参数的值对于每个宏而言都是局部的（只能在宏内部使用，随着宏的调用而存在于宏的进程中，随着宏的退出而从内存中消失）。这 19 个宏输入变量被命名为 ARG1~ARG9，它们可以输入以下内容：①数字；②包含字母和数字的字符串（最多 32 个字符）；③数字或字符参数；④参数表达式。

例如，下面的一个简单的宏 mymacro.mac 有 4 个参数：ARG1、ARG2、ARG3 和 ARG4。

```
/PREP7                          !进入前处理
/VIEW,,-1,-2,-3                 !调整视图方向
BLOCK,,ARG1,,ARG2,,ARG3         !创建一个长、宽、高分别为 ARG1、ARG2、ARG3 的长方体
SPHERE,ARG4                     !创建一个半径为 ARG4 的球体
VSBV,1,2                        !从长方体中减去球体
FINISH                          !退出前处理
```

执行该宏时，可以输入以下命令行。

```
mymacro,4,3,2.2,1    !执行宏 mymacro，ARG1 为 4，ARG2 为 3，ARG3 为 2.2，ARG4 为 1
```

（2）宏内部使用的局部变量。每个宏最多可以有 80 个标量参数用作局部变量（AR20~AR99）。这些参数完全是宏的局部参数，多个宏可以各自为这些参数指定自己的唯一值。在嵌套中，这些参数也不会互相传递。

4. APDL 中的程序流程控制

当执行输入文件时，Ansys 程序总是逐行执行命令，即按命令序列的顺序逐条命令地执行。然而，APDL 提供了一组丰富的命令，用户可以使用它们来对程序流程进行控制。①调用子程序（嵌套宏）；②在宏中使用无条件分支转移到指定的行；③在宏中基于条件分支转移到指定行；④重复执行一个命令，递增一个或多个命令参数；⑤在宏中对某个部分循环指定次数。

下面简要介绍这些程序控制功能。

（1）嵌套宏（在宏中调用子程序）。APDL 允许嵌套多达 20 层的宏，提供了与 FORTRAN 调用语句或调用函数相似的功能。例如，下面一个简单的宏库文件中包含了 MYSTART 和 MYSPHERE 两个宏，其中 MYSTART 宏调用 MYSPHERE 宏来创建球体。

```
MYSTART                 !定义一个名为 MYSTART 的宏
/PREP7                  !进入前处理
/VIEW,,-1,-2,-3         !调整视图方向
*USE,MYSPHERE,1.2       !调用宏 MYSPHERE
FINISH                  !退出前处理
```

```
/EOF                        !退出宏 MYSTART
MYSPHERE                    !定义一个名为 MYSPHERE 的宏
SPHERE,ARG1                 !创建半径为 ARG1 的一个球体
/EOF                        !退出宏 MYSPHERE
```

（2）无条件分支（*GO 命令）。无条件转移命令*GO 用来将程序流程转移到指定的行并从指定的行继续执行，而不执行中间的任何命令。例如：

```
*GO,:BRANCH1                !无条件转移到标识有:BRANCH1 的行
---                         !该部分为跳过的命令块（不执行）
---
:BRANCH1                    !从标识有:BRANCH1 的行开始继续执行后面的流程
---
---
```

（3）条件分支。APDL 允许用户根据对条件的评估来执行一组命令块中的某一个命令块（命令块由多条命令组成，作为一个整体进行处理）。命令*IF 是最基本、最常用的条件分支命令，其使用格式如下。

```
*IF,VAL1,Oper1,VAL2,Base
```

其中，"VAL1,Oper1,VAL2"就是所谓的条件表达式；VAL1 和 VAL2 为参数、数值或字符串（需要用单引号，且运算符只能使用 EQ 和 NE）。Oper1 为比较符号，常用的有 EQ（等于），即 VAL1=VAL2；NE（不等于），即 VAL1≠VAL2；LT（小于），即 VAL1<VAL2；GT（大于），即 VAL1>VAL2；LE（小于或等于），即 VAL1≤VAL2；GE（大于或等于），即 VAL1≥VAL2；ABLT（绝对值小于），即|VAL1|<|VAL2|；ABGT（绝对值大于），即|VAL1|>|VAL2|。Base 是根据前面的条件表达式运算的结果来执行的，若为 THEN,则*IF 命令将成为 IF-THEN-ELSE 条件分支结构的开始。

条件分支结构由下列内容组成：①一个*IF 命令；②一个或多个可选的*ELSEIF 命令；③一个可选的*ELSE 命令；④一个必需的*ENDIF 命令，以结束 IF-THEN-ELSE 条件分支结构。

图 13-9 的示例展示了一个典型的条件分支结构，其命令流如下。需要注意，在条件分支结构中只能执行其中的某一个命令块（Block），如果所有的比较结果均为 FALSE（假），则执行*ELSE 命令后面的一个命令块。

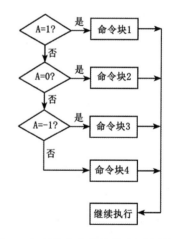

图 13-9　条件分支结构的流程控制框图

```
*IF,A,EQ,1,THEN             !开始执行条件分支结构，如果 A=1，则执行命令块 1
    !以下是命令块 1 的命令序列
    ...
    *ELSEIF,A,EQ,0          !如果 A=0，则执行命令块 2
    !以下是命令块 2 的命令序列
    ...
    *ELSEIF,A,EQ,-1         !如果 A=-1，则执行命令块 3
    !以下是命令块 3 的命令序列
    ...
    *ELSE                   !A≠1，且 A≠0，且 A≠-1，则执行命令块 4
```

```
    !以下是命令块 4 的命令序列
    ...
*ENDIF                              !结束条件分支结构
!以下为继续执行的命令
```

（4）重复执行一个命令。命令*REPEAT 可以实现最简单的循环，当输入这个命令后，Ansys 会按指定的循环次数重复执行上一条命令，并且命令中的参数可以按固定增量递增。使用*REPEAT 命令的一个示例如下。

```
E,1,2
*REPEAT,5,0,1
```

在上面的命令流中，E 命令在 1 号节点和 2 号节点之间生成 1 个单元，后续的*REPEAT 命令指定 E 命令执行 5 次（包括初始的命令），每增加执行 1 次 E 命令时，所使用的第 2 个节点编号递增 1，结果是连接节点 1-2、1-3、1-4、1-5 和 1-6，共生成 5 个单元。

（5）DO 循环。DO 循环可以使用户按指定循环次数来重复执行某一段命令。*DO 和*ENDDO 命令用于标识 DO 循环的起点和终点。

DO 循环的示例如下，该示例用于编辑 5 个载荷步文件（编号为 1~5），并对每个载荷步文件进行相同的修改。

```
*DO,I,1,5              !I 的取值为 1~5，表示 DO 循环执行 5 次
    LSREAD,I           !读入第 I 个载荷步文件
    OUTPR,ALL,NONE     !修改输入控制
    ERESX,NO           !将积分点结果复制到节点
    LSWRITE,I          !修改第 I 个载荷步文件
*ENDDO                 !结束 DO 循环
```

（6）隐含的 DO 循环（冒号）。通过冒号（:）也可以实现 DO 循环的效果，其使用格式如下。

```
(X:Y:Z)
```

其中，X 为循环的起始值，Y 为终止值，Z 为增量（默认为 1）。例如，命令"n,(1:6),(2:12:2)"表示将执行下面的命令："n,1,2" "n,2,4" "n,3,6" … "n,6,12"。

（7）DO-WHILE 循环。当不确定具体的循环次数时，可以使用*DOWHILE 命令，此时将根据给定的循环变量周而复始地判断参数值，直到其为 FALSE（小于或等于 0），循环才停止，并继续执行后面的命令，其使用格式如下。

```
*DOWHILE,Parm
```

当参数 Parm 为 TRUE 时，循环继续执行；当参数 Parm 为 FALSE 时，循环终止。

13.1.4　APDL 与 GUI 的协同

APDL 可以与 Ansys 的图形用户界面（GUI）协同进行工作，主要有以下几种方法：①修改 Ansys 的工具栏（13.1.1 小节）；②通过*ASK 命令提示用户输入单个参数值；③创建一个对话框来提示用户输入多个参数值；④在宏中通过*MSG 命令写出输出消息；⑤在宏中创建 ANSYS Process Status（ANSYS 进程状态）对话框；⑥在宏中通过 GUI 方式拾取实体；⑦调用 Ansys 的任何对话框。

由于第 1 种 APDL 与 GUI 协同工作的方法在 13.1.1 小节中已经介绍，下面主要介绍其他 6 种协同工作的方法。

1. 提示用户输入单个参数值

通过*ASK 命令可以提示用户输入单个参数值，该命令的格式如下。

```
*ASK,Par,Query,DVAL
```

其中，Par 为标量参数名；Query 为输入参数的提示；DVAL 为参数的默认值。

在执行*ASK 命令时，会弹出 Prompt（提示）对话框，同时给出输入参数的提示，用户可以在指定的输入框中输入参数值，若未输入任何值就单击 OK 按钮，则输入的是默认值。例如，当执行以下命令时，将弹出如图 13-10 所示的 Prompt 对话框。

```
*ASK,HIGHT,The Hight of A Cylinder(mm),50
```

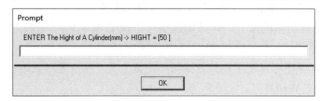

图 13-10 Prompt 对话框

2. 提示用户输入多个参数值

MULTIPRO 命令可以创建一个简单的包含多个参数提示（最多可包含 10 个参数提示）的对话框，该命令允许用户使用一组*CSET 命令来创建参数提示，并为每个参数指定一个默认值。需要注意，不能在 DO 循环中使用 MULTIPRO 命令。

MULTIPRO 命令必须与以下命令结合使用：①1~10 个*CSET 命令用于创建参数提示；②最多 2 个特殊的*CSET 命令，为用户提供操作指南。

MULTIPRO 和*CSET 的格式如下。

```
MULTIPRO,'START',Prompt_Num
    *CSET,Strt_Loc,End_Loc,Param_Name,'Prompt_String',Def_Value
MULTIPRO,'END'
```

其中，'START'表明该行是定义 Multi-Prompt for Variables（多参数提示）对话框内容的开始；Prompt_Num 是在对话框中出现的参数个数；Strt_Loc、End_Loc 是参数输入时提示信息所在的位置，End_Loc=Strt_Loc+2；连续执行*CSET 命令时，下一个*CSET 命令的 Strt_Loc 是上一个*CSET 命令的 End_Loc+1；Param_Name 是参数名称；'Prompt_String'是参数的提示信息；Def_Value 是参数的默认值；'END'表明该行是定义 Multi-Prompt for Variables 对话框内容的结束。

一个典型的 MULTIPRO 和*CSET 命令的示例如下，执行该命令流后，将弹出如图 13-11 所示的 Multi-Prompt for Variables 对话框。

```
MULTIPRO,'START',3
    *CSET,1,3,dx,'Enter DX Value',0
    *CSET,4,6,dy,'Enter DY Value',0
    *CSET,7,9,dz,'Enter DZ Value',0
    *CSET,61,62,'The MYOFSET macro offsets the',' selected nodes along each'
    *CSET,63,64,'of the three axes. Fill in the ',' fields accordingly.'
MULTIPRO,'END'
```

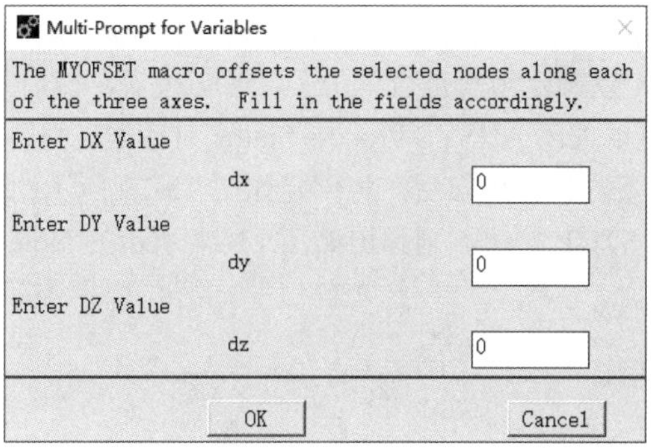

图 13-11　Multi-Prompt for Variables 对话框

3．写出输出消息

通过在宏中发出*MSG 命令，用户可以通过 Ansys 的消息子程序显示自定义的输出消息。*MSG 命令的格式如下。

```
*MSG,Lab,VAL1,VAL2,VAL3,VAL4,VAL5,VAL6,VAL7,VAL8
```

其中，Lab 为输出和终止控制的标识，常用的有 INFO（信息），写出没有标题的消息（默认）；NOTE（提示），写出标题为 NOTE 的消息；WARN（警告），写出标题为 WARNING 的消息，并将消息写入错误文件 Jobname.err；ERROR（错误），写出标题为 ERROR 的消息，并将消息写入错误文件 Jobname.err；FATAL（致命错误），写出标题为 FATAL ERROR 的消息，将消息写入错误文件 Jobname.err，并立即终止 Ansys 运行；UI（用户界面），写出带有 NOTE 标题的消息，并将其显示在 Note 对话框中。VAL1～VAL8 是要包含在消息中的数值或字母数字的字符值。必须在*MSG 命令之后立即指定消息的格式，消息的格式最多可以包含 80 个字符，由文本字符串和预定义的数据描述符组成，常用的数据描述符有：%I，表示整数数据；%G，表示双精度数据；%C，表示字母数字字符数据；%/，表示换行符。

例如，一个宏的内容如下，执行该宏后，将弹出如图 13-12 所示的 Note 对话框。

```
*MSG,UI,'Inner',25,1.2,148
Radius(%C)=%I, Thick=%G, Length=%I
```

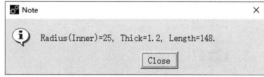

图 13-12　Note 对话框（1）

4．创建 ANSYS Process Status 对话框

在宏中，用户可以通过*ABSET 命令来创建 ANSYS Process Status 对话框，该对话框可以包含显示操作进度的进度条或 STOP 按钮（单击该按钮可以停止操作）。*ABSET 命令的格式如下。

```
*ABSET,Title40,Item
```

其中，Title40 为显示在对话框中的文本字符串（最多 40 个字符）；Item 为对话框所包含的内容，其取值有 BAR，表示对话框仅包含进度条；KILL，表示对话框仅包含 STOP 按钮；BOTH，表示对话框同时包含进度条和 STOP 按钮。

为了更新 ANSYS Process Status 对话框中的进度条，需要使用*ABCHECK 命令，其格式如下。

```
*ABCHECK,Percent,NewTitle
```

其中，Percent 为 0～100 之间的整数，它用于确定进度条中的进度位置；NewTitle 为一个包含进度信息的字符串（40 个字符，如果指定了 NewTitle 的字符串，则该字符串将替换 Title40 的字符串）。

如果在*ABSET 命令中将 Item 设为 KILL 或 BOTH，那么宏应该在每次执行*ABCHECK 之后检查返回的_RETURN 参数，以确定用户是否单击了 STOP 按钮，然后采取适当的操作。

通过*ABFINISH 命令可以关闭 ANSYS Process Status 对话框。

例如，一个宏的内容如下，执行该宏后，将创建如图 13-13 所示的 ANSYS Process Status 对话框，如果单击该对话框中的 STOP 按钮，则弹出如图 13-14 所示的 Note 对话框。

```
/CLEAR,NOSTART                          !清除数据库但不重新读取 start.ans 文件
/PREP7                                  !进入前处理器
N,1,1 $ N,10000,10000                   !创建 1 号、10000 号 2 个节点
FILL                                    !在 1 号和 10000 号节点之间填充节点
*ABSET,'This is a Status Bar',BOTH      !创建 ANSYS Process Status 对话框
MYPARAM=0                               !定义参数 MYPARAM 并将初始值设为 0
*DO,I,1,20                              !定义执行 20 次的一个 DO 循环
  J=5*I                                 !通过 I 为 J 赋值
  *ABCHECK,J                            !更新进度条
  *IF,_RETURN,GT,0,THEN                 !定义 IF 条件分支结构
    MYPARAM=1                           !如果单击 STOP 按钮，则将 MYPARAM 赋值为 1
  *ENDIF                                !结束 IF 条件分支结构
  /ANGLE,,J                             !将视图旋转角度 J
  NPLOT,1                               !显示节点
  NLIST,ALL                             !列表显示所有节点
  *IF,MYPARAM,GT,0,EXIT                 !如果 MYPARAM 大于 0，则退出 DO 循环
*ENDDO                                  !结束 DO 循环
*IF,MYPARAM,GT,0,THEN                   !如果 MYPARAM 大于 0，则执行下面的命令块
*MSG,UI                                 !写出输出消息，下一行是消息的内容
We are stopped.........
*ENDIF                                  !结束 IF 条件分支
*ABFINISH                               !关闭 ANSYS Process Status 对话框
FINISH                                  !退出前处理器
```

图 13-13　ANSYS Process Status 对话框

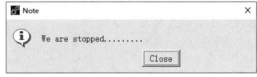

图 13-14　Note 对话框（2）

5. 在宏中通过 GUI 方式拾取实体

如果用户通过交互方式运行 Ansys，则可以在宏中调用 GUI 的拾取框。许多 Ansys 命令（如命令 K,,P）都接受通过在图形窗口中拾取实体进行输入，当所执行的宏中包含这样的命令时，会显示适当的拾取框；当用户单击拾取框中的 OK 按钮或 Cancel 按钮后，会继续执行宏。

🔊 提示：

> 如果宏中包含需要调用 GUI 功能的命令，那么该宏中的第 1 个命令应该是/PMACRO 命令。此命令可将宏的命令写入日志文件，这一点很重要，如果省略了/PMACRO 命令，Ansys 无法将日志文件读到 Ansys 任务重新执行的环境中。

例如，一个宏的内容如下。执行该宏，当执行到 K,2,P 命令时，将弹出如图 13-15 所示的 Create KPs on WP（坐标位置）拾取框，在图形窗口中拾取坐标位置或直接在底部输入框中输入准确的坐标位置后，单击 OK 按钮，将继续执行该宏；当执行到 L,P 命令时，将弹出如图 13-16 所示的 Lines in Active Coord（关键点）拾取框，通过该拾取框即可创建线。

```
/PMACRO              !该命令将宏内容写入日志内容
/CLEAR,NOSTART       !清除数据库但不重新读取 start.ans 文件
/PREP7               !进入前处理器
K,1                  !在坐标原点处创建 1 号关键点
K,2,P                !通过位置拾取框创建 2 号关键点
L,P                  !通过关键点拾取框创建线
FINISH               !退出前处理器
```

6. 在宏中调用对话框

在宏文件中，当遇到一个对话框 UIDL（User Interface Design Language，用户界面设计语言）函数名（如 Fnc_ANTYPE）时，就会显示对应的对话框。因此，用户可以通过将任何 Ansys 对话框的 UIDL 函数名写为宏文件中的单独一行来调用该对话框，当关闭该对话框时，程序将继续执行宏的下一行命令。在调用 Ansys 对话框时要注意，许多对话框都有一些依赖关系，包括激活有效的处理器和该对话框有效时应当具备的条件等。例如，当调用的对话框需要选择节点时，则必须存在已经创建好的节点；否则，该宏将无法正常执行。

例如，一个宏的内容如下。执行该宏，当执行到 "Fnc_BLC4" UIDL 函数名时，将弹出如图 13-17 所示的 Block by 2 Corners & Z（通过角点创建矩形或长方体）对话框，通过该对话框可创建矩形（Depth 设为 0 时为矩形）或长方体。

```
/PMACRO              !该命令将宏内容写入日志内容中
/CLEAR,NOSTART       !清除数据库但不重新读取 start.ans 文件
/PREP7               !进入前处理器
Fnc_BLC4             !通过 Fnc_BLC4 函数名调用 Block by 2 Corners & Z 对话框
FINISH               !退出前处理器
```

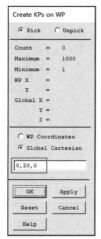

图 13-15　Create KPs on WP 拾取框

图 13-16　Lines in Active Coord 拾取框

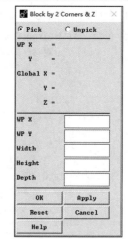

图 13-17　Block by 2 Corners & Z 对话框

接下来通过一个具体实例介绍通过 APDL 进行参数化有限元分析的方法。

13.2 实例——轴承座的 APDL 参数化有限元分析

图 13-18 所示为一种类型的轴承座的简图,其工作时的受力状态如图 13-18(c)所示。为了使该轴承座的有限元分析有更大的应用范围,本实例中将使用 APDL 对该类型轴承座的结构尺寸参数、材料参数、压力载荷进行参数化处理。在输入参数时,用户不需要对命令流进行修改,而是通过对话框输入所需参数。

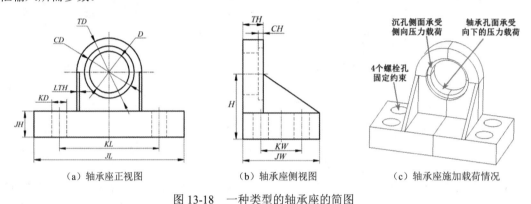

(a)轴承座正视图　　　　(b)轴承座侧视图　　　　(c)轴承座施加载荷情况

图 13-18　一种类型的轴承座的简图

13.2.1　基于对话框的轴承座分析

本实例将对轴承座进行线性静力分析,轴承座建模和网格划分的命令流可参考 2.1.3 小节和 3.2.3 小节。在 APDL 命令流的前半部分是对轴承座的几何参数、材料参数和压力载荷进行定义,采用对话框的方式来进行。由于涉及交互式操作,本实例将命令流保存为一个名为 BearingSeat.txt 的文本文件后存放在工作目录下,然后选择 File > Read Input from 命令来读入该命令流文件。

命令流文件 BearingSeat.txt 的具体内容如下。

```
!%%%%%基于对话框的轴承座的 APDL 参数化有限元分析%%%%%
C***,采用对话框的方式进行轴承座的静力分析
/PMACRO                    !该命令将宏内容写入日志文件
/CLEAR,START               !清除数据
/UIS,MSGPOP,3              !屏蔽警告信息,仅显示错误信息
Fnc_/FILNAM                !通过调用对话框来定义工作名
C***,设置轴承座的尺寸参数的对话框
!JL、JW、JH 分别为轴承基座的长、宽和高
!D 为轴承孔的直径,H 为轴承孔的轴线和基座底面的距离
MULTIPRO,'START',5
    *CSET,1,3,JL,'Length of the base(mm)',150
    *CSET,4,6,JW,'Width of the base(mm)',75
    *CSET,7,9,JH,'High of the base(mm)',25
    *CSET,10,12,D,'Diameter of the axle hole(mm)',42
    *CSET,13,15,H,'High of the axle hole(mm)',70
```

```
        *CSET,61,62,'Enter the parameter of','a bearing seat'
MULTIPRO,'END'
C***,继续设置轴承座的尺寸参数的对话框
!TD、TH 分别为托架的直径和厚度,CD、CH 分别为沉孔的直径和深度
MULTIPRO,'START',4
        *CSET,1,3,TD,'Diameter of the bracket(mm)',75
        *CSET,4,6,TH,'Thickness of the bracket(mm)',20
        *CSET,7,9,CD,'Diameter of the counterbore(mm)',50
        *CSET,10,12,CH,'Depth of the counterbore(mm)',5
        *CSET,61,62,'Enter the parameter of','a bearing seat'
MULTIPRO,'END'
C***,继续设置轴承座的尺寸参数的对话框
!KD 为 4 个螺栓孔的直径,KL 为螺栓孔轴线在底座长度方向上的距离
!KW 为螺栓孔轴线在底座宽度方向上的距离,LTH 为加强肋的厚度
MULTIPRO,'START',4
        *CSET,1,3,KD,'Diameter of the bolt hole(mm)',20
        *CSET,4,6,KL,'Distance(L) of bolt hole(mm)',110
        *CSET,7,9,KW,'Distance(W) of bolt hole(mm)',35
        *CSET,10,12,LTH,'Width of the reinforced rib(mm)',4
        *CSET,61,62,'Enter the parameter of','a bearing seat'
MULTIPRO,'END'
C***,设置材料参数的对话框
!E_M 为材料的弹性模量,P_R 为材料的泊松比
MULTIPRO,'START',2
        *CSET,1,3,E_M,'Elastic module of material(MPa)',2.1E5
        *CSET,4,6,P_R,'Poisson ratio of material',0.3
        *CSET,61,62,'Enter the material properties'
MULTIPRO,'END'
C***,设置压力载荷的对话框
!Pres_AH 为轴承孔面的压力载荷,Pres_C 为沉孔侧面的压力载荷
MULTIPRO,'START',2
        *CSET,1,3,Pres_AH,'Pressure of the axle hole(MPa)',35
        *CSET,4,6,Pres_C,'Pressure of the counterbore(MPa)',7
        *CSET,61,62,'Enter the pressure load of','a bearing seat'
MULTIPRO,'END'
/PREP7                          !进入前处理器
ET,1,SOLID186                   !定义单元类型
MP,EX,1,E_M,                    !定义材料的弹性模量
MP,PRXY,1,P_R,                  !定义材料的泊松比
BLOCK,0,JL/2,0,JH,0,JW,         !创建基座的长方体
/VIEW,1,1,1,1                   !调整视图为等轴测视图
wpoff,KL/2,JH+5,(JW-KW)/2       !移动工作平面
wprot,0,-90,0                   !旋转工作平面
CYL4,0,0,KD/2, , , ,-(JH+10)    !创建第 1 个圆柱体
VGEN,2,2, , , , ,KW, ,0         !复制圆柱体
VSEL,S, , ,2,3,1                !选择 2 个圆柱体
CM,V1,VOLU                      !通过 2 个圆柱体定义组件 V1
ALLSEL,ALL                      !选择所有实体
```

```
VSBV,1,V1                        !对体进行相减布尔操作生成螺栓孔
WPCSYS,-1,0                      !将工作平面坐标系与总体笛卡儿坐标系对齐
BLC4,0,JH,TD/2,H-JH,TH           !创建托架基础的长方体
KWPAVE,16                        !偏移工作平面
CYL4,0,0,0,0,TD/2,90,-TH         !创建托架上部分的圆柱体
CYL4,0,0,CD/2, , ,-CH            !创建圆柱体
CYL4,0,0,D/2, , , ,-(TH+10)      !创建圆柱体
VSEL,S, , ,1,2,1                 !选择1号和2号体
CM,V1,VOLU                       !通过1号和2号体定义组件V1
ALLSEL,ALL                       !选择所有实体
VSBV,V1,3                        !对体进行相减布尔操作创建沉孔
VSEL,S, , ,6,7,1                 !选择6号和7号体
CM,V1,VOLU                       !通过6号和7号体定义组件V1
ALLSEL,ALL                       !选择所有实体
VSBV,V1,5                        !对体进行相减布尔操作创建轴承孔
NUMMRG,KP, , , ,LOW              !合并重合关键点
KBETW,8,7,0,RATI,TD/JL,          !创建肋板的一个关键点
A,9,14,15                        !创建肋板的三角形面
VOFFST,3,-LTH, ,                 !拉伸板以生成肋板
VGLUE,ALL                        !粘接所有的体
KWPLAN,-1,12,14,11               !移动工作平面
VSBW,7                           !通过工作平面切分体
ADRAG, 46, , , , , ,78           !创建2个圆弧面
ADRAG, 49, , , , , ,47
VSBA,6,20                        !通过面切分体
VSBA,5,37
KWPAVE,18                        !移动工作平面
VSBW,7                           !通过工作平面切分体
WPSTYLE,,,,,,,,0                 !隐藏工作平面
ESIZE,CH/2,0,                    !设置全局网格尺寸,该尺寸取决于沉孔的深度
VSWEEP,ALL                       !对体进行扫掠网格划分
VSYMM,X,ALL, , , ,0,0            !镜像体
/REPLOT                          !重新绘制图形
NUMMRG,ALL, , , ,LOW             !合并重合的节点和关键点
FINISH                           !退出前处理器
/SOLU                            !进入求解器
ANTYPE,STATIC                    !设为静力学分析
ASEL,S,,,15,18,1                 !选择螺栓孔的面
ASEL,A,,,57,59,2
ASEL,A,,,61,62,1
DA,ALL,ALL                       !对螺栓孔的面施加固定约束
ASEL,S,,,8,21,13                 !选择沉孔的侧面
ASEL,A,,,75,81,6
SFA,ALL,1,PRES,Pres_C            !对沉孔侧面施加压力载荷
ASEL,S,,,22,72,50                !选择轴孔的面
SFA,ALL,1,PRES,Pres_AH           !对轴孔的面施加压力载荷
ASEL,ALL                         !选择所有的面
SOLVE                            !求解当前载荷步
FINISH                           !退出求解器
```

```
/POST1                          !进入通用后处理器
/GRAPHICS,FULL                  !关闭 PowerGraph 选项
SET,LAST                        !读入结果
/RGB,INDEX,100,100,100, 0       !将屏幕的背景色设为白色
/RGB,INDEX, 80, 80, 80,13
/RGB,INDEX, 60, 60, 60,14
/RGB,INDEX,  0,  0,  0,15
/REPLOT
/AUTO,1                         !自动缩放视图
JPEG,QUAL,100                   !设置输出图片的质量
/SHOW,JPEG                      !设置输出文件的格式
PLDISP,1                        !显示变形后的形状和未变形前的模型轮廓线
PLNSOL, S,EQV, 0,1.0            !绘制等效应力云图
/SHOW,CLOSE                     !清除图形文件缓存
/SHOW,TERM                      !切换回图形结果的屏幕显示
NSORT,S,EQV,0,0,ALL             !根据等效应力对节点进行排序
*GET,MAX_EQV,SORT,0,MAX         !获取最大等效应力的结果
```

当选择 File > Read Input from 命令读入命令流文件 BearingSeat.txt 后，将会弹出如图 13-19 所示的一系列对话框，执行结束后，在工作目录下会保存如图 13-20 所示的 2 张图片。

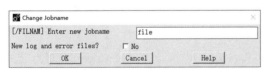
（a）Change Jobname 对话框

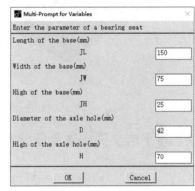
（b）轴承座尺寸参数（1）

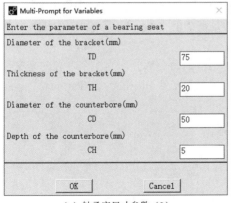
（c）轴承座尺寸参数（2）

（d）轴承座尺寸参数（3）

图 13-19 命令流执行过程中弹出的对话框

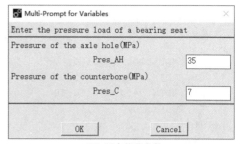

(e) 材料参数　　　　　　　　　　(f) 压力载荷参数

图 13-19　（续）

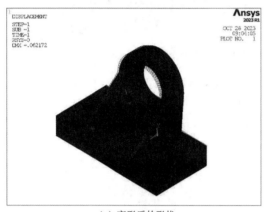
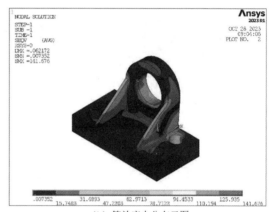

(a) 变形后的形状　　　　　　　　(b) 等效应力分布云图

图 13-20　命令流执行后保存的 2 张图片

13.2.2　基于宏文件的轴承座分析

为了使主命令流更加清晰、可读性更强，可以将参数输入对话框的命令流部分编写为宏文件，根据功能的不同，本实例可分为 3 个宏文件（其中，1 个宏文件用于输入轴承座的尺寸参数，1 个宏文件用于输入材料参数，1 个宏文件用于输入压力载荷参数），然后在主命令流文件中引用这些宏文件。

需要注意的是，本实例关于宏文件的定义和执行都是在当前 Ansys 的工作目录中进行，如果在其他路径下，则需要在执行宏时指明宏的路径。

下面以 13.2.1 小节的命令流为基础，将参数输入对话框的命令部分作为 3 个单独的宏文件进行保存。将以下命令（设置轴承座的尺寸参数的对话框）保存为文件 BearingSeat_Par.mac。

```
C***,设置轴承座的尺寸参数的对话框
!JL、JW、JH 分别为轴承基座的长、宽和高
!D 为轴承孔的直径，H 为轴承孔的轴线和基座底面的距离
MULTIPRO,'START',5
    *CSET,1,3,JL,'Length of the base(mm)',150
    *CSET,4,6,JW,'Width of the base(mm)',75
    *CSET,7,9,JH,'High of the base(mm)',25
    *CSET,10,12,D,'Diameter of the axle hole(mm)',42
    *CSET,13,15,H,'High of the axle hole(mm)',70
```

```
    *CSET,61,62,'Enter the parameter of','a bearing seat'
MULTIPRO,'END'
C***,继续设置轴承座的尺寸参数的对话框
!TD、TH 分别为托架的直径和厚度,CD、CH 分别为沉孔的直径和深度
MULTIPRO,'START',4
    *CSET,1,3,TD,'Diameter of the bracket(mm)',75
    *CSET,4,6,TH,'Thickness of the bracket(mm)',20
    *CSET,7,9,CD,'Diameter of the counterbore(mm)',50
    *CSET,10,12,CH,'Depth of the counterbore(mm)',5
    *CSET,61,62,'Enter the parameter of','a bearing seat'
MULTIPRO,'END'
C***,继续设置轴承座的尺寸参数的对话框
!KD 为 4 个螺栓孔的直径, KL 为螺栓孔轴线在底座长度方向上的距离
!KW 为螺栓孔轴线在底座宽度方向上的距离, LTH 为加强肋的厚度
MULTIPRO,'START',4
    *CSET,1,3,KD,'Diameter of the bolt hole(mm)',20
    *CSET,4,6,KL,'Distance(L) of bolt hole(mm)',110
    *CSET,7,9,KW,'Distance(W) of bolt hole(mm)',35
    *CSET,10,12,LTH,'Width of the reinforced rib(mm)',4
    *CSET,61,62,'Enter the parameter of','a bearing seat'
MULTIPRO,'END'
```

将以下命令（设置材料参数的对话框）保存为文件 BearingSeat_Mat.mac。

```
C***,设置材料参数的对话框
!E_M 为材料的弹性模量,P_R 为材料的泊松比
MULTIPRO,'START',2
    *CSET,1,3,E_M,'Elastic module of material(MPa)',2.1E5
    *CSET,4,6,P_R,'Poisson ratio of material',0.3
    *CSET,61,62,'Enter the material properties'
MULTIPRO,'END'
```

将以下命令（设置压力载荷的对话框）保存为文件 BearingSeat_Pres.mac。

```
C***,设置压力载荷的对话框
!Pres_AH 为轴承孔面的压力载荷, Pres_C 为沉孔侧面的压力载荷
MULTIPRO,'START',2
    *CSET,1,3,Pres_AH,'Pressure of the axle hole(MPa)',35
    *CSET,4,6,Pres_C,'Pressure of the counterbore(MPa)',7
    *CSET,61,62,'Enter the pressure load of','a bearing seat'
MULTIPRO,'END'
```

在完成上述 3 个宏的定义后，就可以将 BearingSeat_Par、BearingSeat_Mat、BearingSeat_Pres 作为命令在主命令流文件中使用了。在保存上述 3 个宏文件的基础上，将对应对话框的部分命令删除，用 3 个宏文件的名称代替即可，另存后修改的主命令流文件（BearingSeat_mac.txt）中的内容如下。

```
!%%%%基于宏文件的轴承座的 APDL 参数化有限元分析%%%%%
/PMACRO                     !该命令将宏内容写入日志内容
/CLEAR,START                !清除数据
/UIS,MSGPOP,3               !屏蔽警告信息,仅显示错误信息
Fnc_/FILNAM                 !通过调用对话框来定义工作名
BearingSeat_Par             !执行轴承座尺寸参数输入对话框的宏文件
```

```
BearingSeat_Mat              !执行材料参数输入对话框的宏文件
BearingSeat_Pres             !执行压力载荷输入对话框的宏文件
!继续执行/PREP7 行之后的命令流
...
```

13.2.3 基于定制工具栏进行参数输入

还可以将 13.2.2 小节中所定义的宏设为工具栏中的按钮，通过单击这些按钮来调用宏文件。方法是在当前工作目录下新建一个缩写文件 BearingSeat.abbr，在该缩写文件中新定义 3 个缩写，具体内容如下。

```
/NOPR                                    !压缩输出
*ABBR,BRG_SIZE,BearingSeat_Par           !定义 BRG_SIZE 缩写
*ABBR,BRG_MAT,BearingSeat_Mat            !定义 BRG_MAT 缩写
*ABBR,BRG_LOAD,BearingSeat_Pres          !定义 BRG_LOAD 缩写
/GO                                      !激活输出
```

选择 Utility Menu > MenuCtrls > Restore Toolbar 命令，弹出如图 13-21 所示的 Restore Toolbar/Abbreviations（恢复工具栏/缩写）对话框，将 Existing abbreviations will be 设为 Merged with new（表示将缩写文件中的缩写与当前的缩写进行合并），将 Restore from file 设为 BearingSeat.abbr（表示从缩写文件 BearingSeat.abbr 中恢复缩写），单击 OK 按钮。此时，定制的工具栏如图 13-22 所示，可见工具栏中新增了 3 个按钮。

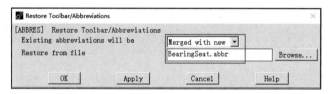

图 13-21 Restore Toolbar/Abbreviations 对话框

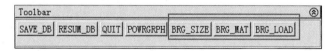

图 13-22 定制的工具栏

将 13.2.2 小节的主命令流文件（BearingSeat_mac.txt）另存为一个新的命令流文件（BearingSeat_Toolbar.txt），然后将 3 个宏命令和"/CLEAR,START"命令删除。在通过单击上述 3 个按钮完成参数定义后，读入命令流文件 BearingSeat_Toolbar.txt，也可以完成轴承座的线性静力分析。

参考文献

[1] 曾攀，雷丽萍，方刚. 基于 ANSYS 平台有限元分析手册——结构的建模与分析[M]. 北京：机械工业出版社，2011.
[2] 王新敏，李义强，许宏伟. ANSYS 结构分析单元与应用[M]. 北京：人民交通出版社，2011.
[3] 王新敏. ANSY 工程结构数值分析[M]. 北京：人民交通出版社，2007.
[4] 小飒工作室. 最新经典 ANSYS 及 Workbench 教程[M]. 北京：电子工业出版社，2004.
[5] Ansys Structural Analysis Guide[M].PA，USA：ANSYS, Inc.，2023.
[6] Basic Analysis Guide[M].PA，USA：ANSYS, Inc.，2023.
[7] Ansys Mechanical APDL Verification Manual[M].PA，USA：ANSYS, Inc.，2023.
[8] Element Reference[M].PA，USA：ANSYS, Inc.，2023.
[9] Command Reference[M].PA，USA：ANSYS, Inc.，2023.
[10] Introductory Tutorials[M].PA，USA：ANSYS, Inc.，2023.
[11] Modeling and Meshing Guide[M].PA，USA：ANSYS, Inc.，2023.
[12] Ansys Parametric Design Language Guide[M].PA，USA：ANSYS, Inc.，2023.